概率论与数理统计

Gailülun yu Shuli Tongji

（第二版）

主编 刘中强 李文玲

高等教育出版社·北京

内容简介

本书由概率论、数理统计与 R 软件介绍三部分组成,第一——五章为概率论部分,主要叙述各种概率分布及其性质,包括随机事件及其概率、随机变量及其分布、多维随机变量及其分布、随机变量的数字特征、大数定律和中心极限定理;第六—九章为数理统计部分,主要叙述各种参数估计和假设检验,包括数理统计的基本概念、参数估计、假设检验、回归分析和方差分析;第十章为 R 软件在概率论与数理统计中的应用。前九章配有习题和自测题,其中收录了近年来全国硕士研究生招生考试的部分试题及部分综合性习题,并提供参考答案。书中还提供了典型例题、知识点的讲解视频。

全书内容简明扼要,叙述通俗易懂,着力加强学生对概率论与数理统计的基本概念、基本理论和基本运算的掌握,培养学生运用概率统计方法分析和解决实际问题的能力。

本书可作为高等学校理工类(非数学类专业)、经济管理类各专业的本科生的概率论与数理统计教材,也可供广大教师和相关工程技术人员参考。

图书在版编目(C I P)数据

概率论与数理统计 / 刘中强,李文玲主编. --2 版
. --北京:高等教育出版社,2021.9
ISBN 978－7－04－056575－1

Ⅰ.①概… Ⅱ.①刘… ②李… Ⅲ.①概率论-高等
学校-教材②数理统计-高等学校-教材 Ⅳ.①O21

中国版本图书馆 CIP 数据核字(2021)第 152313 号

策划编辑 李晓鹏　　　责任编辑 刘 荣　　　封面设计 张志奇　　　版式设计 杜微言
插图绘制 杜晓丹　　　责任校对 高 歌　　　责任印制 朱 琦

出版发行	高等教育出版社	网　址	http://www.hep.edu.cn
社　址	北京市西城区德外大街 4 号		http://www.hep.com.cn
邮政编码	100120	网上订购	http://www.hepmall.com.cn
印　刷	廊坊十环印刷有限公司		http://www.hepmall.com
开　本	787mm×1092mm　1/16		http://www.hepmall.cn
印　张	20.5	版　次	2013 年 4 月第 1 版
字　数	450 千字		2021 年 9 月第 2 版
购书热线	010-58581118	印　次	2021 年 9 月第 1 次印刷
咨询电话	400-810-0598	定　价	43.00 元

本书如有缺页、倒页、脱页等质量问题,请到所购图书销售部门联系调换
版权所有　侵权必究
物 料 号　56575-00

第二版前言

本书自 2013 年出版以来，经历了多次的教学实践，得到了广大师生的肯定，也收到了读者和同行们的一些意见和建议。为了更好地适应新形势下高素质复合型人才培养的需要，第二版在保持原书结构和风格的基础上进行了必要的内容调整、补充和延伸。第二版主要特色表现在以下几个方面：

（1）坚持育人与育才相统一。将课程思政元素融入教材，实现知识传授、能力培养和价值引领有机融合，使概率论与数理统计课程与思政课程同向同行。

（2）贯彻"以学生为中心"的教育理念，增加数字资源。按照"重基础、强能力、拓视野"的原则设计数字资源，涵盖知识点解析、典型例题讲解、自测题等版块，以二维码形式呈现在相应位置，为学生学习提供思考与探索的空间，便于学生自主学习。

（3）强调理论与实践的结合，增加 R 语言实现。本书采用编程软件 R 完成概率统计计算，并提供相应的代码，以加深学生对相关知识点的理解。

（4）注重知识更新与能力提升。增加一些兼顾趣味性和新颖性的例题与习题，同时增加近几年的部分考研题目，用于拓展学生的知识面，帮助学生提高学习效率和应用能力。

第二版由刘中强、李文玲主编，刘新乐、马学思、任燕、李艳方、杨圣举、李文玲、王照良、刘中强共同编写，李文玲统稿。在修订与编写过程中，我们参阅了大量文献，得到了广大教师和学生的关心和支持，在此表示由衷的谢意！感谢河南理工大学数学与信息科学学院的大力支持，感谢高等教育出版社李晓鹏等各位编辑，他们先进的出版理念启发了我们，促成了第二版纸稿的编写和数字资源的完成。第二版中如有问题，恳请广大读者给予批评指正，我们将会继续努力提高自己，不断改进教材，为广大师生和读者服务。

编　者
2021 年 6 月

第一版前言

"概率论与数理统计"是研究和揭示随机现象统计规律性的数学分支,是高等学校本科理工类各专业的一门重要的基础理论课。它在自然科学、社会科学、工程技术、工农业生产等领域中得到了越来越广泛的应用。作为一门应用数学分支,"概率论与数理统计"不仅具有数学所共有的特点:高度的抽象性、严密的逻辑性和广泛的应用性,而且具有更独特的思维方法。概率论是对随机现象统计规律的抽象概括,而数理统计是对随机现象统计规律的归纳推理,它们互相渗透,互相联系。

本书由概率论和数理统计两部分组成。概率论部分(第一——五章)侧重于理论探讨,介绍概率论的基本概念,建立一系列定理和公式,其中包括随机事件及其概率、随机变量及其分布、多维随机变量及其分布、随机变量的数字特征、大数定律和中心极限定理等内容;数理统计部分(第六—九章)则是以概率论为理论基础,研究如何对试验结果进行统计推断,包括数理统计的基本概念、参数估计、假设检验、回归分析和方差分析等内容。

为使初学者尽快熟悉这种独特的思维方法,更好地掌握概率论与数理统计的基本概念、基本理论、基本运算以及处理随机数据的基本思想和方法,培养学生运用概率统计方法分析解决实际问题的能力和创造性思维能力,编者根据多年的教学心得编写此书,对"概率论与数理统计"中的某些重点和难点作了必要的阐述,精选了部分典型例题,并作了较详细的分析、解答。各章分别配有习题(书后有部分习题的提示与答案),其中收录了近几年来全国硕士研究生入学统一考试的部分试题及部分综合性习题,以供学生检查学习效果之用。学习和使用本书需要读者具备"高等数学"与"线性代数"的知识。

本书由成军祥任主编,任燕、李文玲任副主编。第一章由李明、刘新乐编写,第二章由马学思编写,第三章由任燕编写,第四章由李艳方编写,第五、六章由杨圣举、成军祥编写,第七章由李文玲编写,第八章由王照良编写,第九章由刘中强、李文玲编写。全书由成军祥统稿。

本书编写过程中,得到了河南理工大学概率论与数理统计教研组所有教师的支持和帮助,编者谨致谢意。

限于编者的水平,书中难免存在不足之处,欢迎读者批评指正。

编　者

2012 年 9 月

目　　录

第一章　随机事件及其概率

在自然界和人类社会中,我们会观察到各种各样的现象,这些现象大致可以分为两类:确定现象和随机现象. 一类是在一定条件下必然发生的现象,称为确定现象. 例如,边长为 2 cm 时,正方形的面积一定等于 4 cm^2;在 1 个标准大气压(约 0.101 MPa)下,水加热到 100 ℃必然会沸腾;同性电荷必定互相排斥. 确定现象的特征是条件给定时,事前可准确预言其结果. 另一类是在一定条件下可能发生也可能不发生的现象,称为随机现象. 例如,购买一张彩票,可能中奖也可能不中奖;某次航班可能准点到达,也可能晚点到达. 随机现象的特征是条件给定时,事前不能准确预言其结果. 但是,大量随机现象还有另外一个特征:在相同条件下进行大量重复观察中呈现出固有的规律性,称为统计规律性. 例如,多次抛一枚质地均匀的硬币并记录试验结果后发现,出现正面和反面的比例几乎是 1 : 1.

随机现象在客观世界中是普遍存在的. 概率论与数理统计是研究随机现象并揭示其统计规律的数学分支,在现实生活中有极其广泛的应用,且几乎遍及所有的科学领域.

本章从概率论与数理统计的对象——随机现象开始讨论,随后介绍随机试验、样本空间、随机事件和概率的定义,再根据概率论发展的轨迹介绍古典概型和几何概型、条件概率和乘法公式、全概率公式和贝叶斯公式这些最基本、最重要的概念和计算.

§1.1　随机试验和样本空间

一、随机试验

为了找到随机现象内部固有的规律性,我们需要多次重复试验或观察来研究随机现象. 概率论中把满足以下特点的试验称为随机试验:

（1）可以在相同条件下重复地进行;

（2）每次试验的可能结果不止一个,并且能事先明确试验的所有可能结果;

（3）进行一次试验之前不能明确哪一个结果出现.

随机试验也简称为试验,用大写字母 E 表示. 试验是一个广泛的术语,既包括各种科学实验,也包括对客观事物进行的"调查""测量"等.

下面给出试验的几个例子.

E_1:抛一枚硬币一次,观察正面 H、反面 T 出现的情况.

E_2:抛一枚硬币两次,观察正面 H、反面 T 出现的情况.

E_3:抛一枚硬币两次,观察出现正面的次数.

E_4:掷一颗骰子,观察出现的点数.

E_5:记录一个超市一天内到达的顾客数.

E_6:记录某地区一年内的降雨量.

E_7:在一批电视机中任意取一台,测试它的寿命.

随机试验是联系随机现象和数学问题之间的桥梁. 可以看到在随机试验的特征(2)中,"明确试验的所有可能结果"可以用集合的形式表示出来,由此引出样本空间的概念,并将随机现象问题用数学语言来描述.

二、样本空间

定义 1.1 随机试验 E 的一切可能结果组成的集合称为 E 的**样本空间**,记为 Ω. 样本空间的元素,即 E 的每个结果,称为**样本点**,记为 ω.

例 1.1 请写出前述试验 E_i 的样本空间 $\Omega_i (i=1,2,\cdots,7)$.

解 $\Omega_1 = \{H,T\}$.

$\Omega_2 = \{HH,HT,TH,TT\}$.

$\Omega_3 = \{0,1,2\}$.

$\Omega_4 = \{1,2,3,4,5,6\}$.

$\Omega_5 = \{0,1,2,\cdots,n,\cdots\}$.

$\Omega_6 = \{x \mid x \geqslant 0\}$,$x$ 表示该地区年降雨量(单位:mm).

$\Omega_7 = \{t \mid t \geqslant 0\}$,$t$ 为电视机寿命(单位:h).

关于样本空间的两点说明:

(1) 样本空间的元素可以是数也可以不是数.

(2) 从样本空间含有的样本点个数来区分,样本空间可以分为有限和无限两类,含两个样本点的样本空间是最简单的样本空间.

§1.2 随机事件

在研究随机试验时,我们不仅关心由单个样本点所表示的结果是否会发生,也常关心由满足某种条件的那些样本点组成的集合所表示的结果是否会发生. 在概率论中定义这样的集合为随机事件.

一、随机事件

定义 1.2 随机试验的某些样本点组成的集合称为**随机事件**,简称**事件**.

习惯上用大写字母 A,B,C 等来表示事件. 例如,在掷一颗骰子的试验中,设"出现奇数点"为事件 A,则 $A=\{1,3,5\}$ 是相应样本空间 $\Omega=\{1,2,3,4,5,6\}$ 的一个子集.由一个样本点组成的单点集. 称为**基本事件**. 在每次试验中,我们称某个随机事件 A 发生,当且仅当该事件所包含的某个样本点出现. 样本空间 Ω 包含所有的样本点,在任何一次试验中总有 Ω 中的某一样本点出现,也就是说 Ω 总发生,Ω 称为**必然事件**. 空集 $\varnothing$ 不包含任何样本点,它在每次试验中都不发生,$\varnothing$ 称为**不可能事件**.

例 1.2 掷一颗骰子观察出现的点数,其样本空间为 $\Omega=\{1,2,3,4,5,6\}$.

记 $A=\{3\}$,事件 A 表示"出现 3 点",它是一个基本事件.

记 $B=\{2,4,6\}$,事件 B 表示"出现偶数点".

事件 C 表示"出现的点数不大于 6",是必然事件,可记为 $C=\Omega$.

事件 D 表示"出现的点数大于 6",是不可能事件,可记为 $D=\varnothing$.

例 1.3 将一枚硬币抛三次,观察出现正面 H、反面 T 的情况,样本空间为 $\Omega=$ {HHH,HHT,HTH,HTT,THT,THH,TTH,TTT}.

事件 A 表示"第一次出现的是 H",可记为 $A=$ {HHH,HHT,HTH,HTT}.

事件 B 表示"三次出现同一面",可记为 $B=$ {HHH,TTT}.

二、事件间的关系与运算

给定一个样本空间,可定义的事件个数不止一个,分析这些事件之间的关系是必要的. 另外,事件间的运算可以使我们通过对简单事件的了解去掌握较复杂的事件.

由于事件是一个集合,因此,事件间的关系与运算可按照集合论中集合之间的关系和运算来处理.

设试验 E 的样本空间为 Ω,而 $A,B,A_k(k=1,2,\cdots)$ 是 Ω 的子集.

1. 包含关系

如果 $A\subset B$ 或 $B\supset A$,则称事件 B 包含事件 A,其概率含义是事件 A 发生必然使得事件 B 发生. 图 1.1 给出了包含关系的几何表示.

例如,掷一颗骰子,事件 $A=$"出现 4 点"发生必然使得事件 $B=$"出现偶数点"发生,故 $A\subset B.$ 对于任一事件 $A,\varnothing\subset A\subset\Omega.$

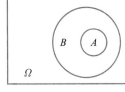

2. 相等关系

若 $A\subset B$ 且 $B\subset A$,则称事件 A 与事件 B 是等价的或相等的,记为 $A=B$,其概率含义是事件 A,B 中有一个发生另一个也必然发生.

图 1.1

3. 和事件

事件 $A\cup B=\{\omega\mid\omega\in A$ 或 $\omega\in B\}$ 称为事件 A 与事件 B 的和事件或并事件,其概率含义是事件 A 与事件 B 至少有一个发生. 图 1.2 给出了这种运算的几何表示.

例如,事件 A 表示"明天下雨",事件 B 表示"明天晴天",和事件 $A\cup B$ 表示"明天下雨或晴天". 再如,掷一颗均匀的骰子,记事件 A 为"出现奇数点",即 $A=\{1,3,5\}$;事件 B 为"出现的点数不超过 3",即 $B=\{1,2,3\}$,则 $A\cup B=\{1,2,3,5\}$.

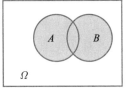

图 1.2

类似地,称 $\bigcup\limits_{k=1}^{n} A_k$ 为 n 个事件 $A_1,A_2,\cdots,A_n$ 的和事件,称 $\bigcup\limits_{k=1}^{\infty} A_k$ 为可列个事件 A_1, $A_2,\cdots$ 的和事件.

4. 积事件

事件 $A\cap B=\{\omega\mid\omega\in A$ 且 $\omega\in B\}$ 称为事件 A 与事件 B 的积事件或交事件,其概率含义是事件 A 与事件 B 同时发生. $A\cap B$ 也可以记作 AB. 图 1.3 给出了这种运算的几何表示.

例如,掷一颗骰子,记事件 $A=$"出现奇数点"$=\{1,3,5\}$,事件 $B=$"出现的点数超过 3"$=\{4,5,6\}$,则 $A\cap B=\{5\}$.

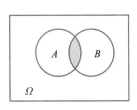

图 1.3

一般地,称 $\bigcap\limits_{k=1}^{n} A_k$ 为 n 个事件 $A_1, A_2, \cdots, A_n$ 的积事件,称 $\bigcap\limits_{k=1}^{\infty} A_k$ 为可列个事件 A_1,$A_2, \cdots$ 的积事件.

5. 互不相容事件

若 $A \cap B = \varnothing$,则称事件 A 与事件 B 是**互不相容的**或**互斥的**,其概率含义是事件 A 与事件 B 不能同时发生. 图 1.4 给出了这种关系的几何表示.

如果一组事件(可以是有限或可列个事件)中任意两个事件都互不相容,则称这组事件**两两互不相容**.

6. 差事件

事件 $A - B = \{\omega \mid \omega \in A \text{ 且 } \omega \notin B\}$ 称为事件 A 与事件 B 的**差事件**,其概率含义是事件 A 发生,但事件 B 不发生. 图 1.5 给出了这种运算的几何表示.

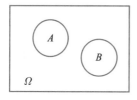 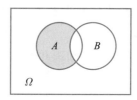

图 1.4　　　　　　　　　　　　　图 1.5

例如,掷一颗均匀的骰子,记事件 $A = $"出现奇数点" $= \{1,3,5\}$,事件 $B = $"出现的点数不超过 3" $= \{1,2,3\}$,则 $A - B = \{5\}$.

7. 对立事件

若 $A \cap B = \varnothing$ 且 $A \cup B = \Omega$,则称事件 A 与事件 B **互为对立事件**或**互为逆事件**. 这表示事件 A 与事件 B 在一次试验中必有且仅有一个发生. A 的对立事件记为 $\bar{A}$,则 $\bar{A} = \Omega - A$,其概率含义是"事件 A 不发生". 图 1.6 给出了这种关系的几何表示.

例如,掷一颗均匀的骰子,事件 $A = $"出现奇数点" $= \{1, 3, 5\}$ 的对立事件 $\bar{A} = \{2,4,6\}$.

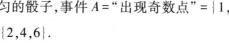

图 1.6

显然,$A - B = A\bar{B} = A - AB$.

需要注意的是:

(1) 对立事件一定是互不相容的事件,即 $A \cap \bar{A} = \varnothing$,但互不相容的事件不一定是对立事件.

(2) 对立事件是相互的,即 A 的对立事件是 $\bar{A}$,$\bar{A}$ 的对立事件是 A,也即 $\bar{\bar{A}} = A$. 必然事件 Ω 与不可能事件 $\varnothing$ 互为对立事件,即 $\bar{\Omega} = \varnothing$,$\bar{\varnothing} = \Omega$.

设 A, B, C 为事件,与集合论中集合的运算一样,事件之间的运算满足

交换律:$A \cup B = B \cup A$,$A \cap B = B \cap A$;

结合律:$A \cup (B \cup C) = (A \cup B) \cup C$,$(A \cap B) \cap C = A \cap (B \cap C)$;

分配律:$A \cup (B \cap C) = (A \cup B) \cap (A \cup C)$,$A \cap (B \cup C) = (A \cap B) \cup (A \cap C)$;

德摩根律:$\overline{A \cup B} = \bar{A} \cap \bar{B}$,$\overline{A \cap B} = \bar{A} \cup \bar{B}$.

德摩根律在事件运算中非常有用,而且证明也不困难. 在此我们用集合论的语言证明其中的第一个结论:

设 $\omega \in \overline{A \cup B}$,即 $\omega \notin A \cup B$,这表明 ω 既不属于 A,也不属于 B,即 $\omega \notin A$ 且 $\omega \notin B$,所以 $\omega \in \overline{A}$ 与 $\omega \in \overline{B}$ 同时成立. 于是有 $\omega \in \overline{A} \cap \overline{B}$,这说明

$$\overline{A \cup B} \subset \overline{A} \cap \overline{B}.$$

反之,设 $\omega \in \overline{A} \cap \overline{B}$,即 $\omega \in \overline{A}$ 与 $\omega \in \overline{B}$ 同时成立,从而有 $\omega \notin A$ 且 $\omega \notin B$,这就意味着 ω 不属于 A 或者 B 中的任一个,即 $\omega \notin A \cup B$. 所以 $\omega \in \overline{A \cup B}$,这说明

$$\overline{A \cup B} \supset \overline{A} \cap \overline{B}.$$

综上所述,可得

$$\overline{A \cup B} = \overline{A} \cap \overline{B}.$$

这些运算律都可以推广到任意多个事件的情况. 例如,对于德摩根律有

$$\overline{\bigcup_{k \in I} A_k} = \bigcap_{k \in I} \overline{A_k}, \qquad \overline{\bigcap_{k \in I} A_k} = \bigcup_{k \in I} \overline{A_k},$$

其中 I 是有限指标集或可列指标集.

例 1.4 对同一目标连续射击三次,以 A_i 表示事件"第 i 次击中目标",$i = 1, 2, 3$;以 B_j 表示事件"恰好有 j 次击中目标",$j = 0, 1, 2, 3$;以 C_k 表示"至少有 k 次击中目标",$k = 0, 1, 2, 3$,则有

$$B_0 = \overline{A_1} \cap \overline{A_2} \cap \overline{A_3} = \overline{A_1}\, \overline{A_2}\, \overline{A_3}, \qquad B_1 = A_1 \overline{A_2}\, \overline{A_3} \cup \overline{A_1} A_2 \overline{A_3} \cup \overline{A_1}\, \overline{A_2} A_3,$$

$$B_2 = A_1 A_2 \overline{A_3} \cup A_1 \overline{A_2} A_3 \cup \overline{A_1} A_2 A_3, \qquad B_3 = A_1 A_2 A_3,$$

$$C_0 = B_0 \cup B_1 \cup B_2 \cup B_3 = \Omega, \qquad C_1 = B_1 \cup B_2 \cup B_3 = A_1 \cup A_2 \cup A_3,$$

$$C_2 = B_2 \cup B_3 = A_1 A_2 \cup A_1 A_3 \cup A_2 A_3, \qquad C_3 = B_3 = A_1 A_2 A_3.$$

例 1.5 某城市的供电系统由甲、乙两个供电源和三条线路 $1, 2, 3$ 组成(图 1.7),每个供电源都足以供应城市的用电. 设事件 A_i 表示"第 i 条线路正常工作",$i = 1, 2, 3$,事件 B 表示"城市能正常供电",则

$$B = (A_1 \cup A_2) \cap A_3.$$

由德摩根律知 $\overline{B} =$"城市断电"可表示为

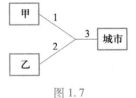

图 1.7

$$\overline{B} = \overline{(A_1 \cup A_2) \cap A_3} = \overline{(A_1 \cup A_2)} \cup \overline{A_3} = (\overline{A_1} \cap \overline{A_2}) \cup \overline{A_3}.$$

§1.3 概率的定义及其性质

随机事件在一次试验中可能发生也可能不发生,呈现出随机性. 人们在大量重复试验中发现,随机事件的发生是有规律的,随机事件发生的可能性大小是能够度量的. 对于一个事件 A,我们希望找到一个合适的数来刻画事件 A 在一次试验中发生的可能性大小,这个数就称为事件的概率. 因此,概率是事件发生可能性大小的度量. 本节先给出表征事件发生频繁程度的量——频率,然后在频率的启发下,引入概率的公理化定义.

一、事件的频率

定义 1.3 设在 n 次重复试验中事件 A 发生了 $m(0 \leqslant m \leqslant n)$ 次,则称比值 $\dfrac{m}{n}$ 为事件 A 发生的**频率**,并记为 $f_n(A)$.

由频率的定义,不难证明频率具有下列性质:

(1) 非负性:$0 \leqslant f_n(A) \leqslant 1$;

(2) 规范性:$f_n(\Omega) = 1$;

(3) 有限可加性:若 $A_1, A_2, \cdots, A_k$ 是两两互不相容事件,则

$$f_n(A_1 \cup A_2 \cup \cdots \cup A_k) = f_n(A_1) + f_n(A_2) + \cdots + f_n(A_k). \tag{1.1}$$

显然,频率 $f_n(A)$ 的大小表示了在 n 次试验中事件 A 发生的频繁程度. 频率越大,意味着事件 A 在一次试验中发生的可能性就越大. 反之亦然. 那么,能否用频率来刻画事件 A 在一次试验中发生的可能性大小呢?

例 1.6 将一枚硬币抛掷 n 次,观察出现正面(事件 A)的次数. 表 1.1 是历史上几位科学家记录的试验结果.

表 1.1　掷硬币试验

试验者	投掷次数 n	正面出现次数 m	正面出现频率 $f_n(A)$
蒲丰	4 040	2 048	0.506 9
德摩根	4 092	2 048	0.500 5
费勒	10 000	4 979	0.497 9
卡尔·皮尔逊	12 000	6 019	0.501 6
卡尔·皮尔逊	24 000	12 012	0.500 5

从上述数据可以看出 $f_n(A)$ 的值有一定的随机波动性,故直接用频率来作为事件发生可能性大小的度量是不合适的. 但是随着 n 增大,频率 $f_n(A)$ 呈现出稳定性. $f_n(A)$ 总是在 0.5 附近摆动,而逐渐稳定于 0.5,所以用 0.5 来刻画一次试验中正面出现的可能性大小是合适的.

大量的试验证实,当重复试验的次数 n 逐渐增大时,频率 $f_n(A)$ 呈现出稳定性,逐渐稳定于某个常数,这一规律称为**频率稳定性**. 频率的稳定性在理论上已被证实,我们将在第五章做介绍. 我们用频率的稳定值来刻画事件发生的可能性大小是合适的.

但是,在现实生活中,我们不可能对某个事件做大量重复试验,从中得到频率的稳定值. 特别是对具有破坏性的试验(如测试灯泡的使用寿命),从经济意义上考虑就不可能进行大量重复试验. 为了理论研究的需要,我们从频率的稳定性和其他性质得到启发,给出刻画事件发生可能性大小的概率的定义.

二、概率的公理化定义

定义 1.4 设 E 是随机试验,Ω 是其样本空间. 对 E 的每一个事件 A,都赋予一个实数 $P(A)$. 如果集合函数 $P(\cdot)$ 满足下列三条公理:

公理 1 非负性:对于任何一个事件 $A,P(A) \geqslant 0$;

公理 2 规范性:对于必然事件 $\Omega,P(\Omega)=1$;

公理 3 可列可加性:设 $A_1,A_2,\cdots,A_n,\cdots$ 为两两互不相容事件,则有

$$P\left(\bigcup_{n=1}^{\infty} A_n\right) = \sum_{n=1}^{\infty} P(A_n), \tag{1.2}$$

则称 $P(A)$ 为事件 A 的概率.

上述定义称为概率的公理化定义,由苏联数学家柯尔莫戈洛夫于 1933 年在综合前人研究的基础上提出.

由概率的公理化定义可导出概率的一些重要性质.

性质 1 不可能事件发生的概率为 0,即 $P(\varnothing)=0$.

证明 显然 $\varnothing = \varnothing \cup \varnothing \cup \varnothing \cup \cdots$,且等号右端的可列个事件 $\varnothing,\varnothing,\varnothing,\cdots$ 是两两互不相容的,由概率的可列可加性(1.2)式得

$$P(\varnothing) = P(\varnothing) + P(\varnothing) + P(\varnothing) + \cdots.$$

由概率的非负性可得 $P(\varnothing)=0$.

性质 2(有限可加性) 若 $A_1,A_2,\cdots,A_n$ 是两两互不相容事件,则有

$$P\left(\bigcup_{k=1}^{n} A_k\right) = \sum_{k=1}^{n} P(A_k). \tag{1.3}$$

证明 令 $A_{n+1}=A_{n+2}=\cdots=\varnothing$,即有 $A_iA_j=\varnothing, i \neq j, i,j=1,2,\cdots$,则

$$P\left(\bigcup_{k=1}^{n} A_k\right) = P\left(\bigcup_{k=1}^{\infty} A_k\right) = \sum_{k=1}^{\infty} P(A_k) = \sum_{k=1}^{n} P(A_k) + 0 = \sum_{k=1}^{n} P(A_k).$$

性质 3 对于任意事件 A,有

$$P(\overline{A}) = 1 - P(A). \tag{1.4}$$

证明 因为 $A \cup \overline{A} = \Omega$ 且 $A\overline{A}=\varnothing$,由概率的规范性和(1.3)式得

$$1 = P(A) + P(\overline{A}), \quad 即 \quad P(\overline{A}) = 1 - P(A).$$

性质 4 设 A,B 是两个事件,若 $A \subset B$,则 $P(A) \leqslant P(B)$,且有

$$P(B-A) = P(B) - P(A). \tag{1.5}$$

证明 由 $A \subset B$ 知,$B = A \cup (B-A)$,且 $A(B-A)=\varnothing$,再由(1.3)式得

$$P(B) = P(A) + P(B-A),$$

移项得 $P(B-A) = P(B) - P(A)$.

由概率的非负性,知 $P(B-A) \geqslant 0$,所以

$$P(B) \geqslant P(A).$$

性质 5 对于任意事件 $A,P(A) \leqslant 1$.

证明 因为 $A \subset \Omega$,由性质 4 得 $P(A) \leqslant 1$.

性质 6 对于任意两个事件 A,B,有

$$P(B-A) = P(B) - P(AB). \tag{1.6}$$

证明 因 $B-A=B-AB$,且 $AB \subset B$,由性质 4 得

$$P(B-A) = P(B-AB) = P(B) - P(AB).$$

性质 7(加法公式) 对于任意两个事件 A,B,有

$$P(A \cup B) = P(A) + P(B) - P(AB).\tag{1.7}$$

证明　因为 $A \cup B = A \cup (B - AB)$ 且 $A(B - AB) = \varnothing$,故由(1.3)式和(1.4)式得
$$P(A \cup B) = P(A) + P(B - AB) = P(A) + P(B) - P(AB).$$

(1.7)式可以推广到多个事件的情况. 例如,三个事件 A,B,C 的加法公式为
$$P(A \cup B \cup C) = P(A) + P(B) + P(C) - P(AB) - P(BC) - P(AC) + P(ABC).\tag{1.8}$$
一般地,对于任意 n 个事件 $A_1, A_2, \cdots, A_n$,可以用归纳法证得

$$P(A_1 \cup A_2 \cup \cdots \cup A_n) = \sum_{i=1}^{n} P(A_i) - \sum_{1 \leqslant i < j \leqslant n} P(A_i A_j) +$$

$$\sum_{1 \leqslant i < j < k \leqslant n} P(A_i A_j A_k) + \cdots + (-1)^{n-1} P(A_1 A_2 \cdots A_n).\tag{1.9}$$

例 1.7　甲、乙两人同时向目标各射击一次,设甲击中目标的概率为 0.85,乙击中目标的概率为 0.8,两人都击中目标的概率为 0.68. 求目标被击中的概率.

解　以 A 表示事件"甲击中目标",B 表示事件"乙击中目标",C 表示事件"目标被击中",则 $C = A \cup B$,所以
$$P(C) = P(A \cup B) = P(A) + P(B) - P(AB) = 0.85 + 0.8 - 0.68 = 0.97.$$

例 1.8　设 $P(A) = 0.7, P(B) = 0.4, P(A \cup B) = 0.8$,求 $P(\overline{A}\,\overline{B}), P(A\overline{B})$.

解　由德摩根律,
$$P(\overline{A}\,\overline{B}) = P(\overline{A \cup B}) = 1 - P(A \cup B) = 1 - 0.8 = 0.2.$$
因为 $P(A \cup B) = P(A) + P(B) - P(AB)$,故
$$P(AB) = P(A) + P(B) - P(A \cup B) = 0.7 + 0.4 - 0.8 = 0.3.$$
又 $A\overline{B} = A - B = A - AB$,故
$$P(A\overline{B}) = P(A - AB) = P(A) - P(AB) = 0.7 - 0.3 = 0.4.$$

§1.4　古典概型与几何概型

概率的公理化定义使概率有了严格的数学定义,但此定义没有告诉我们如何去计算一个随机事件的概率. 本节我们介绍两种直接计算概率的模型:古典概型与几何概型.

一、古典概型

如果随机试验具有以下两个特点:

(1) 随机试验的样本空间 Ω 只含有限个样本点;

(2) 在一次试验中,每个样本点出现的可能性相同,

则称这种试验为古典概型. 古典概型是概率论发展初期的主要研究对象,甚至到了现在,它在概率论中仍有一定的地位. 一方面是因为它简单而且直观,对它的讨论有助于理解概率论中的许多基本概念;另一方面是因为许多实际问题都可以概括为这一模型. 因此古典概型有着广泛的应用.

设试验 E 为古典概型,样本空间 $\Omega = \{\omega_1, \omega_2, \cdots, \omega_n\}$,则基本事件 $\{\omega_1\}, \{\omega_2\}, \cdots, \{\omega_n\}$

两两互不相容,且 $\Omega=\{\omega_1\}\cup\{\omega_2\}\cup\cdots\cup\{\omega_n\}$. 由于 $P(\Omega)=1$ 及 $P(\omega_1)=P(\omega_2)=\cdots=P(\omega_n)$,因此 $P(\omega_i)=\dfrac{1}{n},i=1,2,\cdots,n$.

如果事件 A 包含 k 个样本点: $A=\{\omega_{i_1},\omega_{i_2},\cdots,\omega_{i_k}\}=\{\omega_{i_1}\}\cup\{\omega_{i_2}\}\cup\cdots\cup\{\omega_{i_k}\}$,其中 $i_1,i_2,\cdots,i_k$ 是 $1,2,\cdots,n$ 中某 k 个不同的数,则有

$$P(A)=P(\omega_{i_1})+P(\omega_{i_2})+\cdots+P(\omega_{i_k})=\frac{k}{n},$$

即

$$P(A)=\frac{A\text{ 包含的样本点个数}}{\Omega\text{ 包含的样本点总数}}=\frac{k}{n}. \tag{1.10}$$

(1.10)式就是古典概型中事件 A 发生的概率计算公式.

例 1.9 从 $0,1,\cdots,9$ 这 10 个数字中任取一个,求取到奇数的概率.

解 以 A 表示事件"取到奇数". 从 $0,1,\cdots,9$ 这 10 个数字中任取一数的所有可能结果作为样本空间,其包含的样本点个数 $n=10$,事件 A 包含的样本点个数 $k=5$,因此所求的概率为 $P(A)=\dfrac{5}{10}=\dfrac{1}{2}$.

例 1.10 袋中有 a 个白球和 b 个黑球,从中任意地、一个一个连续地摸出 $(k+1)$ 个球 $(k+1\leqslant a+b)$,每次摸出球后不放回袋中,试求最后一次摸到白球的概率.

解 以 E 表示从 $(a+b)$ 个球中不放回地、一个一个地任意摸出 $(k+1)$ 个球,样本空间 Ω 含有 A_{a+b}^{k+1} 个样本点. 这是一个古典概型问题.

以 A 表示事件"在摸出的 $(k+1)$ 球中,最后一个球是白球". 事件 A 可以用以下两步实现:第一步,从 a 个白球中任取一个排到最后一个位置上,有 A_a^1 种取法;第二步,从剩下的 $(a+b-1)$ 个球中任取 k 个排到前面 k 个位置上,有 A_{a+b-1}^k 种取法. 因此事件 A 包含的样本点个数为 $\mathrm{A}_a^1\mathrm{A}_{a+b-1}^k$,所以

$$P(A)=\frac{\mathrm{A}_a^1\mathrm{A}_{a+b-1}^k}{\mathrm{A}_{a+b}^{k+1}}=\frac{a}{a+b}.$$

注 例 1.10 中所求的概率与 k 无关,即每一次摸到白球的概率是一样的. 这是抽签问题模型,即抽签时各人机会均等,与抽签先后顺序无关. 例如,在购买彩票时,各人得奖的机会是一样的.

例 1.11 将 n 个球随机地放入 $N(N\geqslant n)$ 个盒子,假设盒子的容量不限,试求:

(1) 某指定的 n 个盒子中各有一球的概率;

(2) 恰有 n 个盒子中各有一球的概率;

(3) 某指定的盒子中恰有 $k(k\leqslant n)$ 个球的概率.

解 以 E 表示将 n 个球随机地放入 N 个盒子,易知这是古典概型问题. 样本空间 Ω 中含有样本点的个数为 $N\cdot N\cdot\cdots\cdot N=N^n$.

(1) 以 A 表示事件"某指定的 n 个盒子中各有一球",事件 A 中包含的样本点个数为 $n!$,所以 $P(A)=\dfrac{n!}{N^n}$.

（2）以 B 表示事件"恰有 n 个盒子中各有一球"，事件 B 中包含的样本点个数为 $C_N^n n!$，所以 $P(B)=\dfrac{C_N^n n!}{N^n}$.

（3）以 C 表示事件"某指定的盒子中恰有 k 个球". 为了实现事件 C，我们可以先从 n 个球中选取 k 个球放入指定的盒子，共有 C_n^k 种取法，然后将余下的 $(n-k)$ 个球任意放入其余的 $(N-1)$ 个盒子，共有 $(N-1)^{n-k}$ 种放法，因此事件 C 中包含的样本点个数为 $C_n^k(N-1)^{n-k}$，所以 $P(C)=\dfrac{C_n^k(N-1)^{n-k}}{N^n}$.

例 1.11 是古典概型中一个非常著名的问题，许多实际问题都可以归结为这一模型来处理. 例如，历史上有名的生日问题，求 n 个人中没有两人生日相同的概率，也能归结为上述模型，可知没有两人生日相同的概率为 $P(A)=\dfrac{C_{365}^n n!}{365^n}$.

二、几何概型

在一些试验中，虽然每个样本点发生的可能性相同，但是样本空间中样本点总数不能用一个有限数来描述. 例如，向区间 $[0,1]$ 中随意投一个点，试问其落在子区间 $\left[0,\dfrac{1}{2}\right]$ 上的概率是多少？显见其落点的可能位置有无穷多个，即样本空间 $\Omega=\{\omega\mid 0\leqslant\omega\leqslant 1\}$，且每个位置被落到的可能性相等. 由于 Ω 中样本点总数是无穷多个，古典概型的计算公式就不适用，我们需要借助下面将要介绍的几何概型来解决问题.

如果试验具有如下特点：

（1）随机试验的样本空间 Ω 为可度量的几何区域；

（2）Ω 中任一区域出现的可能性大小与该区域的几何度量成正比，而与该区域的位置和形状无关，

则称此种试验为**几何概型**.

对于几何概型，若事件 A 是 Ω 中某一区域，且 A 可度量，则事件 A 的概率为

$$P(A)=\frac{A\text{ 的几何度量}}{\Omega\text{ 的几何度量}},\qquad(1.11)$$

其中，如果 Ω 是一维、二维或三维的区域，则 Ω 的几何度量分别是长度、面积或体积. (1.11)式称为几何概型概率的计算公式.

例 1.12 在区间 $[0,a]\,(a>0)$ 上随意投一个点，试求其落在子区间 $[c,c+l]\,(0\leqslant c<c+l\leqslant a)$ 上的概率.

解 此试验的样本空间 $\Omega=[0,a]$，显然这是一个几何概型问题. Ω 的几何度量为 a，以 A 表示事件"这一点落在子区间 $[c,c+l]$ 上"，则 A 对应的区间为 $[c,c+l]$，所以 A 的几何度量为 l，于是 $P(A)=\dfrac{l}{a}$.

例 1.13（蒲丰投针问题） 1777 年，法国科学家蒲丰提出了投针试验问题. 在地面上画有距离为 $a\,(a>0)$ 的一些平行直线，现向此平面任意投掷一根长为 $b\,(b<a)$ 的针，

典型例题
讲解 1

试求针与平行直线中某一直线相交的概率.

解 设 x 表示针的中点 M 到平行直线中离它最近的一条线的距离,以 φ 表示针与此线的夹角,见图 1.8. 可以得到样本空间 Ω 满足

$$\Omega = \left\{ (x,\varphi) \;\middle|\; 0 \leqslant x \leqslant \frac{a}{2}, 0 \leqslant \varphi \leqslant \pi \right\},$$

针与平行线相交(记为事件 A)的充要条件是

$$A = \left\{ (x,\varphi) \;\middle|\; 0 \leqslant x \leqslant \frac{b}{2}\sin\varphi, 0 \leqslant \varphi \leqslant \pi \right\}.$$

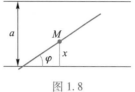

图 1.8

由于针是随机投掷的,所以这是一个几何概型的问题,可得

$$P(A) = \frac{S_A}{S_\Omega} = \frac{\displaystyle\int_0^\pi \frac{b}{2}\sin\varphi\,\mathrm{d}\varphi}{\dfrac{a}{2}\pi} = \frac{2b}{a\pi}.$$

如果 a,b 已知,以 π 的值代入上式可得 $P(A)$ 的值. 反之,如果知道了 $P(A)$ 的值,也可以利用上式得到 π 的值,而对于 $P(A)$ 的值,可以用试验中获得的频率来近似:设投针 N 次,其中针与平行线相交 n 次,则

$$\frac{n}{N} \approx P(A) = \frac{2b}{a\pi},$$

可得

$$\pi \approx \frac{2bN}{an}.$$

这个方法的奇妙之处在于:只要设计一个随机试验,使一个事件的概率与某个未知数有关,然后通过重复试验,以频率估计概率,即可求得未知参数的近似解. 一般来说,试验次数越多,求得的近似解就越精确. 人们称这种方法为随机模拟法,也称为蒙特卡罗法.

例 1.14 甲、乙两人相约在 0 时至 T 时到预定地点会面,并约定先到者应等候另一人 t h($t \leqslant T$)后方可离开,求两人能会面的概率. 假定他们在 0 时至 T 时内的任一时刻到达预定地点是等可能的.

解 以 x,y 分别表示两人到达时间,则 $0 \leqslant x \leqslant T, 0 \leqslant y \leqslant T$,所以样本空间 $\Omega = \{(x,y) \mid 0 \leqslant x \leqslant T, 0 \leqslant y \leqslant T\}$,如图 1.9 所示. 显然,这是一个几何概型问题.

以 A 表示事件"两人能会面",则

$$A = \{(x,y) \mid |x-y| \leqslant t\},$$

所以事件 A 的概率为

$$P(A) = \frac{A\text{ 的面积}}{\Omega\text{ 的面积}} = \frac{T^2 - (T-t)^2}{T^2}.$$

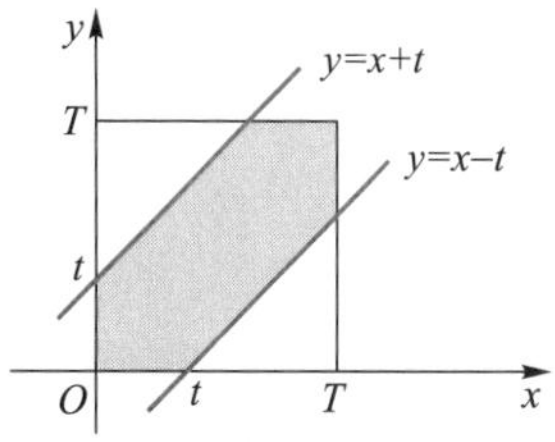

从上述例题可以看出,解决这类问题的要点是:首先将样本空间对应于某一具体区域,其次根据题设条件确定随机事件对应的区域,计算出样本空间和随机事件对应区域的几何度量,最后利用几何概型的计算公式,求出事件的概率.

图 1.9

概率为 0 的事件是否一定不发生呢? 答案当然是否定的. 在例 1.14 中甲、乙两人同时到达的概率是 0,但是这样的事情是可能发生的.

§1.5 条件概率与事件的独立性

在现实生活中,经常会遇到这样的情况:在一个事件发生的条件下,讨论另一个事件发生的概率,进而研究已发生的事件是否对另一个事件发生的概率有影响. 本节要学习的条件概率和事件的独立性就是解决以上问题的.

一、条件概率

我们先分析下面的例子.

例 1.15 掷一颗均匀骰子两次,考虑两个事件:事件 A 表示"第一次掷出 6 点",事件 B 表示"两次掷出的点数和为 12 点". 求已知事件 A 发生的条件下事件 B 发生的概率,记为 $P(B \mid A)$.

解 此试验中样本空间共有 36 个样本点,事件 A 包含 6 个样本点:$A = \{(6,1),(6,2),(6,3),(6,4),(6,5),(6,6)\}$,事件 B 中包含 1 个样本点,在事件 A 已发生的条件下事件 B 发生的概率 $P(B \mid A) = \dfrac{1}{6}$.

易知,$P(A) = \dfrac{1}{6}$,$P(B) = \dfrac{1}{36}$,显然 $P(B \mid A) \neq P(B)$. 也就是说事件 A 的发生已经对事件 B 发生的概率产生了影响.

又因为 $AB = \{(6,6)\}$,所以 $P(AB) = \dfrac{1}{36}$,从而

$$\frac{P(AB)}{P(A)} = \frac{1/36}{1/6} = \frac{1}{6} = P(B \mid A). \tag{1.12}$$

由(1.12)式得到启发,给出条件概率的定义.

定义 1.5 设 A,B 为同一样本空间的两个事件,若 $P(A) > 0$,则称

$$P(B \mid A) = \frac{P(AB)}{P(A)} \tag{1.13}$$

为在事件 A 已发生的条件下事件 B 发生的条件概率.

同样,若 $P(B) > 0$,可以定义在事件 B 已发生的条件下事件 A 发生的条件概率为

$$P(A \mid B) = \frac{P(AB)}{P(B)}. \tag{1.14}$$

由条件概率的定义,不难验证条件概率满足概率的公理化定义中的三条公理,即

(1) 非负性:对于任意事件 B,$P(B \mid A) \geq 0$;

(2) 规范性:对于必然事件 Ω,$P(\Omega \mid A) = 1$;

(3) 可列可加性:对于两两互不相容的事件 $B_1,B_2,\cdots,B_n,\cdots$,

$$P\left(\bigcup_{i=1}^{\infty} B_i \,\Big|\, A\right) = \sum_{i=1}^{\infty} P(B_i \mid A).$$

由此可知,条件概率仍然是概率,所以条件概率满足概率的所有性质,如

$$P(\bar{B} \mid A) = 1 - P(B \mid A),$$

$$P(B_1 \cup B_2 \mid A) = P(B_1 \mid A) + P(B_2 \mid A) - P(B_1 B_2 \mid A).$$

例 1.16 某建筑物按设计要求使用寿命超过 60 年的概率为 0.9,超过 70 年的概率为 0.8. 该建筑物经历了 60 年之后,它将在 10 年内达到使用寿命的概率有多大?

解 以 A 表示事件"该建筑物使用寿命超过 60 年",B 表示"该建筑物使用寿命超过 70 年". 由题意,$P(A) = 0.9$,$P(B) = 0.8$. 由于 $B \subset A$,因此,$AB = B$,所以 $P(AB) = P(B) = 0.8$. 所求的条件概率为

$$P(\bar{B} \mid A) = 1 - P(B \mid A) = 1 - \frac{P(AB)}{P(A)} = 1 - \frac{0.8}{0.9} = \frac{1}{9}.$$

二、乘法公式

由条件概率公式很容易得到如下结论:

(1) 若 $P(A) > 0$,由(1.13)式可得

$$P(AB) = P(A)P(B \mid A); \tag{1.15}$$

(2) 若 $P(B) > 0$,由(1.14)式可得

$$P(AB) = P(B)P(A \mid B). \tag{1.16}$$

(1.15)式和(1.16)式称为概率的**乘法公式**.

乘法公式可以推广到任意有限多个事件的情况. 设 $A_1, A_2, \cdots, A_n$ 为 n 个事件,$n \geq 2$,且 $P(A_1 A_2 \cdots A_{n-1}) > 0$,则有

$$P(A_1 A_2 \cdots A_n) = P(A_1)P(A_2 \mid A_1) \cdots P(A_n \mid A_1 A_2 \cdots A_{n-1}). \tag{1.17}$$

注 在求若干个事件同时发生的概率时,可以考虑用乘法公式.

例 1.17 某人忘了电话号码最后一位数字,因而他随意地拨号. 求他拨号不超过三次而接通所需电话的概率.

解 以 A 表示事件"拨号不超过三次而接通电话",以 $A_i (i = 1, 2, 3)$ 表示事件"第 i 次拨号接通电话",则 $P(A)$ 为所求.

因为 $P(A) = 1 - P(\bar{A})$,而 $\bar{A} = \bar{A}_1 \bar{A}_2 \bar{A}_3$,由乘法公式

$$P(\bar{A}) = P(\bar{A}_1 \bar{A}_2 \bar{A}_3) = P(\bar{A}_1)P(\bar{A}_2 \mid \bar{A}_1)P(\bar{A}_3 \mid \bar{A}_1 \bar{A}_2),$$

又因为 $P(\bar{A}_1) = \dfrac{9}{10}$,$P(\bar{A}_2 \mid \bar{A}_1) = \dfrac{8}{9}$,$P(\bar{A}_3 \mid \bar{A}_1 \bar{A}_2) = \dfrac{7}{8}$,所以 $P(\bar{A}) = \dfrac{9}{10} \times \dfrac{8}{9} \times \dfrac{7}{8} = \dfrac{7}{10}$,则

$$P(A) = 1 - P(\bar{A}) = 1 - \frac{7}{10} = \frac{3}{10} = 0.3.$$

三、事件的独立性

在一般情况下,$P(B \mid A) \neq P(B)$,也就是说事件 A 发生对事件 B 发生的概率有影响. 但在有些情况下,事件 A 发生对事件 B 发生的概率不产生影响,即 $P(B \mid A) = P(B)$.

例如,一颗均匀的骰子掷两次,以 A 表示事件"第一次掷出偶数点",以 B 表示事件"两次掷出的点数和为偶数". 由古典概型可直接计算得

$$P(A)=\frac{1}{2}, \quad P(B)=\frac{1}{2}, \quad P(AB)=\frac{1}{4},$$

因此

$$P(B\,|\,A)=\frac{P(AB)}{P(A)}=\frac{1/4}{1/2}=\frac{1}{2}=P(B).$$

事件 A 发生没有改变事件 B 发生的概率,这种情况我们称事件 A 与事件 B 相互独立,此时有 $P(AB)=P(A)P(B)$. 下面给出两个事件相互独立的定义.

定义 1.6 对于任意两个事件 A,B,如果 $P(AB)=P(A)P(B)$,则称事件 A 与事件 B 相互独立,简称 A,B 独立.

由事件的独立性定义易知下面的定理成立.

定理 1.1 设 A,B 是两个事件,若 $P(A)>0$,则 A 与 B 相互独立的充要条件是 $P(B\,|\,A)=P(B)$;若 $P(B)>0$,则 A 与 B 相互独立的充要条件是 $P(A\,|\,B)=P(A)$.

定理 1.2 若事件 A 与事件 B 相互独立,则下列各对事件也相互独立:

$$A \text{ 与 } \overline{B}, \quad \overline{A} \text{ 与 } B, \quad \overline{A} \text{ 与 } \overline{B}.$$

证明 因为 $A=A(B\cup\overline{B})=AB\cup A\overline{B}$,所以

$$P(A)=P(AB)+P(A\overline{B})=P(A)P(B)+P(A\overline{B}).$$

于是

$$P(A\overline{B})=P(A)-P(A)P(B)=P(A)(1-P(B))=P(A)P(\overline{B}),$$

因此 A 与 $\overline{B}$ 相互独立.

同样可推出 $\overline{A}$ 与 $\overline{B}$ 相互独立. 又因为 $\overline{\overline{B}}=B$,所以推出 $\overline{A}$ 与 B 相互独立.

事件独立的概念可以推广到多个事件的情况.

定义 1.7 设 A,B,C 是三个事件,若

$$P(AB)=P(A)P(B),$$
$$P(AC)=P(A)P(C),$$
$$P(BC)=P(B)P(C),$$
$$P(ABC)=P(A)P(B)P(C)$$

都成立,则称事件 A,B,C 相互独立. 如果前三个式子成立,则称事件 A,B,C 两两相互独立.

由定义 1.7 可知,三个事件相互独立,必有两两相互独立;但两两相互独立不能保证三个事件相互独立.

一般地,设 $A_1,A_2,\cdots,A_n(n\geq2)$ 是 n 个事件,如果对于其中任意 2 个、3 个……n 个事件,积事件的概率都等于各事件概率之积,则称事件 $A_1,A_2,\cdots,A_n$ 相互独立. n 个事件相互独立,要求成立的等式总数为 $C_n^2+C_n^3+\cdots+C_n^n=2^n-n-1$.

对多个事件的独立性作两点说明:

(1) 若事件 $A_1,A_2,\cdots,A_n(n\geq2)$ 相互独立,则其中任意 $k(2\leq k\leq n)$ 个事件相互独立.

(2) 若事件 $A_1,A_2,\cdots,A_n(n\geq2)$ 相互独立,将 $A_1,A_2,\cdots,A_n$ 中任意多个事件换

成它们的对立事件,所得的 n 个事件仍然相互独立.

例 1.18　设有电路如图 1.10 所示,其中 1,2,3, 4 为继电器触点. 设各继电器触点闭合与否相互独 立,且每一个继电器触点闭合的概率为 p,求 L 至 R 为通路的概率.

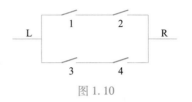

图 1.10

解　以 A 表示事件"L 至 R 为通路",以 A_i 表示 事件"第 i 个继电器触点闭合"($i=1,2,3,4$),于是 $A=A_1A_2 \cup A_3A_4$. 由概率加法公式及 A_1,A_2,A_3,A_4 相互独立知

$$P(A) = P(A_1A_2)+P(A_3A_4)-P(A_1A_2A_3A_4)$$
$$= P(A_1)P(A_2)+P(A_3)P(A_4)-P(A_1)P(A_2)P(A_3)P(A_4)$$
$$= p^2+p^2-p^4 = 2p^2-p^4.$$

例 1.19　袋中有四颗糖果,其中三颗分别是着有红、黄、绿色的单色糖果,另一颗 是同时着有红、黄、绿色的三色糖果. 今从袋中任取一颗,以 A 表示"取出的糖果着有红 色",以 B 表示"取出的糖果着有黄色",以 C 表示"取出的糖果着有绿色". 问 A,B,C 三个事件是否相互独立?

解　由题意知,$P(A)=P(B)=P(C)=\dfrac{1}{2}$,因此,

$$P(AB)=P(AC)=P(BC)=\frac{1}{4}, \quad P(ABC)=\frac{1}{4},$$
$$P(AB)=P(A)P(B),$$
$$P(AC)=P(A)P(C),$$
$$P(BC)=P(B)P(C),$$

故事件 A,B,C 两两相互独立. 但由于 $P(ABC)=\dfrac{1}{4}$,

$$P(A)P(B)P(C)=\frac{1}{8},$$
$$P(ABC) \neq P(A)P(B)P(C),$$

所以事件 A,B,C 不相互独立.

例 1.20　已知某地区每个人的血清中含有肝炎病毒的概率为 0.4%,且它们是否 含有肝炎病毒是相互独立的. 今混合该地区 100 个人的血清,求混合后的血清中含有 肝炎病毒的概率.

解　以 A 表示事件"混合后的血清中含有肝炎病毒",以 A_i 表示事件"第 i 个人的 血清中含有肝炎病毒"($i=1,2,\cdots,100$),则 $A=A_1 \cup A_2 \cup \cdots \cup A_{100}$. 由德摩根律和事件 的相互独立性得

$$P(A) = 1-P(\overline{A}) = 1-P(\overline{A_1 \cup A_2 \cup \cdots \cup A_{100}})$$
$$= 1-P(\overline{A}_1 \overline{A}_2 \cdots \overline{A}_{100})$$
$$= 1-\prod_{i=1}^{100} P(\overline{A}_i) = 1-\prod_{i=1}^{100}(1-P(A_i))$$
$$= 1-(1-0.004)^{100} = 0.33.$$

四、n 重伯努利试验

随机试验的独立性是通过随机事件(随机试验的结果)的独立性来定义的.

定义 1.8 如果第一次试验的任一结果、第二次试验的任一结果……第 n 次试验的任一结果都是相互独立的事件,则称这 n 次试验是**相互独立**的.

例如,在相同条件下上抛一枚硬币 n 次,这 n 次上抛的结果是相互独立的. 因此如果将上抛一枚硬币一次看作一次试验,由上面的定义知,这 n 次试验是相互独立的.

同时,我们也应注意到,"一次上抛 n 枚相同的硬币"的试验与"每次上抛一枚硬币,共上抛 n 次"的试验是等价的.

定义 1.9 如果 n 次相互独立的随机试验是相同的,则称它们为 n **重独立重复试验**;如果在 n 重独立重复试验中,每次试验的可能结果为 A 和 $\bar{A}$,并且 $P(A) = p$,$P(\bar{A}) = 1-p = q$(当然 $0 < p < 1$),则这种试验就称为 n **重伯努利试验**.

在 n 重伯努利试验中,我们主要研究事件 A 发生 k 次的概率 p_k,$k = 0,1,2,\cdots,n$.

在上面定义中,"重复"的意思是指在每次试验中 $P(A) = p$ 保持不变,"独立"的意思是指各次试验的结果互不影响. 如果事件 A 在 n 次独立试验的 k 次试验(比如说前 k 次试验)中发生,而在其余 $(n-k)$ 次试验中不发生,其概率为

$$P(A_1 A_2 \cdots A_k \bar{A}_{k+1} \cdots \bar{A}_n) = P(A_1) P(A_2) \cdots P(A_k) P(\bar{A}_{k+1}) \cdots P(\bar{A}_n)$$
$$= \underbrace{p \cdots p}_{k\uparrow} \underbrace{(1-p) \cdots (1-p)}_{(n-k)\uparrow} = p^k (1-p)^{n-k},$$

其中 A_i 表示"事件 A 在第 i 次试验中发生",$i = 1,2,\cdots,n$. 我们也可以指定在其他的 k 次试验中事件 A 发生,在剩下的 $(n-k)$ 次试验中事件 A 不发生. 由组合知识知,这种指定的方法有 C_n^k 种不同的情况,而且每种情况发生的概率都是 $p^k(1-p)^{n-k}$,并且它们是两两互不相容的,所以在 n 次试验中事件 A 发生 k 次的概率为

$$p_k = C_n^k p^k (1-p)^{n-k} = C_n^k p^k q^{n-k}, \quad k = 0,1,2,\cdots,n.$$

这恰为 $(p+q)^n$ 的二项式展开中的第 k($k = 0,1,2,\cdots,n$)项,因此通常也称 p_k 为二项概率.

例 1.21 8 门火炮同时独立地向一目标各射击一发炮弹,当共有不少于 2 发炮弹命中目标时,目标就被击毁. 如果每门火炮命中目标的概率均为 0.6,求目标被击毁的概率.

解 设 A = "一门火炮命中目标",则 $P(A) = 0.6$. 本题可看作 $p = 0.6$,$n = 8$ 的 n 重伯努利试验,所求概率是事件 A 在 8 次独立试验中至少出现 2 次的概率,即

$$\sum_{k=2}^{8} p_k = 1 - \sum_{k=0}^{1} p_k = 1 - C_8^0 \cdot 0.6^0 \cdot 0.4^8 - C_8^1 \cdot 0.6^1 \cdot 0.4^7 = 0.9915.$$

n 重伯努利试验是一种很重要的数学模型,它有广泛的应用,是被研究较多的模型之一. 值得注意的是,在许多实际问题中,有些试验虽然不是伯努利试验,但仍然可以按照伯努利试验来处理.

例 1.22 一种 40 W 的灯泡,规定其使用寿命超过 2 000 h 为正品,否则为次品. 已知有一批数量很大的这样的灯泡,其次品率为 0.2. 现从该批灯泡中随机地抽取 20

只做寿命试验,问这 20 只灯泡中恰有 k 只次品的概率是多少?

解 这虽是无放回抽样问题,在取这 20 只灯泡时其次品率在发生变化,但由于这批灯泡的总数很大,且抽出灯泡的数量相对于灯泡总数来讲很小,因此可以把这种试验当作有放回抽样来处理,认为其次品率在抽取过程中没发生变化,这样问题就会大大简化. 这样做虽然会有些误差,但误差很小.

这样,本题可看作 $p=0.2,n=20$ 的 n 重伯努利试验,若记 k 为 20 只灯泡中次品的只数,则

$$p_k = C_{20}^k \cdot 0.2^k \cdot 0.8^{20-k}, \quad k=0,1,2,\cdots,20.$$

§1.6 全概率公式与贝叶斯公式

在求事件发生的概率时,会遇到求复杂事件发生的概率. 此时如果直接计算可能会非常烦琐,甚至求不出来. 全概率公式与贝叶斯公式提供了求复杂事件概率的思想和方法,使一些难求的概率变得简单易算. 为了引出这两个重要的公式,先介绍样本空间的划分.

定义 1.10 设 Ω 为试验 E 的样本空间,$B_1,B_2,\cdots,B_n$ 为 E 的一组事件,若
(1) $B_1,B_2,\cdots,B_n$ 两两互不相容,即 $B_iB_j=\varnothing(i\neq j,i,j=1,2,\cdots,n)$;
(2) $B_1\cup B_2\cup\cdots\cup B_n=\Omega$,
如图 1.11 所示,则称 $B_1,B_2,\cdots,B_n$ 为样本空间 Ω 的一个划分(或完备事件组).

若 $B_1,B_2,\cdots,B_n$ 是样本空间 Ω 的一个划分,则对每次试验,事件组 $B_1,B_2,\cdots,B_n$ 中有且仅有一个事件发生. 例如,设试验 E 为"掷一颗骰子观察其点数",它的样本空间为 $\Omega=\{1,2,3,4,5,6\}$. E 的一组事件 $B_1=\{1,2\}$,$B_2=\{3,5\}$,$B_3=\{4,6\}$ 是 Ω 的一个划分,而事件组 $C_1=\{1,2,3\}$,$C_2=\{3,4,5\}$,$C_3=\{4,5,6\}$ 不是 Ω 的一个划分.

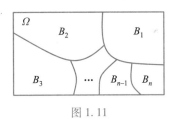

图 1.11

可见,Ω 的划分是将 Ω 分割成若干个两两互不相容的事件.

一、全概率公式

定理 1.3 设试验 E 的样本空间为 Ω,A 为 E 的事件,$B_1,B_2,\cdots,B_n$ 为 Ω 的一个划分,且 $P(B_i)>0(i=1,2,\cdots,n)$,则

$$P(A)=\sum_{i=1}^n P(B_i)P(A\mid B_i). \tag{1.18}$$

(1.18)式称为**全概率公式**.

证明 $A=A\Omega=A(B_1\cup B_2\cup\cdots\cup B_n)=AB_1\cup AB_2\cup\cdots\cup AB_n$,如图 1.12 所示. 因为 $B_iB_j=\varnothing,i\neq j$,所以
$$(AB_i)(AB_j)=\varnothing, \quad i\neq j.$$
由概率的有限可加性得 $P(A)=\sum_{i=1}^n P(AB_i)$. 又因为

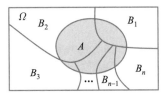

图 1.12

$P(B_i)>0, i=1,2,\cdots,n$, 所以

$$P(A) = \sum_{i=1}^{n} P(B_i)P(A \mid B_i).$$

在很多实际问题中, $P(A)$ 不易直接求得, 但却容易找到 Ω 的一个划分 $B_1, B_2, \cdots,$ B_n, 且 $P(B_i)$ 和 $P(A \mid B_i)$ 或为已知, 或容易求得, 那么就可以根据(1.18)式求出 $P(A)$. 全概率公式的基本思想是把一个复杂的事件分解为若干个已知简单事件求解, 故在应用全概率公式时, 关键是找到样本空间 Ω 的一个合适的划分.

在全概率公式中, 常将事件 A 视作"结果", 而事件 $B_1, B_2, \cdots, B_n$ 视作使得 A 发生的 n 个不同的"原因".

例 1.23 有朋自远方来, 他乘火车、汽车、轮船、飞机来的概率分别是 0.3, 0.2, 0.1, 0.4; 如果乘火车、汽车、轮船来的话, 迟到的概率分别是 $\frac{1}{4}, \frac{1}{3}, \frac{1}{12}$, 而乘飞机则不会迟到. 求他迟到的概率.

解 以 A 表示事件"迟到", 以 B_1 表示事件"乘火车", 以 B_2 表示事件"乘汽车", 以 B_3 表示事件"乘轮船", 以 B_4 表示事件"乘飞机".

由题意,

$$P(B_1) = 0.3, \quad P(B_2) = 0.2, \quad P(B_3) = 0.1, \quad P(B_4) = 0.4,$$

$$P(A \mid B_1) = \frac{1}{4}, \quad P(A \mid B_2) = \frac{1}{3}, \quad P(A \mid B_3) = \frac{1}{12}, \quad P(A \mid B_4) = 0.$$

于是, 由全概率公式, 他迟到的概率为

$$P(A) = \sum_{i=1}^{4} P(B_i)P(A \mid B_i) = 0.3 \times \frac{1}{4} + 0.2 \times \frac{1}{3} + 0.1 \times \frac{1}{12} + 0.4 \times 0 = 0.15.$$

例 1.24 甲文具盒内有 2 支蓝色笔和 3 支黑色笔, 乙文具盒内也有 2 支蓝色笔和 3 支黑色笔. 现从甲文具盒中任取 2 支笔放入乙文具盒, 然后再从乙文具盒中任取 2 支笔, 求最后取出的 2 支笔都是黑色笔的概率.

解 以 A 表示事件"最后从乙文具盒中取出 2 支笔都是黑色笔", 以 B_i 表示事件"从甲文具盒中取出的 2 支笔中有 i 支黑色笔"($i=0,1,2$). 易知, B_0, B_1, B_2 是样本空间 Ω 的一个划分.

由题意, $P(B_0) = \dfrac{C_2^2 C_3^0}{C_5^2} = \dfrac{1}{10}, P(B_1) = \dfrac{C_2^1 C_3^1}{C_5^2} = \dfrac{6}{10}, P(B_2) = \dfrac{C_2^0 C_3^2}{C_5^2} = \dfrac{3}{10}$, 而

$$P(A \mid B_0) = \frac{C_4^0 C_3^2}{C_7^2} = \frac{3}{21}, \quad P(A \mid B_1) = \frac{C_3^0 C_4^2}{C_7^2} = \frac{6}{21}, \quad P(A \mid B_2) = \frac{C_2^0 C_5^2}{C_7^2} = \frac{10}{21}.$$

根据全概率公式, 得

$$P(A) = \sum_{i=0}^{2} P(B_i)P(A \mid B_i) = \frac{1}{10} \times \frac{3}{21} + \frac{6}{10} \times \frac{6}{21} + \frac{3}{10} \times \frac{10}{21} = \frac{23}{70}.$$

例 1.25 玻璃杯成箱出售, 每箱 20 只, 假设每箱含 0, 1, 2 只残次品的概率分别为 0.8, 0.1 和 0.1. 一顾客欲购买一箱玻璃杯, 购买时售货员随意取一箱, 顾客开箱随意查看 4 只, 若无残次品, 则购买该箱玻璃杯, 否则退回. 求顾客买下这箱玻璃杯的概率.

解 以 A 表示事件"顾客买下所查的那箱玻璃杯", 以 B_i 表示事件"顾客所买的玻

璃杯中有 i 只残次品"$(i=0,1,2)$,则

$$P(B_0)=0.8, \quad P(B_1)=0.1, \quad P(B_2)=0.1,$$

$$P(A \mid B_0)=1, \quad P(A \mid B_1)=\frac{C_{19}^4}{C_{20}^4}=\frac{4}{5}, \quad P(A \mid B_2)=\frac{C_{18}^4}{C_{20}^4}=\frac{12}{19}.$$

因此

$$P(A)=\sum_{i=0}^{2} P(B_i)P(A \mid B_i)=\frac{448}{475}.$$

二、贝叶斯公式

定理 1.4 设试验 E 的样本空间为 Ω,A 为 E 的事件,$B_1,B_2,\cdots,B_n$ 为 Ω 的一个划分,且 $P(A)>0,P(B_i)>0,i=1,2,\cdots,n$,则

$$P(B_i \mid A)=\frac{P(B_i)P(A \mid B_i)}{\sum\limits_{j=1}^{n} P(B_j)P(A \mid B_j)}, \quad i=1,2,\cdots,n. \tag{1.19}$$

(1.19)式称为贝叶斯公式.

证明 由条件概率的定义和乘法公式得

$$P(B_i \mid A)=\frac{P(AB_i)}{P(A)}=\frac{P(B_i)P(A \mid B_i)}{P(A)}, \tag{1.20}$$

由全概率公式知

$$P(A)=\sum_{j=1}^{n} P(B_j)P(A \mid B_j), \tag{1.21}$$

把(1.21)式代入(1.20)式得

$$P(B_i \mid A)=\frac{P(B_i)P(A \mid B_i)}{\sum\limits_{j=1}^{n} P(B_j)P(A \mid B_j)}.$$

贝叶斯公式中的事件 A 可以看作随机试验的某一"结果",事件 $B_1,B_2,\cdots,B_n$ 可以看作使得事件 A 发生的 n 个不同"原因". 当已知事件 A 发生时,要追查使之发生的第 i 个因素 B_i 的可能性大小,常常使用贝叶斯公式.

将全概率公式和贝叶斯公式做一比较会发现,全概率公式是由原因导出结果,而贝叶斯公式则是由结果追溯原因,因此贝叶斯公式可以帮助分析事件 A 发生的原因.

例 1.26(例 1.25 续) 求顾客买下的这箱玻璃杯中确实没有残次品的概率.

解 由贝叶斯公式

$$P(B_0 \mid A)=\frac{P(B_0)P(A \mid B_0)}{\sum\limits_{i=0}^{2} P(B_i)P(A \mid B_i)}=\frac{0.8 \times 1}{0.8 \times 1 + 0.1 \times \dfrac{4}{5} + 0.1 \times \dfrac{12}{19}}=0.85.$$

由此可见顾客购买的这箱玻璃杯中确实没有残次品的概率为 0.85.

例 1.27 信号发射器分别以 0.7 和 0.3 的概率发出信号"0"和"1". 由于受到干扰,当发出"0"时,收到"0"的概率为 0.9,错收成"1"的概率为 0.1;而当发出"1"时,收

到"1"的概率为 0.95,错收成"0"的概率为 0.05,求:

(1) 收到"0"的概率;

(2) 收到"0"时,发射器确实发出"0"的概率.

解 以 A 表示事件"发射器发出信号'0'",以 B 表示事件"收到信号'0'". 由题意,
$P(A)=0.7, P(\overline{A})=0.3, P(B\mid A)=0.9, P(\overline{B}\mid A)=0.1, P(\overline{B}\mid \overline{A})=0.95, P(B\mid \overline{A})=0.05.$

(1) 由全概率公式,

$$P(B)=P(A)P(B\mid A)+P(\overline{A})P(B\mid \overline{A})$$
$$=0.7\times0.9+0.3\times0.05=0.645.$$

(2) 由贝叶斯公式,

$$P(A\mid B)=\frac{P(A)P(B\mid A)}{P(A)P(B\mid A)+P(\overline{A})P(B\mid \overline{A})}$$
$$=\frac{0.7\times0.9}{0.7\times0.9+0.3\times0.05}=0.976\,7.$$

典型例题
讲解 2

例 1.28 根据以往临床记录,某种诊断癌症的试验具有如下结果:若以 A 表示事件"试验反应为阳性",以 C 表示事件"被诊断者患有癌症",则有 $P(A\mid C)=0.95$,$P(\overline{A}\mid \overline{C})=0.95$. 现对自然人群进行普查,设被试验者患有癌症的概率为 0.005,即 $P(C)=0.005$,试求某人试验反应为阳性而此人确患有癌症的概率.

解 由题意,

$$P(A\mid C)=0.95, \quad P(A\mid \overline{C})=1-P(\overline{A}\mid \overline{C})=0.05,$$
$$P(C)=0.005, \quad P(\overline{C})=1-P(C)=0.995,$$

由贝叶斯公式,

$$P(C\mid A)=\frac{P(C)P(A\mid C)}{P(C)P(A\mid C)+P(\overline{C})P(A\mid \overline{C})}$$
$$=\frac{0.005\times0.95}{0.005\times0.95+0.995\times0.05}=0.087.$$

注 1 本题结果表明,虽然 $P(A\mid C)=0.95$,但 $P(C\mid A)=0.087$,即某人试验是阳性,患有癌症的概率为 0.087,所以混淆了 $P(A\mid C)$ 和 $P(C\mid A)$ 会造成不良后果:$P(A\mid C)$ 反映的是一种有效性检验结果,而 $P(C\mid A)$ 反映的是一种可靠性检验问题.

注 2 $P(C)=0.005$ 是由以往数据分析得到的,称为先验概率,而在得到一定信息后再重新加以修正的概率 $P(C\mid A)=0.087$ 称为后验概率. 有了后验概率我们就能对被试验者的情况有进一步的了解.

例 1.29 用贝叶斯公式分析伊索寓言"狼来了"中,村民对说谎小孩的信任程度是如何下降的.

解 根据故事内容可设事件 A 为"小孩说谎",事件 B 为"小孩可信",且

$$P(B)=0.8, \quad P(\overline{B})=0.2, \quad P(A\mid B)=0.1, \quad P(A\mid \overline{B})=0.5.$$

我们现在用贝叶斯公式来求 $P(B\mid A)$,及这个小孩说了一次谎后,村民对他的信任程度的改变.

由贝叶斯公式，

$$P(B \mid A) = \frac{P(B)P(A \mid B)}{P(B)P(A \mid B) + P(\bar{B})P(A \mid \bar{B})} = \frac{0.8 \times 0.1}{0.8 \times 0.1 + 0.2 \times 0.5} = 0.444.$$

这表明，村民上了一次当后对小孩的信任程度由原来的 0.8 调整为 0.444，也就是做如下调整：

$$P(B) = 0.444, \quad P(\bar{B}) = 0.556.$$

在此基础上，我们再用一次贝叶斯公式来计算小孩儿第二次说谎后，村民对他的信任程度变为

$$P(B \mid A) = \frac{0.444 \times 0.1}{0.444 \times 0.1 + 0.556 \times 0.5} = 0.138.$$

这表明村民经过两次上当，对这个小孩的信任程度已经从 0.8 下降到了 0.138. 对如此低的信任程度，当村民听到第三次呼叫时，怎么可能还会上山打狼呢？

习 题 1

一、填空题

1. 写出下列随机试验的样本空间：

（1）袋中有 5 个气球，其中 3 个白球 2 个黑球，从袋中任取 2 个球，观察其颜色，则样本空间 $\Omega =$ ____；

（2）投掷三颗骰子，观察出现的点数和，则样本空间 $\Omega =$ ____；

（3）观察某一昆虫存活时间，则样本空间 $\Omega =$ ____.

2. 设 A, B, C 是三个事件，则"A, B, C 至少有一个发生"可表示为 ____，"A 与 B 发生而 C 不发生"可表示为 ____，"A, B, C 不多于两个发生"可表示为 ____，"A 不发生，B, C 中至少有一个发生"可表示为 ____.

3. A, B, C 为三个事件，且 $P(A) = P(B) = P(C) = \dfrac{1}{4}$，$P(AC) = \dfrac{1}{8}$，$P(AB) = P(BC) = 0$，则

（1）A, B, C 至少有一个发生的概率为 ____；

（2）A, B, C 都不发生的概率为 ____.

4. 随机事件 A, B, C 相互独立，且 $P(A) = P(B) = P(C) = \dfrac{1}{2}$，则 $P(AC \mid A \cup B) =$ ____.

5. 已知 $P(A) = 0.7$，$P(AB) = 0.3$，则 $P(A\bar{B}) =$ ____.

6. 从 $1, 2, \cdots, 15$ 中随机抽取三个数，则三个数中最大值为 10 的概率是 ____，三个数大于、等于和小于 10 各一个的概率是 ____，三个数中两个大于 10，一个小于 10 的概率是 ____.

7. 设袋中有红球、白球、黑球各 1 个，从中有放回地取球，每次取 1 个，直到三种颜色的球都取到时停止，则取球次数恰好为 4 的概率是 ____.

8. 设 A,B,C 是随机事件, A 与 C 互不相容, $P(AB)=\dfrac{1}{2}$, $P(C)=\dfrac{1}{3}$, 则 $P(AB\mid\overline{C})=$ ____.

9. 掷甲、乙两颗均匀的骰子, 已知点数之和为 8, 则其中一颗点数为 2 的概率是____.

10. 已知 $P(A)=\dfrac{1}{4}$, $P(B\mid A)=\dfrac{1}{3}$, $P(A\mid B)=\dfrac{1}{2}$, 则 $P(A\cup B)=$ ____.

11. 已知 $P(A)=P(B)=\dfrac{1}{3}$, $P(A\mid B)=\dfrac{1}{6}$, 则 $P(\overline{A}\mid\overline{B})=$ ____.

12. 设 A,B 为两个事件且相互独立, 则 $P(A\overline{B})=$ ____.

13. 设 $A_1,A_2,\cdots,A_n$ 为 n 个事件, 如果对任意正整数 $k(k\leqslant n)$, 及上述事件中的任意 k 个事件 $A_{i_1},A_{i_2},\cdots,A_{i_k}$, 有 $P(A_{i_1}A_{i_2}\cdots A_{i_k})=$ ____, 则称这 n 个事件 $A_1,A_2,\cdots,A_n$ 相互独立.

14. 设 $A_1,A_2,\cdots,A_n$ 为样本空间 Ω 的一个划分, 且 $P(A_i)>0(i=1,2,\cdots,n)$, 则对于任意事件 B, 有 $P(B)=$ ____; 若 $P(B)>0$, 则对任意 A_i, $P(A_i\mid B)=$ ____.

15. 设随机事件 A 与 B 相互独立, 且 $P(B)=0.5$, $P(A-B)=0.3$, 则 $P(B-A)=$ ____.

二、选择题

1. 若两事件 A 与 B 同时出现的概率 $P(AB)=0$, 则(   ).

(A) A 和 B 不相容   (B) AB 是不可能事件

(C) AB 未必是不可能事件   (D) $P(A)=0$ 或 $P(B)=0$

2. 设 A,B 为随机事件, 则与 A 包含 B 不等价的是(   ).

(A) $A\cup B=A$ (B) $B-A=\varnothing$

(C) $A-B=\varnothing$ (D) $AB=B$

3. 设事件 A 与 B 满足条件 $AB=\overline{A}\,\overline{B}$, 则(   ).

(A) $A\cup B=\varnothing$ (B) $A\cup B=\Omega$

(C) $A\cup B=A$ (D) $A\cup B=B$

4. 设 A 为随机事件且 $P(A)=1$, 则对任意随机事件 B, 必有(   ).

(A) $P(A\cup B)=P(B)$ (B) $P(A-B)=P(B)$

(C) $P(B-A)=P(B)$ (D) $P(AB)=P(B)$

5. 设 A,B 是任意两个事件, 则下列各选项中错误的是(   ).

(A) 若 $AB=\varnothing$, 则 $\overline{A},\overline{B}$ 可能不相容

(B) 若 $AB=\varnothing$, 则 $\overline{A},\overline{B}$ 也可能相容

(C) 若 $AB\neq\varnothing$, 则 $\overline{A},\overline{B}$ 也可能相容

(D) 若 $AB\neq\varnothing$, 则 $\overline{A},\overline{B}$ 一定不相容

6. 设 A,B,C 是三个随机事件, 且 A 与 C 相互独立, B 与 C 相互独立, 则 $A\cup B$ 与 C 相互独立的充要条件是(   ).

(A) A 与 B 相互独立   (B) A 与 B 互不相容

(C) AB 与 C 相互独立   (D) AB 与 C 互不相容

7. 设 A,B,C 是三个随机事件,且 $P(A)=P(B)=P(C)=\dfrac{1}{4}$,$P(AB)=0$,$P(AC)=$

$P(BC)=\dfrac{1}{12}$,则 A,B,C 中恰有一个事件发生的概率为(　　).

(A) $\dfrac{3}{4}$ 　　　　(B) $\dfrac{2}{3}$ 　　　　(C) $\dfrac{1}{2}$ 　　　　(D) $\dfrac{5}{12}$

8. 设 A_1,A_2 和 B 是任意事件,$0<P(B)<1$,$P(A_1\cup A_2\mid B)=P(A_1\mid B)+P(A_2\mid B)$,则(　　).

(A) $P(A_1\cup A_2)=P(A_1)+P(A_2)$

(B) $P(A_1\cup A_2)=P(A_1\mid B)+P(A_2\mid B)$

(C) $P(A_1B\cup A_2B)=P(A_1B)+P(A_2B)$

(D) $P(A_1\cup A_2\mid \overline{B})=P(A_1\mid \overline{B})+P(A_2\mid \overline{B})$

9. 设 A,B 为随机事件,$0<P(A)<1$,$0<P(B)<1$,则 A 与 B 相互独立的充要条件是(　　).

(A) $P(A\mid B)+P(\overline{A}\mid B)=1$ 　　　　(B) $P(A\mid B)+P(A\mid \overline{B})=1$

(C) $P(A\mid B)+P(\overline{A}\mid \overline{B})=1$ 　　　　(D) $P(A\mid \overline{B})+P(\overline{A}\mid \overline{B})=1$

10. 设 A,B 为任意两个事件,且 $A\subset B$,$P(B)>0$,则下列选项必然成立的是(　　).

(A) $P(A)<P(A\mid B)$ 　　　　(B) $P(A)\leqslant P(A\mid B)$

(C) $P(A)>P(A\mid B)$ 　　　　(D) $P(A)\geqslant P(A\mid B)$

11. 设 A,B 为两个随机事件,且 $P(B)>0$,$P(A\mid B)=1$,则必有(　　).

(A) $P(A\cup B)=P(A)$ 　　　　(B) $P(A\cup B)>P(A)$

(C) $P(A\cup B)>P(B)$ 　　　　(D) $P(A\cup B)=P(B)$

12. 设 A,B 为两个随机事件,且 $0<P(A)<1$,$P(B)>0$,$P(B\mid A)=P(B\mid \overline{A})$,则必有(　　).

(A) $P(A\mid B)=P(\overline{A}\mid B)$ 　　　　(B) $P(A\mid B)\neq P(\overline{A}\mid B)$

(C) $P(AB)=P(A)P(B)$ 　　　　(D) $P(AB)\neq P(A)P(B)$

13. 设 A,B 是随机事件,则 $P(A)=P(B)$ 的充要条件是(　　).

(A) $P(A\cup B)=P(A)+P(B)$ 　　　　(B) $P(AB)=P(A)P(B)$

(C) $P(A\overline{B})=P(B\overline{A})$ 　　　　(D) $P(AB)=P(\overline{A}\,\overline{B})$

14. 设事件 A 与事件 B 互不相容,则(　　).

(A) $P(\overline{AB})=0$ 　　　　(B) $P(AB)=P(A)P(B)$

(C) $P(A)=1-P(B)$ 　　　　(D) $P(\overline{A}\cup \overline{B})=1$

15. 若 A,B 为任意两个随机事件,则(　　).

(A) $P(AB)\leqslant P(A)P(B)$ 　　　　(B) $P(AB)=P(A)P(B)$

(C) $P(AB)\leqslant \dfrac{P(A)+P(B)}{2}$ 　　　　(D) $P(AB)\geqslant \dfrac{P(A)+P(B)}{2}$

三、解答题

1. 甲、乙、丙三门炮各向同一目标发射一发炮弹,以 A 表示事件"甲炮击中目标",以 B 表示事件"乙炮击中目标",以 C 表示事件"丙炮击中目标",问:

(1) 和事件 $A \cup B \cup C$ 表示什么?

(2) 和事件 $AB \cup BC \cup AC$ 表示什么?

(3) 积事件 $\overline{A}\,\overline{B}\,\overline{C}$ 表示什么?

(4) 和事件 $\overline{A} \cup \overline{B} \cup \overline{C}$ 表示什么?

(5) 恰好有一门炮击中目标应如何表示?

(6) 恰好有两门炮击中目标应如何表示?

(7) 三门炮都击中目标应如何表示?

(8) 目标被击中应如何表示?

2. 箱子里装有 4 个一级品与 6 个二级品,任取 5 个产品,求:

(1) 其中恰好有 2 个一级品的概率;

(2) 其中至多有 1 个一级品的概率.

3. 盒子里装有 5 张 1 元邮票、3 张 2 元邮票及 2 张 3 元邮票,任取 3 张邮票,求:

(1) 其中恰好有 1 张 1 元邮票和 2 张 2 元邮票的概率;

(2) 其中恰好有 2 张 1 元邮票和 1 张 3 元邮票的概率;

(3) 邮票面值总和为 5 元的概率;

(4) 其中至少有 2 张邮票面值相同的概率.

4. 从 5 双不同的鞋子中任取 4 只,问这 4 只鞋子中至少有两只配成一双的概率是多少?

5. 设 A,B 是两个事件,已知 $P(A)=0.5$, $P(B)=0.7$, $P(A \cup B)=0.8$,试求 $P(A-B)$ 与 $P(B-A)$.

6. 设 A,B 是两个事件,已知 $P(A)=0.3$, $P(B)=0.6$,试在下列两种情况下分别求出 $P(A \mid B)$ 与 $P(\overline{A} \mid \overline{B})$:

(1) 事件 A,B 互不相容;

(2) 事件 A,B 有包含关系.

7. 已知 $P(\overline{A})=0.3$, $P(B)=0.4$, $P(A\overline{B})=0.5$,求条件概率 $P(B \mid A \cup \overline{B})$.

8. 设有任意两数 x 和 y 满足 $0<x<1$, $0<y<1$,求 $xy<\dfrac{1}{3}$ 的概率.

9. 随机地向半圆 $\{(x,y) \mid 0<y<\sqrt{2ax-x^2}\,(a>0)\}$ 内投一点,点落在半圆内任何区域的概率与区域的面积成正比,试求原点和该点的连线与 x 轴夹角小于 $\dfrac{\pi}{4}$ 的概率.

10. 甲、乙两艘轮船驶向一个不能同时停泊两艘轮船的码头,它们在一昼夜内到达的时刻是等可能的. 如果甲船停泊时间是一个小时,乙船停泊的时间是两个小时,求它们中任何一艘船不需要等候码头空出的概率.

11. 一架升降机开始时有 6 位乘客,并等可能地停在 10 层楼的每一层,试求下列事件的概率:

（1）某指定的一层有两位乘客离开；

（2）没有两位及两位以上的乘客在同一层离开；

（3）恰有两位乘客在同一层离开；

（4）至少有两位乘客在同一层离开.

12. 在房间里有 10 个人，分别佩戴 1—10 号纪念章，任意选 3 人记录其纪念章的号码. 求：（1）最小号码为 5 的概率；（2）最大号码为 5 的概率.

13. 在 100 个圆柱形零件中有 95 件长度合格，有 93 件直径合格，有 90 件两个指标均合格. 从中任取一件，讨论在长度合格的前提下，直径也合格的概率.

14. 根据以往资料表明，某三口之家患某种传染病的概率有如下规律：

$$P\{孩子患病\}=0.6,\quad P\{母亲患病 \mid 孩子患病\}=0.5,$$
$$P\{父亲患病 \mid 母亲及孩子患病\}=0.4.$$

求母亲及孩子患病但父亲未患病的概率.

15. 某品牌的电视机使用到 3 万小时的概率为 0.6，使用到 5 万小时的概率为 0.24. 一台电视机已使用到 3 万小时，求这台电视机使用到 5 万小时的概率.

16. 在 100 件产品中有 5 件是次品，无放回地抽取两件，问第一次取到正品而第二次取到次品的概率是多少？

17. 某保险公司的调查表明，新投保的汽车司机可分为两类：第一类人易出事故，在一年内出事故的概率为 0.05；第二类人较谨慎，在一年内出事故的概率为 0.01. 假设第一类人占新投保司机的 30%，现从新投保的汽车司机中任抽取一人，求：（1）此人一年内出事故的概率是多少？（2）如果此人出了事故，此人来自第一类人的概率是多少？

18. 三人独立地破解一份密码，已知各人能译出的概率分别为 $\frac{1}{5},\frac{1}{3},\frac{1}{4}$，问三人中至少有一个人能将此密码译出的概率是多少？

19. 某厂的产品中有 4% 的废品，在 100 件合格品中有 75 件一等品，试求在该厂中任取一件产品是一等品的概率.

20. 甲、乙、丙三人独立向同一飞机射击，设击中的概率分别是 0.4，0.5，0.7. 若只有一人击中，则飞机被击落的概率为 0.2；若有两人击中，则飞机被击落的概率为 0.6；若三人都击中，则飞机一定被击落，求飞机被击落的概率.

21. 甲、乙、丙三人抢答一道智力竞赛题，他们抢到答题权的概率分别为 0.2，0.3，0.5，而他们能将题答对的概率分别为 0.9，0.4，0.4. 现在这道题已经答对，问甲、乙、丙三人谁答对的可能性最大？

22. 12 个乒乓球中有 9 个新球和 3 个旧球. 第一次比赛从中取出 3 个球，用完以后放回去；第二次比赛又从中取出了 3 个球. 求第二次比赛取出的 3 个球中有 2 个新球的概率.

23. 甲袋中有 3 个白球和 2 个黑球，乙袋中有 4 个白球和 4 个黑球. 现从甲袋中任取 2 个球放入乙袋，再从乙袋中任取 1 个球.

（1）求从乙袋中取出的是白球的概率；

（2）如果已知从乙袋中取出球是白球，求从甲袋中取出的球是一白一黑的概率.

24. 设一只昆虫产 i 个卵的概率为 $\dfrac{\lambda^i}{i!}\mathrm{e}^{-\lambda}(\lambda>0,i=0,1,2,\cdots)$，而每个卵能孵化成虫的概率为 p，且各卵的孵化是相互独立的. 试求这只昆虫的下一代有 k 只的概率.

习题 1 参考答案 第一章自测题

第二章 随机变量及其分布

在第一章研究随机试验时,我们只是孤立地考虑个别随机事件的概率,研究方法缺乏一般性. 为了深入研究随机现象,全面认识随机现象的规律性,我们需要引入随机变量及其分布的概念. 随机变量能将随机试验产生的样本空间和随机事件量化表示,并使研究概率论的数学工具更加丰富有力.

本章将首先引入随机变量的概念,然后介绍一些常用的随机变量,最后讨论随机变量函数的分布.

§2.1 随机变量及其分布函数

一、随机变量的概念

在描述随机试验的样本空间时,并没有规定试验结果必须是数值的. 事实上,有些随机试验的结果是数值,例如,每天的最高气温;有些随机试验的结果不是数值,例如,检查一个产品,结果可能是"合格"或"不合格",但我们可以将其数量化,比如用"1"表示"合格",用"0"表示"不合格". 这样随机试验的结果就是随机变化的变量. 把随机试验的结果数量化,便于应用数学知识研究随机现象,使对随机现象的研究更深入和简单.

例如,当我们研究一批灯泡的使用寿命时要从这批灯泡中随机抽取一个,接通电源,直到烧坏为止,得到一个寿命值 X. 在此试验中每个灯泡的寿命都是样本点,全部灯泡的寿命构成样本空间 Ω. 由于每个灯泡 ω 都有一个使用寿命 $X(\omega)$,所以寿命 X 就是样本空间 Ω 上的函数.

又如,我们要研究儿童的年龄与身高的关系,对某幼儿园的儿童进行随机取样,每次让一个儿童进行测量,得到一个儿童的年龄 X 与身高 Y. 因为每个儿童的年龄和身高都是一个样本点 ω,该幼儿园的全部儿童的年龄和身高构成样本空间 Ω,那么 $X = X(\omega)$ 与 $Y = Y(\omega)$ 就是同一个样本空间上的两个函数.

再如,向上抛一枚硬币,观察正、反面出现的情况,其样本空间 $\Omega = \{\omega_1, \omega_2\}$,其中 $\omega_1 =$ "正面朝上", $\omega_2 =$ "反面朝上",不涉及数量,此时我们仍可在此样本空间上定义函数. 例如设 X 表示在一次试验中正面朝上的次数,则 $X(\omega_1) = 1$, $X(\omega_2) = 0$,这样 X 就是样本空间 Ω 上的函数.

由上面的例子可以看出 $X = X(\omega)$ 是随试验结果不同而变化的量,称之为随机变量,下面给出随机变量的定义.

定义 2.1 设随机试验的样本空间为 $\Omega = \{\omega\}$, $X = X(\omega)$ 是定义在样本空间 Ω 上的单值实函数,称 $X = X(\omega)$ 为**随机变量**,常用大写英文字母 X, Y, Z 等或希腊字母 ξ, η 等表示. 随机变量的取值常用小写英文字母 x, y, z 等表示.

这个定义说明,随机变量 X 是定义在样本空间上的一个实值函数,一个样本点对应唯一一个实数,不同的样本点可以对应不同的实数,也可以对应同一个实数.

一般来说,人的身高、体重,一个人到达公共汽车站后等车的时间,一个银行一天内服务的客户数,顾客在银行等待服务的时间及接受服务的时间等都是随机变量.

随机变量的取值随试验的结果而定,在试验之前不能预知它取到的值,且它的取值有一定的概率,这些性质显示了随机变量与普通函数有着本质的区别.

引入随机变量后,我们很容易用随机变量表示随机事件. 如用随机变量 X 表示掷一枚骰子朝上一面的点数,则 $\{X=1\}$ 和 $\{X\leqslant 3\}$ 分别表示事件"朝上一面的点数为 1"和事件"朝上一面的点数小于等于 3",$P\{X=1\}=\dfrac{1}{6}$ 和 $P\{X\leqslant 3\}=\dfrac{1}{2}$ 分别表示两事件发生的概率.

二、随机变量的分布函数

为了计算与随机变量 X 有关事件的概率,下面引入随机变量的分布函数的概念.

定义 2.2 设 X 是一个随机变量,对任意实数 x,函数
$$F(x)=P\{X\leqslant x\} \tag{2.1}$$
称为随机变量 X 的**分布函数**,且称 X 服从 $F(x)$,记为 $X\sim F(x)$.

由分布函数的定义易知,对任意实数 $x_1,x_2(x_1\leqslant x_2)$ 有
$$P\{x_1<X\leqslant x_2\}=P\{X\leqslant x_2\}-P\{X\leqslant x_1\}=F(x_2)-F(x_1),$$
$$P\{X>x_1\}=1-P\{X\leqslant x_1\}=1-F(x_1),$$
$$P\{x_1<X<x_2\}=P\{X<x_2\}-P\{X\leqslant x_1\}=F(x_2-0)-F(x_1),$$
$$P\{X=x_1\}=F(x_1)-F(x_1-0),$$
其中 $F(x_0-0)=\lim\limits_{x\to x_0^-}F(x_0)$ 表示 $F(x)$ 在点 x_0 处的左极限,特别当 $F(x)$ 在点 x_0 处连续时,有 $F(x_0-0)=F(x_0)$. 因此,若已知 X 的分布函数,关于 X 的各种事件的概率都能方便地用分布函数来表示. 在这个意义上,分布函数完整地描述了随机变量的统计规律性. 分布函数是一个普通函数,正是通过它,我们可以用数学分析的方法来研究随机变量.

如果将 X 看成数轴上的随机点的坐标,那么,分布函数 $F(x)$ 在点 x 处的函数值就表示 X 落在区间 $(-\infty,x]$ 上的概率.

分布函数 $F(x)$ 具有三条基本性质:

(1) **单调性**:$F(x)$ 是定义在整个实数轴 $(-\infty,+\infty)$ 上的单调不减函数,即对任意的 $x_1<x_2$,有 $F(x_1)\leqslant F(x_2)$.

(2) **有界性**:对任意的 x,有 $0\leqslant F(x)\leqslant 1$,且
$$F(-\infty)=\lim\limits_{x\to-\infty}F(x)=0,$$
$$F(+\infty)=\lim\limits_{x\to+\infty}F(x)=1.$$

(3) **右连续性**:$F(x)$ 是 x 的右连续函数,即对任意的 x_0,有 $\lim\limits_{x\to x_0^+}F(x)=F(x_0)$.

还可以证明,满足这三条基本性质的函数一定可以看作某个随机变量的分布函数,从而这三条基本性质成为判别某个函数能否成为分布函数的充要条件.

知识点
解析 1

例 2.1 证明:$F(x)=\dfrac{1}{\pi}\left(\arctan x+\dfrac{\pi}{2}\right)$ $(-\infty<x<+\infty)$ 是一个分布函数.

证明 显然 $F(x)$ 在整个数轴上是连续、单调不减函数,且 $F(+\infty)=1,F(-\infty)=0$,因此它满足分布函数的三条基本性质,故 $F(x)$ 是一个分布函数.

该函数称为柯西分布函数.

例 2.2 一个靶子是半径为 r 的圆盘,设击中靶上任一圆盘上的点的概率与该圆盘的面积成正比,并设射击都能中靶. 以 X 表示弹着点与圆心的距离,试求随机变量 X 的分布函数,并求 $P\left\{X \leqslant \dfrac{r}{3}\right\}$.

解 若 $x<0$,则 $\{X \leqslant x\}$ 是不可能事件,于是
$$F(x)=P\{X \leqslant x\}=0;$$
若 $x \geqslant r$,则 $\{X \leqslant x\}$ 是必然事件,于是
$$F(x)=P\{X \leqslant x\}=1;$$
若 $0 \leqslant x<r$,则由几何概型知
$$F(x)=P\{X \leqslant x\}=\frac{\pi x^2}{\pi r^2}=\left(\frac{x}{r}\right)^2.$$

综上,即得 X 的分布函数为
$$F(x)=\begin{cases}0, & x<0, \\ \left(\dfrac{x}{r}\right)^2, & 0 \leqslant x<r, \\ 1, & x \geqslant r.\end{cases}$$

从而可得
$$P\left\{X \leqslant \frac{r}{3}\right\}=F\left(\frac{r}{3}\right)=\left(\frac{1}{3}\right)^2=\frac{1}{9}.$$

§2.2 离散型随机变量及其分布

一、离散型随机变量及其分布律

当随机变量的所有可能取值为有限个或可列个时,称此随机变量为离散型随机变量.一般来说,表示次数、年龄、人数等取整数值的随机变量都是离散型随机变量.

定义 2.3 设 X 是一个离散型随机变量,若 X 的所有可能取值为 $x_1,x_2,\cdots,x_n,\cdots$(有限个或可列个),则称 X 取 x_k 的概率 $P\{X=x_k\}=p_k(k=1,2,\cdots)$ 为 X 的概率分布或分布律,也可称为概率函数.

X 的分布律也可以用如下方式表示:

X	x_1	x_2	$\cdots$	x_n	$\cdots$
p_k	p_1	p_2	$\cdots$	p_n	$\cdots$

显然分布律具有如下性质:
(1) 非负性:$p_k \geqslant 0,k=1,2,\cdots$;
(2) 规范性:$\displaystyle\sum_{k=1}^{\infty} p_k=1$.

知识点
解析 2

上述两条性质是分布律必须具有的性质,也是判别某个数列能否成为某个离散型随机变量的分布律的充要条件.

根据分布函数的定义,易知离散型随机变量 X 的分布函数为

$$F(x) = P\{X \leqslant x\} = \sum_{x_k \leqslant x} p_k, \quad -\infty < x < +\infty. \tag{2.2}$$

例 2.3 设离散型随机变量 X 的分布律为

X	-1	2	3
p_k	$\dfrac{1}{4}$	$\dfrac{1}{2}$	$\dfrac{1}{4}$

试求 $P\{X \leqslant 0.5\}$, $P\{1.5 \leqslant X \leqslant 2.5\}$,并写出 X 的分布函数.

解 $P\{X \leqslant 0.5\} = P\{X = -1\} = \dfrac{1}{4}$, $P\{1.5 \leqslant X \leqslant 2.5\} = P\{X = 2\} = \dfrac{1}{2}$.

X 的分布函数为

$$F(x) = \begin{cases} 0, & x < -1, \\ \dfrac{1}{4}, & -1 \leqslant x < 2, \\ \dfrac{3}{4}, & 2 \leqslant x < 3, \\ 1, & x \geqslant 3. \end{cases}$$

例 2.4 假设有 10 只同种电子元件,其中有 2 只废品. 装配仪器时,从这批元件中任取一只,如果是废品,扔掉再取,直到取出正品为止. 设 X 表示取到正品前已取出的废品个数,求 X 的分布律与分布函数.

解 X 的可能取值为 $0, 1, 2$.

"$X = 0$"意味着第一次取元件时就取到正品,所以

$$P\{X = 0\} = \frac{8}{10} = \frac{4}{5}.$$

"$X = 1$"意味着第一次取到废品,第二次取到正品,所以

$$P\{X = 1\} = \frac{2}{10} \times \frac{8}{9} = \frac{8}{45}.$$

类似地,$P\{X = 2\} = \dfrac{2}{10} \times \dfrac{1}{9} \times \dfrac{8}{8} = \dfrac{1}{45}$.

所以 X 的分布律为

X	0	1	2
p_k	$\dfrac{4}{5}$	$\dfrac{8}{45}$	$\dfrac{1}{45}$

X 的分布函数为

$$F(x) = \begin{cases} 0, & x < 0, \\ \dfrac{4}{5}, & 0 \leqslant x < 1, \\ \dfrac{44}{45}, & 1 \leqslant x < 2, \\ 1, & x \geqslant 2. \end{cases}$$

二、常用离散分布

随机变量有千千万万个,但常用分布并不是很多,熟悉这些常用分布对认识其他分布也会很有启发.下面我们介绍几种常用的离散分布.

1. 0-1 分布

定义 2.4 如果随机变量 X 只可能取 0 与 1 两个值,它的分布律是

$$P\{X=k\} = (1-p)^{1-k} p^k, \quad k=0,1, 0 < p < 1, \tag{2.3}$$

则称 X 服从参数为 p 的 0-1 分布或两点分布.

0-1 分布的分布律也可写成

X	0	1
p_k	$1-p$	p

对于一个随机试验,如果它的样本空间 Ω 只包含两个元素 ω_1, ω_2,即 $\Omega = \{\omega_1, \omega_2\}$,则可以在 Ω 上定义一个服从 0-1 分布的随机变量

$$X = X(\omega) = \begin{cases} 0, & \omega = \omega_1, \\ 1, & \omega = \omega_2 \end{cases}$$

来描述这个随机试验的结果,例如检查产品是否合格、种子是否发芽、检验药物对治疗是否有效以及抛一枚硬币是否正面朝上等,都可以用服从 0-1 分布的随机变量来描述.

2. 二项分布

由前面介绍的 n 重伯努利试验我们已经知道,若事件 A 在每次试验中发生的概率为 $P(A) = p$,$0 < p < 1$,则在 n 次试验中事件 A 发生 k 次的概率为

$$p_k = C_n^k p^k (1-p)^{n-k}, \quad k=0,1,2,\cdots,n.$$

定义 2.5 如果随机变量 X 的分布律是

$$P\{X=k\} = C_n^k p^k (1-p)^{n-k}, \quad k=0,1,2,\cdots,n, \tag{2.4}$$

则称 X 服从参数为 n, p 的二项分布,记为 $X \sim B(n,p)$.

易知

(1) $P\{X=k\} \geqslant 0, k=0,1,2,\cdots,n$;

(2) $\displaystyle\sum_{k=0}^{n} P\{X=k\} = \sum_{k=0}^{n} C_n^k p^k (1-p)^{n-k} = [p+(1-p)]^n = 1.$

因此,二项分布的分布律满足分布律的两条基本性质.

当 $n=1$ 时二项分布就是 0-1 分布,因此 0-1 分布可表示为 $B(1,p)$.

二项分布是一种常用的离散分布,例如,某保险公司售出某种寿险一年保单 2 500

份,被保人一年内死亡与否是相互独立的,且死亡概率为 0.001,那么一年内被保人的死亡人数 X 服从二项分布 $B(2\,500,0.001)$;又如,在一大批产品中随机抽查 10 个产品,10 个产品中不合格品的个数 X 服从二项分布 $B(10,p)$,其中 p 为不合格品率.

例 2.5 设随机变量 $X \sim B(2,p)$,$Y \sim B(3,p)$,若 $P\{X \geqslant 1\} = \dfrac{5}{9}$,试求 $P\{Y \geqslant 1\}$.

解 由 $P\{X \geqslant 1\} = \dfrac{5}{9}$ 知 $P\{X=0\} = \dfrac{4}{9} = (1-p)^2$,得 $p = \dfrac{1}{3}$. 再由 $Y \sim B(3,p)$,可得

$$P\{Y \geqslant 1\} = 1 - P\{Y = 0\} = 1 - \left(1 - \frac{1}{3}\right)^3 = \frac{19}{27}.$$

3. 泊松分布

定义 2.6 若随机变量 X 的分布律是

$$P\{X=k\} = \frac{\lambda^k}{k!}e^{-\lambda}, \quad k = 0,1,2,\cdots, \tag{2.5}$$

其中 $\lambda > 0$,则称 X 为服从参数为 λ 的**泊松分布**,记为 $X \sim P(\lambda)$.

易知

(1) $P\{X=k\} \geqslant 0, k = 0,1,2,\cdots$;

(2) $\displaystyle\sum_{k=0}^{\infty} P\{X=k\} = \sum_{k=0}^{\infty} \frac{\lambda^k e^{-\lambda}}{k!} = e^{-\lambda} \cdot e^{\lambda} = 1.$

例 2.6 某种铸件的砂眼(缺陷)数服从参数为 $\lambda = 0.5$ 的泊松分布,试求该铸件至多有 1 个砂眼的概率和至少有 2 个砂眼的概率.

解 以 X 表示铸件的砂眼数,由题意知 $X \sim P(0.5)$,则这种铸件上至多有 1 个砂眼的概率为

$$P\{X \leqslant 1\} = \frac{0.5^0}{0!}e^{-0.5} + \frac{0.5^1}{1!}e^{-0.5} = 0.91,$$

至少有 2 个砂眼的概率为

$$P\{X \geqslant 2\} = 1 - P\{X \leqslant 1\} = 0.09.$$

在实际应用中,泊松分布可以作为描述大量试验中稀有事件出现的概率分布的一个数学模型. 例如,一批产品的废品数,一本书中某一页出现印刷错误的个数,某服务部门等待接受服务的顾客人数,一定时期内出现的稀有事件(如意外事故、自然灾害等)数,某保险公司在一年内需要理赔的顾客数,某时间段内某操作系统发生故障的次数等,因此,泊松分布在经济、管理科学中占据着十分重要的地位.

在二项分布 $B(n,p)$ 中的 X 取 k 的概率记为 $b(k;n,p)$,即

$$b(k;n,p) = C_n^k p^k (1-p)^{n-k}.$$

当 n 和 k 很大时,$b(k;n,p)$ 的计算将会很烦琐,要计算出其准确数值很不容易. 利用下面的泊松定理近似计算,可以大大减少计算量. 下面不加证明地给出该定理.

定理 2.1(泊松定理) 设一列二项分布 $\{B(n,p_n),n \geqslant 1\}$,其中参数列 $\{p_n,n \geqslant 1\}$ 满足

$$\lim_{n \to \infty} np_n = \lambda > 0,$$

则对任意非负整数 k,有

$$\lim_{n\to\infty}b(k;n,p_n)=\lim_{n\to\infty}C_n^k p_n^k(1-p_n)^{n-k}=\frac{\lambda^k}{k!}e^{-\lambda}.$$

泊松定理是在 $np_n\to\lambda(n\to\infty)$ 的条件下获得的. 在计算 $b(k;n,p)$ 时,若 n 很大,p 很小,而乘积 $\lambda=np$ 大小适中,则可得

$$b(k;n,p)\approx\frac{(np)^k}{k!}e^{-np}.$$

例 2.7 设某纱厂共有 5 000 个纱锭,若每一个纱锭在单位时间内断线的概率为 0.001,试求单位时间内断线次数不大于 5 的概率.

解 设该厂单位时间内断线次数为 X,则 $X\sim B(5\,000,0.001)$,故所求概率为

$$P\{X\leqslant 5\}=\sum_{k=0}^{5}C_{5\,000}^k\times 0.001^k\times 0.999^{5\,000-k}.$$

取 $\lambda=np=5$,用泊松定理近似计算并查附表 1 得

$$P\{X\leqslant 5\}\approx\sum_{k=0}^{5}\frac{5^k}{k!}e^{-5}=0.616.$$

§2.3 连续型随机变量及其分布

一、连续型随机变量及其概率密度

除了离散型随机变量外,还有一类重要的随机变量,例如,人的身高、体重,零件的尺寸,棉纤维的长度等. 这类随机变量有两个特征:一是它的值可以是某区间中的任意值,甚至可以是任意实数;二是它的分布函数是连续的,且存在一个非负的可积函数 $f(x)$ 使得

$$F(x)=\int_{-\infty}^{x}f(t)\,dt.$$

这类随机变量就是本节要研究的连续型随机变量.

定义 2.7 设随机变量 X 的分布函数为 $F(x)$,若存在非负函数 $f(x)$,使得对任意的实数 x 有

$$F(x)=\int_{-\infty}^{x}f(t)\,dt, \tag{2.6}$$

则称 X 为连续型随机变量,$f(x)$ 为 X 的概率密度函数,简称概率密度或密度函数.

连续型随机变量的分布函数 $F(x)$ 在实数集 $\mathbf{R}$ 上处处连续(不只是右连续). 若概率密度 $f(x)$ 在点 x 处连续,则

$$f(x)=F'(x).$$

此时,随机变量的分布函数和密度函数之间可以互相推导.

由定义知,概率密度 $f(x)$ 具有如下基本性质:

(1) 非负性:$f(x)\geqslant 0(x\in\mathbf{R})$;

(2) 规范性:$\int_{-\infty}^{+\infty}f(x)\,dx=1.$

反过来,若某个函数具有上述两个性质,则此函数可作为某个随机变量的概率密度.

知识点
解析 3

注1 $f(x) \geqslant 0 (x \in \mathbf{R})$ 表示概率密度 $y=f(x)$ 的图形位于 x 轴上方,$\int_{-\infty}^{+\infty} f(x)\mathrm{d}x = 1$ 的几何意义是介于概率密度曲线与 x 轴之间的平面图形的面积为 1.

注2 随机变量 X 落在小区间 $(x, x+\Delta x]$ 内的概率近似地为 $f(x)\Delta x$,这表明 $f(x)$ 本身并非概率,但它的大小却决定了 X 落在区间 $(x, x+\Delta x]$ 内的概率的大小,即概率密度值越大的地方,随机变量落在其附近的概率就越大. 这意味着 $f(x)$ 确实具有"密度"的性质,因此称它为概率密度.

注3 对于连续型随机变量 X 来说,它取任一指定实数值 a 的概率为 0,即 $P\{X=a\}=0$. 事实上,设 X 的分布函数为 $F(x)$,$\Delta x > 0$,则由

$$\{X=a\} \subset \{a-\Delta x < X \leqslant a\}$$

得

$$0 \leqslant P\{X=a\} \leqslant P\{a-\Delta x < X \leqslant a\} = F(a)-F(a-\Delta x).$$

在上述不等式中令 $\Delta x \to 0$,并注意到 X 为连续型随机变量,其分布函数是连续的,即得

$$P\{X=a\}=0.$$

这表明:不可能事件的概率为 0,但概率为 0 的事件不一定是不可能事件. 类似地,必然事件的概率为 1,但概率为 1 的事件不一定是必然事件.

注4 由于连续型随机变量 X 取一点的概率恒为 0,故在事件"$a \leqslant X \leqslant b$"中去掉"$X=a$"或"$X=b$"不影响其概率,即

$$P\{a \leqslant X \leqslant b\} = P\{a < X \leqslant b\} = P\{a \leqslant X < b\} = P\{a < X < b\}$$

$$= F(b)-F(a) = \int_a^b f(x)\mathrm{d}x.$$

例 2.8 设随机变量 X 的概率密度为

$$f(x)=\begin{cases} Ax, & 0<x<1, \\ 0, & \text{其他}, \end{cases}$$

求:

(1) 常数 A;

(2) 随机变量 X 的分布函数;

(3) 随机变量 X 落在 $\left[-\dfrac{1}{2}, \dfrac{1}{2}\right]$ 内的概率.

解 (1) 由概率密度的性质知

$$\int_0^1 Ax\mathrm{d}x = \frac{A}{2}x^2 \Big|_0^1 = \frac{A}{2} = 1,$$

可得 $A=2$,所以

$$f(x)=\begin{cases} 2x, & 0<x<1, \\ 0, & \text{其他}. \end{cases}$$

$$(2)\ F(x) = \int_{-\infty}^x f(t)\mathrm{d}t = \begin{cases} 0, & x<0, \\ \int_0^x 2t\mathrm{d}t, & 0 \leqslant x<1, \\ \int_0^1 2t\mathrm{d}t, & x \geqslant 1 \end{cases} = \begin{cases} 0, & x<0, \\ x^2, & 0 \leqslant x<1, \\ 1, & x \geqslant 1. \end{cases}$$

(3)
$$P\left\{-\frac{1}{2} \leqslant X \leqslant \frac{1}{2}\right\} = \int_{-\frac{1}{2}}^{\frac{1}{2}} f(x)\,\mathrm{d}x = \int_{0}^{\frac{1}{2}} 2x\,\mathrm{d}x = x^2 \Big|_{0}^{\frac{1}{2}} = \frac{1}{4},$$

或者
$$P\left\{-\frac{1}{2} \leqslant X \leqslant \frac{1}{2}\right\} = F\left(\frac{1}{2}\right) - F\left(-\frac{1}{2}\right) = \frac{1}{4}.$$

二、常用连续分布

下面我们介绍几种常用的且较为重要的连续分布.

1. 均匀分布

定义 2.8 如果随机变量 X 具有概率密度

$$f(x) = \begin{cases} \dfrac{1}{b-a}, & a < x < b, \\ 0, & \text{其他,} \end{cases} \tag{2.7}$$

则称 X 在区间 (a,b) 上服从**均匀分布**,记为 $X \sim U(a,b)$.

易知

(1) $f(x) \geqslant 0$;

(2) $\int_{-\infty}^{+\infty} f(x)\,\mathrm{d}x = \int_{a}^{b} \dfrac{1}{b-a}\,\mathrm{d}x = 1$.

上述均匀分布的分布函数为

$$F(x) = \begin{cases} 0, & x < a, \\ \dfrac{x-a}{b-a}, & a \leqslant x < b, \\ 1, & x \geqslant b. \end{cases}$$

于是,对于任意的 $c, c+L \in (a,b)$ $(L > 0)$,有

$$P\{c < X < c+L\} = F(c+L) - F(c) = \frac{L}{b-a}.$$

这表明服从均匀分布的随机变量 X 落入 (a,b) 的任意子区间内的概率与子区间的长度 L 成正比,而与子区间的位置没有关系,这正说明了"均匀"性.

均匀分布的概率密度和分布函数的图形见图 2.1.

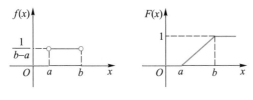

图 2.1

均匀分布是常见的连续型分布之一. 例如,数值计算中的舍入误差常被认为服从均匀分布;在每隔一定时间有一辆班车到来的汽车站,乘客的等候时间常被假设服从均匀分布. 此外,均匀分布在随机模拟中也有广泛的应用.

2. 指数分布

定义 2.9　若随机变量 X 的概率密度为

$$f(x)=\begin{cases}\lambda\mathrm{e}^{-\lambda x}, & x>0,\\0, & x\leqslant 0,\end{cases} \tag{2.8}$$

其中 $\lambda>0$ 为常数,则称 X 服从参数为 λ 的**指数分布**,记为 $X\sim E(\lambda)$.

易知

（1）$f(x)\geqslant 0$;

（2）$\displaystyle\int_{-\infty}^{+\infty}f(x)\mathrm{d}x=\int_{0}^{+\infty}f(x)\mathrm{d}x=\int_{0}^{+\infty}\lambda\mathrm{e}^{-\lambda x}\mathrm{d}x=-\mathrm{e}^{-\lambda x}\Big|_{0}^{+\infty}=1.$

指数分布的分布函数为

$$F(x)=\begin{cases}1-\mathrm{e}^{-\lambda x}, & x>0,\\0, & x\leqslant 0.\end{cases}$$

指数分布的概率密度和分布函数的图形见图 2.2.

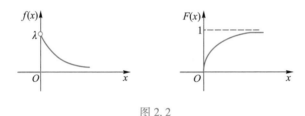

图 2.2

指数分布在可靠性问题中有重要的应用,一般认为元件的寿命是服从指数分布的. 另外,在排队服务系统中的等候时间及服务时间、电话的通话时间等都被认为服从指数分布. 一般地,可以根据经验来估计分布的参数 λ.

下面给出指数分布一个有趣的性质.

定理 2.2（指数分布的无记忆性）　若 $X\sim E(\lambda)$,则对任意 $s>0,t>0$ 有

$$P\{X>s+t\mid X>s\}=P\{X>t\}. \tag{2.9}$$

证明　因为 $X\sim E(\lambda)$,所以 $P\{X>s\}=1-F(s)=\mathrm{e}^{-\lambda s}$. 于是,对 $t,s>0$ 有

$$P\{X>s+t\mid X>s\}=\frac{P\{X>s+t,X>s\}}{P\{X>s\}}=\frac{P\{X>s+t\}}{P\{X>s\}}$$

$$=\frac{\mathrm{e}^{-\lambda(s+t)}}{\mathrm{e}^{-\lambda s}}=\mathrm{e}^{-\lambda t}=P\{X>t\}.$$

如果 X 表示某一元件的寿命(单位:h),那么(2.9)式表明:已知元件使用了 s h,则它至少能再使用 t h 的条件概率,与从开始使用时算起至少能使用 t h 的概率相等. 换句话说,当元件使用了 s h 后,如果仍正常,则它在 s h 以后的剩余寿命仍遵从原来的指数分布. 也即,元件对它已使用 s h 没有记忆,具有这一性质是指数分布有广泛应用的重要原因. "无记忆性"也常被称为"无后效性".

例 2.9　假设某火车站一售票窗口对每位顾客的服务时间(单位:min)服从参数为 $\lambda=0.5$ 的指数分布,如果有一位顾客恰好在顾客甲前面走到此售票窗口,求:

（1）顾客甲至少等候 2 min 的概率;

（2）顾客甲等候时间在 2 min 到 6 min 之间的概率.

解 以 X 表示顾客甲前面这位顾客所用服务时间,则 $X \sim E(0.5)$,$F(x)$ 为 X 的分布函数,所求概率为

(1) $P\{X \geqslant 2\} = 1 - F(2) = e^{-2\lambda} = e^{-1} = 0.368$.

(2) $P\{2 \leqslant X \leqslant 6\} = F(6) - F(2) = (1 - e^{-6\lambda}) - (1 - e^{-2\lambda}) = e^{-1} - e^{-3} = 0.318$.

3. 正态分布

定义 2.10 若随机变量 X 的概率密度为

$$f(x) = \frac{1}{\sqrt{2\pi}\,\sigma} e^{-\frac{(x-\mu)^2}{2\sigma^2}}, \quad -\infty < x < +\infty, \tag{2.10}$$

其中 $\mu, \sigma(\sigma > 0)$ 为常数,则称 X 服从参数为 μ, σ 的**正态分布**(又称为**高斯分布**),记为 $X \sim N(\mu, \sigma^2)$. 服从正态分布的随机变量一般称为正态随机变量.

为了说明 (2.10) 式确实定义了一个概率密度,需要验证非负性和规范性. 显然 $f(x) \geqslant 0 \, (-\infty < x < +\infty)$,下面证明 $\int_{-\infty}^{+\infty} f(x)\,\mathrm{d}x = 1$.

令 $\dfrac{x-\mu}{\sigma} = t$,得到

$$\int_{-\infty}^{+\infty} f(x)\,\mathrm{d}x = \int_{-\infty}^{+\infty} \frac{1}{\sqrt{2\pi}\,\sigma} e^{-\frac{(x-\mu)^2}{2\sigma^2}}\,\mathrm{d}x = \frac{1}{\sqrt{2\pi}} \int_{-\infty}^{+\infty} e^{-\frac{t^2}{2}}\,\mathrm{d}t.$$

记 $I = \int_{-\infty}^{+\infty} e^{-\frac{t^2}{2}}\,\mathrm{d}t$,则有 $I^2 = \int_{-\infty}^{+\infty} \int_{-\infty}^{+\infty} e^{-\frac{x^2+y^2}{2}}\,\mathrm{d}x\mathrm{d}y$,利用极坐标计算二重积分,

$$I^2 = \int_0^{2\pi} \mathrm{d}\theta \int_0^{+\infty} r e^{-\frac{r^2}{2}}\,\mathrm{d}r = 2\pi.$$

而 $I > 0$,故有 $I = \sqrt{2\pi}$,即

$$\int_{-\infty}^{+\infty} e^{-\frac{t^2}{2}}\,\mathrm{d}t = \sqrt{2\pi}, \tag{2.11}$$

于是

$$\int_{-\infty}^{+\infty} \frac{1}{\sqrt{2\pi}} e^{-\frac{(x-\mu)^2}{2\sigma^2}}\,\mathrm{d}x = \frac{1}{\sqrt{2\pi}} \int_{-\infty}^{+\infty} e^{-\frac{t^2}{2}}\,\mathrm{d}t = 1.$$

正态分布 $N(\mu, \sigma^2)$ 的分布函数为

$$F(x) = \frac{1}{\sqrt{2\pi}\,\sigma} \int_{-\infty}^{x} e^{-\frac{(t-\mu)^2}{2\sigma^2}}\,\mathrm{d}t, \quad -\infty < x < +\infty.$$

$f(x)$ 和 $F(x)$ 的图形如图 2.3 所示.

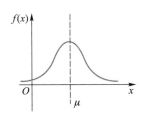 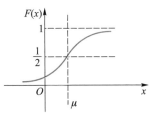

图 2.3

正态分布概率密度的曲线是钟形曲线,它的特征一是对称,二是"中间大,两头小". 后者也是一种常见的自然现象,如成人的身高,中等个子的占大多数,过高或过低的人占极少数;又如按照同样的设计尺寸生产的一批零件,由于生产过程中存在许多随机因素,使得零件的尺寸产生随机波动,有些零件尺寸偏大,而另一些零件尺寸偏小,但综合来说,零件的尺寸在设计标准附近的占大多数,也符合"中间大,两头小"的规律.

在实际中,许多随机变量都服从或近似服从正态分布,如测量误差、棉纤维的长度、细纱的断裂强力、麦粒的颗粒质量、同品种农作物的产量、炮弹的射程、人体的生理指标等都服从正态分布. 我们将在第五章中证明,一个量如果受到大量相互独立的微小随机因素的干扰而形成随机变量,其独立和的极限也服从正态分布. 基于这些原因,正态分布成为概率论与数理统计中最重要的分布.

正态分布的概率密度的图形具有以下性质:

(1)关于 $x=\mu$ 对称;

(2)在 $x=\mu$ 处取到最大值 $f(\mu)=\dfrac{1}{\sqrt{2\pi}\,\sigma}$;

(3)在 $x=\mu\pm\sigma$ 处有拐点,以 x 轴为渐近线;

(4)如果固定 σ,改变 μ 的值,则图形沿着 x 轴平移,而不改变其形状,如图 2.4 所示($\mu_1<\mu_2$),因此称 μ 为位置参数;

(5)如果固定 μ,改变 σ 的值,则 σ 越小,图形变得越陡峭,如图 2.5 所示($\sigma_1<\sigma_2$),因而 X 落在 μ 附近的概率越大,即正态概率密度的尺度由参数 σ 所确定,因此称 σ 为尺度参数.

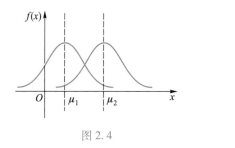

图 2.4

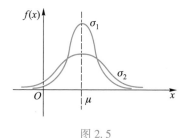

图 2.5

特别地,当 $\mu=0,\sigma=1$ 时,称随机变量 X 服从标准正态分布,记作 $X\sim N(0,1)$,其概率密度和分布函数分别用 $\varphi(x)$ 和 $\Phi(x)$ 表示,即

$$\varphi(x)=\frac{1}{\sqrt{2\pi}}e^{-\frac{x^2}{2}},\quad -\infty<x<+\infty,\qquad (2.12)$$

$$\Phi(x)=\frac{1}{\sqrt{2\pi}}\int_{-\infty}^{x}e^{-\frac{t^2}{2}}dt,\quad -\infty<x<+\infty.\qquad (2.13)$$

标准正态分布的概率密度见图 2.6.

图 2.6

易知 $\Phi(-x)=1-\Phi(x)$.附表 2 对 $x\geqslant 0$ 给出了 $\Phi(x)$ 的值,可供查用.

例 2.10 设随机变量 $X\sim N(0,1)$,利用附表 2,求:

(1) $P\{X<1.52\}$;

(2) $P\{X<-1.52\}$,

(3) $P\{|X|<1.52\}$.

解　(1) $P\{X<1.52\}=\Phi(1.52)=0.935\ 7$.

(2) $P\{X<-1.52\}=\Phi(-1.52)=1-\Phi(1.52)=0.064\ 3$.

(3) $P\{|X|<1.52\}=\Phi(1.52)-\Phi(-1.52)=2\Phi(1.52)-1=0.871\ 4$.

§2.4　随机变量函数的分布

在许多实际问题中需要计算随机变量函数的分布. 如在统计物理中,质量为 m 的分子,记其运动速度是随机变量 X,若它的概率分布已经确定,此分子的动能 $Y=\dfrac{1}{2}mX^2$ 就是随机变量 X 的函数,我们需要进一步求出 Y 的概率分布. 在这一节中,我们将讨论如何由已知的随机变量 X 的概率分布去求它的函数 $Y=g(X)$($g(\cdot)$ 是已知的连续函数)的概率分布.

一、离散型随机变量函数的分布

设 X 是离散型随机变量,X 的分布律为

X	x_1	x_2	$\cdots$	x_n	$\cdots$
p_k	p_1	p_2	$\cdots$	p_n	$\cdots$

则 $Y=g(X)$ 也是一个离散型随机变量,此时 Y 的分布律为

$Y=g(X)$	$g(x_1)$	$g(x_2)$	$\cdots$	$g(x_n)$	$\cdots$
p_k	p_1	p_2	$\cdots$	p_n	$\cdots$

当 $g(x_1),g(x_2),\cdots,g(x_n),\cdots$ 中有某些值相等时,把那些相等的值分别合并,并把相应的概率相加即可.

例 2.11　设随机变量 X 的分布律为

X	-1	0	1	2
p_k	0.3	0.2	0.1	0.4

求 $Y=(X-1)^2$ 的分布律.

解　由 X 的分布律可得如下表格:

p_k	0.3	0.2	0.1	0.4
X	-1	0	1	2
$Y=(X-1)^2$	4	1	0	1

再将相同值的概率加在一起,得 Y 的分布律为

Y	0	1	4
p_k	0.1	0.6	0.3

二、连续型随机变量函数的分布

求连续型随机变量函数的分布主要有两种方法:分布函数法和公式法.

1. 分布函数法

已知连续型随机变量 X 的概率密度为 $f_X(x)$,$g(x)$ 是一连续函数,如何求得 $Y=g(X)$ 的概率密度 $f_Y(y)$?通过下面的思路求 $Y=g(X)$ 的概率密度的方法称为分布函数法.

首先求 Y 的分布函数

$$F_Y(y)=P\{Y\leqslant y\}=P\{g(X)\leqslant y\}=\int_{g(X)\leqslant y}f(x)\,\mathrm{d}x,$$

将上式两端对 y 求导,即可求出 Y 的概率密度 $f_Y(y)$.

例 2.12 设 X 服从 $[0,\pi]$ 上的均匀分布,求 $Y=\sin X$ 的概率密度.

解 已知

$$f_X(x)=\begin{cases}\dfrac{1}{\pi}, & 0\leqslant x\leqslant\pi, \\ 0, & \text{其他.}\end{cases}$$

因为 $0\leqslant X\leqslant\pi$,所以 $0\leqslant Y\leqslant1$. 当 $y\leqslant0$ 时,$F_Y(y)=0$,则 $f_Y(y)=0$. 当 $y\geqslant1$ 时,$F_Y(y)=1$,则 $f_Y(y)=0$. 当 $0<y<1$ 时,

$$F_Y(y)=P\{Y\leqslant y\}=P\{\sin X\leqslant y\}=\frac{1}{\pi}\Big[\int_0^{\arcsin y}\mathrm{d}x+\int_{\pi-\arcsin y}^{\pi}\mathrm{d}x\Big]=\frac{2}{\pi}\arcsin y.$$

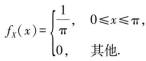

求导得 $f_Y(y)=\dfrac{2}{\pi\sqrt{1-y^2}}$.

综上,Y 的概率密度为

$$f_Y(y)=\begin{cases}\dfrac{2}{\pi\sqrt{1-y^2}}, & 0<y<1, \\ 0, & \text{其他.}\end{cases}$$

例 2.13 设随机变量 X 具有概率密度 $f_X(x)$,$-\infty<x<+\infty$,求 $Y=X^2$ 的概率密度.

解 由题设知,X 的取值范围为 $(-\infty,+\infty)$,故 Y 的取值范围为 $[0,+\infty)$,于是当 $y<0$ 时,$F_Y(y)=0$,$f_Y(y)=0$. 当 $y\geqslant0$ 时,

$$F_Y(y)=P\{X^2\leqslant y\}=P\{-\sqrt{y}\leqslant X\leqslant\sqrt{y}\}=F_X(\sqrt{y})-F_X(-\sqrt{y}).$$

两边对 y 求导得

$$f_Y(y)=f_X(\sqrt{y})\frac{1}{2\sqrt{y}}+f_X(-\sqrt{y})\frac{1}{2\sqrt{y}}.$$

从而 $Y=X^2$ 的概率密度为

$$f_Y(y) = \begin{cases} \dfrac{1}{2\sqrt{y}}[f_X(\sqrt{y}) + f_X(-\sqrt{y})], & y \geqslant 0, \\ 0, & y < 0. \end{cases}$$

用分布函数法可以证明下述正态分布的重要性质：

定理 2.3 设随机变量 $X \sim N(\mu, \sigma^2)$，则

（1）$Y = aX + b \sim N(a\mu + b, a^2\sigma^2)$，其中 $a \neq 0, b$ 为常数；

（2）$Y = \dfrac{X - \mu}{\sigma} \sim N(0, 1)$.

证明 （1）分别记 X 的分布函数及概率密度为 $F_X(x)$ 和 $f_X(x)$，Y 的分布函数及概率密度为 $F_Y(y)$ 和 $f_Y(y)$，则由分布函数的定义知

$$F_Y(y) = P\{Y \leqslant y\} = P\{aX + b \leqslant y\}.$$

若 $a > 0$，则

$$F_Y(y) = P\{aX + b \leqslant y\} = P\left\{X \leqslant \frac{y-b}{a}\right\} = F_X\left(\frac{y-b}{a}\right).$$

若 $a < 0$，则

$$F_Y(y) = P\{aX + b \leqslant y\} = P\left\{X \geqslant \frac{y-b}{a}\right\} = 1 - F_X\left(\frac{y-b}{a}\right).$$

将上面两式分别对 y 求导得

$$f_Y(y) = \frac{1}{|a|}f_X\left(\frac{y-b}{a}\right) = \frac{1}{|a|} \cdot \frac{1}{\sqrt{2\pi}\,\sigma}\exp\left\{-\frac{\left(\frac{y-b}{a}-\mu\right)^2}{2\sigma^2}\right\}$$

$$= \frac{1}{|a|\sqrt{2\pi}\,\sigma}\exp\left\{-\frac{(y-a\mu-b)^2}{2(a\sigma)^2}\right\}, \quad -\infty < y < +\infty,$$

故 $Y \sim N(a\mu + b, a^2\sigma^2)$.

（2）在（1）中令 $a = \dfrac{1}{\sigma}, b = -\dfrac{\mu}{\sigma}$，即得 $Y \sim N(0, 1)$.

通常称变换 $Y = \dfrac{X - \mu}{\sigma}$ 为对 X 进行标准化变换. 由上述定理，若 $X \sim N(\mu, \sigma^2)$，则 X 的分布函数可以写成

$$F(x) = P\{X \leqslant x\} = P\left\{\frac{X-\mu}{\sigma} \leqslant \frac{x-\mu}{\sigma}\right\} = \Phi\left(\frac{x-\mu}{\sigma}\right).$$

利用此关系可以通过查附表 2 求一般正态随机变量 X 落在任意区间内的概率.

若随机变量 $X \sim N(\mu, \sigma^2)$，则

$$P\{a < X < b\} = P\left\{\frac{a-\mu}{\sigma} < \frac{X-\mu}{\sigma} < \frac{b-\mu}{\sigma}\right\} = \Phi\left(\frac{b-\mu}{\sigma}\right) - \Phi\left(\frac{a-\mu}{\sigma}\right).$$

例 2.14 设随机变量 $X \sim N(1.5, 4)$，求 $P\{3 < X < 3.5\}$.

解 $P\{3 < X < 3.5\} = F(3.5) - F(3) = \Phi\left(\dfrac{3.5 - 1.5}{2}\right) - \Phi\left(\dfrac{3 - 1.5}{2}\right)$

$$= \Phi(1) - \Phi(0.75) = 0.067\,9.$$

设随机变量 $X \sim N(\mu, \sigma^2)$, 由 $\Phi(x)$ 的函数值还能得到

$$P\{\mu-\sigma < X < \mu+\sigma\} = \Phi(1) - \Phi(-1) = 2\Phi(1) - 1 = 0.682\ 6,$$

$$P\{\mu-2\sigma < X < \mu+2\sigma\} = \Phi(2) - \Phi(-2) = 2\Phi(2) - 1 = 0.954\ 4,$$

$$P\{\mu-3\sigma < X < \mu+3\sigma\} = \Phi(3) - \Phi(-3) = 2\Phi(3) - 1 = 0.997\ 4.$$

我们看到, 尽管正态随机变量的取值范围是 $(-\infty, +\infty)$, 但它的值落在 $(\mu-3\sigma, \mu+3\sigma)$ 内几乎是肯定的, 这就是人们所说的"3σ"法则(图 2.7).

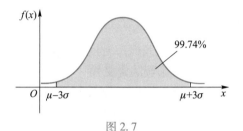

图 2.7

例 2.15 假设电源电压 X(单位: V) $\sim N(220, \sigma^2)$, 若电压超过 240 V, 则电器就会损坏, 否则不会损坏.

(1) 若 $\sigma = 20$, 求这种电器损坏的概率;

(2) 若要求这种电器损坏的概率不超过 0.025, 则应对电压的波动作何限制(即求 σ 的范围)?

解 (1) 若 $\sigma = 20$, 则 $X \sim N(220, 400)$, 电器损坏的概率为

$$P\{X > 240\} = 1 - P\{X \leqslant 240\} = 1 - \Phi\left(\frac{240-220}{20}\right)$$

$$= 1 - \Phi(1) = 1 - 0.841\ 3 = 0.158\ 7.$$

(2) $P\{X > 240\} = 1 - P\{X \leqslant 240\} = 1 - \Phi\left(\dfrac{20}{\sigma}\right) \leqslant 0.025$, 即得 $\Phi\left(\dfrac{20}{\sigma}\right) \geqslant 0.975, \dfrac{20}{\sigma} \geqslant$

1.96, 从而得 $\sigma \leqslant 10.2$.

2. 公式法

前面介绍的分布函数法是求随机变量的函数分布的主要方法, 它适用范围广泛, 对 $g(x)$ 为单调函数与非单调函数均适用. 当 $g(x)$ 为单调函数时, 还可以用公式法求 $Y = g(X)$ 的概率分布.

定理 2.4 设随机变量 X 的取值范围为 (a,b)(a 可为 $-\infty$, b 可为 $+\infty$), 其概率密度为 $f_X(x)$. 设函数 $g(x)$ 处处可导, 且恒有 $g'(x) > 0$(或 $g'(x) < 0$), 则 $Y = g(X)$ 是连续型随机变量, 其概率密度为

$$f_Y(y) = \begin{cases} f_X[h(y)] \, |h'(y)|, & \alpha < y < \beta, \\ 0, & \text{其他}, \end{cases} \tag{2.14}$$

其中 $\alpha = \min\{g(a), g(b)\}, \beta = \max\{g(a), g(b)\}, h(y)$ 是 $g(x)$ 的反函数, 即 $x = h(y)$.

证明 只证 $g'(x) > 0$ 的情况. 此时 $g(x)$ 在 (a,b) 严格单调增加, 它的反函数 $h(y)$ 存在, 且在 (α, β) 内严格增加且可导. 分别记 X, Y 的分布函数为 $F_X(x), F_Y(y)$, 现在先来求 Y 的分布函数 $F_Y(y)$.

因为 $Y = g(X)$ 在 (α, β) 内取值, 故当 $y \leqslant \alpha$ 时, $F_Y(y) = P\{Y \leqslant y\} = 0$; 当 $y \geqslant \beta$ 时,

$F_Y(y) = P\{Y \leqslant y\} = 1.$ 当 $\alpha < y < \beta$ 时,
$$F_Y(y) = P\{Y \leqslant y\} = P\{g(X) \leqslant y\} = P\{X \leqslant h(y)\} = F_X(h(y)).$$
将 $F_Y(y)$ 关于 y 求导,即得 Y 的概率密度
$$f_Y(y) = \begin{cases} f_X[h(y)]h'(y), & \alpha < y < \beta, \\ 0, & \text{其他.} \end{cases}$$

对于 $g'(x) < 0$ 的情况可以同样地证明,此时有
$$f_Y(y) = \begin{cases} f_X[h(y)][-h'(y)], & \alpha < y < \beta, \\ 0, & \text{其他.} \end{cases}$$

综上,
$$f_Y(y) = \begin{cases} f_X[h(y)]|h'(y)|, & \alpha < y < \beta, \\ 0, & \text{其他.} \end{cases}$$

例 2.16 设随机变量 X 的概率密度为 $f_X(x) = \begin{cases} 2x, & 0 < x < 1, \\ 0, & \text{其他,} \end{cases}$ 求 $Y = e^{2X}$ 的概率密度.

解 因为在 $x \in (0,1)$ 时,y 的取值范围为 $(1, e^2)$,$y' = 2e^{2x} > 0$,即当 $x \in (0,1)$ 时,$y \in (1, e^2)$ 单调上升,且有反函数 $x = h(y) = \dfrac{1}{2}\ln y$,所以

$$f_Y(y) = \begin{cases} f_X\left(\dfrac{1}{2}\ln y\right)\left|\left(\dfrac{1}{2}\ln y\right)'\right|, & 1 < y < e^2, \\ 0, & \text{其他} \end{cases}$$

$$= \begin{cases} \dfrac{\ln y}{2y}, & 1 < y < e^2, \\ 0, & \text{其他.} \end{cases}$$

习 题 2

一、填空题

1. 设 X 为一个随机变量,x 为任意的实数,则 X 的分布函数定义为 $F(x) =$ ____,根据分布函数的定义,$P\{x_1 < X \leqslant x_2\} =$ ____.

2. 设离散型随机变量 X 的分布律为 $P\{X = k\} = b\lambda^k (k = 1, 2, \cdots)$,$\lambda \in (0, 1)$,则 $b =$ ____.

3. 若随机变量 X 服从区间 (a, b) 上的均匀分布,则 X 的概率密度为 ____.

4. 若随机变量 X 服从参数为 μ, σ^2 的正态分布,那么 X 的概率密度为 ____.

5. 设随机变量 X 服从参数为 λ 的泊松分布,且 $P\{X = 1\} = P\{X = 2\}$,则 $P\{X \geqslant 1\} =$ ____,$P\{0 < X < 3\} =$ ____.

6. 设随机变量 $X \sim B(4, p)$,$Y \sim B(3, p)$,若 $P\{X \geqslant 1\} = \dfrac{15}{16}$,则 $P\{Y \geqslant 1\} =$ ____.

7. 设随机变量 X 的分布函数为

$$F(x) = \begin{cases} 0, & x < -1, \\ 0.4, & -1 \leqslant x < 1, \\ 0.8, & 1 \leqslant x < 2, \\ 1, & x \geqslant 2, \end{cases}$$

则 X 的分布律为____.

8. 设随机变量 X 的概率密度为 $f(x) = \begin{cases} 2x, & 0 < x < 1, \\ 0, & \text{其他}, \end{cases}$ 用 Y 表示对 X 的 3 次独立重复观察中事件 $\left\{ X \leqslant \dfrac{1}{2} \right\}$ 出现的次数,则 $P\{Y = 2\} = $ ____.

9. 设随机变量 X 的分布函数为

$$F(x) = \begin{cases} 0, & x < 0, \\ A \sin x, & 0 \leqslant x \leqslant \dfrac{\pi}{2}, \\ 1, & x > \dfrac{\pi}{2}, \end{cases}$$

则 $A = $ ____,$P\left\{ |X| < \dfrac{\pi}{6} \right\} = $ ____.

10. 已知随机变量 X 的概率密度为 $f(x) = c\mathrm{e}^{-|x|}$,$-\infty < x < +\infty$,则 $c = $ ____,X 的分布函数为 $F(x) = $ ____.

11. 若随机变量 X 在 $(1,6)$ 上服从均匀分布,则方程 $x^2 + Xx + 1 = 0$ 有实根的概率是____.

12. 某仪器装有三只独立工作的同型号电子元件,其寿命(单位:h)都服从同一指数分布,概率密度为

$$f(x) = \begin{cases} \dfrac{1}{600}\mathrm{e}^{-\frac{x}{600}}, & x > 0, \\ 0, & x \leqslant 0, \end{cases}$$

则在仪器使用的最初 200 个小时内,至少有一只电子元件损坏的概率为____.

13. 设随机变量 $X \sim N(1, 2^2)$,则 $P\{X < 2.2\} = $ ____,$P\{-1.6 < X < 5.8\} = $ ____,$P\{|X| \leqslant 3.5\} = $ ____.

14. 设随机变量 X 的概率密度为 $f(x) = \dfrac{1}{\pi(1 + x^2)}$,$-\infty < x < +\infty$,则随机变量 $Y = 1 - \sqrt[3]{X}$ 的概率密度为____.

15. 设随机变量 X 服从正态分布 $N(\mu, a^2)$ $(a > 0)$,且二次方程 $y^2 + 4y + X = 0$ 无实根的概率为 0.5,则 $\mu = $ ____.

16. 设随机变量 Y 服从参数为 1 的指数分布,a 为常数且大于零,则 $P\{Y \leqslant a + 1 \mid Y > a\} = $ ____。

二、选择题

1. 下列函数中,可作为某个随机变量的分布函数的是(   ).

(A) $F(x) = \dfrac{1}{1 + x^2}$,$x \in \mathbf{R}$

(B) $F(x)=\dfrac{1}{2}+\dfrac{1}{\pi}\arctan x, x\in \mathbf{R}$

(C) $F(x)=\begin{cases}\dfrac{1}{2}(1-\mathrm{e}^{-x}), & x>0, \\ 0, & x\leqslant 0\end{cases}$

(D) $F(x)=\displaystyle\int_{-\infty}^{x}f(t)\,\mathrm{d}t$，其中 $\displaystyle\int_{-\infty}^{+\infty}f(t)\,\mathrm{d}t=1$

2. 设 $F_1(x)$ 与 $F_2(x)$ 分别为随机变量 X_1 与 X_2 的分布函数，为了使 $F(x)=aF_1(x)-bF_2(x)$ 是某一随机变量的分布函数，在下列给定的各组数值中可取（   ）.

(A) $a=\dfrac{3}{5}, b=-\dfrac{2}{5}$ (B) $a=\dfrac{2}{3}, b=\dfrac{2}{3}$

(C) $a=-\dfrac{1}{2}, b=\dfrac{3}{2}$ (D) $a=\dfrac{1}{2}, b=-\dfrac{3}{2}$

3. 随机变量 X 的概率密度为 $f(x)$，且 $f(-x)=f(x)$，$F(x)$ 是 X 的分布函数，则对任意实数 a，有（   ）.

(A) $F(-a)=1-\displaystyle\int_{0}^{a}f(x)\,\mathrm{d}x$ (B) $F(-a)=\dfrac{1}{2}-\displaystyle\int_{0}^{a}f(x)\,\mathrm{d}x$

(C) $F(-a)=F(a)$ (D) $F(-a)=2F(a)-1$

4. 设 $F_1(x)$ 和 $F_2(x)$ 都是随机变量的分布函数，$f_1(x)$，$f_2(x)$ 是相应的概率密度，则（   ）.

(A) $f_1(x)f_2(x)$ 是概率密度   (B) $f_1(x)+f_2(x)$ 是概率密度
(C) $F_1(x)F_2(x)$ 是分布函数   (D) $F_1(x)+F_2(x)$ 是分布函数

5. 下列函数可作为概率密度的是（   ）.

(A) $f(x)=\mathrm{e}^{-|x|}, x\in \mathbf{R}$ (B) $f(x)=\dfrac{1}{\pi(1+x^2)}, x\in \mathbf{R}$

(C) $f(x)=\begin{cases}\dfrac{1}{\sqrt{2\pi}}\mathrm{e}^{-\frac{x^2}{2}}, & x\geqslant 0, \\ 0, & \text{其他}\end{cases}$ (D) $f(x)=\begin{cases}1, & |x|\leqslant 1, \\ 0, & |x|>1\end{cases}$

6. 设随机变量 $X\sim N(\mu,\sigma^2)$，则随着 σ 的增大，概率 $P\{|X-\mu|<\sigma\}$ 的值（   ）.
(A) 单调增大   (B) 单调减小
(C) 保持不变   (D) 增减不定

7. 设随机变量 $X\sim N(\mu,4^2)$，$Y\sim N(\mu,5^2)$，记 $P\{X\leqslant \mu-4\}=p_1$，$P\{Y\geqslant \mu+5\}=p_2$，则（   ）.
(A) 对任意实数 μ，有 $p_1=p_2$ (B) $p_1<p_2$
(C) $p_1>p_2$ (D) 只对 μ 的个别值才有 $p_1=p_2$

8. 设随机变量 X 服从指数分布，则随机变量 $Y=\min\{X,2\}$ 的分布函数（   ）.
(A) 是连续函数   (B) 至少有两个间断点
(C) 是阶梯函数   (D) 恰好有一个间断点

9. 设 $X\sim N(1,1)$，X 的概率密度和分布函数分别为 $f(x)$ 和 $F(x)$，则有（   ）.
(A) $P\{X\leqslant 0\}=0.5$ (B) $f(x)=f(-x), x\in \mathbf{R}$

（C）$F(x)=1-F(-x),x\in\mathbf{R}$ 　　　　（D）$P\{X\leqslant1\}=0.5$

10. 设随机变量 X 的概率密度为 $f(x)=\dfrac{1}{\pi(1+x^2)},x\in\mathbf{R}$,则 $Y=2X$ 的概率密度为

（　　）.

（A）$\dfrac{1}{\pi(1+4y^2)},y\in\mathbf{R}$ 　　　　（B）$\dfrac{1}{\pi(4+y^2)},y\in\mathbf{R}$

（C）$\dfrac{2}{\pi(4+y^2)},y\in\mathbf{R}$ 　　　　（D）$\dfrac{2}{\pi(1+y^2)},y\in\mathbf{R}$

11. 设随机变量 X 服从正态分布 $N(\mu_1,\sigma_1^2)$,Y 服从正态分布 $N(\mu_2,\sigma_2^2)$,且
$$P\{\,|X-\mu_1|<1\}>P\{\,|Y-\mu_2|<1\},$$
则必有（　　）.

（A）$\sigma_1<\sigma_2$ 　　　　（B）$\sigma_1>\sigma_2$

（C）$\mu_1<\mu_2$ 　　　　（D）$\mu_1>\mu_2$

12. 设随机变量 X 的分布函数 $F(x)=\begin{cases}0,&x<0,\\[2pt]\dfrac{1}{2},&0\leqslant x<1,\\[2pt]1-\mathrm{e}^{-x},&x\geqslant1,\end{cases}$ 则 $P\{X=1\}=$（　　）.

（A）0 　　　　（B）$\dfrac{1}{2}$

（C）$\dfrac{1}{2}-\mathrm{e}^{-1}$ 　　　　（D）$1-\mathrm{e}^{-1}$

13. 设 $f_1(x)$ 为标准正态分布的概率密度,$f_2(x)$ 为 $[-1,3]$ 上均匀的概率密度,若
$$f(x)=\begin{cases}af_1(x),&x\leqslant0,\\bf_2(x),&x>0\end{cases}\quad(a>0,b>0)$$
为概率密度,则 a,b 应满足（　　）.

（A）$2a+3b=4$ 　　　　（B）$3a+2b=4$

（C）$a+b=1$ 　　　　（D）$a+b=2$

14. 设 X_1,X_2,X_3 是随机变量,且 $X_1\sim N(0,1),X_2\sim N(0,2^2),X_3\sim N(5,3^2),p_i=P\{-2\leqslant X_i\leqslant2\}(i=1,2,3)$,则（　　）.

（A）$p_1>p_2>p_3$ 　　　　（B）$p_2>p_1>p_3$

（C）$p_3>p_1>p_2$ 　　　　（D）$p_1>p_3>p_2$

15. 设随机变量 $X\sim N(\mu,\sigma^2)(\sigma>0)$,记 $p=P\{X\leqslant\mu+\sigma^2\}$,则（　　）.

（A）p 随着 μ 的增加而增加 　　　　（B）p 随着 σ 的增加而增加

（C）p 随着 μ 的增加而减少 　　　　（D）p 随着 σ 的增加而减少

16. 设随机变量 X 的概率密度 $f(x)$ 满足 $f(1+x)=f(1-x)$,且 $\displaystyle\int_0^2 f(x)\,\mathrm{d}x=0.6$. 则 $P\{X<0\}=$（　　）.

（A）0.2 　　　（B）0.3 　　　（C）0.4 　　　（D）0.5

17. 设随机变量 X 与 Y 相互独立,且都服从正态分布 $N(\mu,\sigma^2)$,则 $P\{\,|X-Y|<1\}$（　　）.

（A）与 μ 无关，而与 σ^2 有关　　　　　（B）与 μ 有关，而与 σ^2 无关

（C）与 μ,σ^2 都有关　　　　　　　　（D）与 μ,σ^2 都无关

18. 设随机变量 X 服从正态分布 $N(0,1)$，对给定的 $\alpha(0<\alpha<1)$，数 u_α 满足 $P\{X>u_\alpha\}=\alpha$. 若 $P\{|X|<x\}=\alpha$，则 $x=($　　　$)$.

（A）$u_{\frac{\alpha}{2}}$　　　　　（B）$u_{1-\frac{\alpha}{2}}$　　　　　（C）$u_{\frac{1-\alpha}{2}}$　　　　　（D）$u_{1-\alpha}$

三、解答题

1. 一袋中装有 5 只球，编号为 $1,2,3,4,5$. 在袋中同时取 3 只球，以 X 表示取出的 3 只球中的最大号码，写出随机变量 X 的分布律.

2. 将一颗骰子抛掷两次，以 X 表示两次中的小的点数，试求 X 的分布律.

3. 进行某种试验，已知试验成功的概率为 0.75，失败的概率为 0.25，以 X 表示首次成功所需试验的次数，试写出 X 的分布律，并计算 X 取偶数的概率.

4. 设随机变量 X 的分布律为

X	-1	2	3
p_k	$\dfrac{1}{2}$	$\dfrac{1}{3}$	$\dfrac{1}{6}$

求：

（1）X 的分布函数；

（2）$P\left\{X\leqslant\dfrac{1}{2}\right\},P\left\{\dfrac{3}{2}<X\leqslant\dfrac{5}{2}\right\},P\{2\leqslant X\leqslant3\}$.

5. 从学校乘汽车到车站的途中有 3 个交通岗，假设在各个交通岗遇到红灯的事件是相互独立的，并且概率都是 $\dfrac{2}{5}$，设 X 为途中遇到红灯的次数，求随机变量 X 的分布律和分布函数.

6. 设事件 A 在每一次试验中发生的概率为 0.3，当 A 发生不少于 3 次时，指示灯发出信号.

（1）进行 5 次独立试验，求指示灯发出信号的概率；

（2）进行 7 次独立试验，求指示灯发出信号的概率.

7. 有甲、乙两种味道和颜色都极为相似的名酒各 4 杯，如果从中挑选 4 杯，能把甲种酒全部挑出来，算是成功一次.

（1）某人随机地去猜，问他试验一次就成功的概率是多少？

（2）某人声称，他通过品尝能区分两种酒，且连续试验 10 次后成功 3 次，试判断他是猜对的，还是确有区分的能力（设各次试验是相互独立的）.

8. 一电话服务台每分钟收到呼唤的次数服从参数为 4 的泊松分布，求：

（1）某一分钟恰有 8 次呼唤的概率；

（2）某一分钟的呼唤次数大于 3 的概率.

9. 某公安局在长度为 t 的时间间隔内收到紧急呼救的次数 X 服从参数为 $\dfrac{1}{2}t$ 的泊松分布，而与时间间隔的起点无关（时间单位：h）.

（1）求某一天中午 12:00 至下午 3:00 没有收到紧急呼救的概率；

（2）求某一天中午 12:00 至下午 5:00 至少收到一次紧急呼救的概率.

10. 有 2 500 名同年龄的人参加了某保险公司的人寿保险，每名参加保险的人，一年交付保险费 12 元. 一年内参保人死亡时，家属可以从保险公司领取 2 000 元的赔偿金，设一年内每人死亡的概率都是 0.002. 求：

（1）保险公司亏本的概率；

（2）保险公司获利不少于 10 000 元的概率.

11. 以 X 表示某商店从早晨开始营业起直到第一个顾客到达的等待时间（单位：min），X 的分布函数是

$$F(x) = \begin{cases} 1 - e^{-0.4x}, & x > 0, \\ 0, & x \leqslant 0, \end{cases}$$

求下列概率：

（1）$P\{X \leqslant 3\}$ ；

（2）$P\{X \geqslant 4\}$ ；

（3）$P\{3 < X < 4\}$ ；

（4）$P\{X \leqslant 3 \text{ 或 } X \geqslant 4\}$ ；

（5）$P\{X = 2.5\}$.

12. 设随机变量 X 的概率密度

$$f(x) = \begin{cases} C \sin x, & 0 < x < \pi, \\ 0, & \text{其他}, \end{cases}$$

求：

（1）常数 C ；

（2）使 $P\{X > a\} = P\{X < a\}$ 成立的 a .

13. 设随机变量 X 的分布函数为

$$F(x) = \begin{cases} 0, & x < 1, \\ \ln x, & 1 \leqslant x < e, \\ 1, & x \geqslant e, \end{cases}$$

求：

（1）$P\{X < 2\}$ ，$P\{0 < X \leqslant 3\}$ ，$P\left\{2 < X < \dfrac{5}{2}\right\}$ ；

（2）概率密度 $f(x)$.

14. 设随机变量 X 的概率密度分别为

$$(1)\ f(x) = \begin{cases} 2\left(1 - \dfrac{1}{x^2}\right), & 1 \leqslant x \leqslant 2, \\ 0, & \text{其他}; \end{cases} \qquad (2)\ f(x) = \begin{cases} x, & 0 \leqslant x < 1, \\ 2 - x, & 1 \leqslant x < 2, \\ 0, & \text{其他}, \end{cases}$$

求 X 的分布函数.

15. 设连续型随机变量 X 的分布函数为

$$F(x) = \begin{cases} 0, & x < 0, \\ Ax^2, & 0 \leqslant x < 1, \\ 1, & x \geqslant 1, \end{cases}$$

求：

（1）系数 A；

（2）X 落在区间$(0.3,0.7)$内的概率；

（3）X 的概率密度.

16. 设随机变量 X 服从区间$(0,5)$上的均匀分布，求关于 x 的方程 $4x^2+4Xx+X+2=0$ 有实根的概率.

17. 设随机变量 $X \sim N(3,2^2)$.

（1）求 $P\{2<X\leqslant 5\}$，$P\{-4<X\leqslant 10\}$，$P\{|X|>2\}$，$P\{X>3\}$；

（2）确定 c 使得 $P\{X>c\}=P\{X\leqslant c\}$；

（3）设 d 满足 $P\{X>d\}\geqslant 0.9$，问 d 至多为多少？

18. 在电压不超过 200 V、在 200 V 至 240 V 之间和不低于 240 V 三种情形下，某种电子元件损坏的概率分别为 0.1，0.001 和 0.2. 假设电源电压 X 服从正态分布 $N(220,25^2)$，求：

（1）该电子元件损坏的概率 α；

（2）该电子元件损坏时，电源电压在 200 V 至 240 V 之间的概率 β.

19. 设顾客在某银行的窗口等待服务的时间 X（单位：$\min$）服从指数分布，其概率密度为

$$f_X(x)=\begin{cases} \dfrac{1}{5}\mathrm{e}^{-\frac{1}{5}x}, & x>0, \\ 0, & \text{其他.} \end{cases}$$

某顾客在窗口等待服务，若超过 10 min，他就离开. 他一个月要到银行 5 次，以 Y 表示一个月他未等到服务而离开窗口的次数，写出 Y 的分布律，并求 $P\{Y\geqslant 1\}$.

20. 设随机变量 X 的分布律为

X	-2	-1	0	1	3
p_k	$\dfrac{1}{5}$	$\dfrac{1}{6}$	$\dfrac{1}{5}$	$\dfrac{1}{15}$	α

求：

（1）常数 α；

（2）$Y=X^2+2$ 的分布律；

（3）$Y=X^2+2$ 的分布函数.

21. 设随机变量 X 服从区间$(1,2)$上的均匀分布，试求 $Y=\mathrm{e}^{2X}$ 的概率密度.

22. 设随机变量 X 的概率密度为

$$f(x)=\begin{cases} \dfrac{1}{3}, & 0\leqslant x\leqslant 1, \\ \dfrac{2}{9}, & 3\leqslant x\leqslant 6, \\ 0, & \text{其他.} \end{cases}$$

若 k 使得 $P\{X\geqslant k\}=\dfrac{2}{3}$，求 k 的取值范围.

23. 设随机变量 X 服从区间 $(-1,2)$ 上的均匀分布,记

$$Y = \begin{cases} 1, & X \geqslant 0, \\ -1, & X < 0, \end{cases}$$

试求 Y 的分布律.

24. 设随机变量 X 的概率密度为

$$f(x) = \begin{cases} 2x, & 0 < x < 1, \\ 0, & \text{其他.} \end{cases}$$

现对 X 进行 n 次独立重复观测,以 Y 表示观测值不大于 0.1 的次数,试求随机变量 Y 的概率分布.

25. 设 X 为连续型随机变量,其概率密度 $f_X(x)$ 是偶函数,令 $Y = -X$,证明:Y 与 X 有相同的概率密度.

26. 设随机变量 X 的概率密度为

$$f(x) = \begin{cases} \dfrac{1}{3\sqrt[3]{x^2}}, & 1 \leqslant x \leqslant 8, \\ 0, & \text{其他,} \end{cases}$$

$F_X(x)$ 是 X 的分布函数,求随机变量 $Y = F_X(X)$ 的分布函数.

27. 设随机变量 X 的概率密度为

$$f(x) = \begin{cases} e^{-x}, & x > 0, \\ 0, & x \leqslant 0, \end{cases}$$

试求下列随机变量的概率密度:

(1) $Y_1 = 2X + 1$;

(2) $Y_2 = e^X$;

(3) $Y_3 = X^2$.

28. 假设随机变量 X 服从参数为 2 的指数分布,证明:$Y = 1 - e^{-2X}$ 在区间 $(0,1)$ 上服从均匀分布.

习题 2 参考答案   第二章自测题

第三章 多维随机变量及其分布

在实际应用中,我们往往需要用多个随机变量来描述一个随机试验的结果. 例如,在研究某地区学龄儿童的发育情况时,需要同时考察每个儿童的身高和体重;在某平面区域随机取点时,需要用横坐标和纵坐标表示随机点的位置;测定空中飞行物的位置则需要三个随机变量来表示. 在概率论中,如果一个样本点对应一个实数,则这个对应关系就是一维随机变量;如果一个样本点对应两个有序实数,那就是二维随机变量. 一般地,若一个样本点对应 n 个有序实数,那这个对应关系就代表了 n 维随机变量. 这些随机变量是相互联系的,必须把它们作为一个整体来研究,以讨论它们的统计规律性及各变量之间的相互关系.

本章主要讨论这方面的内容,并以二维随机变量为例,多于二维的,可以类推.

§3.1 二维随机变量

一、二维随机变量

定义 3.1 设 E 是一个随机试验,它的样本空间是 $\Omega=\{\omega\}$,设 $X(\omega)$ 与 $Y(\omega)$ 是定义在同一样本空间 Ω 上的两个随机变量(图 3.1),则称 $(X(\omega),Y(\omega))$ 为 Ω 上的二维随机向量或二维随机变量,可记为 (X,Y).

注 1 二维随机变量就是定义在同一样本空间上的一对随机变量. X,Y 为二维随机变量 (X,Y) 的两个分量.

注 2 一般来说,对于试验的每一个结果,二维随机变量 (X,Y) 就取平面点集上的一个点 (x,y). 随着试验结果的不同,二维随机变量 (X,Y) 在平面点集上随机取点.

图 3.1

注 3 二维随机变量的概率分布规律不仅仅依赖于各分量各自的概率分布规律,而且还依赖于各分量之间的关系. 这在本章中将有所体现.

二、二维随机变量的分布函数

与讨论一维随机变量的过程一样,先定义二维随机变量 (X,Y) 的分布函数.

定义 3.2 设 (X,Y) 是二维随机变量,对任意实数 x,y,二元函数

$$F(x,y)=P\{\{X\leqslant x\}\cap\{Y\leqslant y\}\}\xlongequal{\text{def}}P\{X\leqslant x,Y\leqslant y\}$$

称为二维随机变量 (X,Y) 的分布函数或随机变量 X 和 Y 的联合分布函数.

我们容易给出分布函数的几何解释. 如果把二维随机变量 (X,Y) 看成平面上随机点的坐标,那么,分布函数 $F(x,y)$ 在点 (x,y) 处的函数值就是随机点 (X,Y) 落在直线 $X=x$ 的左侧和直线 $Y=y$ 的下方的无穷矩形区域内的概率(图 3.2).

根据以上几何解释,借助图 3.3 容易算出随机点 (X,Y) 落在矩形域 $\{x_1<X\leqslant x_2,y_1<$

$Y \leqslant y_2\}$ 内的概率

$$P\{x_1 < X \leqslant x_2, y_1 < Y \leqslant y_2\}$$
$$= F(x_2, y_2) - F(x_2, y_1) - F(x_1, y_2) + F(x_1, y_1). \tag{3.1}$$

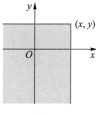
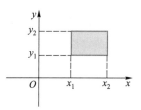

图 3.2   图 3.3

分布函数具有以下基本性质:

(1) $F(x, y)$ 关于 x, y 是单调不减的,即对任意固定的 y,当 $x_1 < x_2$ 时,有 $F(x_1, y) \leqslant F(x_2, y)$;对任意固定的 x,当 $y_1 < y_2$ 时,有 $F(x, y_1) \leqslant F(x, y_2)$.

(2) $0 \leqslant F(x, y) \leqslant 1$.

对于任意固定的 y,$F(-\infty, y) = \lim\limits_{x \to -\infty} F(x, y) = 0$;对于任意固定的 x,$F(x, -\infty) = \lim\limits_{y \to -\infty} F(x, y) = 0$.

$$F(-\infty, -\infty) = \lim\limits_{\substack{x \to -\infty \\ y \to -\infty}} F(x, y) = 0, \quad F(+\infty, +\infty) \lim\limits_{\substack{x \to +\infty \\ y \to +\infty}} F(x, y) = 1.$$

(3) $F(x, y)$ 关于 x, y 是右连续的,即

$$F(x+0, y) = F(x, y), \quad F(x, y+0) = F(x, y).$$

(4) 对任意 $x_1 < x_2, y_1 < y_2$,成立不等式

$$F(x_2, y_2) - F(x_2, y_1) - F(x_1, y_2) + F(x_1, y_1) \geqslant 0.$$

具体证明省略,下面仅对部分情况加以说明.

对性质(1),仅说明固定 y 时的情况. 由定义 3.2 可知

$$F(x_2, y) - F(x_1, y) = P\{X \leqslant x_2, Y \leqslant y\} - P\{X \leqslant x_1, Y \leqslant y\}$$
$$= P\{x_1 < X \leqslant x_2, Y \leqslant y\} \geqslant 0.$$

性质(2)中四个式子的意义可以从几何上加以说明. 若在图 3.2 中将无穷矩形的右边界向左无限地移动(即令 $x \to -\infty$),则"随机点 (X, Y) 落在这个矩形内"这一事件趋于不可能事件,其概率趋于 0,即 $F(-\infty, y) = 0$. 又如当 $x \to +\infty, y \to +\infty$ 时,图 3.2 中无穷矩形扩展到全平面,"随机点 (X, Y) 落在这个矩形内"这一事件趋于必然事件,其概率趋于 1,即有 $F(+\infty, +\infty) = 1$.

性质(4)是因为有(3.1)式成立.

注 性质(1)—(4)是联合分布函数的本质特征:一方面,随机变量 X 和 Y 的联合分布函数必须满足性质(1)—(4);另一方面,同时满足性质(1)—(4)的二元函数必是某个二维随机变量的分布函数.

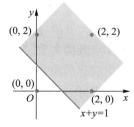

图 3.4

例 3.1 设 $F(x, y) = \begin{cases} 0, & x+y < 1, \\ 1, & x+y \geqslant 1, \end{cases}$ 讨论 $F(x, y)$ 能否成为二维随机变量的分布函数(图 3.4)?

解 因为
$$F(2,2)-F(0,2)-F(2,0)+F(0,0)=1-1-1+0=-1<0,$$
显然 $F(x,y)$ 满足性质 (1), (2), (3), 不满足性质 (4), 故 $F(x,y)$ 不能作为某二维随机变量的分布函数.

例 3.2 设二维随机变量 (X,Y) 的分布函数为
$$F(x,y)=A(B+\arctan x)(C+\arctan y), \quad -\infty <x,y<+\infty ,$$
求常数 A,B,C.

解 由分布函数的性质得
$$\begin{cases} F(+\infty ,+\infty)=A\left(B+\dfrac{\pi}{2}\right)\left(C+\dfrac{\pi}{2}\right)=1, \\[2mm] F(-\infty ,y)=A\left(B-\dfrac{\pi}{2}\right)(C+\arctan y)=0, \\[2mm] F(x,-\infty)=A(B+\arctan x)\left(C-\dfrac{\pi}{2}\right)=0. \end{cases}$$

由此可得 $A=\dfrac{1}{\pi^2},B=\dfrac{\pi}{2},C=\dfrac{\pi}{2}$.

与一维随机变量一样, 我们通常讨论两种类型的二维随机变量: 离散型与连续型.

三、二维离散型随机变量

定义 3.3 若二维随机变量 (X,Y) 的所有可能取值是有限对或可列对, 则称 (X,Y) 为二维离散型随机变量.

设二维离散型随机变量 (X,Y) 的一切可能取值为 (x_i,y_j), $i,j=1,2,\cdots$, 且 (X,Y) 取各对可能值的概率为
$$P\{X=x_i,Y=y_j\}=p_{ij}, \quad i,j=1,2,\cdots, \tag{3.2}$$
称 (3.2) 式为 (X,Y) 的概率分布或分布律, 或随机变量 X 和 Y 的联合概率分布或联合分布律.

离散型随机变量 (X,Y) 的分布律也可用如下形式的表格表示:

Y	X				
	x_1	x_2	$\cdots$	x_i	$\cdots$
y_1	p_{11}	p_{21}	$\cdots$	p_{i1}	$\cdots$
y_2	p_{12}	p_{22}	$\cdots$	p_{i2}	$\cdots$
$\vdots$	$\vdots$	$\vdots$		$\vdots$	
y_j	p_{1j}	p_{2j}	$\cdots$	p_{ij}	$\cdots$
$\vdots$	$\vdots$	$\vdots$		$\vdots$	

这个分布律亦可用图 3.5 表示. 图中竖直短线的高度表示在点 (x_i,y_j) 处概率 p_{ij} 的大小, 所有竖直短线的总长度等于 1.

由概率的定义可知 p_{ij} 具有如下性质:

(1) 非负性: $p_{ij}\geqslant 0 (i,j=1,2,\cdots)$;

(2) 规范性: $\displaystyle\sum_{i=1}^{\infty}\sum_{j=1}^{\infty}p_{ij}=1$.

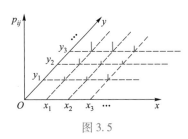

图 3.5

利用离散型随机变量(X,Y)的分布律,容易计算事件的概率.一般地,若G是平面上的点集,则

$$P\{(X,Y) \in G\} = \sum_{(x_i,y_j) \in G} P\{X = x_i, Y = y_j\} = \sum_{(x_i,y_j) \in G} p_{ij}.$$

特别地,离散型随机变量X和Y的联合分布函数为

$$F(x,y) = P\{X \leqslant x, Y \leqslant y\} = \sum_{x_i \leqslant x} \sum_{y_j \leqslant y} p_{ij},$$

其中和式是对一切满足$x_i \leqslant x, y_j \leqslant y$的$i,j$来求和的.

例 3.3 设随机变量X在$1,2,3,4$四个整数中等可能地取一个值,随机变量Y在$1 \sim X$中等可能地取一整数值,试求(X,Y)的分布律.

解 由乘法公式容易得出(X,Y)的分布律.易知$\{X=i, Y=j\}$的取值情况是:$i=1,2,3,4,j$取不大于i的正整数,且

$$P\{X=i, Y=j\} = P\{X=i\} P\{Y=j \mid X=i\} = \frac{1}{4} \cdot \frac{1}{i}, \quad i=1,2,3,4, j \leqslant i.$$

于是(X,Y)的分布律为

Y	X			
	1	2	3	4
1	$\frac{1}{4}$	$\frac{1}{8}$	$\frac{1}{12}$	$\frac{1}{16}$
2	0	$\frac{1}{8}$	$\frac{1}{12}$	$\frac{1}{16}$
3	0	0	$\frac{1}{12}$	$\frac{1}{16}$
4	0	0	0	$\frac{1}{16}$

例 3.4 将两封信随机地投入编号为$1,2,3,4$的4个空邮筒,X表示1号邮筒内信的数量,Y表示2号邮筒内信的数量.

(1) 写出(X,Y)的分布律;

(2) 求$P\{X+Y \leqslant 1\}$.

解 (1) 两封信随机地投入4个邮筒,共有4^2种不同的等可能的投法.(X,Y)的分布律为

Y	X		
	0	1	2
0	$\frac{1}{4}$	$\frac{1}{4}$	$\frac{1}{16}$
1	$\frac{1}{4}$	$\frac{1}{8}$	0
2	$\frac{1}{16}$	0	0

（2）$P\{X+Y\leqslant1\}=P\{X=0,Y=0\}+P\{X=0,Y=1\}+P\{X=1,Y=0\}=\dfrac{3}{4}$.

四、二维连续型随机变量

定义 3.4 设随机变量(X,Y)的分布函数为$F(x,y)$，如果存在一个非负可积函数$f(x,y)$，使得对任意实数x,y有

$$F(x,y)=P\{X\leqslant x,Y\leqslant y\}=\int_{-\infty}^{x}\int_{-\infty}^{y}f(u,v)\,\mathrm{d}v\mathrm{d}u,$$

则称(X,Y)为**二维连续型随机变量**，称$f(x,y)$为(X,Y)的**概率密度**，或称为随机变量X和Y的**联合概率密度**.

概率密度$f(x,y)$具有以下性质：

（1）$f(x,y)\geqslant0(-\infty<x,y<+\infty)$；

（2）$\displaystyle\int_{-\infty}^{+\infty}\int_{-\infty}^{+\infty}f(x,y)\,\mathrm{d}x\mathrm{d}y=1$；

（3）设G是xOy平面上的区域，点(X,Y)落在G内的概率为

$$P\{(X,Y)\in G\}=\iint\limits_{G}f(x,y)\,\mathrm{d}x\mathrm{d}y;$$

（4）若$f(x,y)$在点(x,y)处连续，则有

$$\dfrac{\partial^2F(x,y)}{\partial x\partial y}=f(x,y).$$

在几何上，可以把$z=f(x,y)$的图形描绘成曲面. 性质（2）的几何解释就是：介于曲面$z=f(x,y)$与xOy平面之间的立体图形体积等于1；性质（3）的几何意义是，概率$P\{(X,Y)\in G\}$就是曲面$z=f(x,y)$之下以区域G为底的曲顶柱体的体积（图 3.6）.

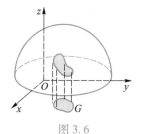

图 3.6

由性质（4）和（3.1）式，在$f(x,y)$的连续点处有

$$\lim_{\substack{\Delta x\to0^+\\\Delta y\to0^+}}\dfrac{P\{x<X\leqslant x+\Delta x,y<Y\leqslant y+\Delta y\}}{\Delta x\Delta y}$$

$$=\lim_{\substack{\Delta x\to0^+\\\Delta y\to0^+}}\dfrac{1}{\Delta x\Delta y}[F(x+\Delta x,y+\Delta y)-F(x+\Delta x,y)-F(x,y+\Delta y)+F(x,y)]$$

$$=\dfrac{\partial^2F(x,y)}{\partial x\partial y}=f(x,y).$$

这表示，若$f(x,y)$在点(x,y)处连续，则当$\Delta x,\Delta y$很小时，

$$P\{x<X\leqslant x+\Delta x,y<Y\leqslant y+\Delta y\}\approx f(x,y)\Delta x\Delta y. \tag{3.3}$$

乘积$f(x,y)\Delta x\Delta y$称为**二维分布的概率微分**，它表示二维连续型随机变量(X,Y)落在小矩形区域$(x,x+\Delta x]\times(y,y+\Delta y]$内的概率的近似值.

例 3.5 设随机变量(X,Y)的概率密度为

$$f(x,y)=\begin{cases}Ax, & 0<x<1,0<y<x,\\0, & 其他,\end{cases}$$

求：

（1）系数 A；

（2）$P\left\{X>\dfrac{3}{4}\right\}$；

（3）$P\left\{X<\dfrac{1}{4},Y<\dfrac{1}{2}\right\}$.

解 设 $D=\{(x,y)\mid 0<x<1,0<y<x\}$.

（1）由 $1=\displaystyle\int_{-\infty}^{+\infty}\int_{-\infty}^{+\infty}f(x,y)\mathrm{d}x\mathrm{d}y=\iint\limits_{D}f(x,y)\mathrm{d}x\mathrm{d}y=\int_{0}^{1}\int_{0}^{x}Ax\mathrm{d}y\mathrm{d}x=1$，得 $A=3$.

（2）$P\left\{X>\dfrac{3}{4}\right\}=\displaystyle\int_{\frac{3}{4}}^{1}\int_{0}^{x}3x\mathrm{d}y\mathrm{d}x=\dfrac{37}{64}$.

（3）$P\left\{X<\dfrac{1}{4},Y<\dfrac{1}{2}\right\}=\displaystyle\int_{0}^{\frac{1}{4}}\int_{0}^{x}3x\mathrm{d}y\mathrm{d}x=\dfrac{1}{64}$.

例 3.6 设随机变量 (X,Y) 的概率密度为

$$f(x,y)=\begin{cases}k\mathrm{e}^{-(2x+y)}, & x>0,y>0,\\ 0, & \text{其他},\end{cases}$$

求：

（1）常数 k；

（2）分布函数 $F(x,y)$；

（3）$P\{Y\leqslant X\}$；

（4）$P\{(X,Y)\in G\}$，其中 G 为 $x+y=1,x=0,y=0$ 围成的区域.

解 （1）因为 $1=\displaystyle\int_{-\infty}^{+\infty}\int_{-\infty}^{+\infty}f(x,y)\mathrm{d}x\mathrm{d}y=k\int_{0}^{+\infty}\int_{0}^{+\infty}\mathrm{e}^{-(2x+y)}\mathrm{d}x\mathrm{d}y=\dfrac{k}{2}$，所以 $k=2$.

（2）由（1）得

$$F(x,y)=\int_{-\infty}^{x}\int_{-\infty}^{y}f(u,v)\mathrm{d}v\mathrm{d}u$$

$$=\begin{cases}\displaystyle\int_{0}^{x}\int_{0}^{y}2\mathrm{e}^{-(2u+v)}\mathrm{d}v\mathrm{d}u, & x>0,y>0,\\ 0, & \text{其他}\end{cases}$$

$$=\begin{cases}(1-\mathrm{e}^{-2x})(1-\mathrm{e}^{-y}), & x>0,y>0,\\ 0, & \text{其他}.\end{cases}$$

（3）记 $D=\{(x,y)\mid y\leqslant x,x,y\in(-\infty,+\infty)\}$，则

$$P\{Y\leqslant X\}=P\{(X,Y)\in D\}=\iint\limits_{D}f(x,y)\mathrm{d}x\mathrm{d}y$$

$$=\iint\limits_{D\cap\{(x,y)\mid x>0,y>0\}}2\mathrm{e}^{-(2x+y)}\mathrm{d}x\mathrm{d}y$$

$$=\int_{0}^{+\infty}\mathrm{d}y\int_{y}^{+\infty}2\mathrm{e}^{-(2x+y)}\mathrm{d}x=\dfrac{1}{3}.$$

（4）$P\{(X,Y)\in G\}=\displaystyle\iint\limits_{G}f(x,y)\mathrm{d}x\mathrm{d}y=\int_{0}^{1}\mathrm{d}y\int_{0}^{1-y}2\mathrm{e}^{-(2x+y)}\mathrm{d}x=1-2\mathrm{e}^{-1}+\mathrm{e}^{-2}.$

五、两个重要分布

1. 均匀分布

设 G 是平面上的有界区域,其面积为 S_G. 若二维随机变量 (X,Y) 具有概率密度

$$f(x,y) = \begin{cases} \dfrac{1}{S_G}, & (x,y) \in G, \\ 0, & \text{其他}, \end{cases}$$

则称 (X,Y) 在 G 上服从均匀分布,记作 $(X,Y) \sim U(G)$.

若 (X,Y) 在 G 上服从均匀分布,对于任意区域 $D \subset G$,则有

$$P\{(X,Y) \in D\} = \iint\limits_{D} f(x,y)\,\mathrm{d}x\mathrm{d}y = \iint\limits_{D} \frac{1}{S_G}\mathrm{d}x\mathrm{d}y$$

$$= \frac{1}{S_G}\iint\limits_{D}\mathrm{d}x\mathrm{d}y = \frac{S_D}{S_G} = \frac{D\,\text{的面积}}{G\,\text{的面积}}.$$

这表明若 (X,Y) 在 G 上服从均匀分布,它落在 G 内任一子区域中的概率只与该子区域的面积有关,而与其位置和形状无关,亦即 (X,Y) 落在 G 的等面积子区域上的概率保持不变,这正是均匀分布的"均匀"含义. 这样,人们可以借助几何上的度量(长度、面积、体积等)来计算概率,并将这种概率称为几何概率.

例 3.7 设二维随机变量 (X,Y) 服从区域 D 上的均匀分布,其中 $D = \{(x,y) \mid x \geqslant y, 0 \leqslant x \leqslant 1, y \geqslant 0\}$,求 $P\{X+Y \leqslant 1\}$.

解 区域 D 的面积 $S_D = \dfrac{1}{2}$,所以 (X,Y) 的概率密度为

$$f(x,y) = \begin{cases} 2, & (x,y) \in D, \\ 0, & \text{其他}. \end{cases}$$

事件 $\{X+Y \leqslant 1\}$ 意味着随机点落在区域 $D_1 = \{(x,y) \mid 0 \leqslant y \leqslant x \leqslant 1, x+y \leqslant 1\}$ 上,则

$$P\{X+Y \leqslant 1\} = \iint\limits_{D_1} f(x,y)\,\mathrm{d}x\mathrm{d}y = \iint\limits_{D_1} 2\mathrm{d}x\mathrm{d}y = \frac{S_{D_1}}{S_D} = \frac{\dfrac{1}{4}}{\dfrac{1}{2}} = \frac{1}{2}.$$

2. 二维正态分布

若二维随机变量 X,Y 具有概率密度

$$f(x,y) = \frac{1}{2\pi\sigma_1\sigma_2\sqrt{1-\rho^2}}\exp\left\{\frac{-1}{2(1-\rho^2)}\left[\frac{(x-\mu_1)^2}{\sigma_1^2} - 2\rho\frac{(x-\mu_1)(y-\mu_2)}{\sigma_1\sigma_2} + \frac{(y-\mu_2)^2}{\sigma_2^2}\right]\right\}$$

$$(-\infty < x < +\infty,\ -\infty < y < +\infty),$$

其中 $\mu_1, \mu_2, \sigma_1, \sigma_2, \rho$ 均为常数,且 $\sigma_1 > 0$, $\sigma_2 > 0$, $|\rho| < 1$,则称 (X,Y) 服从参数为 $\mu_1, \mu_2, \sigma_1, \sigma_2, \rho$ 的二维正态分布,记作

$$(X,Y) \sim N(\mu_1, \mu_2, \sigma_1^2, \sigma_2^2, \rho).$$

同时称 (X,Y) 是二维正态随机变量.

对于二维正态随机变量,其概率密度 $f(x,y)$ 在三维空间中的图形,好像是一个具

有椭圆切面的钟倒扣在 xOy 平面上,其中心在点(μ_1,μ_2)处(图 3.7).

下面证明二维正态分布的概率密度$f(x,y)$满足

$$\int_{-\infty}^{+\infty}\int_{-\infty}^{+\infty}f(x,y)\,\mathrm{d}x\mathrm{d}y=1.$$

先计算$f_1(x)=\int_{-\infty}^{+\infty}f(x,y)\,\mathrm{d}y$. 作变量代换,令 $t=\dfrac{1}{\sqrt{1-\rho^2}}\left(\dfrac{y-\mu_2}{\sigma_2}-\rho\dfrac{x-\mu_1}{\sigma_1}\right)$,则

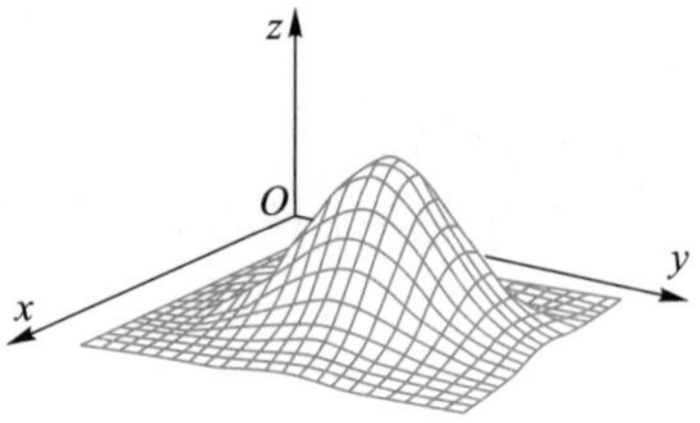

$$\frac{1}{2(1-\rho^2)}\left[\frac{(x-\mu_1)^2}{\sigma_1^2}-2\rho\frac{(x-\mu_1)(y-\mu_2)}{\sigma_1\sigma_2}+\frac{(y-\mu_2)^2}{\sigma_2^2}\right]$$

$$=\frac{1}{2(1-\rho^2)}\left[\frac{(y-\mu_2)^2}{\sigma_2^2}-2\rho\frac{(x-\mu_1)(y-\mu_2)}{\sigma_1\sigma_2}+\rho^2\frac{(x-\mu_1)^2}{\sigma_1^2}\right]+\frac{(x-\mu_1)^2}{2\sigma_1^2}$$

$$=\frac{t^2}{2}+\frac{(x-\mu_1)^2}{2\sigma_1^2},$$

从而$f_1(x)=\dfrac{1}{2\pi\sigma_1}\mathrm{e}^{-\frac{(x-\mu_1)^2}{2\sigma_1^2}}\int_{-\infty}^{+\infty}\mathrm{e}^{-\frac{t^2}{2}}\mathrm{d}t.$

利用(2.11)式, $\int_{-\infty}^{+\infty}\mathrm{e}^{-\frac{t^2}{2}}\mathrm{d}t=\sqrt{2\pi}$, 得到 $f_1(x)=\dfrac{1}{\sqrt{2\pi}\,\sigma_1}\mathrm{e}^{-\frac{(x-\mu_1)^2}{2\sigma_1^2}}$, 这是正态分布 $N(\mu_1,\sigma_1^2)$的概率密度,于是

$$\int_{-\infty}^{+\infty}\int_{-\infty}^{+\infty}f(x,y)\,\mathrm{d}x\mathrm{d}y=\int_{-\infty}^{+\infty}f_1(x)\,\mathrm{d}x=1,$$

即$f(x,y)$满足$\int_{-\infty}^{+\infty}\int_{-\infty}^{+\infty}f(x,y)\,\mathrm{d}x\mathrm{d}y=1.$

图 3.7

§3.2   边缘分布

二维随机变量(X,Y)作为一个整体,具有分布函数 $F(x,y)$. 对于二维随机变量(X,Y),我们也可以对其中的任何一个变量X或Y进行个别研究,而不管另一个变量取什么值,这样得到的随机变量X或Y的概率分布称为二维随机变量(X,Y)的**边缘分布**.

一、二维随机变量的边缘分布函数

设(X,Y)为二维随机变量,其分量X和Y都是一维随机变量,有各自的分布函数,分别记为 $F_X(x)$和$F_Y(y)$,依次称为二维随机变量(X,Y)关于X和关于Y的**边缘分布函数**,而将 $F(x,y)$称为X和Y的联合分布函数. 这里需要注意的是,X和Y的边缘分布函数本质上就是一维随机变量X和Y的分布函数,我们现在称其为边缘分布,是相对于它们的联合分布而言的. 同样地,联合分布函数就是二维随机变量(X,Y)的分布函数,称其为联合分布是相对于其分量X或Y的分布而言的.

(X,Y)的边缘分布函数可以由分布函数 $F(x,y)$所确定:

$$F_X(x) = P\{X \leqslant x\} = P\{X \leqslant x, Y < +\infty\} = F(x, +\infty),$$

$$F_Y(y) = P\{Y \leqslant y\} = P\{X < +\infty, Y \leqslant y\} = F(+\infty, y).$$

注 边缘分布函数 $F_X(x)$ 和 $F_Y(y)$ 分别表示 (X, Y) 落在图 3.8 和图 3.9 中阴影部分的概率.

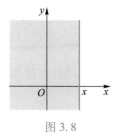

图 3.8

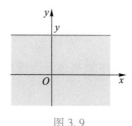

图 3.9

例 3.8 设二维随机变量 (X, Y) 的分布函数为

$$F(x, y) = \frac{1}{\pi^2}\left(\frac{\pi}{2} + \arctan\frac{x}{2}\right)\left(\frac{\pi}{2} + \arctan\frac{y}{3}\right), \quad -\infty < x, y < +\infty.$$

（1）求 X 和 Y 的边缘分布函数；

（2）求 $P\{0 < X \leqslant 2, 0 < Y \leqslant 3\}, P\{X > 2\}$.

解 （1）由边缘分布函数的定义，

$$F_X(x) = F(x, +\infty) = \lim_{y \to +\infty} F(x, y) = \frac{1}{\pi^2}\left(\frac{\pi}{2} + \arctan\frac{x}{2}\right)\pi$$

$$= \frac{1}{2} + \frac{1}{\pi}\arctan\frac{x}{2},$$

$$F_Y(y) = F(+\infty, y) = \lim_{x \to +\infty} F(x, y) = \frac{1}{\pi^2} \cdot \pi\left(\frac{\pi}{2} + \arctan\frac{y}{3}\right)$$

$$= \frac{1}{2} + \frac{1}{\pi}\arctan\frac{y}{3}.$$

（2）由题意，

$$P\{0 < X \leqslant 2, 0 < Y \leqslant 3\} = F(2, 3) - F(2, 0) - F(0, 3) + F(0, 0)$$

$$= \frac{9}{16} - \frac{3}{8} - \frac{3}{8} + \frac{1}{4} = \frac{1}{16},$$

$$P\{X > 2\} = 1 - P\{X \leqslant 2\} = 1 - F_X(2) = \frac{1}{4}.$$

二、二维离散型随机变量的边缘分布律

设二维离散型随机变量 (X, Y) 的分布律为

$$P\{X = x_i, Y = y_j\} = p_{ij}, \quad i, j = 1, 2, \cdots.$$

随机变量 X 的所有可能取的值为 $x_i, i = 1, 2, \cdots$，随机变量 Y 的所有可能取的值为 y_j，$j = 1, 2, \cdots$，于是，(X, Y) 关于 X 的**边缘分布律**为

$$P\{X = x_i\} = P\{X = x_i, Y < +\infty\}$$

$$= P\{X = x_i, Y = y_1\} + P\{X = x_i, Y = y_2\} + \cdots + P\{X = x_i, Y = y_j\} + \cdots$$

$$= \sum_{j=1}^{\infty} P\{X = x_i, Y = y_j\} = \sum_{j=1}^{\infty} p_{ij}, \quad i = 1, 2, \cdots.$$

记

$$P\{X = x_i\} = p_{i\cdot} = \sum_{j=1}^{\infty} p_{ij}, \quad i = 1, 2, \cdots. \tag{3.4}$$

同理，(X,Y) 关于 Y 的边缘分布律为

$$P\{Y = y_j\} = p_{\cdot j} = \sum_{i=1}^{\infty} p_{ij}, \quad j = 1, 2, \cdots. \tag{3.5}$$

我们可以通过下表来表示二维离散型随机变量 (X,Y) 的分布律和关于 X 及关于 Y 的边缘分布律.

Y	X					$p_{\cdot j}$
	x_1	x_2	$\cdots$	x_i	$\cdots$	
y_1	p_{11}	p_{21}	$\cdots$	p_{i1}	$\cdots$	$p_{\cdot 1}$
y_2	p_{12}	p_{22}	$\cdots$	p_{i2}	$\cdots$	$p_{\cdot 2}$
$\vdots$	$\vdots$	$\vdots$		$\vdots$		$\vdots$
y_j	p_{1j}	p_{2j}	$\cdots$	p_{ij}	$\cdots$	$p_{\cdot j}$
$\vdots$	$\vdots$	$\vdots$		$\vdots$		$\vdots$
$p_{i\cdot}$	$p_{1\cdot}$	$p_{2\cdot}$	$\cdots$	$p_{i\cdot}$	$\cdots$	1

两个边缘分布律恰好是联合分布律各行各列相加得到的,它们都处在表格的边缘位置上."边缘"二字即由上表的外貌而来. 一个显然的结论是:二维离散型随机变量的两个分量都是一维离散型随机变量.

例 3.9 袋中装有 2 只白球和 3 只黑球. 现进行有放回地摸球,定义下列随机变量

$$X = \begin{cases} 1, & \text{第一次摸出白球}, \\ 0, & \text{第一次摸出黑球}, \end{cases}$$

$$Y = \begin{cases} 1, & \text{第二次摸出白球}, \\ 0, & \text{第二次摸出黑球}, \end{cases}$$

则二维随机变量 (X,Y) 的分布律与边缘分布律由表 3.1 给出. 若采用无放回摸球,则 (X,Y) 的分布律和边缘分布律由表 3.2 给出.

表 3.1　有放回摸球 (X,Y) 的分布律与边缘分布律

Y	X		$P\{Y=j\}$
	0	1	
0	$\dfrac{3}{5} \cdot \dfrac{3}{5}$	$\dfrac{2}{5} \cdot \dfrac{3}{5}$	$\dfrac{3}{5}$
1	$\dfrac{3}{5} \cdot \dfrac{2}{5}$	$\dfrac{2}{5} \cdot \dfrac{2}{5}$	$\dfrac{2}{5}$
$P\{X=i\}$	$\dfrac{3}{5}$	$\dfrac{2}{5}$	1

表 3.2 无放回摸球 (X,Y) 的分布律与边缘分布律

Y	X		$P\{Y=j\}$
	0	1	
0	$\dfrac{3}{5}\cdot\dfrac{2}{4}$	$\dfrac{2}{5}\cdot\dfrac{3}{4}$	$\dfrac{3}{5}$
1	$\dfrac{3}{5}\cdot\dfrac{2}{4}$	$\dfrac{2}{5}\cdot\dfrac{1}{4}$	$\dfrac{2}{5}$
$P\{X=i\}$	$\dfrac{3}{5}$	$\dfrac{2}{5}$	1

让我们注意一个重要事实:表 3.1 与表 3.2 中关于 X 和关于 Y 的边缘分布律是相同的,但它们的联合分布律却完全不同. 由此可得,联合分布虽可以唯一确定边缘分布,但边缘分布不能唯一确定联合分布. 也就是说,二维随机变量的性质并不能由它两个分量的个别性质来确定,这时还必须考虑它们之间的联系. 这也说明了研究多维随机变量的意义.

三、二维连续型随机变量的边缘概率密度

设二维连续型随机变量 (X,Y) 的分布函数为 $F(x,y)$,概率密度为 $f(x,y)$,关于 X 的边缘分布函数

$$F_X(x)=F(x,+\infty)=\int_{-\infty}^{x}\int_{-\infty}^{+\infty}f(u,y)\,\mathrm{d}y\mathrm{d}u,$$

因此,存在函数 $\int_{-\infty}^{+\infty}f(u,y)\,\mathrm{d}y\xlongequal{\mathrm{def}}f_X(u)$,使得 $F_X(x)=\int_{-\infty}^{x}f_X(u)\,\mathrm{d}u$. 从而可知,$X$ 是一连续型随机变量,其概率密度为 $f_X(x)=\int_{-\infty}^{+\infty}f(x,y)\,\mathrm{d}y$,称 $f_X(x)$ 为随机变量 (X,Y) 关于 X 的边缘概率密度或边缘密度,即 (X,Y) 关于 X 的边缘概率密度为

$$f_X(x)=\int_{-\infty}^{+\infty}f(x,y)\,\mathrm{d}y,\quad -\infty<x<+\infty. \tag{3.6}$$

同理,可以得到 (X,Y) 关于 Y 的边缘概率密度或边缘密度为

$$f_Y(y)=\int_{-\infty}^{+\infty}f(x,y)\,\mathrm{d}x,\quad -\infty<y<+\infty. \tag{3.7}$$

例 3.10 设二维随机变量 (X,Y) 服从单位圆域 $\{(x,y)\mid x^2+y^2\leqslant1\}$ 上的均匀分布,求关于 X 和关于 Y 的边缘概率密度.

解 依题意,(X,Y) 的概率密度为

典型例题
讲解 5

$$f(x,y)=\begin{cases}\dfrac{1}{\pi}, & x^2+y^2\leqslant1,\\ 0, & \text{其他}.\end{cases}$$

又

$$f_X(x)=\int_{-\infty}^{+\infty}f(x,y)\,\mathrm{d}y,\quad -\infty<x<+\infty,$$

当 $x<-1$ 或 $x>1$ 时,$f(x,y)=0$,从而 $f_X(x)=0$;

当$-1 \leqslant x \leqslant 1$ 时,

$$f_X(x) = \int_{-\infty}^{+\infty} f(x,y)\mathrm{d}y = \int_{-\sqrt{1-x^2}}^{\sqrt{1-x^2}} \frac{1}{\pi}\mathrm{d}y = \frac{2\sqrt{1-x^2}}{\pi},$$

于是,关于 X 的边缘概率密度为

$$f_X(x) = \begin{cases} \dfrac{2\sqrt{1-x^2}}{\pi}, & -1 \leqslant x \leqslant 1, \\ 0, & \text{其他}. \end{cases}$$

由对称性,关于 Y 的边缘概率密度为

$$f_Y(y) = \begin{cases} \dfrac{2\sqrt{1-y^2}}{\pi}, & -1 \leqslant y \leqslant 1, \\ 0, & \text{其他}. \end{cases}$$

这里值得注意的是,虽然随机变量(X,Y)在圆域上服从均匀分布,但是关于 X 和关于 Y 的边缘分布都不是均匀分布.

例 3.11   设(X,Y)为服从二维正态分布的随机变量,求其关于 X 和关于 Y 的边缘概率密度.

解   二维正态分布的概率密度为

$$f(x,y) = \frac{1}{2\pi\sigma_1\sigma_2\sqrt{1-\rho^2}}\exp\left\{\frac{-1}{2(1-\rho^2)}\left[\frac{(x-\mu_1)^2}{\sigma_1^2} - 2\rho\frac{(x-\mu_1)(y-\mu_2)}{\sigma_1\sigma_2} + \frac{(y-\mu_2)^2}{\sigma_2^2}\right]\right\}$$
$$(-\infty < x < +\infty, -\infty < y < +\infty),$$

(X,Y)关于 X 的边缘概率密度为

$$f_X(x) = \int_{-\infty}^{+\infty} f(x,y)\mathrm{d}y \qquad \left(\diamondsuit \frac{x-\mu_1}{\sigma_1} = u, \frac{y-\mu_2}{\sigma_2} = v\right)$$

$$= \frac{1}{2\pi\sigma_1\sqrt{1-\rho^2}}\int_{-\infty}^{+\infty} \mathrm{e}^{-\frac{1}{2(1-\rho^2)}[u^2-2\rho uv+v^2]}\mathrm{d}v$$

$$= \frac{1}{\sqrt{2\pi}\sigma_1}\mathrm{e}^{-\frac{u^2}{2}}\int_{-\infty}^{+\infty} \frac{1}{\sqrt{2\pi(1-\rho^2)}}\mathrm{e}^{\frac{\rho^2 u^2 - 2\rho uv + v^2}{2(1-\rho^2)}}\mathrm{d}v$$

$$= \frac{1}{\sqrt{2\pi}\sigma_1}\mathrm{e}^{-\frac{u^2}{2}}\int_{-\infty}^{+\infty} \frac{1}{\sqrt{2\pi(1-\rho^2)}}\mathrm{e}^{-\frac{(v-\rho u)^2}{2(1-\rho^2)}}\mathrm{d}v$$

$$= \frac{1}{\sqrt{2\pi}\sigma_1}\mathrm{e}^{-\frac{u^2}{2}} = \frac{1}{\sqrt{2\pi}\sigma_1}\mathrm{e}^{-\frac{(x-\mu_1)^2}{2\sigma_1^2}}, \quad -\infty < x < +\infty,$$

即 $X \sim N(\mu_1, \sigma_1^2)$. 同理

$$f_Y(y) = \frac{1}{\sqrt{2\pi}\sigma_2}\mathrm{e}^{-\frac{(y-\mu_2)^2}{2\sigma_2^2}}, \quad -\infty < y < +\infty,$$

即 $Y \sim N(\mu_2, \sigma_2^2)$.

上述结果表明,服从二维正态分布的随机变量(X,Y)的两个分量都服从一维正态分布,并且都不依赖于参数ρ. 亦即对给定的$\mu_1, \mu_2, \sigma_1, \sigma_2$,不同的 ρ 对应不同的二维

正态分布,但它们的边缘分布都是相同的. 因此又一次证实,由 X 和 Y 的边缘分布,一般来说是不能确定 X 和 Y 的联合分布的.

还值得一提的是,若二维随机变量的两个边缘分布都是正态分布,它的联合分布不仅不唯一确定,而且还可以不是一个二维正态分布. 例如,二元函数

$$f(x,y)=\frac{1}{2\pi}e^{-\frac{x^2+y^2}{2}}(1+\sin x\sin y),\quad -\infty<x<+\infty,\ -\infty<y<+\infty,$$

显然 $f(x,y)\geqslant 0$,且有

$$\int_{-\infty}^{+\infty}\int_{-\infty}^{+\infty}f(x,y)\mathrm{d}x\mathrm{d}y=\frac{1}{2\pi}\int_{-\infty}^{+\infty}\int_{-\infty}^{+\infty}e^{-\frac{x^2+y^2}{2}}\mathrm{d}x\mathrm{d}y=1,$$

这是因为 $e^{-\frac{x^2}{2}}\sin x$ 是奇函数,所以

$$\int_{-\infty}^{+\infty}e^{-\frac{x^2}{2}}\sin x\mathrm{d}x=\int_{-\infty}^{+\infty}e^{-\frac{y^2}{2}}\sin y\mathrm{d}y=0.$$

由此说明 $f(x,y)$ 是某二维随机变量 (X,Y) 的概率密度,而关于 X 的边缘密度为

$$f_X(x)=\int_{-\infty}^{+\infty}f(x,y)\mathrm{d}y$$

$$=\frac{1}{2\pi}\int_{-\infty}^{+\infty}e^{-\frac{x^2+y^2}{2}}(1+\sin x\ \sin y)\mathrm{d}y$$

$$=\frac{1}{\sqrt{2\pi}}e^{-\frac{x^2}{2}}\int_{-\infty}^{+\infty}\frac{1}{\sqrt{2\pi}}e^{-\frac{y^2}{2}}\mathrm{d}y=\frac{1}{\sqrt{2\pi}}e^{-\frac{x^2}{2}},\quad -\infty<x<+\infty.$$

同理可得

$$f_Y(y)=\frac{1}{\sqrt{2\pi}}e^{-\frac{y^2}{2}},\quad -\infty<y<+\infty.$$

所以 X 与 Y 都是服从正态分布 $N(0,1)$ 的随机变量,但 (X,Y) 却不是二维正态随机变量.

§3.3 条件分布

第一章曾经介绍了条件概率的概念,这是对随机事件而言的. 设任意给定事件 $B,P(\cdot\mid B)$ 是一个新的概率,若 X 是一个随机变量,我们可以定义其在这一新的概率下的分布函数 $F(x\mid B)=P\{X\leqslant x\mid B\}$,称之为 X 在事件 B 发生下的条件分布函数. 特别地,对另一随机变量 Y,若取 $B=\{Y=y\}$,则称 $F(x\mid y)=F(x\mid Y=y)$ 为已知 $Y=y$ 时,X 的条件分布函数.

例如,考虑一大群人,从其中随机挑选一个人,分别用 X 和 Y 记此人的体重(单位:kg)和身高(单位:m),则 X 和 Y 都是随机变量,它们都有自己的分布. 现在如果在限制 $1.5\leqslant Y\leqslant 1.6$ 下求 X 的条件分布,就意味着要从这一大群人中把身高从 1.5 m 到 1.6 m 之间的那些人都挑出来,然后在挑出的人群中求其体重的分布. 容易想到,这个分布与不设立身高限制的分布会很不一样,因为我们的条件是考虑特定身高范围的人群,在条件分布中,体重取某些值的概率会显著增加. 类似地,可以考虑限制 X 取某个值或某些值,在这个限制下求 Y 的条件

分布.

从上述例子可以看出条件分布这个概念的重要性,弄清了 X 的条件分布随 Y 值而变化的情况,就能了解身高对体重的影响. 由于在许多问题中,有关的变量往往是相互影响的,这使得条件分布成为研究变量之间相依关系的一个有力工具,它在概率论与数理统计的许多分支中有着重要的应用.

一、离散型随机变量的条件分布

离散型随机变量的条件分布是第一章中的条件概率在另外一种形式下的直接运用.

设二维离散型随机变量 (X,Y) 的分布律为

$$P\{X=x_i,Y=y_j\}=p_{ij},\quad i,j=1,2,\cdots,$$

则 (X,Y) 关于 X 和关于 Y 的边缘分布律为

$$P\{X=x_i\}=\sum_{j=1}^{\infty}p_{ij}=p_{i\cdot},\quad i=1,2,\cdots,$$

$$P\{Y=y_j\}=\sum_{i=1}^{\infty}p_{ij}=p_{\cdot j},\quad j=1,2,\cdots.$$

设 $p_{i\cdot}>0,p_{\cdot j}>0(i,j=1,2,\cdots)$,现考虑在事件 $\{Y=y_j\}$ 发生的条件下 X 的条件分布,即在 $\{Y=y_j\}$ 发生的条件下,求事件 $\{X=x_i\}(i=1,2,\cdots)$ 发生的条件概率

$$P\{X=x_i\mid Y=y_j\},\quad i=1,2,\cdots.$$

由条件概率的定义,得

$$P\{X=x_i\mid Y=y_j\}=\frac{P\{X=x_i,Y=y_j\}}{P\{Y=y_j\}}=\frac{p_{ij}}{p_{\cdot j}},\quad i=1,2,\cdots.$$

容易看出,上述条件概率具有概率分布的两条性质:

(1) $P\{X=x_i\mid Y=y_j\}\geqslant 0,i=1,2,\cdots;$

(2) $\sum_{i=1}^{\infty}P\{X=x_i\mid Y=y_j\}=1.$

于是,我们引入以下定义:

定义 3.5　设二维离散型随机变量 (X,Y) 的分布律为

$$P\{X=x_i,Y=y_j\}=p_{ij},\quad i,j=1,2,\cdots.$$

对于固定的 j,如果 $P\{Y=y_j\}>0$,则称

$$P\{X=x_i\mid Y=y_j\}=\frac{P\{X=x_i,Y=y_j\}}{P\{Y=y_j\}}=\frac{p_{ij}}{p_{\cdot j}},\quad i=1,2,\cdots$$

为在条件 $\{Y=y_j\}$ 下随机变量 X 的条件分布律或条件概率分布,简称条件分布.

同样地,对固定的 i,如果 $P\{X=x_i\}>0$,则称

$$P\{Y=y_j\mid X=x_i\}=\frac{P\{X=x_i,Y=y_j\}}{P\{X=x_i\}}=\frac{p_{ij}}{p_{i\cdot}},\quad j=1,2,\cdots$$

为在条件 $\{X=x_i\}$ 下随机变量 Y 的条件分布律或条件概率分布.

例 3.12　已知二维随机变量 (X,Y) 的分布律如下:

Y	X				$P\{Y=y_j\}$
	1	2	3	4	
1	$\dfrac{1}{4}$	$\dfrac{1}{8}$	$\dfrac{1}{12}$	$\dfrac{1}{16}$	$\dfrac{25}{48}$
2	0	$\dfrac{1}{8}$	$\dfrac{1}{12}$	$\dfrac{1}{16}$	$\dfrac{13}{48}$
3	0	0	$\dfrac{1}{12}$	$\dfrac{1}{8}$	$\dfrac{10}{48}$
$P\{X=x_i\}$	$\dfrac{1}{4}$	$\dfrac{1}{4}$	$\dfrac{1}{4}$	$\dfrac{1}{4}$	1

求：

(1) 在 $Y=1$ 的条件下 X 的条件分布律；

(2) 在 $X=2$ 的条件下 Y 的条件分布律.

解　(1) 由联合分布律及边缘分布律得

$$P\{X=1 \mid Y=1\} = \frac{1/4}{25/48} = \frac{12}{25}, \quad P\{X=2 \mid Y=1\} = \frac{1/8}{25/48} = \frac{6}{25},$$

$$P\{X=3 \mid Y=1\} = \frac{1/12}{25/48} = \frac{4}{25}, \quad P\{X=4 \mid Y=1\} = \frac{1/16}{25/48} = \frac{3}{25},$$

即在 $Y=1$ 的条件下，X 的条件分布律为

X	1	2	3	4
$P\{X=x_i \mid Y=1\}$	$\dfrac{12}{25}$	$\dfrac{6}{25}$	$\dfrac{4}{25}$	$\dfrac{3}{25}$

(2) 用同样的方法可得在 $X=2$ 的条件下 Y 的条件分布律为

Y	1	2	3
$P\{Y=y_j \mid X=2\}$	$\dfrac{1}{2}$	$\dfrac{1}{2}$	0

例 3.13　一射手进行射击，每次射击击中目标的概率均为 $p(0<p<1)$，且假设各次是否击中目标相互独立，射击进行到击中目标两次为止. 设以 X 表示首次击中目标所进行的射击次数，Y 表示总共进行的射击次数，求 X 与 Y 的联合分布律和条件分布律.

解　按题意，$\{X=m\}$ 表示第 m 次射击时首次击中目标，$\{Y=n\}$ 表示总共进行 n 次射击，即第 n 次射击时第二次击中目标；当 $m<n$ 时，$\{X=m,Y=n\}$ 表示第 m 次和第 n 次射击击中目标，其余$(n-2)$次射击均未击中目标，于是

$$P\{X=m,Y=n\} = p^2(1-p)^{n-2}, \quad m=1,2,\cdots,n-1, n=2,3,\cdots,$$

$$P\{X=m\} = \sum_{n=m+1}^{\infty} P\{X=m,Y=n\} = \sum_{n=m+1}^{\infty} p^2(1-p)^{n-2}$$

$$= p(1-p)^{m-1}, \quad m=1,2,\cdots,$$

$$P\{Y=n\} = \sum_{m=1}^{n-1} P\{X=m,Y=n\} = \sum_{m=1}^{n-1} p^2(1-p)^{n-2}$$

$$= (n-1)p^2(1-p)^{n-2}, \quad n=2,3,\cdots.$$

当 $n=2,3,\cdots$ 时,X 的条件分布律为

$$P\{X=m \mid Y=n\} = \frac{p^2(1-p)^{n-2}}{(n-1)p^2(1-p)^{n-2}} = \frac{1}{n-1}, \quad m=1,2,\cdots,n-1.$$

当 $m=1,2,\cdots$ 时,Y 的条件分布律为

$$P\{Y=n \mid X=m\} = \frac{p^2(1-p)^{n-2}}{p(1-p)^{m-1}} = p(1-p)^{n-m-1}, \quad n=m+1,m+2,\cdots.$$

例如,

$$P\{X=m \mid Y=3\} = \frac{1}{2}, \quad m=1,2,$$

$$P\{Y=n \mid X=3\} = p(1-p)^{n-4}, \quad n=4,5,\cdots.$$

二、连续型随机变量的条件分布

设 (X,Y) 是二维连续型随机变量,由于对任意 x,y 有 $P\{X=x\}=0$,$P\{Y=y\}=0$,因此不能像离散型随机变量那样直接用条件概率公式引入条件分布,这时要使用极限的方法来处理.

设 (X,Y) 的概率密度为 $f(x,y)$,(X,Y) 关于 Y 的边缘分布函数为 $F_Y(y)$,边缘概率密度 $f_Y(y)>0$. 给定 y,对于任意固定的正数 ε,概率 $P\{y<Y\leq y+\varepsilon\}>0$,则对任意的 x,

$$P\{X\leq x \mid y<Y\leq y+\varepsilon\} = \frac{P\{X\leq x, y<Y\leq y+\varepsilon\}}{P\{y<Y\leq y+\varepsilon\}},$$

这是在条件 $\{y<Y\leq y+\varepsilon\}$ 下 X 的条件分布函数.

定义 3.6 给定 y,设对任意给定的正数 ε,$P\{y<Y\leq y+\varepsilon\}>0$. 若对于任意实数 x,极限

$$\lim_{\varepsilon\to 0^+} P\{X\leq x \mid y<Y\leq y+\varepsilon\} = \lim_{\varepsilon\to 0^+} \frac{P\{X\leq x, y<Y\leq y+\varepsilon\}}{P\{y<Y\leq y+\varepsilon\}}$$

存在,则称此极限为在条件 $\{Y=y\}$ 下随机变量 X 的条件分布函数,记为 $P\{X\leq x \mid Y=y\}$ 或 $F_{X|Y}(x \mid y)$.

由定义 3.6,考虑在条件 $\{Y=y\}$ 下随机变量 X 的条件分布函数,

$$\begin{aligned} F_{X|Y}(x \mid y) &= P\{X\leq x \mid Y=y\} \\ &= \lim_{\varepsilon\to 0^+} P\{X\leq x \mid y<Y\leq y+\varepsilon\} \\ &= \lim_{\varepsilon\to 0^+} \frac{P\{X\leq x, y<Y\leq y+\varepsilon\}}{P\{y<Y\leq y+\varepsilon\}} \\ &= \lim_{\varepsilon\to 0^+} \frac{F(x,y+\varepsilon)-F(x,y)}{F_Y(y+\varepsilon)-F_Y(y)} \\ &= \frac{\lim\limits_{\varepsilon\to 0^+}\{[F(x,y+\varepsilon)-F(x,y)]/\varepsilon\}}{\lim\limits_{\varepsilon\to 0^+}\{[F_Y(y+\varepsilon)-F_Y(y)]/\varepsilon\}} \\ &= \frac{\dfrac{\partial F(x,y)}{\partial y}}{\dfrac{\mathrm{d}F_Y(y)}{\mathrm{d}y}} = \frac{\displaystyle\int_{-\infty}^{x} f(s,y)\,\mathrm{d}s}{f_Y(y)} = \int_{-\infty}^{x} \frac{f(s,y)}{f_Y(y)}\,\mathrm{d}s. \end{aligned}$$

从而,在条件$\{Y=y\}$下,随机变量X的条件概率密度为

$$\frac{f(x,y)}{f_Y(y)} \xlongequal{\text{def}} f_{X|Y}(x\,|\,y),\tag{3.8}$$

且有$F_{X|Y}(x\,|\,y) = \int_{-\infty}^{x} f_{X|Y}(s\,|\,y)\,\mathrm{d}s.$

类似地,可以定义在条件$\{X=x\}$下随机变量Y的条件分布函数$F_{Y|X}(y\,|\,x)$,并可以得到,在条件$\{X=x\}$下随机变量Y的条件概率密度为

$$\frac{f(x,y)}{f_X(x)} \xlongequal{\text{def}} f_{Y|X}(y\,|\,x)\quad(f_X(x)>0).\tag{3.9}$$

运用条件概率密度,我们可以在已知某一随机变量值的条件下,定义与另一随机变量有关的事件的条件概率:若(X,Y)是连续型随机变量,则对任意集合A,

$$P\{X\in A\,|\,Y=y\} = \int_A f_{X|Y}(x\,|\,y)\,\mathrm{d}x,\tag{3.10}$$

特别地,

$$P\{a<X\leqslant b\,|\,Y=y\} = \int_a^b f_{X|Y}(x\,|\,y)\,\mathrm{d}x.$$

例 3.14 设二维随机变量(X,Y)服从单位圆域$\{(x,y)\,|\,x^2+y^2\leqslant 1\}$上的均匀分布,求条件概率密度$f_{X|Y}(x\,|\,y)$.

解 (X,Y)的概率密度为

$$f(x,y)=\begin{cases}\dfrac{1}{\pi}, & x^2+y^2\leqslant 1,\\[2mm] 0, & \text{其他}.\end{cases}$$

由例 3.10 的结果知

$$f_Y(y)=\begin{cases}\dfrac{2}{\pi}\sqrt{1-y^2}, & -1\leqslant y\leqslant 1,\\[2mm] 0, & \text{其他},\end{cases}$$

于是当$-1<y<1$时有

$$f_{X|Y}(x\,|\,y)=\frac{f(x,y)}{f_Y(y)}=\begin{cases}\dfrac{1}{2\sqrt{1-y^2}}, & -\sqrt{1-y^2}\leqslant x\leqslant\sqrt{1-y^2},\\[2mm] 0, & \text{其他}.\end{cases}$$

特别地,当$y=0$时,

$$f_{X|Y}(x\,|\,y=0)=\begin{cases}\dfrac{1}{2}, & -1\leqslant x\leqslant 1,\\[2mm] 0, & \text{其他},\end{cases}$$

当$y=\dfrac{1}{2}$时,

$$f_{X|Y}\left(x\,\Big|\,y=\frac{1}{2}\right)=\begin{cases}\dfrac{1}{\sqrt{3}}, & -\dfrac{\sqrt{3}}{2}\leqslant x\leqslant\dfrac{\sqrt{3}}{2},\\[2mm] 0, & \text{其他}.\end{cases}$$

由此可见,(X,Y)在圆域上服从均匀分布,其边缘分布都不是均匀分布,但在条件

$\{Y=y\}$ 下 X 的条件分布或者在条件 $\{X=x\}$ 下 Y 的条件分布都是均匀分布.

例 3.15 设二维随机变量 (X,Y) 的概率密度为

$$f(x,y)=\begin{cases} cx^2y, & x^2 \leqslant y \leqslant 1, \\ 0, & \text{其他.} \end{cases}$$

(1) 试确定常数 c;

(2) 求关于 X 的边缘概率密度 $f_X(x)$;

(3) 求条件概率 $P\left\{Y \geqslant \dfrac{3}{4} \,\middle|\, X=\dfrac{1}{2}\right\}$.

解 (1) 由 $\displaystyle\int_{-\infty}^{+\infty}\int_{-\infty}^{+\infty} f(x,y)\,\mathrm{d}x\mathrm{d}y=1$,知

$$1=\iint\limits_{x^2 \leqslant y \leqslant 1} cx^2y\,\mathrm{d}x\mathrm{d}y=\int_{-1}^{1}\mathrm{d}x\int_{x^2}^{1}cx^2y\,\mathrm{d}y=\int_{-1}^{1}\frac{c}{2}x^2(1-x^4)\,\mathrm{d}x=\frac{4c}{21},$$

得 $c=\dfrac{21}{4}$.

(2) 由 $f_X(x)=\displaystyle\int_{-\infty}^{+\infty} f(x,y)\,\mathrm{d}y$ 知,

$$f_X(x)=\begin{cases} \displaystyle\int_{x^2}^{1}\frac{21}{4}x^2y\,\mathrm{d}y, & -1 \leqslant x \leqslant 1, \\ 0, & \text{其他} \end{cases}$$

$$=\begin{cases} \dfrac{21}{8}x^2(1-x^4), & -1 \leqslant x \leqslant 1, \\ 0, & \text{其他.} \end{cases}$$

(3) 当 $-1<x<1$ 时,

$$f_{Y|X}(y \mid x)=\frac{f(x,y)}{f_X(x)}=\begin{cases} \dfrac{2y}{1-x^4}, & x^2 \leqslant y \leqslant 1, \\ 0, & \text{其他.} \end{cases}$$

特别地,当 $x=\dfrac{1}{2}$ 时,有

$$f_{Y|X}\left(y \,\middle|\, x=\frac{1}{2}\right)=\begin{cases} \dfrac{32}{15}y, & \dfrac{1}{4} \leqslant y \leqslant 1, \\ 0, & \text{其他,} \end{cases}$$

从而

$$P\left\{Y \geqslant \frac{3}{4} \,\middle|\, X=\frac{1}{2}\right\}=\int_{\frac{3}{4}}^{+\infty} f_{Y|X}\left(y \,\middle|\, x=\frac{1}{2}\right)\mathrm{d}y=\int_{\frac{3}{4}}^{1}\frac{32}{15}y\,\mathrm{d}y=\frac{7}{15}.$$

例 3.16 设数 X 在区间 $(0,1)$ 上等可能地取值,当观察到 $X=x(0<x<1)$ 时,数 Y 在区间 $(x,1)$ 上等可能地随机取值,求 Y 的概率密度 $f_Y(y)$.

解 按题意,X 具有概率密度

$$f_X(x)=\begin{cases} 1, & 0<x<1, \\ 0, & \text{其他.} \end{cases}$$

对于任意给定的值 $x(0<x<1)$, 在条件 $\{X=x\}$ 下 Y 的条件概率密度为

$$f_{Y|X}(y\mid x)=\begin{cases}\dfrac{1}{1-x}, & x<y<1,\\[2mm] 0, & \text{其他}.\end{cases}$$

X 和 Y 的联合概率密度为

$$f(x,y)=f_{Y|X}(y\mid x)f_X(x)=\begin{cases}\dfrac{1}{1-x}, & 0<x<y<1,\\[2mm] 0, & \text{其他},\end{cases}$$

于是得关于 Y 的边缘概率密度为

$$f_Y(y)=\int_{-\infty}^{+\infty}f(x,y)\,\mathrm{d}x=\begin{cases}\displaystyle\int_0^y\dfrac{1}{1-x}\mathrm{d}x, & 0<y<1,\\[2mm] 0, & \text{其他}\end{cases}=\begin{cases}-\ln(1-y), & 0<y<1,\\[2mm] 0, & \text{其他}.\end{cases}$$

§3.4 随机变量的独立性

随机变量的独立性与事件的独立性一样,也是概率论与数理统计中的一个重要概念. 在本节中,我们利用随机事件相互独立的概念导出随机变量相互独立的概念.

在多维随机变量中,各分量的取值有时会相互影响,有时会互不影响. 例如在研究父子身高的试验中,父亲的身高 Y 往往会影响儿子的身高 X;两人各掷一个骰子,那出现的点数 Y_1 和 X_1 相互之间就没有任何影响. 这种相互之间没有任何影响的随机变量称为相互独立的随机变量. 当然,这只是对随机变量独立性的一种直观描述. 严格地讲,对任意实数 x,y,事件 $\{X\leqslant x\}$ 与事件 $\{Y\leqslant y\}$ 相互独立,才可称 X 与 Y 相互独立. 于是给出如下定义:

定义 3.7   设 $F(x,y)$ 及 $F_X(x)$, $F_Y(y)$ 分别是二维随机变量 (X,Y) 的分布函数及 (X,Y) 关于 X,Y 的边缘分布函数,若对于所有 $x,y\in\mathbf{R}$,有

$$P\{X\leqslant x,Y\leqslant y\}=P\{X\leqslant x\}P\{Y\leqslant y\},$$

即

$$F(x,y)=F_X(x)F_Y(y), \tag{3.11}$$

则称随机变量 X 与 Y 是相互独立的.

随机变量 X 与 Y 相互独立的意义是对所有的实数对 (x,y),随机事件 $\{X\leqslant x\}$ 与随机事件 $\{Y\leqslant y\}$ 相互独立. 在这种场合下,由每个随机变量的边缘分布可以唯一地确定它们的联合分布.

设 (X,Y) 是二维离散型随机变量,分布律为

$$P\{X=x_i,Y=y_j\}=p_{ij},\quad i,j=1,2,\cdots,$$

其中关于 X,Y 的边缘分布律分别为

$$P\{X=x_i\}=p_{i\cdot},i=1,2,\cdots,\quad P\{Y=y_j\}=p_{\cdot j},j=1,2,\cdots,$$

则随机变量 X 与 Y 相互独立的充要条件是

$$P\{X=x_i,Y=y_j\}=P\{X=x_i\}P\{Y=y_j\},\quad i,j=1,2,\cdots,$$

或

$$p_{ij}=p_i._{\cdot}p_{\cdot j}, \quad i,j=1,2,\cdots. \tag{3.12}$$

设 (X,Y) 是二维连续型随机变量,概率密度为 $f(x,y)$,(X,Y) 关于 X,Y 的边缘概率密度分别为 $f_X(x)$,$f_Y(y)$,则 X 与 Y 相互独立的充要条件是等式

$$f(x,y)=f_X(x)f_Y(y) \tag{3.13}$$

在平面上几乎处处成立."几乎处处成立"的含义是:在平面上除去面积为 0 的区域外,处处成立.

在实际中使用(3.12)式或(3.13)式比使用(3.11)式方便.

从条件分布出发,可以得到 $f(x,y)=f_{X|Y}(x|y)f_Y(y)$. 若随机变量 X 与 Y 相互独立,则有

$$f_{X|Y}(x|y)=f_X(x).$$

一般地,条件概率密度 $f_{X|Y}(x|y)$ 是随 y 的变化而变化的,这反映了随机变量 X 和 Y 在概率上有相依关系,即随机变量 X 的分布取决于随机变量 Y 的值. 如果 $f_{X|Y}(x|y)$ 不依赖于 y,而只是 x 的函数,则表示随机变量 X 的分布与 Y 取什么值完全无关,即表明 X 与 Y 相互独立,这与事件相互独立的概念相似.

例 3.17 设二维随机变量 (X,Y) 的分布律如下:

Y	X		$P\{Y=y_j\}$
	0	1	
1	$\dfrac{1}{6}$	$\dfrac{1}{3}$	$\dfrac{1}{2}$
2	$\dfrac{1}{6}$	$\dfrac{1}{3}$	$\dfrac{1}{2}$
$P\{X=x_i\}$	$\dfrac{1}{3}$	$\dfrac{2}{3}$	1

问 X 与 Y 是否相互独立?

解 因为

$$P\{X=0,Y=1\}=\frac{1}{6}=\frac{1}{3}\cdot\frac{1}{2}=P\{X=0\}P\{Y=1\},$$

$$P\{X=0,Y=2\}=\frac{1}{6}=\frac{1}{3}\cdot\frac{1}{2}=P\{X=0\}P\{Y=2\},$$

$$P\{X=1,Y=1\}=\frac{1}{3}=\frac{2}{3}\cdot\frac{1}{2}=P\{X=1\}P\{Y=1\},$$

$$P\{X=1,Y=2\}=\frac{1}{3}=\frac{2}{3}\cdot\frac{1}{2}=P\{X=1\}P\{Y=2\},$$

从而,X 与 Y 是相互独立的.

例 3.18 设二维随机变量 (X,Y) 的概率密度为

$$f(x,y)=\begin{cases} xe^{-(x+y)}, & x>0,y>0, \\ 0, & 其他, \end{cases}$$

问 X 与 Y 是否相互独立?

解 因为

$$f_X(x) = \int_{-\infty}^{+\infty} f(x,y)\,dy = \begin{cases} \int_0^{+\infty} x e^{-(x+y)}\,dy, & x>0, \\ 0, & 其他 \end{cases}$$

$$= \begin{cases} x e^{-x}, & x>0, \\ 0, & 其他, \end{cases}$$

用同样的方法得

$$f_Y(y) = \begin{cases} e^{-y}, & y>0, \\ 0, & 其他, \end{cases}$$

从而对一切 $x,y \in \mathbf{R}$,均有

$$f(x,y) = f_X(x) f_Y(y),$$

故 X 与 Y 相互独立.

例 3.19 设二维正态随机变量 $(X,Y) \sim N(\mu_1,\mu_2,\sigma_1^2,\sigma_2^2,\rho)$,试证:$X$ 与 Y 相互独立的充要条件是参数 $\rho = 0$.

证明 二维正态随机变量 (X,Y) 的概率密度为

$$f(x,y) = \frac{1}{2\pi\sigma_1\sigma_2\sqrt{1-\rho^2}} \exp\left\{ \frac{-1}{2(1-\rho^2)} \left[\frac{(x-\mu_1)^2}{\sigma_1^2} - 2\rho\frac{(x-\mu_1)(y-\mu_2)}{\sigma_1\sigma_2} + \frac{(y-\mu_2)^2}{\sigma_2^2} \right] \right\}$$

$$(-\infty < x < +\infty, \ -\infty < y < +\infty).$$

由例 3.11 知道,其边缘概率密度 $f_X(x), f_Y(y)$ 的乘积为

$$f_X(x) f_Y(y) = \frac{1}{2\pi\sigma_1\sigma_2} \exp\left\{ -\frac{1}{2} \left[\frac{(x-\mu_1)^2}{\sigma_1^2} + \frac{(y-\mu_2)^2}{\sigma_2^2} \right] \right\}$$

$$(-\infty < x < +\infty, \ -\infty < y < +\infty).$$

如果 $\rho = 0$,则对于所有的 $x,y \in \mathbf{R}$,有 $f(x,y) = f_X(x) f_Y(y)$,即 X 与 Y 相互独立. 反之,如果 X 与 Y 相互独立,由于 $f(x,y), f_X(x), f_Y(y)$ 都是连续函数,故对于所有的 $x,y \in \mathbf{R}$,有 $f(x,y) = f_X(x) f_Y(y)$. 特别地,令 $x = \mu_1, y = \mu_2$,得到

$$\frac{1}{2\pi\sigma_1\sigma_2\sqrt{1-\rho^2}} = \frac{1}{2\pi\sigma_1\sigma_2},$$

从而 $\rho = 0$. 综上所述,对于二维正态随机变量 (X,Y),X 与 Y 相互独立的充要条件是参数 $\rho = 0$.

例 3.20 甲乙二人约定中午 12:30 在某地会面. 若甲到达的时刻在 12:15 到 12:45 之间是均匀分布的,乙独立地到达,且到达时刻在 12:00 到 13:00 之间是均匀分布的. 试求先到的人等待另一人到达的时间不超过 5 min 的概率,并求甲先到的概率是多少?

解 从 12:00 开始计时,设 X 为甲到达所需时间,Y 为乙到达所需时间(单位:min). 依题意,

$$X \sim U(15,45), \quad Y \sim U(0,60),$$

即

$$f_X(x) = \begin{cases} \dfrac{1}{30}, & 15<x<45, \\ 0, & 其他, \end{cases} \qquad f_Y(y) = \begin{cases} \dfrac{1}{60}, & 0<y<60, \\ 0, & 其他. \end{cases}$$

由 X 与 Y 的独立性知

$$f(x,y) = \begin{cases} \dfrac{1}{1\,800}, & 15<x<45, 0<y<60, \\ 0, & 其他. \end{cases}$$

先到的人等待另一人到达的时间不超过 5 min 的概率为 $P\{|X-Y| \leqslant 5\}$，甲先到的概率为 $P\{X<Y\}$，则

$$P\{|X-Y| \leqslant 5\} = \int_{15}^{45} \int_{x-5}^{x+5} \frac{1}{1\,800} \mathrm{d}y\mathrm{d}x = \frac{1}{6},$$

$$P\{X<Y\} = \int_{15}^{45} \int_{x}^{60} \frac{1}{1\,800} \mathrm{d}y\mathrm{d}x = \frac{1}{2}.$$

例 3.21 若随机变量 X 与 Y 相互独立，证明：对任意实数 $x_1, x_2, y_1, y_2 (x_1<x_2, y_1<y_2)$，有

$$P\{x_1<X \leqslant x_2, y_1<Y \leqslant y_2\} = P\{x_1<X \leqslant x_2\} P\{y_1<Y \leqslant y_2\}.$$

证明 由随机变量 X 与 Y 的独立性和(3.1)式可知

$$P\{x_1<X \leqslant x_2, y_1<Y \leqslant y_2\}$$
$$= F(x_2,y_2) - F(x_1,y_2) - F(x_2,y_1) + F(x_1,y_1)$$
$$= F_X(x_2)F_Y(y_2) - F_X(x_1)F_Y(y_2) - F_X(x_2)F_Y(y_1) + F_X(x_1)F_Y(y_1)$$
$$= [F_X(x_2) - F_X(x_1)][F_Y(y_2) - F_Y(y_1)]$$
$$= P\{x_1<X \leqslant x_2\} P\{y_1<Y \leqslant y_2\}.$$

此例说明，若 X 与 Y 相互独立，则对任意实数 $x_1, x_2, y_1, y_2(x_1<x_2, y_1<y_2)$ 来说，随机事件 $\{x_1<X \leqslant x_2\}$ 与 $\{y_1<Y \leqslant y_2\}$ 也相互独立. 一般地，随机变量 X 与 Y 相互独立的充要条件是 X 所生成的任何事件与 Y 所生成的任何事件独立，即对任意实数集 A, B，有 $P\{X \in A, Y \in B\} = P\{X \in A\} P\{X \in B\}$.

例 3.22 设随机变量 X 与 Y 相互独立，证明：随机变量 X^2 与 Y^2 也相互独立.

证明 当 $x \geqslant 0, y \geqslant 0$ 时，(X^2, Y^2) 的分布函数为

$$F(x,y) = P\{X^2 \leqslant x, Y^2 \leqslant y\}$$
$$= P\{-\sqrt{x} \leqslant X \leqslant \sqrt{x}, -\sqrt{y} \leqslant Y \leqslant \sqrt{y}\}$$
$$= P\{-\sqrt{x} \leqslant X \leqslant \sqrt{x}\} P\{-\sqrt{y} \leqslant Y \leqslant \sqrt{y}\}$$
$$= P\{X^2 \leqslant x\} P\{Y^2 \leqslant y\}$$
$$= F_{X^2}(x) F_{Y^2}(y).$$

当 $x<0, y>0$ 时，

$$F(x,y) = P\{X^2 \leqslant x, Y^2 \leqslant y\} = 0 = P\{X^2 \leqslant x\} P\{Y^2 \leqslant y\} = F_{X^2}(x) F_{Y^2}(y).$$

同理可证其他情形也有 $F(x,y) = F_{X^2}(x) F_{Y^2}(y)$ 成立，故 X^2 与 Y^2 相互独立.

例 3.22 告诉我们，当 X 与 Y 相互独立时，X^2 与 Y^2 也相互独立. 一般地，若 X 与 Y 是相互独立的随机变量，则 $f(X)$ 与 $g(Y)$ 亦相互独立，其中 $f(\cdot)$ 与 $g(\cdot)$ 是两个连续函数. 比如，若 X 与 Y 相互独立，a 与 b 是两个常数，则 $aX+b$ 与 e^Y 相互独立；若 X 与 Y 还是正值随机变量，则 $\ln X$ 与 $\ln Y$ 亦相互独立.

最后，作为本节内容的自然推广与延伸，下面简述 n 维随机变量的有关定义与结果.

设 E 是一个随机试验,它的样本空间 $\Omega=\{\omega\}$,设 $X_1=X_1(\omega)$,$X_2=X_2(\omega)$,$\cdots$,$X_n=X_n(\omega)$ 是定义在 Ω 上的随机变量,由它们构成的一个 n 维向量 $(X_1,X_2,\cdots,X_n)$ 称为 n 维随机向量或 n 维随机变量.

n 维随机变量 $(X_1,X_2,\cdots,X_n)$ 的分布函数为

$$F(x_1,x_2,\cdots,x_n)=P\{X_1\leqslant x_1,X_2\leqslant x_2,\cdots,X_n\leqslant x_n\},$$

其中 $x_1,x_2,\cdots,x_n$ 为任意实数.

若存在非负函数 $f(x_1,x_2,\cdots,x_n)$,使对于任意实数 $x_1,x_2,\cdots,x_n$ 有

$$F(x_1,x_2,\cdots,x_n)=\int_{-\infty}^{x_n}\int_{-\infty}^{x_{n-1}}\cdots\int_{-\infty}^{x_1}f(t_1,t_2,\cdots,t_n)\,\mathrm{d}t_1\mathrm{d}t_2\cdots\mathrm{d}t_n,$$

则称 $f(x_1,x_2,\cdots,x_n)$ 为 n 维连续型随机变量 $(X_1,X_2,\cdots,X_n)$ 的概率密度函数.

设 $(X_1,X_2,\cdots,X_n)$ 的分布函数 $F(x_1,x_2,\cdots,x_n)$ 为已知,则 $(X_1,X_2,\cdots,X_n)$ 的 $k(1\leqslant k<n)$ 维边缘分布函数就随之确定. 例如 $(X_1,X_2,\cdots,X_n)$ 关于 X_1 和关于 (X_1,X_2) 的边缘分布函数分别为

$$F_{X_1}(x_1)=F(x_1,+\infty,+\infty,\cdots,+\infty),$$

$$F_{X_1,X_2}(x_1,x_2)=F(x_1,x_2,+\infty,+\infty,\cdots,+\infty).$$

又若 $f(x_1,x_2,\cdots,x_n)$ 是 n 维连续型随机变量 $(X_1,X_2,\cdots,X_n)$ 的概率密度,则 $(X_1,X_2,\cdots,X_n)$ 关于 X_1 和关于 (X_1,X_2) 的边缘概率密度分别为

$$f_{X_1}(x_1)=\int_{-\infty}^{+\infty}\int_{-\infty}^{+\infty}\cdots\int_{-\infty}^{+\infty}f(x_1,x_2,\cdots,x_n)\,\mathrm{d}x_2\mathrm{d}x_3\cdots\mathrm{d}x_n,$$

$$f_{X_1,X_2}(x_1,x_2)=\int_{-\infty}^{+\infty}\int_{-\infty}^{+\infty}\cdots\int_{-\infty}^{+\infty}f(x_1,x_2,\cdots,x_n)\,\mathrm{d}x_3\mathrm{d}x_4\cdots\mathrm{d}x_n.$$

n 维离散型随机变量的定义和性质,可参照连续型和二维情形,请读者自行写出.

设 n 维随机变量 $(X_1,X_2,\cdots,X_n)$ 的分布函数为 $F(x_1,x_2,\cdots,x_n)$,若对任意实数 $x_1,x_2,\cdots,x_n$,均有

$$F(x_1,x_2,\cdots,x_n)=F_1(x_1)F_2(x_2)\cdots F_n(x_n),$$

式中 $F_k(x_k)$ 是关于 X_k 的边缘分布函数,则称 $X_1,X_2,\cdots,X_n$ 相互独立.

若 $(X_1,X_2,\cdots,X_n)$ 为 n 维离散型随机变量,则 (3.12) 式可改写为

$$P\{X_1=x_1,X_2=x_2,\cdots,X_n=x_n\}=P\{X_1=x_1\}P\{X_2=x_2\}\cdots P\{X_n=x_n\}.$$

若 $(X_1,X_2,\cdots,X_n)$ 为 n 维连续型随机变量,则 (3.13) 式可改写为

$$f(x_1,x_2,\cdots,x_n)=f_{X_1}(x_1)f_{X_2}(x_2)\cdots f_{X_n}(x_n),$$

其中 $f_{X_i}(x_i)$ 是关于 X_i 的边缘概率密度,$i=1,2,\cdots,n$.

若 n 个随机变量 $X_1,X_2,\cdots,X_n$ 相互独立,则以下结论成立:

(1) 其中任意 m 个 $(2\leqslant m<n)$ 随机变量 $X_{k_1},X_{k_2},\cdots,X_{k_m}$ 也相互独立;

(2) 若随机变量的函数 $g_1(X_1),g_2(X_2),\cdots,g_n(X_n)$ 是随机变量,则它们也相互独立;

(3) 随机变量 $(X_1,X_2,\cdots,X_m)$ 与 $(X_{m+1},X_{m+2},\cdots,X_n)$ 相互独立,且若 h,g 是连续函数,则 $h(X_1,X_2,\cdots,X_m)$ 和 $g(X_{m+1},X_{m+2},\cdots,X_n)$ 也相互独立.

最后需要指出的是,与随机事件的独立性一样,在实际问题中,随机变量的独立性往往不是从其定义验证出来的. 相反,常根据随机变量产生的实际背景判断它们的独立性,然后再运用独立性定义中所给出的性质和结论去解决问题.

§3.5　二维随机变量函数的分布

在应用和理论中,我们常遇到两个随机变量的函数问题. 两个随机变量的函数仍然是随机变量,因此需研究随机变量函数的分布. 比如射击靶上的弹着点的坐标(X,Y)是服从均匀分布的二维随机变量,点(X,Y)与目标点 O 的距离$Z=\sqrt{X^2+Y^2}$ 服从什么分布?

一般而言,我们的问题是:已知二维随机变量(X,Y)的分布,如何求 $Z=g(X,Y)$ 的分布? 下面分别对(X,Y)是二维离散型随机变量和二维连续型随机变量两种情况进行讨论.

一、二维离散型随机变量函数的分布

设(X,Y)是二维离散型随机变量,$g(x,y)$是一个二元函数,则 $g(X,Y)$ 作为(X,Y)的函数是一个随机变量. 如果(X,Y)的分布律为

$$P\{X=x_i,Y=y_j\}=p_{ij}, \quad i,j=1,2,\cdots,$$

设 $Z=g(X,Y)$ 的所有可能取值为 $z_k,k=1,2,\cdots,$则 Z 的分布律为

$$P\{Z=z_k\}=P\{g(X,Y)=z_k\}=\sum_{g(x_i,y_j)=z_k}P\{X=x_i,Y=y_j\}$$
$$=\sum_{g(x_i,y_j)=z_k}p_{ij}, \quad k=1,2,\cdots.$$

例如,随机变量 $Z=X+Y$ 的任一可能值 z_k 是随机变量 X 的可能值 x_i 与随机变量 Y 的可能值 y_j 的和,即 $z_k=x_i+y_j$. 但是,对于不同的 x_i 及 y_j,它们的和 x_i+y_j 可能是相等的,所以

$$P\{Z=z_k\}=P\{X+Y=z_k\}=\sum_{x_i+y_j=z_k}P\{X=x_i,Y=y_j\} ,$$

这里求和的范围是一切使 $x_i+y_j=z_k$ 的 i 及 j 的值,或者也可以写成

$$P\{Z=z_k\}=P\{X+Y=z_k\}=\sum_i P\{X=x_i,Y=z_k-x_i\} ,$$

这里求和的范围可以认为是一切 i 的值. 若 X 与 Y 相互独立,上式变为

$$P\{Z=z_k\}=P\{X+Y=z_k\}=\sum_i P\{X=x_i,Y=z_k-x_i\}$$
$$=\sum_i P\{X=x_i\}P\{Y=z_k-x_i\} .$$

例 3.23　设随机变量 X 与 Y 相互独立,并且都服从二项分布:

$$P\{X=m\}=C_2^m\left(\frac{1}{2}\right)^m\left(\frac{1}{2}\right)^{2-m}, \quad m=0,1,2,$$

$$P\{Y=n\}=C_2^n\left(\frac{2}{3}\right)^n\left(\frac{1}{3}\right)^{2-n}, \quad n=0,1,2,$$

求它们的和 $Z=X+Y$ 的分布.

解法一　X 与 Y 的分布律如下:

X	0	1	2
p_k	$\dfrac{1}{4}$	$\dfrac{2}{4}$	$\dfrac{1}{4}$

Y	0	1	2
p_k	$\dfrac{1}{9}$	$\dfrac{4}{9}$	$\dfrac{4}{9}$

显然,随机变量 $Z=X+Y$ 的所有可能值为 $0,1,2,3,4$,且

$$P\{Z=0\}=P\{X=0,Y=0\}=P\{X=0\}P\{Y=0\}=\frac{1}{4}\cdot\frac{1}{9}=\frac{1}{36},$$

$$P\{Z=1\}=P\{X=0,Y=1\}+P\{X=1,Y=0\}=\frac{1}{4}\cdot\frac{4}{9}+\frac{2}{4}\cdot\frac{1}{9}=\frac{1}{6},$$

$$P\{Z=2\}=P\{X=0,Y=2\}+P\{X=1,Y=1\}+P\{X=2,Y=0\}=\frac{13}{36},$$

$$P\{Z=3\}=P\{X=1,Y=2\}+P\{X=2,Y=1\}=\frac{1}{3},$$

$$P\{Z=4\}=P\{X=2,Y=2\}=\frac{1}{9}.$$

所以,$Z=X+Y$ 的分布律为

Z	0	1	2	3	4
p_k	$\dfrac{1}{36}$	$\dfrac{1}{6}$	$\dfrac{13}{36}$	$\dfrac{1}{3}$	$\dfrac{1}{9}$

解法二 因 X 与 Y 相互独立,由 X 和 Y 的分布律得到 (X,Y) 的联合分布律为

Y	X			$P\{Y=k\}$
	0	1	2	
0	$\dfrac{1}{36}$	$\dfrac{2}{36}$	$\dfrac{1}{36}$	$\dfrac{1}{9}$
1	$\dfrac{4}{36}$	$\dfrac{8}{36}$	$\dfrac{4}{36}$	$\dfrac{4}{9}$
2	$\dfrac{4}{36}$	$\dfrac{8}{36}$	$\dfrac{4}{36}$	$\dfrac{4}{9}$
$P\{X=k\}$	$\dfrac{1}{4}$	$\dfrac{2}{4}$	$\dfrac{1}{4}$	1

整理可得下表

p_{ij}	$\dfrac{1}{36}$	$\dfrac{4}{36}$	$\dfrac{4}{36}$	$\dfrac{2}{36}$	$\dfrac{8}{36}$	$\dfrac{8}{36}$	$\dfrac{1}{36}$	$\dfrac{4}{36}$	$\dfrac{4}{36}$
(X,Y)	$(0,0)$	$(0,1)$	$(0,2)$	$(1,0)$	$(1,1)$	$(1,2)$	$(2,0)$	$(2,1)$	$(2,2)$
$X+Y$	0	1	2	1	2	3	2	3	4

同样得 $Z=X+Y$ 的分布律为

Z	0	1	2	3	4
p_k	$\dfrac{1}{36}$	$\dfrac{1}{6}$	$\dfrac{13}{36}$	$\dfrac{1}{3}$	$\dfrac{1}{9}$

例 3.24 设随机变量 X 与 Y 相互独立,且都服从泊松分布:

$$P\{X=i\} = \frac{\lambda_1^i}{i!}\mathrm{e}^{-\lambda_1}, \quad i=0,1,2,\cdots,$$

$$P\{Y=j\} = \frac{\lambda_2^j}{j!}\mathrm{e}^{-\lambda_2}, \quad j=0,1,2,\cdots,$$

求 $Z=X+Y$ 的分布.

解 显然 $Z=X+Y$ 也可以取零和一切正整数值,

$$
\begin{aligned}
P\{Z=k\} &= P\{X+Y=k\} = \sum_{i=0}^{k} P\{X=i, Y=k-i\} \\
&= \sum_{i=0}^{k} P\{X=i\}P\{Y=k-i\} = \sum_{i=0}^{k} \mathrm{e}^{-\lambda_1}\frac{\lambda_1^i}{i!} \cdot \mathrm{e}^{-\lambda_2}\frac{\lambda_2^{k-i}}{(k-i)!} \\
&= \frac{\mathrm{e}^{-(\lambda_1+\lambda_2)}}{k!}\sum_{i=0}^{k} \frac{k!}{i!\,(k-i)!}\lambda_1^i\lambda_2^{k-i} \\
&= \frac{\mathrm{e}^{-(\lambda_1+\lambda_2)}}{k!}(\lambda_1+\lambda_2)^k, \qquad k=0,1,2,\cdots.
\end{aligned}
$$

由此可见,服从泊松分布的相互独立的随机变量的和也服从泊松分布,并且具有分布参数 $\lambda=\lambda_1+\lambda_2$,我们称泊松分布具有可加性. 类似地,二项分布也具有可加性:若 $X\sim B(n_1,p)$,$Y\sim B(n_2,p)$,且 X 与 Y 相互独立,则它们的和 $X+Y\sim B(n_1+n_2,p)$. 要注意的是,两个二项分布中第二个参数 p 要相同,否则上述结果(可加性)不成立. 这里 p 起着单位尺度的作用,两个单位尺度相同的变量才可以相加. 特别地,若 $X_1,X_2,\cdots,X_n$ 相互独立,且 $X_i\sim B(1,p)$,$i=1,2,\cdots,n$,则

$$Y=X_1+X_2+\cdots+X_n\sim B(n,p).$$

反之,若随机变量 $Y\sim B(n,p)$,则 Y 可以表示成 n 个相互独立且服从 0-1 分布的随机变量的和(详见第四章例 4.11).

二、二维连续型随机变量函数的分布

设 (X,Y) 是二维连续型随机变量,其概率密度为 $f(x,y)$,令 $g(x,y)$ 为一个二元连续函数,则 $g(X,Y)$ 是 (X,Y) 的函数.可用类似于求一元连续型随机变量函数分布的方法来求 $Z=g(X,Y)$ 的分布.

(1) 求 Z 的分布函数 $F_Z(z)$.

$$F_Z(z) = P\{Z\leqslant z\} = P\{g(X,Y)\leqslant z\} = P\{(X,Y)\in D_z\} = \iint\limits_{D_z} f(x,y)\mathrm{d}x\mathrm{d}y,$$

其中 $D_z = \{(x,y)\mid g(x,y)\leqslant z\}$.

(2) 求 Z 的概率密度 $f_Z(z)$,对几乎所有的 z,有 $f_Z(z)=F_Z'(z)$.

在求随机变量 (X,Y) 的函数 $Z=g(X,Y)$ 的分布时,关键是设法将其转化为 (X,Y) 在一定范围内取值的形式,从而利用已知 (X,Y) 的分布求出 $Z=g(X,Y)$ 的分布,下面我们只讨论几个具体函数的分布.

1. $Z=X+Y$ 的分布

设 (X,Y) 是二维连续型随机变量,概率密度为 $f(x,y)$,则 $Z=X+Y$ 仍为连续型随机变量,其概率密度记为 $f_Z(z)$.

设 Z 的分布函数为 $F_Z(z)$, 则

$$F_Z(z) = P\{Z \leqslant z\} = P\{X+Y \leqslant z\} = \iint\limits_{D} f(x,y)\,\mathrm{d}x\mathrm{d}y,$$

其中二重积分区域 D 是位于直线 $x+y=z$ 左下方的半平面(图 3.10). 化为二次积分, 我们得到

$$F_Z(z) = \int_{-\infty}^{+\infty} \left[\int_{-\infty}^{z-x} f(x,y)\,\mathrm{d}y \right] \mathrm{d}x.$$

固定 z 和 x, 对方括号内的积分作变量代换, 令 $y=u-x$, 得

$$F_Z(z) = \int_{-\infty}^{+\infty} \left[\int_{-\infty}^{z} f(x,u-x)\,\mathrm{d}u \right] \mathrm{d}x$$

$$= \int_{-\infty}^{z} \left[\int_{-\infty}^{+\infty} f(x,u-x)\,\mathrm{d}x \right] \mathrm{d}u.$$

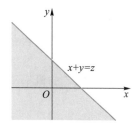

图 3.10

由概率密度与分布函数的关系, 即得 $Z=X+Y$ 的概率密度为

$$f_Z(z) = \int_{-\infty}^{+\infty} f(x,z-x)\,\mathrm{d}x. \tag{3.14}$$

由 X 和 Y 的对称性, $f_Z(z)$ 也可写成

$$f_Z(z) = \int_{-\infty}^{+\infty} f(z-y,y)\,\mathrm{d}y. \tag{3.15}$$

(3.14)式和(3.15)式是计算两个随机变量和的概率密度的一般公式.

特别地, 当 X 与 Y 相互独立时, 设 (X,Y) 关于 X 和关于 Y 的边缘概率密度分别为 $f_X(x)$, $f_Y(y)$, 则(3.14)式和(3.15)式化为

$$f_Z(z) = \int_{-\infty}^{+\infty} f_X(x)f_Y(z-x)\,\mathrm{d}x, \tag{3.16}$$

$$f_Z(z) = \int_{-\infty}^{+\infty} f_X(z-y)f_Y(y)\,\mathrm{d}y. \tag{3.17}$$

(3.16)式和(3.17)式称为 f_X 和 f_Y 的**卷积公式**, 记作 $f_X * f_Y$, 即

$$f_X * f_Y(z) = \int_{-\infty}^{+\infty} f_X(x)f_Y(z-x)\,\mathrm{d}x = \int_{-\infty}^{+\infty} f_X(z-y)f_Y(y)\,\mathrm{d}y.$$

例 3.25 设随机变量 (X,Y) 在以点 $(0,1)$, $(1,0)$, $(1,1)$ 为顶点的三角形区域上服从均匀分布, 求随机变量 $Z=X+Y$ 的概率密度 $f_Z(z)$.

解 设 $G = \{(x,y) \mid 0 \leqslant x \leqslant 1, 0 \leqslant y \leqslant 1, x+y \geqslant 1\}$ 是以点 $(0,1)$, $(1,0)$, $(1,1)$ 为顶点的三角形区域, 其面积等于 $\dfrac{1}{2}$, 则随机变量 (X,Y) 的概率密度为

典型例题
讲解 6

$$f(x,y) = \begin{cases} 2, & (x,y) \in G, \\ 0, & (x,y) \notin G. \end{cases}$$

由公式(3.14), Z 的概率密度为 $f_Z(z) = \displaystyle\int_{-\infty}^{+\infty} f(x,z-x)\,\mathrm{d}x$, 易知

$$f(x,z-x) = \begin{cases} 2, & 0 \leqslant x \leqslant 1, 1 \leqslant z \leqslant x+1, \\ 0, & \text{其他}, \end{cases}$$

故

$$f_Z(z) = \int_{-\infty}^{+\infty} f(x,z-x)\,\mathrm{d}x = \begin{cases} \displaystyle\int_{z-1}^{1} 2\mathrm{d}x, & 1 \leqslant z \leqslant 2, \\ 0, & \text{其他} \end{cases}$$

$$= \begin{cases} 4-2z, & 1 \leqslant z \leqslant 2, \\ 0, & \text{其他.} \end{cases}$$

例 3.26　设随机变量 X 与 Y 相互独立,并且都在区间 $(-a, a)$ 上服从均匀分布,求它们的和 $Z = X + Y$ 的概率密度.

解　X 和 Y 的概率密度分别是

$$f_X(x) = \begin{cases} \dfrac{1}{2a}, & |x| < a, \\ 0, & \text{其他,} \end{cases} \qquad f_Y(y) = \begin{cases} \dfrac{1}{2a}, & |y| < a, \\ 0, & \text{其他.} \end{cases}$$

由(3.16)式,Z 的概率密度为

$$f_Z(z) = \int_{-\infty}^{+\infty} f_X(x) f_Y(z-x)\,\mathrm{d}x.$$

易知,当且仅当

$$\begin{cases} -a < x < a, \\ -a < z - x < a, \end{cases} \quad \text{即} \quad \begin{cases} -a < x < a, \\ x - a < z < x + a \end{cases}$$

时,上述积分的被积函数不等于 0. 参考图 3.11,即得

$$f_Z(z) = \int_{-\infty}^{+\infty} f_X(x) f_Y(z-x)\,\mathrm{d}x = \begin{cases} \displaystyle\int_{-a}^{z+a} \dfrac{1}{4a^2}\mathrm{d}x, & -2a \leqslant z < 0, \\ \displaystyle\int_{z-a}^{a} \dfrac{1}{4a^2}\mathrm{d}x, & 0 \leqslant z \leqslant 2a, \\ 0, & \text{其他} \end{cases}$$

$$= \begin{cases} \dfrac{2a+z}{4a^2}, & -2a \leqslant z < 0, \\ \dfrac{2a-z}{4a^2}, & 0 \leqslant z \leqslant 2a, \\ 0, & \text{其他.} \end{cases}$$

所得的分布称为辛普森分布或三角分布,概率密度曲线如图 3.12 所示.

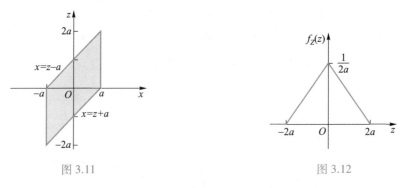

图 3.11　　　　　　　　　　　图 3.12

例 3.27　设 X 和 Y 是两个相互独立的随机变量,且都服从 $N(0,1)$ 分布,其概率密度为

$$f_X(x) = \frac{1}{\sqrt{2\pi}} \mathrm{e}^{-\frac{x^2}{2}}, \quad -\infty < x < +\infty,$$

$$f_Y(y) = \frac{1}{\sqrt{2\pi}} e^{-\frac{y^2}{2}}, \quad -\infty < y < +\infty,$$

求 $Z = X + Y$ 的概率密度.

解　由卷积公式得

$$f_Z(z) = \int_{-\infty}^{+\infty} f_X(x) f_Y(z-x) \, dx = \frac{1}{2\pi} \int_{-\infty}^{+\infty} e^{-\frac{x^2}{2}} \cdot e^{-\frac{(z-x)^2}{2}} \, dx$$

$$= \frac{1}{2\pi} e^{-\frac{z^2}{4}} \int_{-\infty}^{+\infty} e^{-\left(x-\frac{z}{2}\right)^2} \, dx, \quad -\infty < z < +\infty.$$

令 $t = x - \dfrac{z}{2}$，得

$$f_Z(z) = \frac{1}{2\pi} e^{-\frac{z^2}{4}} \int_{-\infty}^{+\infty} e^{-t^2} \, dt = \frac{1}{2\pi} e^{-\frac{z^2}{4}} \cdot \sqrt{\pi} = \frac{1}{2\sqrt{\pi}} e^{-\frac{z^2}{4}}, \quad -\infty < z < +\infty,$$

即 Z 服从 $N(0,2)$ 分布.

一般地，设随机变量 X 与 Y 相互独立，且 $X \sim N(\mu_1, \sigma_1^2)$，$Y \sim N(\mu_2, \sigma_2^2)$，则 $Z = X + Y$ 仍然服从正态分布，且有 $Z \sim N(\mu_1 + \mu_2, \sigma_1^2 + \sigma_2^2)$，即相互独立的、服从正态分布的随机变量的和仍然服从正态分布. 上述结果还可以推广到任意有限多个相互独立的随机变量的情形，设随机变量 $X_1, X_2, \cdots, X_n$ 相互独立，并且都服从正态分布：$X_i \sim N(\mu_i, \sigma_i^2)$ $(i = 1, 2, \cdots, n)$，它们的和 $Z = X_1 + X_2 + \cdots + X_n$ 仍然服从正态分布，并且有 $Z \sim N(\mu_1 + \mu_2 + \cdots + \mu_n, \sigma_1^2 + \sigma_2^2 + \cdots + \sigma_n^2)$. 一般地，由定理 2.3(1) 可以证明：有限个相互独立的正态随机变量的线性组合仍然服从正态分布，即

$$C_1 X_1 + C_2 X_2 + \cdots + C_n X_n \sim N\left(\sum_{i=1}^{n} C_i \mu_i, \sum_{i=1}^{n} C_i^2 \sigma_i^2 \right),$$

这里 $C_1, C_2, \cdots, C_n$ 是不全为 0 的常数.

2. $M = \max\{X, Y\}$ 和 $N = \min\{X, Y\}$ 的分布

在实际应用中，很多问题都归结为求两个随机变量最大值和最小值的分布. 例如，假设某地区降雨集中在 7 月和 8 月，该地区的某条河流这两个月的最高洪峰分别为 X 和 Y，为制定防洪设施的安全标准，就需要知道 $M = \max\{X, Y\}$ 的分布；在高山上架设电线需要研究一年的最大风力，假设某地区一年中风力最大值所在两个月的风力分别为 X 和 Y，则一年中最大风力 $M = \max\{X, Y\}$ 的分布就要在设计架设方案之前搞清楚. 又如，在河流航运中我们最担心的是水量太小而停航，若记 X 和 Y 分别为某条河流一年中流量最小值所在两个月的流量，则 $N = \min\{X, Y\}$ 就是一年中的最小流量，它的分布是很有指导价值的.

设随机变量 X 与 Y 相互独立，已知其分布函数分别为 $F_X(x)$，$F_Y(y)$，则最大值函数 $M = \max\{X, Y\}$ 和最小值函数 $N = \min\{X, Y\}$ 的分布函数分别为

$$F_M(z) = F_{\max}(z) = P\{\max\{X, Y\} \leqslant z\} = P\{X \leqslant z, Y \leqslant z\}$$

$$= P\{X \leqslant z\} P\{Y \leqslant z\} = F_X(z) F_Y(z),$$

即

$$F_{\max}(z) = F_X(z) F_Y(z); \tag{3.18}$$

$$F_N(z) = F_{\min}(z) = P\{\min\{X, Y\} \leqslant z\}$$

$$= 1 - P\{\min\{X,Y\} > z\} = 1 - P\{X > z, Y > z\}$$
$$= 1 - P\{X > z\} P\{Y > z\}$$
$$= 1 - [1 - P\{X \leqslant z\}][1 - P\{Y \leqslant z\}]$$
$$= 1 - [1 - F_X(z)][1 - F_Y(z)],$$

即

$$F_{\min}(z) = 1 - [1 - F_X(z)][1 - F_Y(z)]. \tag{3.19}$$

若 X 与 Y 相互独立且同分布,分布函数为 $F(\cdot)$,则

$$F_{\max}(z) = [F(z)]^2, \quad F_{\min}(z) = 1 - [1 - F(z)]^2.$$

上述结论可以推广到 n 维情形,即设 $X_1, X_2, \cdots, X_n$ 是相互独立的随机变量,且 X_i 的分布函数为 $F_i(x_i), i = 1, 2, \cdots, n.$ 令

$$M = \max\{X_1, X_2, \cdots, X_n\}, \quad N = \min\{X_1, X_2, \cdots, X_n\},$$

则

$$F_M(z) = F_{\max}(z) = F_1(z) F_2(z) \cdots F_n(z),$$
$$F_N(z) = F_{\min}(z) = 1 - [1 - F_1(z)][1 - F_2(z)] \cdots [1 - F_n(z)].$$

若 $X_1, X_2, \cdots, X_n$ 相互独立且同分布,则

$$F_{\max}(z) = [F(z)]^n, \quad F_{\min}(z) = 1 - [1 - F(z)]^n.$$

例 3.28 设系统 L 由两个相互独立的子系统 L_1, L_2 连接而成,连接的方式分别为 (1) 串联;(2) 并联;(3) 备用(开关完全可靠,子系统 L_2 在储备期内不失效,当 L_1 损坏时,L_2 开始工作),如图 3.13 所示(分别对应(a),(b),(c)). 设 L_1, L_2 的寿命分别为 X, Y,其概率密度分别为

$$f_X(x) = \begin{cases} \alpha e^{-\alpha x}, & x > 0, \\ 0, & \text{其他}, \end{cases} \qquad f_Y(y) = \begin{cases} \beta e^{-\beta y}, & y > 0, \\ 0, & \text{其他}, \end{cases}$$

其中 $\alpha > 0, \beta > 0$,且 $\alpha \neq \beta.$ 分别对以上三种连接方式写出 L 的寿命 Z 的概率密度.

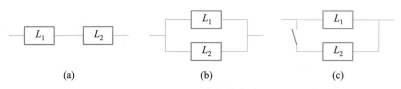

(a)   (b)   (c)

图 3.13 三种连接方式

解 易知 X, Y 的分布函数分别为

$$F_X(x) = \begin{cases} 1 - e^{-\alpha x}, & x > 0, \\ 0, & \text{其他}, \end{cases} \qquad F_Y(y) = \begin{cases} 1 - e^{-\beta y}, & y > 0, \\ 0, & \text{其他}. \end{cases}$$

(1) 串联时,$Z = \min\{X, Y\}$,其分布函数为

$$F_{\min}(z) = 1 - [1 - F_X(z)][1 - F_Y(z)]$$
$$= \begin{cases} 1 - e^{-(\alpha+\beta)z}, & z > 0, \\ 0, & \text{其他}, \end{cases}$$

概率密度为

$$f_{\min}(z) = \begin{cases} (\alpha+\beta) e^{-(\alpha+\beta)z}, & z > 0, \\ 0, & \text{其他}. \end{cases}$$

（2）并联时，$Z=\max\{X,Y\}$，其分布函数为

$$F_{\max}(z)=F_X(z)F_Y(z)=\begin{cases}(1-e^{-\alpha z})(1-e^{-\beta z}), & z>0,\\ 0, & \text{其他},\end{cases}$$

概率密度为

$$f_{\max}(z)=\begin{cases}\alpha e^{-\alpha z}+\beta e^{-\beta z}-(\alpha+\beta)e^{-(\alpha+\beta)z}, & z>0,\\ 0, & \text{其他}.\end{cases}$$

（3）备用时，由于系统 L_1 损坏后，系统 L_2 才开始工作，因此整个系统 L 的寿命 Z 是 L_1,L_2 两者寿命之和，即 $Z=X+Y$.

当 $z>0$ 时，$Z=X+Y$ 的概率密度为

$$f(z)=\int_{-\infty}^{+\infty}f_X(z-y)f_Y(y)\,\mathrm{d}y=\int_0^z \alpha e^{-\alpha(z-y)}\beta e^{-\beta y}\,\mathrm{d}y$$

$$=\alpha\beta e^{-\alpha z}\int_0^z e^{-(\beta-\alpha)y}\,\mathrm{d}y=\frac{\alpha\beta}{\beta-\alpha}(e^{-\alpha z}-e^{-\beta z});$$

当 $z\le 0$ 时，$f(z)=0$. 于是 $Z=X+Y$ 的概率密度为

$$f(z)=\begin{cases}\dfrac{\alpha\beta}{\beta-\alpha}(e^{-\alpha z}-e^{-\beta z}), & z>0,\\ 0, & \text{其他}.\end{cases}$$

习　题　3

一、填空题

1. 若二维随机变量 (X,Y) 在区域 $\{(x,y)\mid x^2+y^2\le R^2\}$ 上服从均匀分布，则 (X,Y) 的概率密度为____.

2. 设随机变量 X 与 Y 相互独立，具有相同的分布律：

X	0	1
p_k	0.4	0.6

则 $\max\{X,Y\}$ 的分布律为____.

3. 设二维随机变量 (X,Y) 的分布律如下：

Y	X		
	1	2	3
1	0	$\dfrac{1}{6}$	$\dfrac{1}{12}$
2	$\dfrac{1}{6}$	$\dfrac{1}{6}$	$\dfrac{1}{6}$
3	$\dfrac{1}{12}$	$\dfrac{1}{6}$	0

在表中补充关于 X 和关于 Y 的边缘分布律.

4. 设随机变量 X 与 Y 相互独立,X 服从区间 $(0,2)$ 上的均匀分布,Y 服从参数为 $\lambda=1$ 的指数分布,则概率 $P\{X+Y>1\}=$____.

5. 设二维随机变量 (X,Y) 的概率密度函数为 $f(x,y)=\begin{cases}bx, & 0\leqslant x\leqslant y\leqslant 1, \\ 0, & \text{其他,}\end{cases}$ 则 $P\{X+Y\leqslant 1\}=$____.

6. 设随机变量 X 与 Y 相互独立. 且均服从区间 $(0,3)$ 上的均匀分布,则 $P\{\max\{X,Y\}\leqslant 1\}=$____.

7. 设随机变量 $X_i(i=1,2)$ 的分布律为

X_i	-1	0	1
p_k	$\dfrac{1}{4}$	$\dfrac{1}{2}$	$\dfrac{1}{4}$

$i=1,2,$

且满足 $P\{X_1X_2=0\}=1$,则 $P\{X_1=X_2\}=$____.

8. 如图 3.14 所示,平面区域 D 由曲线 $y=\dfrac{1}{x}$ 及直线 $y=0,x=1,x=\mathrm{e}^2$ 所围成,二维随机变量 (X,Y) 在区域 D 上服从均匀分布,则 (X,Y) 关于 X 的边缘概率密度在 $x=2$ 处的值为____.

9. 设 X,Y 为两个随机变量,且 $P\{X\geqslant 0,Y\geqslant 0\}=\dfrac{3}{7}$,

$P\{X\geqslant 0\}=P\{Y\geqslant 0\}=\dfrac{4}{7}$,则 $P\{\max\{X,Y\}\geqslant 0\}=$____.

10. 设随机变量 X 与 Y 相互独立,$X\sim B(2,p)$,$Y\sim B(3,p)$,且 $P\{X\geqslant 1\}=\dfrac{5}{9}$,则 $P\{X+Y=1\}=$____.

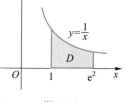

图 3.14

11. 设二维随机变量 (X,Y) 服从正态分布 $N(1,0,1,1,0)$,则 $P\{XY-Y<0\}=$_____.

12. 在区间 $(0,1)$ 中随机地取两个数,则这两个数之差的绝对值小于 $\dfrac{1}{2}$ 的概率为_____.

二、选择题

1. 设随机变量 X 与 Y 相互独立且同分布,$P\{X=-1\}=P\{Y=-1\}=P\{X=1\}=P\{Y=1\}=\dfrac{1}{2}$,则下列各式中成立的是(   ).

(A) $P\{X=Y\}=\dfrac{1}{2}$ 　　　　　　(B) $P\{X=Y\}=1$

(C) $P\{X+Y=0\}=\dfrac{1}{4}$ 　　　　(D) $P\{XY=1\}=\dfrac{1}{4}$

2. 设随机变量 X 与 Y 相互独立,且满足 $P\{X=1\}=P\{Y=1\}=p>0$,$P\{X=0\}=P\{Y=0\}=1-p>0$,令

$$Z = \begin{cases} 1, & X+Y \text{ 为偶数,} \\ 0, & X+Y \text{ 为奇数.} \end{cases}$$

要使 X 与 Z 相互独立,则 p 的值为(   ).

(A) $\dfrac{1}{3}$ (B) $\dfrac{1}{4}$ (C) $\dfrac{1}{2}$ (D) $\dfrac{2}{3}$

3. 设随机变量 X 和 Y 相互独立,且 $X \sim N(0,1)$,$Y \sim N(1,1)$,则(   ).

(A) $P\{X+Y \leqslant 0\} = \dfrac{1}{2}$ (B) $P\{X+Y \leqslant 1\} = \dfrac{1}{2}$

(C) $P\{X-Y \leqslant 0\} = \dfrac{1}{2}$ (D) $P\{X-Y \leqslant 1\} = \dfrac{1}{2}$

4. 已知随机变量 X 与 Y 的分布律为

X	0	1
p_k	$\dfrac{1}{2}$	$\dfrac{1}{2}$

Y	0	1
p_k	$\dfrac{1}{4}$	$\dfrac{3}{4}$

且 $P\{XY=1\} = \dfrac{1}{2}$,则 $P\{X=Y\} = ($ $)$.

(A) $\dfrac{1}{4}$ (B) $\dfrac{2}{4}$ (C) $\dfrac{3}{4}$ (D) 1

5. 已知二维随机变量 (X,Y) 在区域 $D = \{(x,y) \mid -a \leqslant x \leqslant a, -a \leqslant y \leqslant a\}$ $(a>0)$ 上服从均匀分布,则概率 $P\{X^2+Y^2 \leqslant a^2\}$(   ).

(A) 随 a 的增大而增大   (B) 随 a 的增大而减小
(C) 与 a 无关,是个定值   (D) 随 a 的变化增减不定

6. 设随机变量 X 和 Y 的联合分布函数为 $F(x,y)$,而 $F_1(x)$ 和 $F_2(x)$ 相应为 X 和 Y 的分布函数,则对任意 a,b,概率 $P\{X>a,Y>b\} = ($ $)$.

(A) $1-F(a,b)$ (B) $F(a,b)+1-[F_1(a)+F_2(b)]$
(C) $1-F_1(a)+F_2(b)$ (D) $F(a,b)-1+[F_1(a)+F_2(b)]$

7. 设二维随机变量 (X,Y) 在平面区域 G 上服从均匀分布,其中 G 是由 x 轴,y 轴以及直线 $y=2x+1$ 所围成的三角形区域,则 (X,Y) 的关于 X 的边缘概率密度为(   ).

(A) $f_X(x) = \begin{cases} 8x+2, & -\dfrac{1}{2}<x<0, \\ 0, & \text{其他} \end{cases}$ (B) $f_X(x) = \begin{cases} 8x+4, & -\dfrac{1}{2}<x<0, \\ 0, & \text{其他} \end{cases}$

(C) $f_X(x) = \begin{cases} 4x+2, & -\dfrac{1}{2}<x<0, \\ 0, & \text{其他} \end{cases}$ (D) $f_X(x) = \begin{cases} 4x+4, & -\dfrac{1}{2}<x<0, \\ 0, & \text{其他} \end{cases}$

8. 设平面区域 G 是由 x 轴,y 轴以及直线 $x+\dfrac{y}{2}=1$ 所围成的三角形区域,二维随机变量 (X,Y) 在 G 上服从均匀分布,则 $f_{X|Y}(x \mid y) = ($ $)$ $(0<y<2)$.

(A) $f_{X|Y}(x \mid y) = \begin{cases} \dfrac{2}{2-y}, & 0<x<1-\dfrac{y}{2}, \\ 0, & \text{其他} \end{cases}$

（B）$f_{X|Y}(x \mid y) = \begin{cases} \dfrac{2}{1-y}, & 0<x<1-\dfrac{y}{2}, \\ 0, & \text{其他} \end{cases}$

（C）$f_{X|Y}(x \mid y) = \begin{cases} \dfrac{1}{2-y}, & 0<x<1-\dfrac{y}{2}, \\ 0, & \text{其他} \end{cases}$

（D）$f_{X|Y}(x \mid y) = \begin{cases} \dfrac{1}{1-y}, & 0<x<1-\dfrac{y}{2}, \\ 0, & \text{其他} \end{cases}$

9. 设随机变量 (X,Y) 服从二维正态分布 $N\left(0,0,1,4,-\dfrac{1}{2}\right)$，则下列随机变量中服从标准正态分布且与 X 相互独立的是（　　）.

（A）$\dfrac{\sqrt{5}}{5}(X+Y)$ 　　　　　　　　（B）$\dfrac{\sqrt{5}}{5}(X-Y)$

（C）$\dfrac{\sqrt{3}}{3}(X+Y)$ 　　　　　　　　（D）$\dfrac{\sqrt{3}}{3}(X-Y)$

10. 设随机变量 X 与 Y 相互独立，且都服从正态分布 $N(\mu,\sigma^2)$，则 $P\{|X-Y|<1\}$ （　　）.

（A）与 μ 无关，而与 σ^2 有关 　　　　（B）与 μ 有关，而与 σ^2 无关

（C）与 μ,σ^2 都有关 　　　　　　　　（D）与 μ,σ^2 都无关

11. 设随机变量 X 和 Y 相互独立，且 X 和 Y 的分布律为

X	0	1	2	3
p_k	$\dfrac{1}{2}$	$\dfrac{1}{4}$	$\dfrac{1}{8}$	$\dfrac{1}{8}$

Y	-1	0	1
p_k	$\dfrac{1}{3}$	$\dfrac{1}{3}$	$\dfrac{1}{3}$

则 $P\{X+Y=2\} = $（　　）.

（A）$\dfrac{1}{12}$ 　　　　（B）$\dfrac{1}{8}$ 　　　　（C）$\dfrac{1}{6}$ 　　　　（D）$\dfrac{1}{2}$

12. 设随机变量 X 与 Y 相互独立，且都服从区间 $(0,1)$ 上的均匀分布，则 $P\{X^2+Y^2 \leqslant 1\} = $（　　）.

（A）$\dfrac{1}{4}$ 　　　　（B）$\dfrac{1}{2}$ 　　　　（C）$\dfrac{\pi}{8}$ 　　　　（D）$\dfrac{\pi}{4}$

13. 设随机变量 X 与 Y 相互独立，且分别服从参数为 1 和 4 的指数分布，则 $P\{X<Y\} = $（　　）.

（A）$\dfrac{1}{5}$ 　　　　（B）$\dfrac{1}{3}$ 　　　　（C）$\dfrac{2}{3}$ 　　　　（D）$\dfrac{4}{5}$

14. 设随机变量 X 与 Y 相互独立，且 X 服从标准正态分布 $N(0,1)$，Y 的概率分布为 $P\{Y=0\} = P\{Y=1\} = \dfrac{1}{2}$，记 $F_Z(z)$ 为随机变量 $Z=XY$ 的分布函数，则函数 $F_Z(z)$ 的间

断点个数为(　　).

（A）0　　　　　　（B）1　　　　　　（C）2　　　　　　（D）3

三、解答题

1. 两封信任意地放入编号为 1,2,3 的空邮箱,以 X,Y 分别表示放入 1 号和 2 号邮箱中的信的数目,求:

（1）(X,Y) 的分布律;

（2）3 号邮箱中至少有一封信的概率.

2. 设二维离散型随机变量 (X,Y) 的分布律如下:

X	Y			
	1	2	3	4
1	$\frac{1}{4}$	0	0	$\frac{1}{16}$
2	$\frac{1}{16}$	$\frac{1}{4}$	0	$\frac{1}{4}$
3	0	$\frac{1}{16}$	$\frac{1}{16}$	0

求:

（1）$P\left\{\frac{1}{2}<X<\frac{3}{2},0<Y<4\right\}$;

（2）$P\{1\leqslant X\leqslant 2,3\leqslant Y\leqslant 4\}$.

3. 设二维随机变量 (X,Y) 的概率密度为

$$f(x,y)=\begin{cases}k(6-x-y), & 0<x<2,2<y<4,\\ 0, & \text{其他},\end{cases}$$

求:

（1）常数 k;

（2）$P\{X<1,Y<3\}$;

（3）$P\{X<1.5\}$;

（4）$P\{X+Y\leqslant 4\}$.

4. 设二维随机变量 (X,Y) 在由曲线 $y=x^2,y=x$ 所围成的区域 G 内服从均匀分布,求:

（1）概率密度 $f(x,y)$;

（2）$P\{X+Y<1\}$.

5. 已知随机变量 X_1 和 X_2 的分布律为

X_1	-1	0	1
p_k	$\frac{1}{4}$	$\frac{1}{2}$	$\frac{1}{4}$

X_2	0	1
p_k	$\frac{1}{2}$	$\frac{1}{2}$

而且 $P\{X_1X_2=0\}=1$，求 (X_1,X_2) 的联合分布律.

6. 设二维随机变量 (X,Y) 的概率密度为

$$f(x,y)=\begin{cases} \dfrac{24}{5}y(2-x), & 0\leqslant y\leqslant x, 0\leqslant x\leqslant 1, \\ 0, & \text{其他}, \end{cases}$$

求 $f_X(x)$，$f_Y(y)$.

7. 设二维随机变量 (X,Y) 的概率密度为 $f(x,y)=\begin{cases} \mathrm{e}^{-y}, & 0<x<y, \\ 0, & \text{其他}, \end{cases}$ 求:

(1) 随机变量 X 的概率密度 $f_X(x)$;

(2) $P\{X+Y\leqslant 1\}$;

(3) 条件概率密度 $f_{Y|X}(y\,|\,x)$;

(4) $P\{Y<4\,|\,2<X<4\}$;

(5) $P\{Y<4\,|\,X=2\}$.

8. 设二维随机变量 (X,Y) 的概率密度为 $f(x,y)=\begin{cases} 1, & 0<x<1, |y|<x, \\ 0, & \text{其他}, \end{cases}$ 求条件概率密度 $f_{X|Y}(x\,|\,y)$.

9. 已知随机变量 Y 的概率密度为 $f_Y(y)=\begin{cases} 5y^4, & 0<y<1, \\ 0, & \text{其他}, \end{cases}$ 在条件 $\{Y=y\}$ 下，随机变量 X 的条件概率密度为

$$f_{X|Y}(x\,|\,y)=\begin{cases} \dfrac{3x^2}{y^3}, & 0<x<y<1, \\ 0, & \text{其他}, \end{cases}$$

求概率 $P\{X>0.5\}$.

10. 设 X 和 Y 是两个相互独立的随机变量，X 在区间 $(0,1)$ 上服从均匀分布，Y 的概率密度为

$$f_Y(y)=\begin{cases} \dfrac{1}{2}\mathrm{e}^{-\frac{y}{2}}, & y>0, \\ 0, & \text{其他}, \end{cases}$$

求:

(1) 二维随机变量 (X,Y) 的联合概率密度;

(2) 设关于 a 的二次方程 $a^2+2aX+Y=0$，试求方程有实根的概率.

11. 设随机变量 X 与 Y 相互独立，其概率分布如下:

X	-2	-1	0	$\dfrac{1}{2}$
p_i	$\dfrac{1}{4}$	$\dfrac{1}{3}$	$\dfrac{1}{12}$	$\dfrac{1}{3}$

Y	$-\dfrac{1}{2}$	1	3
p_i	$\dfrac{1}{2}$	$\dfrac{1}{4}$	$\dfrac{1}{4}$

求:

(1) 二维随机变量 (X,Y) 的联合概率分布;

（2）$P\{X+Y=1\}$；

（3）$P\{X+Y\neq0\}$.

12. 某旅客到达火车站的时刻 X 均匀分布在早上 7：55～8：00,而火车这段时间开出的时刻 Y（单位：min,以 7：55 为计时起点）的概率密度为

$$f_Y(y)=\begin{cases}\dfrac{2(5-y)}{25}, & 0\leqslant y\leqslant5,\\ 0, & \text{其他},\end{cases}$$

求此人能及时上火车的概率.

13. 某电子仪器由两个部分构成,其寿命 X 与 Y（单位：10^3 h）为随机变量,且 (X,Y) 的联合分布函数为

$$F(x,y)=\begin{cases}1-\mathrm{e}^{-0.5x}-\mathrm{e}^{-0.5y}+\mathrm{e}^{-0.5(x+y)}, & x\geqslant0,y\geqslant0,\\ 0, & \text{其他}.\end{cases}$$

（1）X 与 Y 是否相互独立？

（2）求两部件的寿命都超过 100 h 的概率.

14. 设二维随机变量 (X,Y) 的联合概率密度为

$$f(x,y)=\begin{cases}\dfrac{1}{2x^2y}, & 1\leqslant x<+\infty,\dfrac{1}{x}\leqslant y\leqslant x,\\ 0, & \text{其他},\end{cases}$$

试判断 X 与 Y 是否相互独立.

15. 设随机变量 X 与 Y 相互独立,且都等可能地取 $1,2,3$ 为值,求随机变量 $U=\max\{X,Y\}$ 和 $V=\min\{X,Y\}$ 的联合分布律.

16. 设随机变量 (X,Y) 的概率密度为

$$f(x,y)=\begin{cases}\dfrac{1}{2}(x+y)\mathrm{e}^{-(x+y)}, & x>0,y>0,\\ 0, & \text{其他}.\end{cases}$$

（1）X 与 Y 是否相互独立？

（2）求 $Z=X+Y$ 的概率密度.

17. 设随机变量 X 与 Y 相互独立,若 X 服从 $(0,1)$ 上的均匀分布,Y 服从参数为 1 的指数分布,求随机变量 $Z=X+Y$ 的概率密度.

18. 已知随机变量 X,Y 相互独立,若 X 与 Y 分别服从区间 $(0,1)$ 与 $(0,2)$ 上的均匀分布,求 $U=\max\{X,Y\}$ 与 $V=\min\{X,Y\}$ 的概率密度.

19. 设二维随机变量 (X,Y) 的概率密度为

$$f(x,y)=\frac{1}{2\pi}\mathrm{e}^{-\frac{x^2+y^2}{2}}, \quad -\infty<x<+\infty, -\infty<y<+\infty,$$

求 $Z=\sqrt{X^2+Y^2}$ 的概率密度.

20. 设随机变量 X 与 Y 相互独立,X 的分布律为 $P\{X=i\}=\dfrac{1}{3},i=-1,0,1,Y$ 的概率密度为 $f_Y(y)=\begin{cases}1, & 0\leqslant y<1,\\ 0, & \text{其他}.\end{cases}$ 记 $Z=X+Y$,求：

（1）$P\left\{Z \leqslant \dfrac{1}{2} \,\middle|\, X=0\right\}$；

（2）Z 的概率密度 $f_Z(z)$.

21. 设二维随机变量 (X,Y) 的联合概率密度为

$$f(x,y)=\begin{cases}3x, & 0<x<1,0<y<x,\\ 0, & \text{其他},\end{cases}$$

求 $Z=X-Y$ 的概率密度.

22. 袋中有 1 个红球，2 个黑球与 3 个白球. 现在有放回地从袋中取两次，每次取一个球，以 X,Y,Z 分别表示两次取球所取得的红球、黑球与白球的个数. 求：

（1）$P\{X=1 \mid Z=0\}$；

（2）二维随机变量 (X,Y) 的分布律.

23. 设随机变量 (X,Y) 的概率密度为

$$f(x,y)=A\mathrm{e}^{-2x^2+2xy-y^2}, \quad -\infty<x,y<+\infty,$$

求常数 A 及条件概率密度 $f_{Y|X}(y|x)$.

24. 设二维随机变量 (X,Y) 在区域 G 上服从均匀分布，其中 G 是由 $x-y=0,x+y=2$ 与 $y=0$ 所围成的三角形区域. 求：

（1）关于 X 的边缘概率密度 $f_X(x)$；

（2）条件概率密度 $f_{X|Y}(x|y)$.

25. 设随机变量 X 的概率密度为 $f(x)=\begin{cases}\dfrac{1}{9}x^2, & 0<x<3,\\ 0, & \text{其他},\end{cases}$ 令随机变量

$$Y=\begin{cases}2, & X\leqslant 1,\\ X, & 1<X<2,\\ 1, & X\geqslant 2,\end{cases}$$

求：

（1）Y 的分布函数；

（2）$P\{X\leqslant Y\}$.

26. 设 (X,Y) 是二维随机变量，X 的边缘概率密度为 $f_X(x)=\begin{cases}3x^2, & 0<x<1,\\ 0, & \text{其他},\end{cases}$ 在条件 $\{X=x\}$（$0<x<1$）下 Y 的条件概率密度为 $f_{Y|X}(y|x)=\begin{cases}\dfrac{3y^2}{x^3}, & 0<y<x,\\ 0, & \text{其他},\end{cases}$ 求：

（1）(X,Y) 的概率密度 $f(x,y)$；

（2）Y 的边缘概率密度 $f_Y(y)$；

（3）$P\{X>2Y\}$.

27. 设二维随机变量 (X,Y) 在区域 $D=\{(x,y)\mid 0<x<1,x^2<y<\sqrt{x}\}$ 上服从均匀分布，令 $U=\begin{cases}1, & X\leqslant Y,\\ 0, & X>Y.\end{cases}$

（1）写出 (X,Y) 的联合概率密度；

（2）问 U 与 X 是否相互独立？并说明理由；

（3）求 $Z=U+X$ 的分布函数 $F(z)$.

28. 设随机变量 X,Y 相互独立，且 X 的概率分布为 $P\{X=0\}=P\{X=2\}=\dfrac{1}{2}$，$Y$ 的

概率密度为 $f(y)=\begin{cases}2y, & 0<y<1, \\ 0, & \text{其他,}\end{cases}$ 求：

（1）$P\left\{Y\leqslant\dfrac{2}{3}\right\}$；

（2）随机变量 $Z=X+Y$ 的概率密度.

29. 设随机变量 X_1,X_2,X_3 相互独立，其中 X_1 与 X_2 均服从标准正态分布，X_3 的概

率分布为 $P\{X_3=0\}=P\{X_3=1\}=\dfrac{1}{2}$，而 $Y=X_3X_1+(1-X_3)X_2$.

（1）求二维随机变量 (X_1,Y) 的分布函数，结果用标准正态分布函数 $\Phi(x)$ 表示；

（2）验证随机变量 Y 服从标准正态分布.

30. 设二维随机变量 (X,Y) 的概率密度为

$$f(x,y)=\begin{cases}2-x-y, & 0<x<1,0<y<1, \\ 0, & \text{其他,}\end{cases}$$

求：

（1）$P\{X>2Y\}$；

（2）随机变量 $Z=X+Y$ 的概率密度.

31. 设随机变量 X 的概率密度为

$$f_X(x)=\begin{cases}\dfrac{1}{2}, & -1<x<0, \\[2mm] \dfrac{1}{4}, & 0\leqslant x<2, \\[2mm] 0, & \text{其他,}\end{cases}$$

令 $Y=X^2$，$F(x,y)$ 为二维随机变量 (X,Y) 的分布函数，求：

（1）Y 的概率密度 $f_Y(y)$；

（2）$F\left(-\dfrac{1}{2},4\right)$.

习题 3 参考答案

第三章自测题

第四章 随机变量的数字特征

通过第二章和第三章的学习,我们看到,如果知道了一个随机变量的分布函数,那么就可以掌握这个随机变量的统计规律. 但是在许多实际问题中,要确定一个具体的随机变量的概率分布并不容易,况且有时我们并不需要去全面考察随机变量的变化情况,而只要概略地知道它们在某些方面的特征即可. 例如,在比较两个班级学生同一门课程的考试成绩时,通常的做法是把这两个班级的平均分数分别计算出来,看哪个班级的平均分数高. 此外,我们还关心每个班级学生成绩的差异状况,这就需要对每个班级考察各学生得分关于该班级平均分数的偏离程度. 显然,从整体来看,平均分数越高,关于平均分数的偏离程度越小的班级,学习成绩就越好. 又如,任何一种股票的价格是一个随机变量,它在某个时期都有上下起伏,投资者需要了解它的平均价格和波动情况. 像这些能够用简洁形式刻画随机变量某种特征的量,就称为随机变量的数字特征.

这些量虽然不能完整地描述随机变量,但它们对解决实际问题是很有用的. 本章将介绍随机变量常用的数字特征,如数学期望、方差、协方差和相关系数等.

§4.1 数学期望

一、离散型随机变量的数学期望

先通过对一个实例的分析,引入离散型随机变量数学期望的概念.

有甲、乙两个射手,他们在相同的条件下进行射击,击中环数均是随机变量,分别记为 X 和 Y. 假设由历史记录可得到它们分别有如下分布律:

X	8	9	10
p_k	0.1	0.4	0.5

Y	8	9	10
p_k	0.2	0.1	0.7

试问哪一个射手射击技术较好?

这个问题的答案不是一眼看得出的,因为在分布律中,对 X 和 Y 的取值个别地进行比较,我们难以立即得出合理的结论. 这说明分布律虽然完整地描述了随机变量,但是却不够"集中"地反映出它的变化情况. 因此我们有必要找出一些量来更集中、更概括地描述随机变量,这些量大多是某种平均值. 现在通过考察他们"平均"击中的环数来进行评定.

设甲、乙射手各射击 100 次,由甲射手击中环数的分布律可以看出:每射击 100 次大约有 10 次击中 8 环,共中 8×10 环;大约有 40 次击中 9 环,共中 9×40 环;大约有 50 次击中 10 环,共中 10×50 环.因此在 100 次射击中,共击中

$$8×10+9×40+10×50 = 940 (环).$$

这样,甲射手"平均"击中

$$\frac{8\times10+9\times40+10\times50}{100}=8\times\frac{10}{100}+9\times\frac{40}{100}+10\times\frac{50}{100}$$
$$=8\times0.1+9\times0.4+10\times0.5=9.4(环).$$

同理,乙射手"平均"击中

$$8\times0.2+9\times0.1+10\times0.7=9.5(环).$$

因此,比较可得:若考虑"平均"击中环数,则甲射手的射击水平要略低于乙射手的射击水平. 同时我们也发现,这里反映随机变量(击中环数)取到的"平均"意义的特性数值恰好是随机变量所取的一切可能值与其相应概率的乘积之和.

定义 4.1 设离散型随机变量 X 的分布律为

$$P\{X=x_k\}=p_k,\quad k=1,2,\cdots,$$

若级数

$$\sum_{k=1}^{\infty}x_k p_k$$

绝对收敛,即 $\sum_{k=1}^{\infty}|x_k|p_k<+\infty$,则称级数 $\sum_{k=1}^{\infty}x_k p_k$ 的和为随机变量 X 的**数学期望**,记为 $E(X)$,即

$$E(X)=\sum_{k=1}^{\infty}x_k p_k. \tag{4.1}$$

数学期望简称为**期望**,又称为**均值**.当 $\sum_{k=1}^{\infty}|x_k|p_k$ 发散时,则称 X 的数学期望不存在.

定义 4.1 中要求级数绝对收敛保证了该级数之和不会因级数各项次序的改变而变化,这样 $E(X)$ 与 X 的取值的人为排列次序无关. 这显然是合理的,因为 x_k 的排列顺序对随机变量并不是本质的,因而在数学期望的定义中就应允许任意改变 x_k 的次序而不影响其收敛性及其和值,这在数学上就相当于要求级数 $\sum_{k=1}^{\infty}x_k p_k$ 绝对收敛.

显然,数学期望由分布律唯一决定,以后我们也称之为某分布的数学期望.

在前面的例子中,甲射手击中环数的数学期望为

$$E(X)=8\times0.1+9\times0.4+10\times0.5=9.4(环),$$

乙射手击中环数的数学期望为

$$E(Y)=8\times0.2+9\times0.1+10\times0.7=9.5(环).$$

显然,从数学期望来看,乙的射击技术要好.

下面介绍几种常用的离散型随机变量的数学期望.

1. 0-1 分布

设随机变量 X 服从 0-1 分布,即

X	0	1
p_k	$1-p$	p

$(0<p<1)$,

则其数学期望为

$$E(X)=0\cdot(1-p)+1\cdot p=p.$$

2. 二项分布

设随机变量 X 服从参数为 n,p 的二项分布 $B(n,p)$，即
$$P\{X=k\} = C_n^k p^k (1-p)^{n-k}, \quad k=0,1,2,\cdots,n,$$
则其数学期望为

$$
\begin{aligned}
E(X) &= \sum_{k=0}^{n} k\, P\{X=k\} = \sum_{k=0}^{n} k C_n^k p^k (1-p)^{n-k} \\
&= \sum_{k=1}^{n} k\, \frac{n!}{k!\,(n-k)!} p^k (1-p)^{n-k} \\
&= np \sum_{k=1}^{n} \frac{(n-1)!}{(k-1)!\,(n-k)!} p^{k-1} (1-p)^{n-k} \\
&= np \sum_{k=1}^{n} C_{n-1}^{k-1} p^{k-1} (1-p)^{(n-1)-(k-1)} \\
&= np[p+(1-p)]^{n-1} = np.
\end{aligned}
$$

二项分布的模型是 n 重伯努利试验，而 X 是 n 次试验中某事件 A 出现的次数，p 是它在每次试验中出现的概率，则它在 n 次试验中当然平均出现 np 次.

3. 泊松分布

设随机变量 X 服从参数为 λ 的泊松分布 $P(\lambda)$，即
$$P\{X=k\} = \frac{\lambda^k e^{-\lambda}}{k!}, \quad k=0,1,2,\cdots,$$
则其数学期望为

$$
\begin{aligned}
E(X) &= \sum_{k=0}^{\infty} k P\{X=k\} = \sum_{k=0}^{\infty} k\, \frac{\lambda^k e^{-\lambda}}{k!} \\
&= \sum_{k=1}^{\infty} \frac{\lambda^k e^{-\lambda}}{(k-1)!} = \lambda e^{-\lambda} \sum_{k=1}^{\infty} \frac{\lambda^{k-1}}{(k-1)!} \\
&= \lambda e^{-\lambda} e^{\lambda} = \lambda.
\end{aligned}
$$

从上面的结论可以看到，几种常用的离散型分布，其参数都可由数学期望算得，因此数学期望是一个重要的概念.

例 4.1 设随机变量 X 的分布律为
$$P\left\{X=(-1)^k \frac{2^k}{k}\right\} = \frac{1}{2^k}, \quad k=1,2,\cdots,$$
判断 X 的数学期望是否存在？

解 此时 $x_k = (-1)^k \frac{2^k}{k}$，$p_k = \frac{1}{2^k}$. 由于
$$\sum_{k=1}^{\infty} |x_k| p_k = \sum_{k=1}^{\infty} \left| (-1)^k \frac{2^k}{k} \right| \cdot \frac{1}{2^k} = \sum_{k=1}^{\infty} \frac{1}{k} = +\infty,$$
故虽然运用莱布尼茨判别法可判定
$$\sum_{k=1}^{\infty} x_k p_k = \sum_{k=1}^{\infty} (-1)^k \frac{1}{k}$$
收敛，但我们仍说 X 的数学期望不存在.

例 4.1 表明,当随机变量取可列个值,且其中有正有负时,绝对收敛性的验证是必要的.

例 4.2 按规定,某车站每天 8:00—9:00,9:00—10:00 都恰有一辆客车在三个固定时刻之一随机到站,且两者到站的时刻相互独立.其规律为

到站时刻	8:10	8:30	8:50
	9:10	9:30	9:50
概率	$\dfrac{1}{6}$	$\dfrac{3}{6}$	$\dfrac{2}{6}$

若一位旅客 8:20 到车站,求他候车时间的数学期望.

解 设旅客的候车时间为 X(单位:min). X 的分布律为

X	10	30	50	70	90
p_k	$\dfrac{3}{6}$	$\dfrac{2}{6}$	$\dfrac{1}{6}\times\dfrac{1}{6}$	$\dfrac{1}{6}\times\dfrac{3}{6}$	$\dfrac{1}{6}\times\dfrac{2}{6}$

在上表中,例如

$$P\{X=70\}=P(AB)=P(A)P(B)=\frac{1}{6}\times\frac{3}{6},$$

其中 A 为事件"第一辆客车 8:10 到站", B 为"第二辆客车 9:30 到站".因此,候车时间的数学期望为

$$E(X)=10\times\frac{3}{6}+30\times\frac{2}{6}+50\times\frac{1}{36}+70\times\frac{3}{36}+90\times\frac{2}{36}$$
$$=27.22(\text{min}).$$

二、连续型随机变量的数学期望

设 X 是连续型随机变量,其概率密度为 $f(x)$,在数轴上取很密的分点: $\cdots<x_0<x_1<x_2<\cdots$,则 X 落在小区间 $[x_i,x_{i+1})$ 内的概率(图 4.1)为

$$P\{x_i\leqslant X<x_{i+1}\}=\int_{x_i}^{x_{i+1}}f(x)\,\mathrm{d}x\approx f(x_i)\Delta x_i.$$

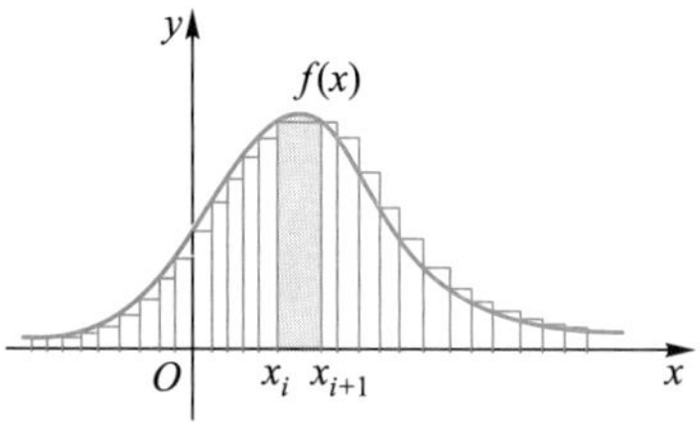

图 4.1

此时可视 X 的离散近似的概率分布为

X	$\cdots$	x_0	x_1	x_2	$\cdots$	x_n	$\cdots$
p_k	$\cdots$	$f(x_0)\Delta x_0$	$f(x_1)\Delta x_1$	$f(x_2)\Delta x_2$	$\cdots$	$f(x_n)\Delta x_n$	$\cdots$

服从上述分布的离散型随机变量的数学期望 $\sum\limits_{k} x_k f(x_k)\Delta x_k$，也可近似表示为积分 $\int_{-\infty}^{+\infty} xf(x)\mathrm{d}x$.

定义 4.2 设连续型随机变量 X 的概率密度为 $f(x)$，若积分

$$\int_{-\infty}^{+\infty} xf(x)\mathrm{d}x$$

绝对收敛，即 $\int_{-\infty}^{+\infty} |x|f(x)\mathrm{d}x < +\infty$，则称积分 $\int_{-\infty}^{+\infty} xf(x)\mathrm{d}x$ 的值为随机变量 X 的**数学期望**，记为 $E(X)$，即

$$E(X) = \int_{-\infty}^{+\infty} xf(x)\mathrm{d}x. \tag{4.2}$$

若积分 $\int_{-\infty}^{+\infty} |x|f(x)\mathrm{d}x$ 发散，则称 X 的数学期望不存在.

对该定义可以做出类似于对定义 4.1 的分析和说明.

例 4.3 已知随机变量 X 的分布函数为

$$F(x) = \begin{cases} 0, & x<0, \\ \dfrac{x}{4}, & 0 \leqslant x < 4, \\ 1, & x \geqslant 4, \end{cases}$$

求 $E(X)$.

解 随机变量 X 的概率密度为

$$f(x) = F'(x) = \begin{cases} \dfrac{1}{4}, & 0<x<4, \\ 0, & \text{其他,} \end{cases}$$

故

$$E(X) = \int_{-\infty}^{+\infty} xf(x)\mathrm{d}x = \int_0^4 x \cdot \frac{1}{4}\mathrm{d}x = \frac{x^2}{8}\bigg|_0^4 = 2.$$

下面介绍几种常用的连续型随机变量的数学期望.

1. 均匀分布

设随机变量 X 在区间 (a,b) 上服从均匀分布，即 $X \sim U(a,b)$，其概率密度为

$$f(x) = \begin{cases} \dfrac{1}{b-a}, & a<x<b, \\ 0, & \text{其他,} \end{cases}$$

则

$$E(X) = \int_{-\infty}^{+\infty} xf(x)\mathrm{d}x = \int_a^b x \cdot \frac{1}{b-a}\mathrm{d}x = \frac{1}{b-a} \cdot \frac{x^2}{2}\bigg|_a^b = \frac{a+b}{2}.$$

2. 指数分布

设随机变量 X 服从参数为 $\lambda(\lambda>0)$ 的指数分布，其概率密度为

$$f(x) = \begin{cases} \lambda\mathrm{e}^{-\lambda x}, & x>0, \\ 0, & \text{其他,} \end{cases}$$

则

$$E(X) = \int_{-\infty}^{+\infty} xf(x)\,\mathrm{d}x = \int_0^{+\infty} x \cdot \lambda \mathrm{e}^{-\lambda x}\,\mathrm{d}x$$

$$= -\int_0^{+\infty} x\mathrm{d}(\mathrm{e}^{-\lambda x}) = -x\mathrm{e}^{-\lambda x}\Big|_0^{+\infty} + \int_0^{+\infty} \mathrm{e}^{-\lambda x}\,\mathrm{d}x$$

$$= \frac{1}{\lambda}.$$

3. 正态分布

设随机变量 X 服从参数为 μ,σ^2 的正态分布,即 $X \sim N(\mu,\sigma^2)$,其概率密度为

$$f(x) = \frac{1}{\sqrt{2\pi}\,\sigma} \mathrm{e}^{-\frac{(x-\mu)^2}{2\sigma^2}}, \quad -\infty < x < +\infty,$$

则

$$E(X) = \int_{-\infty}^{+\infty} xf(x)\,\mathrm{d}x = \int_{-\infty}^{+\infty} x \cdot \frac{1}{\sqrt{2\pi}\,\sigma} \mathrm{e}^{-\frac{(x-\mu)^2}{2\sigma^2}}\,\mathrm{d}x \qquad \left(\diamondsuit\, t = \frac{x-\mu}{\sigma}\right)$$

$$= \frac{1}{\sqrt{2\pi}\,\sigma} \int_{-\infty}^{+\infty} (\sigma t + \mu)\mathrm{e}^{-\frac{t^2}{2}}\sigma\mathrm{d}t$$

$$= \frac{\sigma}{\sqrt{2\pi}} \int_{-\infty}^{+\infty} t\mathrm{e}^{-\frac{t^2}{2}}\,\mathrm{d}t + \frac{\mu}{\sqrt{2\pi}} \int_{-\infty}^{+\infty} \mathrm{e}^{-\frac{t^2}{2}}\,\mathrm{d}t$$

$$= 0 + \frac{\mu}{\sqrt{2\pi}} \cdot \sqrt{2\pi} = \mu.$$

数学期望有其力学解释:对离散型随机变量 X,设有一个总质量为 1 的质点系分布在 Ox 轴上,各质点位置坐标分别为 $x_1, x_2, \cdots, x_k, \cdots$,质量分别为 $p_1, p_2, \cdots, p_k, \cdots$. 由于总质量 $\sum_k p_k = 1$,X 的数学期望

$$E(X) = \sum_k x_k p_k = \frac{\sum_k x_k p_k}{\sum_k p_k}$$

便是该质点系的质心坐标. 对连续型随机变量 X,设在 Ox 轴上连续分布总质量为 1 的物质,其线密度为 $f(x)$. 由于总质量 $\int_{-\infty}^{+\infty} f(x)\,\mathrm{d}x = 1$,于是 X 的数学期望

$$E(X) = \int_{-\infty}^{+\infty} xf(x)\,\mathrm{d}x = \frac{\int_{-\infty}^{+\infty} xf(x)\,\mathrm{d}x}{\int_{-\infty}^{+\infty} f(x)\,\mathrm{d}x}$$

便是该连续物质的质心坐标. 因此,随机变量 X 的数学期望可以说成是 X 的取值中心的坐标.

三、随机变量函数的数学期望

在理论研究和实际应用中经常遇到要求随机变量函数的期望的问题. 例如,分子运动速度是一个随机变量,分子的动能是分子运动速度的函数,要求平均动能就要求

随机变量的函数的数学期望.

设 X 为一个随机变量,下面研究 X 的函数 $Y=g(X)$ 的数学期望. 当然可以由 X 的分布计算出 $Y=g(X)$ 的分布,然后按(4.1)式或(4.2)式来计算 $E(Y)$,但这种求法一般比较复杂.

下面不加证明地引入有关计算随机变量函数的数学期望的定理.

定理 4.1　设 X 是一个随机变量,$Y=g(X)$(g 是连续函数).

(1) 若 X 是离散型随机变量,它的分布律为 $P\{X=x_k\}=p_k$,$k=1,2,\cdots$,且 $\sum\limits_{k=1}^{\infty}g(x_k)p_k$ 绝对收敛,则有

$$E(Y)=E[g(X)]=\sum_{k=1}^{\infty}g(x_k)p_k. \tag{4.3}$$

(2) 若 X 是连续型随机变量,它的概率密度为 $f(x)$,且 $\int_{-\infty}^{+\infty}g(x)f(x)\mathrm{d}x$ 绝对收敛,则有

$$E(Y)=E[g(X)]=\int_{-\infty}^{+\infty}g(x)f(x)\mathrm{d}x. \tag{4.4}$$

定理 4.1 的重要意义在于当我们求 $E[g(X)]$ 时,不必知道 $g(X)$ 的分布,只需知道 X 的分布即可. 这给求随机变量函数的数学期望带来很大方便.

上述定理还可以推广到二维随机变量的情形,即有下列定理:

定理 4.2　设 (X,Y) 是二维随机变量,$Z=g(X,Y)$(g 是连续函数).

(1) 若 (X,Y) 是二维离散型随机变量,其分布律为
$$P\{X=x_i,Y=y_j\}=p_{ij},\quad i,j=1,2,\cdots,$$

且级数

$$\sum_{i=1}^{\infty}\sum_{j=1}^{\infty}g(x_i,y_j)p_{ij}$$

绝对收敛,则有

$$E(Z)=E[g(X,Y)]=\sum_{i=1}^{\infty}\sum_{j=1}^{\infty}g(x_i,y_j)p_{ij}. \tag{4.5}$$

(2) 若 (X,Y) 是二维连续型随机变量,其概率密度为 $f(x,y)$,且积分
$$\int_{-\infty}^{+\infty}\int_{-\infty}^{+\infty}g(x,y)f(x,y)\mathrm{d}x\mathrm{d}y$$

绝对收敛,则有

$$E(Z)=E[g(X,Y)]=\int_{-\infty}^{+\infty}\int_{-\infty}^{+\infty}g(x,y)f(x,y)\mathrm{d}x\mathrm{d}y. \tag{4.6}$$

例 4.4　设随机变量 X 在区间 $(0,a)$($a>0$)上服从均匀分布,$Y=kX^2$($k>0$),求 $E(Y)$.

解法一　X 的概率密度为 $f(x)=\begin{cases}\dfrac{1}{a},&0<x<a,\\0,&\text{其他}.\end{cases}$ 由(4.4)式得

$$E(Y)=\int_{-\infty}^{+\infty}g(x)f(x)\mathrm{d}x=\int_{-\infty}^{+\infty}kx^2f(x)\mathrm{d}x$$

$$= \int_0^a kx^2 \cdot \frac{1}{a} \mathrm{d}x = \frac{k}{3}a^2.$$

解法二 首先求出随机变量 $Y=kX^2$ 的概率密度 $f_Y(y)$. 由定理 2.4 知

$$f_Y(y) = \begin{cases} \dfrac{1}{2a\sqrt{k}} \dfrac{1}{\sqrt{y}}, & 0<y<ka^2, \\ 0, & 其他. \end{cases}$$

再由(4.2)式得

$$E(Y) = \int_{-\infty}^{+\infty} yf_Y(y)\mathrm{d}y = \int_0^{ka^2} y \cdot \frac{1}{2a\sqrt{k}} \frac{1}{\sqrt{y}}\mathrm{d}y$$

$$= \frac{1}{2a\sqrt{k}} \int_0^{ka^2} \sqrt{y}\mathrm{d}y = \frac{k}{3}a^2.$$

两种解法结果相同,但解法一没有去求 Y 的概率密度,显然比解法二简便.

例 4.5 设二维随机变量 (X,Y) 的联合分布律为

X	Y			
	0	1	2	3
1	0	$\dfrac{3}{8}$	$\dfrac{3}{8}$	0
3	$\dfrac{1}{8}$	0	0	$\dfrac{1}{8}$

求 $E(\max\{X,Y\}), E(XY)$.

解 由定义,

$$E(\max\{X,Y\}) = \sum_{i=1}^{2}\sum_{j=1}^{4}\max\{x_i,y_j\}p_{ij}$$

$$= 1\times0 + 1\times\frac{3}{8} + 2\times\frac{3}{8} + 3\times0 + 3\times\frac{1}{8} + 3\times0 + 3\times0 + 3\times\frac{1}{8}$$

$$= \frac{15}{8},$$

$$E(XY) = \sum_{i=1}^{2}\sum_{j=1}^{4}x_iy_jp_{ij}$$

$$= (1\times0)\times0 + (1\times1)\times\frac{3}{8} + (1\times2)\times\frac{3}{8} + (1\times3)\times0 +$$

$$(3\times0)\times\frac{1}{8} + (3\times1)\times0 + (3\times2)\times0 + (3\times3)\times\frac{1}{8}$$

$$= \frac{9}{4}.$$

例 4.6 设二维随机变量 (X,Y) 的概率密度为

$$f(x,y) = \begin{cases} \dfrac{x+y}{3}, & 0 \leqslant x \leqslant 2, 0 \leqslant y \leqslant 1, \\ 0, & 其他, \end{cases}$$

典型例题
讲解 7

求 $E(X),E(Y),E(X+Y),E(X^2+Y^2)$.

解 $f(x,y)$ 的非零取值区域为 $D=\{(x,y)\mid 0\leqslant x\leqslant 2,0\leqslant y\leqslant 1\}$.

$$E(X)=\iint\limits_{D}xf(x,y)\mathrm{d}x\mathrm{d}y=\int_0^2\int_0^1 x\frac{x+y}{3}\mathrm{d}y\mathrm{d}x=\frac{1}{6}\int_0^2 x(2x+1)\mathrm{d}x=\frac{11}{9},$$

$$E(Y)=\iint\limits_{D}yf(x,y)\mathrm{d}x\mathrm{d}y=\int_0^2\int_0^1 y\frac{x+y}{3}\mathrm{d}y\mathrm{d}x=\frac{1}{18}\int_0^2(3x+2)\mathrm{d}x=\frac{5}{9},$$

$$E(X+Y)=\iint\limits_{D}(x+y)f(x,y)\mathrm{d}x\mathrm{d}y=\int_0^2\int_0^1(x+y)\frac{x+y}{3}\mathrm{d}y\mathrm{d}x=\frac{16}{9},$$

$$E(X^2+Y^2)=\iint\limits_{D}(x^2+y^2)f(x,y)\mathrm{d}x\mathrm{d}y=\int_0^2\int_0^1(x^2+y^2)\frac{x+y}{3}\mathrm{d}y\mathrm{d}x=\frac{13}{6}.$$

例 4.7 某公司计划开发一种新产品,并试图确定该产品的产量. 他们估计出售一件产品可获利 m 元,而积压一件产品导致损失 n 元. 同时,他们预测销售量 Y(单位:件)服从指数分布,其概率密度为

$$f_Y(y)=\begin{cases}\lambda\mathrm{e}^{-\lambda y}, & y>0,\\ 0, & \text{其他}\end{cases}\quad(\lambda>0).$$

若要使获得利润的数学期望最大,应生产多少件产品(m,n,λ 均为已知)?

解 设生产 x 件产品,则获利 Q 是 Y 的函数

$$Q=Q(Y)=\begin{cases}mY-n(x-Y), & Y<x,\\ mx, & Y\geqslant x,\end{cases}$$

其数学期望为

$$\begin{aligned}E(Q)&=\int_{-\infty}^{+\infty}Q(y)f_Y(y)\mathrm{d}y\\ &=\int_0^x[my-n(x-y)]\lambda\mathrm{e}^{-\lambda y}\mathrm{d}y+\int_x^{+\infty}mx\lambda\mathrm{e}^{-\lambda y}\mathrm{d}y\\ &=\frac{m+n}{\lambda}-\frac{(m+n)\mathrm{e}^{-\lambda x}}{\lambda}-nx.\end{aligned}$$

令

$$\frac{\mathrm{d}}{\mathrm{d}x}E(Q)=(m+n)\mathrm{e}^{-\lambda x}-n=0,$$

得

$$x=-\frac{1}{\lambda}\ln\left(\frac{n}{m+n}\right).$$

而

$$\frac{\mathrm{d}^2}{\mathrm{d}x^2}E(Q)=-\lambda(m+n)\mathrm{e}^{-\lambda x}<0,$$

故知当 $x=-\dfrac{1}{\lambda}\ln\left(\dfrac{n}{m+n}\right)$ 时 $E(Q)$ 取极大值,这也是最大值.

例如,若

$$f_Y(y)=\begin{cases}\dfrac{1}{1\,000}\mathrm{e}^{-\frac{y}{1\,000}}, & y>0,\\ 0, & \text{其他},\end{cases}$$

且有 $m=500, n=2\,000$，则

$$-1\,000\ln\left(\frac{2\,000}{500+2\,000}\right)=223.14, \quad 取 \quad x=223(件).$$

四、数学期望的性质

现在来证明数学期望的几个重要性质(以下设所遇到的随机变量的数学期望都存在)：

(1) 设 C 是常数，则 $E(C)=C$.

(2) 设 X 是一个随机变量，C 为常数，则

$$E(CX)=CE(X).$$

(3) 设 X, Y 是两个随机变量，则

$$E(X+Y)=E(X)+E(Y).$$

这一性质可以推广到有限个随机变量之和的情况，即

$$E(X_1+X_2+\cdots+X_n)=E(X_1)+E(X_2)+\cdots+E(X_n).$$

(4) 设 X 与 Y 是相互独立的随机变量，则

$$E(XY)=E(X)E(Y).$$

这一性质也可以推广到有限个相互独立的随机变量之积的情况，即

$$E(X_1X_2\cdots X_n)=E(X_1)E(X_2)\cdots E(X_n),$$

其中 $X_1, X_2, \cdots, X_n$ 相互独立.

证明 性质(1)与性质(2)的证明请读者自己完成. 以下仅就连续型随机变量的情形给出性质(3)与性质(4)的证明，离散型随机变量的情形类似可证.

设二维随机变量 (X, Y) 的概率密度为 $f(x, y)$，其边缘概率密度分别为 $f_X(x)$，$f_Y(y)$. 由(4.6)式，

$$E(X+Y)=\int_{-\infty}^{+\infty}\int_{-\infty}^{+\infty}(x+y)f(x,y)\mathrm{d}x\mathrm{d}y$$

$$=\int_{-\infty}^{+\infty}\int_{-\infty}^{+\infty}xf(x,y)\mathrm{d}x\mathrm{d}y+\int_{-\infty}^{+\infty}\int_{-\infty}^{+\infty}yf(x,y)\mathrm{d}x\mathrm{d}y$$

$$=E(X)+E(Y).$$

性质(3)得证.

又若 X 与 Y 相互独立，则

$$E(XY)=\int_{-\infty}^{+\infty}\int_{-\infty}^{+\infty}xyf(x,y)\mathrm{d}x\mathrm{d}y$$

$$=\int_{-\infty}^{+\infty}\int_{-\infty}^{+\infty}xyf_X(x)f_Y(y)\mathrm{d}x\mathrm{d}y$$

$$=\left[\int_{-\infty}^{+\infty}xf_X(x)\mathrm{d}x\right]\left[\int_{-\infty}^{+\infty}yf_Y(y)\mathrm{d}y\right]$$

$$=E(X)E(Y).$$

性质(4)得证.

例 4.8 一辆民航送客车载有 20 位旅客自机场开出，途中有 10 个车站可以停靠，如果到达一个车站没有旅客下车就不停车. 以 X 表示停车的次数，求 $E(X)$(设每位旅

客在各个车站下车是等可能的,且各旅客是否下车相互独立).

解 引入随机变量

$$X_i = \begin{cases} 0, & \text{在第 } i \text{ 个车站无旅客下车,} \\ 1, & \text{在第 } i \text{ 个车站有旅客下车,} \end{cases} \quad i=1,2,\cdots,10.$$

易知 $X = X_1 + X_2 + \cdots + X_{10}$,现在来求 $E(X)$.

按题意,任一旅客在第 i 站不下车的概率为 $\dfrac{9}{10}$,因此 20 位旅客都不在第 i 站下车的概率为 $\left(\dfrac{9}{10}\right)^{20}$,在第 i 站有人下车的概率为 $1-\left(\dfrac{9}{10}\right)^{20}$,也就是

$$P\{X_i = 0\} = \left(\frac{9}{10}\right)^{20}, \quad P\{X_i = 1\} = 1-\left(\frac{9}{10}\right)^{20}, \quad i=1,2,\cdots,10.$$

由此得

$$E(X_i) = 1-\left(\frac{9}{10}\right)^{20}, \quad i=1,2,\cdots,10,$$

进而

$$E(X) = E(X_1 + X_2 + \cdots + X_{10}) = E(X_1) + E(X_2) + \cdots + E(X_{10})$$
$$= 10\left[1-\left(\frac{9}{10}\right)^{20}\right] = 8.784(\text{次}).$$

本题是将 X 分解成数个随机变量之和,然后利用结论"随机变量和的数学期望等于随机变量数学期望之和". 这种处理方法具有一定的普遍意义,且在某种程度上可以简化问题.

例 4.9 设二维连续型随机变量 (X,Y) 的概率密度为

$$f(x,y) = \begin{cases} x+y, & 0 \leqslant x \leqslant 1, 0 \leqslant y \leqslant 1, \\ 0, & \text{其他,} \end{cases}$$

试验证 $E(XY) \neq E(X)E(Y)$.

解 由(4.6)式有

$$E(X) = \int_{-\infty}^{+\infty}\int_{-\infty}^{+\infty} xf(x,y)\,\mathrm{d}x\mathrm{d}y = \int_0^1\int_0^1 x(x+y)\,\mathrm{d}x\mathrm{d}y = \frac{7}{12},$$

$$E(XY) = \int_0^1\int_0^1 xyf(x,y)\,\mathrm{d}x\mathrm{d}y = \int_0^1\int_0^1 xy(x+y)\,\mathrm{d}x\mathrm{d}y = \frac{1}{3}.$$

又由对称性知 $E(Y) = E(X) = \dfrac{7}{12}$,显然 $E(XY) \neq E(X)E(Y)$. 由此可见,独立性不满足时,不能保证性质(4)成立.

§4.2 方差

一、方差的定义与计算

数学期望是随机变量的一个重要数字特征,它体现了随机变量取值的平均水平,从一个角度描述了随机变量. 但是从下面的例子可以看出,单用数学期望描述随机变

量通常是不够的.

考察丙、丁两个射手,他们的射击技术分别用下表表出:

击中环数 X	8	9	10
p_k	0.1	0.8	0.1

击中环数 Y	8	9	10
p_k	0.4	0.2	0.4

显然 $E(X)=E(Y)=9$,表明单以期望值来看,分不出他们的射击技术好坏. 但是观察之下发现,丙射手的击中环数大部分集中在均值 9 环,而丁射手的击中环数则波动比较大. 为了定量地刻画这种取值波动状况,还需要引入新的数字特征. 既然随机变量的取值围绕它的数学期望波动,所以自然想到考虑比较偏差 $X-E(X)$ 与 $Y-E(Y)$. 但是不能用偏差的数学期望来衡量,这是因为正负偏差相抵消的缘故,事实上

$$E[X-E(X)]=E(X)-E(X)=0,$$
$$E[Y-E(Y)]=E(Y)-E(Y)=0.$$

为避免这种情形,又想到比较 $E\{|X-E(X)|\}$ 与 $E\{|Y-E(Y)|\}$,然而绝对值运算不方便处理,因此最后想到比较 $E\{[X-E(X)]^2\}$ 与 $E\{[Y-E(Y)]^2\}$.

定义 4.3 设 X 是一个随机变量,若 $E\{[X-E(X)]^2\}$ 存在,则称 $E\{[X-E(X)]^2\}$ 为 X 的**方差**,记为 $D(X)$ 或 $\mathrm{Var}(X)$,即

$$D(X)=\mathrm{Var}(X)=E\{[X-E(X)]^2\}. \tag{4.7}$$

方差的算术平方根 $\sqrt{D(X)}$ 称为**标准差**或**均方差**.

标准差与 X 具有相同的度量单位,在实际应用中经常使用.

方差刻画了随机变量 X 的取值与其数学期望的偏差程度,它的大小可以衡量随机变量取值的稳定性. 若 X 的取值比较集中,则方差较小;若 X 的取值比较分散,则方差较大. 因此,方差是体现 X 取值分散程度的一个量.

若 X 是离散型随机变量,其分布律为

$$P\{X=x_k\}=p_k, \quad k=1,2,\cdots,$$

则

$$D(X)=\sum_{k=1}^{\infty}[x_k-E(X)]^2 p_k.$$

若 X 是连续型随机变量,其概率密度为 $f(x)$,则

$$D(X)=\int_{-\infty}^{+\infty}[x-E(X)]^2 f(x)\mathrm{d}x.$$

由数学期望的性质,易得计算方差的一个重要公式:

$$D(X)=E(X^2)-[E(X)]^2. \tag{4.8}$$

证明 $D(X)=E\{[X-E(X)]^2\}=E\{X^2-2X\cdot E(X)+[E(X)]^2\}$
$$=E(X^2)-2E(X)E(X)+[E(X)]^2$$
$$=E(X^2)-[E(X)]^2.$$

若随机变量 X 具有数学期望 $E(X)=\mu$,方差 $D(X)=\sigma^2\neq 0$. 记

$$X^*=\frac{X-\mu}{\sigma},$$

则

$$E(X^*) = \frac{1}{\sigma}E(X-\mu) = \frac{1}{\sigma}[E(X)-\mu] = 0,$$

$$D(X^*) = E[(X^*)^2] - [E(X^*)]^2 = E\left[\left(\frac{X-\mu}{\sigma}\right)^2\right] = \frac{1}{\sigma^2}E[(X-\mu)^2] = 1,$$

即 $X^* = \dfrac{X-\mu}{\sigma}$ 的数学期望为 0,方差为 1. X^* 称为 X 的标准化随机变量.

例 4.10 已知随机变量 X 的概率密度为

$$f(x) = \begin{cases} ax^2+bx+c, & 0 \leqslant x \leqslant 1, \\ 0, & 其他. \end{cases}$$

又 $E(X) = 0.5, D(X) = 0.15,$ 求 a,b,c.

解 由于

$$\int_{-\infty}^{+\infty} f(x)\,\mathrm{d}x = \int_0^1 (ax^2+bx+c)\,\mathrm{d}x = \frac{a}{3}+\frac{b}{2}+c = 1,$$

$$E(X) = \int_{-\infty}^{+\infty} xf(x)\,\mathrm{d}x = \int_0^1 x(ax^2+bx+c)\,\mathrm{d}x = \frac{a}{4}+\frac{b}{3}+\frac{c}{2} = 0.5,$$

$$E(X^2) = \int_{-\infty}^{+\infty} x^2 f(x)\,\mathrm{d}x = \int_0^1 x^2(ax^2+bx+c)\,\mathrm{d}x$$

$$= \frac{a}{5}+\frac{b}{4}+\frac{c}{3} = D(X)+[E(X)]^2$$

$$= 0.15+0.5^2 = 0.4,$$

从上面三个方程中可以解得

$$a = 12, \quad b = -12, \quad c = 3.$$

下面我们给出几种常用分布的方差.

1. 0-1 分布

设随机变量 X 的分布律为

X	0	1
p_k	$1-p$	p

$(0 < p < 1),$

由上节知 $E(X) = p,$ 且

$$E(X^2) = 1^2 \cdot p + 0^2 \cdot (1-p) = p,$$

于是按 (4.8) 式有

$$D(X) = E(X^2) - [E(X)]^2 = p-p^2 = p(1-p).$$

2. 二项分布

设随机变量 $X \sim B(n,p),$ 则 $E(X) = np,$ 且

$$E(X^2) = \sum_{k=0}^n k^2 C_n^k p^k (1-p)^{n-k}$$

$$= \sum_{k=1}^n [k(k-1)+k]C_n^k p^k (1-p)^{n-k}$$

$$= \sum_{k=1}^{n} k(k-1) \frac{n!}{k!(n-k)!} p^k (1-p)^{n-k} + \sum_{k=0}^{n} kC_n^k p^k (1-p)^{n-k}$$

$$= n(n-1)p^2 \sum_{k=2}^{n} \frac{(n-2)!}{(k-2)!(n-k)!} p^{k-2} (1-p)^{(n-2)-(k-2)} + np$$

$$= n(n-1)p^2 + np,$$

于是得

$$D(X) = E(X^2) - [E(X)]^2 = n(n-1)p^2 + np - (np)^2 = np(1-p).$$

3. 泊松分布

设随机变量 $X \sim P(\lambda)$，则 $E(X) = \lambda$，且

$$E(X^2) = \sum_{k=0}^{\infty} k^2 \cdot \frac{\lambda^k}{k!} e^{-\lambda} = \sum_{k=1}^{\infty} [k(k-1) + k] \frac{\lambda^k}{k!} e^{-\lambda}$$

$$= \sum_{k=1}^{\infty} k(k-1) \frac{\lambda^k}{k!} e^{-\lambda} + \lambda = \lambda^2 e^{-\lambda} \sum_{k=2}^{\infty} \frac{\lambda^{k-2}}{(k-2)!} + \lambda$$

$$= \lambda^2 e^{-\lambda} \cdot e^{\lambda} + \lambda = \lambda^2 + \lambda,$$

于是得

$$D(X) = (\lambda^2 + \lambda) - \lambda^2 = \lambda.$$

由此可知，泊松分布的数学期望和方差相等，都等于参数 λ. 因为泊松分布只含一个参数 λ，只要知道它的数学期望或方差就能完全确定它的分布了.

4. 均匀分布

设随机变量 $X \sim U(a,b)$，已知 $E(X) = \dfrac{a+b}{2}$，且

$$E(X^2) = \int_{-\infty}^{+\infty} x^2 f(x) \mathrm{d}x = \int_a^b \frac{x^2}{b-a} \mathrm{d}x = \frac{1}{3}(a^2 + ab + b^2),$$

于是得

$$D(X) = \frac{1}{3}(a^2 + ab + b^2) - \left(\frac{a+b}{2}\right)^2 = \frac{(b-a)^2}{12}.$$

5. 指数分布

设随机变量 X 服从参数为 λ 的指数分布，已知 $E(X) = \dfrac{1}{\lambda}$，且

$$E(X^2) = \int_{-\infty}^{+\infty} x^2 f(x) \mathrm{d}x = \int_0^{+\infty} x^2 \cdot \lambda e^{-\lambda x} \mathrm{d}x$$

$$= -x^2 e^{-\lambda x} \Big|_0^{+\infty} + \int_0^{+\infty} 2x e^{-\lambda x} \mathrm{d}x = \frac{2}{\lambda^2},$$

于是

$$D(X) = \frac{2}{\lambda^2} - \frac{1}{\lambda^2} = \frac{1}{\lambda^2}.$$

6. 标准正态分布

设随机变量 $X \sim N(0,1)$，由上节知 $E(X) = 0$，故运用方差的定义得

$$D(X) = E[(X-0)^2] = \int_{-\infty}^{+\infty} x^2 \frac{1}{\sqrt{2\pi}} e^{-\frac{x^2}{2}} \mathrm{d}x = -\frac{1}{\sqrt{2\pi}} \int_{-\infty}^{+\infty} x \mathrm{d}(e^{-\frac{x^2}{2}})$$

$$= -\frac{1}{\sqrt{2\pi}} \Big[\left. \left(x\mathrm{e}^{-\frac{x^2}{2}} \right) \right|_{-\infty}^{+\infty} - \int_{-\infty}^{+\infty} \mathrm{e}^{-\frac{x^2}{2}} \mathrm{d}x \Big]$$

$$= \frac{1}{\sqrt{2\pi}} \int_{-\infty}^{+\infty} \mathrm{e}^{-\frac{x^2}{2}} \mathrm{d}x = 1.$$

二、方差的性质

方差具有以下几条重要的性质(假设所讨论的随机变量的方差都存在):

(1) 设 C 是常数,则 $D(C)=0$.

(2) 设 X 是随机变量,C 是常数,则

$$D(CX) = C^2 D(X), \quad D(X+C) = D(X).$$

(3) 设 X,Y 是两个随机变量,则

$$D(X \pm Y) = D(X) + D(Y) \pm 2E\{[X-E(X)][Y-E(Y)]\}.$$

特别地,若 X 与 Y 相互独立,则

$$D(X \pm Y) = D(X) + D(Y).$$

这一性质可以推广到有限个随机变量之和的情况,即若 n 个随机变量 $X_1, X_2, \cdots,$ X_n 相互独立,则

$$D(X_1 + X_2 + \cdots + X_n) = D(X_1) + D(X_2) + \cdots + D(X_n),$$

$$D\Big(\sum_{i=1}^{n} C_i X_i \Big) = \sum_{i=1}^{n} C_i^2 D(X_i) \quad (C_i \text{ 为任意常数},i=1,2,\cdots,n).$$

(4) $D(X)=0$ 的充要条件是 X 以概率 1 取常数 C,即

$$P\{X=C\} = 1.$$

显然,这里 $C = E(X)$.

证明 (1) $D(C) = E(C^2) - [E(C)]^2 = C^2 - C^2 = 0$.

(2) $\quad D(CX) = E(C^2 X^2) - [E(CX)]^2 = C^2 E(X^2) - [CE(X)]^2$
$$= C^2 E(X^2) - C^2 [E(X)]^2 = C^2 D(X),$$
$$D(X+C) = E\{[(X+C) - E(X+C)]^2\} = E\{[X+C-E(X)-C]^2\}$$
$$= E\{[X-E(X)]^2\} = D(X).$$

(3) $D(X \pm Y) = E\{[(X \pm Y) - E(X \pm Y)]^2\}$
$$= E\{[(X-E(X)) \pm (Y-E(Y))]^2\}$$
$$= E\{[X-E(X)]^2\} \pm 2E\{[X-E(X)][Y-E(Y)]\} + E\{[Y-E(Y)]^2\}$$
$$= D(X) + D(Y) \pm 2E\{[X-E(X)][Y-E(Y)]\},$$

而

$$2E\{[X-E(X)][Y-E(Y)]\}$$
$$= 2E[XY - XE(Y) - YE(X) + E(X)E(Y)]$$
$$= 2[E(XY) - E(X)E(Y) - E(Y)E(X) + E(X)E(Y)]$$
$$= 2[E(XY) - E(X)E(Y)].$$

又因为当 X 与 Y 相互独立时,有 $E(XY) = E(X)E(Y)$,即上式为 0,所以此时

$$D(X \pm Y) = D(X) + D(Y).$$

(4) 证明从略.

例 4.11 设随机变量 $X_1, X_2, \cdots, X_n$ 相互独立,且服从同一 0-1 分布,分布律为

$$P\{X_i = 0\} = 1-p, \quad P\{X_i = 1\} = p, \quad i = 1, 2, \cdots, n,$$

验证 $X = X_1 + X_2 + \cdots + X_n$ 服从参数为 n, p 的二项分布,并求 $E(X)$ 和 $D(X)$.

解 易见 X 的所有可能取值为 $0, 1, \cdots, n$. 由独立性知 X 以特定的方式(例如 $X_1 = X_2 = \cdots X_k = 1, X_{k+1} = X_{k+2} = \cdots = X_n = 0$)取 $k(0 \leqslant k \leqslant n)$ 的概率为 $p^k(1-p)^{n-k}$, 而 X 取 k 的两两互不相容的方式共有 C_n^k 种,故知

$$P\{X = k\} = C_n^k p^k (1-p)^{n-k}, \quad k = 0, 1, \cdots, n,$$

即 X 服从参数为 n, p 的二项分布. 现在来求 $E(X)$ 和 $D(X)$.

由本节内容知

$$E(X_i) = p, \quad D(X_i) = p(1-p), \quad i = 1, 2, \cdots, n.$$

故

$$E(X) = E\left(\sum_{i=1}^n X_i\right) = \sum_{i=1}^n E(X_i) = np.$$

因为 $X_1, X_2, \cdots, X_n$ 相互独立,所以

$$D(X) = D\left(\sum_{i=1}^n X_i\right) = \sum_{i=1}^n D(X_i) = np(1-p).$$

例 4.12 设随机变量 $X \sim N(\mu, \sigma^2)$, 求 $E(X), D(X)$.

解 令 $Z = \dfrac{X-\mu}{\sigma}$, 由于 $X \sim N(\mu, \sigma^2)$, 所以 $Z \sim N(0,1)$. 已知 $E(Z) = 0, D(Z) = 1$, 从而

$$E(X) = E(\sigma Z + \mu) = \sigma E(Z) + \mu = \mu,$$
$$D(X) = D(\sigma Z + \mu) = \sigma^2 D(Z) = \sigma^2.$$

这就是说,正态分布的概率密度中的两个参数 μ 和 σ^2 分别是该分布的数学期望和方差,因而,正态分布完全可由它的数学期望和方差所确定.

由 § 3.5 可知,如果 $X_i \sim N(\mu_i, \sigma_i^2)(i = 1, 2, \cdots, n)$, 且它们相互独立,则它们的线性组合 $C_1 X_1 + C_2 X_2 + \cdots + C_n X_n (C_1, C_2, \cdots, C_n$ 是不全为 0 的常数)仍然服从正态分布,于是由数学期望和方差的性质知道

$$C_1 X_1 + C_2 X_2 + \cdots + C_n X_n \sim N\left(\sum_{i=1}^n C_i \mu_i, \sum_{i=1}^n C_i^2 \sigma_i^2\right).$$

这是一个重要的结果.

例 4.13 设随机变量 X 与 Y 相互独立,且

$$X \sim N(1, 2), \quad Y \sim N(0, 1),$$

试求 $Z = 2X - Y + 3$ 的概率密度.

解 因 $X \sim N(1, 2), Y \sim N(0, 1)$, 且 X 与 Y 相互独立,故 X 和 Y 的任意线性组合服从正态分布,即 $Z \sim N(E(Z), D(Z))$. 由

$$E(Z) = 2E(X) - E(Y) + 3 = 2 + 3 = 5,$$
$$D(Z) = 4D(X) + D(Y) = 8 + 1 = 9,$$

得

$$Z \sim N(5, 3^2).$$

故 Z 的概率密度为

$$f_Z(z) = \frac{1}{3\sqrt{2\pi}} e^{-\frac{(z-5)^2}{18}}, \quad -\infty < z < +\infty.$$

例 4.14 设随机变量 X 与 Y 相互独立,且都服从 $N\left(0, \frac{1}{2}\right)$,求 $E(|X-Y|)$,$D(|X-Y|)$.

解 令 $Z = X - Y$,由于 $X \sim N\left(0, \frac{1}{2}\right)$,$Y \sim N\left(0, \frac{1}{2}\right)$,且相互独立,所以 $Z \sim N(0,1)$. 又

$$D(|X-Y|) = D(|Z|) = E(|Z|^2) - [E(|Z|)]^2$$
$$= E(Z^2) - [E(|Z|)]^2,$$

而 $E(Z^2) = D(Z) + [E(Z)]^2 = 1$,且

$$E(|X-Y|) = E(|Z|) = \int_{-\infty}^{+\infty} |z| \cdot \frac{1}{\sqrt{2\pi}} e^{-\frac{z^2}{2}} dz = \frac{2}{\sqrt{2\pi}} \int_0^{+\infty} z e^{-\frac{z^2}{2}} dz = \sqrt{\frac{2}{\pi}},$$

所以

$$D(|X-Y|) = 1 - \frac{2}{\pi}.$$

例 4.15 设随机变量 $X_1, X_2, \cdots, X_n$ 相互独立,$E(X_i) = \mu$,$D(X_i) = \sigma^2 (i = 1, 2, \cdots, n)$. 令 $\overline{X} = \frac{1}{n} \sum_{i=1}^n X_i$,求 $E(\overline{X})$,$D(\overline{X})$.

解 由数学期望和方差的性质知

$$E(\overline{X}) = E\left(\frac{1}{n} \sum_{i=1}^n X_i\right) = \frac{1}{n} E\left(\sum_{i=1}^n X_i\right) = \frac{1}{n} \sum_{i=1}^n E(X_i) = \mu,$$

$$D(\overline{X}) = D\left(\frac{1}{n} \sum_{i=1}^n X_i\right) = \frac{1}{n^2} D\left(\sum_{i=1}^n X_i\right) = \frac{1}{n^2} \sum_{i=1}^n D(X_i) = \frac{\sigma^2}{n}.$$

本例的结论在实际中是非常有用的. 例如,在进行精密测量时,为了减少测量误差,往往重复测量多次,然后再取其算术平均值. 本例的结果为这种做法给出了一个合理的解释. 设被测物的真值为 μ,n 次重复测量可以认为是互不影响的,因而各次测量的结果 $X_1, X_2, \cdots, X_n$ 可以认为是相互独立且有相同分布的随机变量,则可设 $E(X_i) = \mu$,$D(X_i) = \sigma^2$,$i = 1, 2, \cdots, n$,即每一次测量的结果都在真值 μ 的周围波动. 由本例结果知,n 次测量的算术平均值 $\overline{X} = \frac{1}{n} \sum_{i=1}^n X_i$ 仍在真值 μ 的周围波动,即 $E(\overline{X}) = \mu$,但 $D(\overline{X}) = \frac{\sigma^2}{n}$ 是原来 σ^2 的 $\frac{1}{n}$,因此 $\overline{X}$ 更有可能取得接近于客观存在的真值 μ 的值. 这就是随机方法在精密测量中的应用.

例 4.15 的结论在数理统计中还具有重要意义.

§4.3 协方差与相关系数

对二维随机变量 (X, Y) 来说,期望 $E(X)$,$E(Y)$ 只反映了 X 与 Y 各自的平均值,方差 $D(X)$,$D(Y)$ 只反映了 X 与 Y 各自与均值的偏离程度,它们对 X 与 Y 之间的相互联系不提供任何信息. 我们自然希望有一个数字特征能够在一定程度上反映 X 与 Y 之间

的联系,本节将讨论这方面的内容.

在 §4.2 方差性质(3)的证明中,我们已经看到,如果两个随机变量 X 和 Y 是相互独立的,则

$$E\{[X-E(X)][Y-E(Y)]\}=0.$$

这意味着当 $E\{[X-E(X)][Y-E(Y)]\}\ne 0$ 时,X 与 Y 不相互独立,而是存在着一定的关系的.

定义 4.4　设 (X,Y) 为二维随机变量,若

$$E\{[X-E(X)][Y-E(Y)]\}$$

存在,则称其为随机变量 X 与 Y 的**协方差**,记为 $\mathrm{Cov}(X,Y)$,即

$$\mathrm{Cov}(X,Y)=E\{[X-E(X)][Y-E(Y)]\}. \tag{4.9}$$

而

$$\rho_{XY}=\frac{\mathrm{Cov}(X,Y)}{\sqrt{D(X)}\,\sqrt{D(Y)}} \tag{4.10}$$

称为随机变量 X 与 Y 的**相关系数**. ρ_{XY} 是一个无量纲的量.

由上述定义可知,§4.2 方差的性质(3)可改写为

$$D(X\pm Y)=D(X)+D(Y)\pm 2\mathrm{Cov}(X,Y).$$

将 $\mathrm{Cov}(X,Y)$ 的定义式展开,易得

$$\mathrm{Cov}(X,Y)=E(XY)-E(X)E(Y), \tag{4.11}$$

常利用这一式子来计算协方差 $\mathrm{Cov}(X,Y)$.

由协方差定义,不难知道协方差具有以下几条性质:

(1) $\mathrm{Cov}(X,Y)=\mathrm{Cov}(Y,X)$;

(2) $\mathrm{Cov}(X,X)=D(X)$;

(3) $\mathrm{Cov}(aX,bY)=ab\mathrm{Cov}(X,Y)$,其中 a,b 是常数;

(4) $\mathrm{Cov}(C,Y)=0$,C 为任意常数;

(5) $\mathrm{Cov}(X_1+X_2,Y)=\mathrm{Cov}(X_1,Y)+\mathrm{Cov}(X_2,Y)$;

(6) 当随机变量 X 与 Y 相互独立时,

$$\mathrm{Cov}(X,Y)=0.$$

证明由读者自己来完成.

下面我们来推导 ρ_{XY} 的两条重要性质,并说明 ρ_{XY} 的含义. 为此,先证明著名的柯西-施瓦茨不等式.

定理 4.3　对于两个随机变量 X,Y,若 $E(X^2),E(Y^2)$ 均存在,则

$$[E(XY)]^2\le E(X^2)E(Y^2). \tag{4.12}$$

证明　考察关于实变量 t 的二次函数

$$g(t)=E[(tX-Y)^2]=t^2E(X^2)-2tE(XY)+E(Y^2),$$

因为 $\forall t\in\mathbf{R}$,有 $(tX-Y)^2\ge 0$,所以 $g(t)\ge 0$,从而 $g(t)$ 的根的判别式非正,即

$$\Delta=[-2E(XY)]^2-4E(X^2)E(Y^2)\le 0,$$

化简即得(4.12)式.

由柯西-施瓦茨不等式可得

$$[\mathrm{Cov}(X,Y)]^2\le E\{[X-E(X)]^2\}E\{[Y-E(Y)]^2\}=D(X)D(Y),$$

所以,若 X 与 Y 的方差 $D(X),D(Y)$ 存在,则它们的协方差 $\mathrm{Cov}(X,Y)$ 一定存在.

现在可以证明下述定理:

定理 4.4　设 ρ_{XY} 是随机变量 X 与 Y 的相关系数,则

(1) $|\rho_{XY}|\leqslant 1$;

(2) $|\rho_{XY}|=1$ 的充要条件是存在常数 a,b,使得
$$P\{Y=a+bX\}=1.$$

证明　(1) 由定理 4.3 有
$$\rho_{XY}^2=\frac{[\mathrm{Cov}(X,Y)]^2}{D(X)D(Y)}\leqslant\frac{D(X)D(Y)}{D(X)D(Y)}=1,$$
即得 $|\rho_{XY}|\leqslant 1$.

(2) 令 $X_1=X-E(X),Y_1=Y-E(Y)$,据相关系数的定义知 $|\rho_{XY}|=1$ 等价于
$$[E(X_1Y_1)]^2-E(X_1^2)E(Y_1^2)=0.$$
由定理 4.3 的证明过程知,这又等价于关于实变量 t 的二次方程 $E[(tX_1-Y_1)^2]=0$ 仅有一个重根 t_0,即存在 t_0,使得 $E[(t_0X_1-Y_1)^2]=0$.注意到
$$E(t_0X_1-Y_1)=t_0E(X_1)-E(Y_1)=0,$$
所以此时有 $D(t_0X_1-Y_1)=0$. 再由方差的性质(4)知,它等价于 $P\{t_0X_1-Y_1=0\}=1$,即
$$P\{Y=E(Y)-t_0E(X)+t_0X\}=1,$$
取 $a=E(Y)-t_0E(X)$,$b=t_0$ 即证.

定理 4.4 表明,相关系数 ρ_{XY} 的实际意义是:它刻画了随机变量 X,Y 之间线性关系的近似程度. 一般说来,$|\rho_{XY}|$ 越接近 1,X 与 Y 越近似地有线性关系. 要注意的是,ρ_{XY} 只刻画了 X 与 Y 之间线性关系的近似程度,当 X,Y 之间有很密切的非线性关系时,$|\rho_{XY}|$ 的数值也可能很小. 例如,若 $X\sim N(0,1)$,$Y=X^2$,此时 X 与 Y 有很密切的二次关系,但是 $\rho_{XY}=0$.

定义 4.5　当 $\rho_{XY}=0$ 时,称随机变量 X 与 Y 不相关;当 $\rho_{XY}=1$ 时,称 X 与 Y 正线性相关;当 $\rho_{XY}=-1$ 时,称 X 与 Y 负线性相关.

独立性和不相关性都是随机变量间联系"薄弱"的一种反映,自然希望知道这两个概念之间的联系. 首先,我们由协方差的性质(6)易知如下定理:

定理 4.5　若随机变量 X 与 Y 相互独立,则 $\rho_{XY}=0$,即 X 与 Y 不相关;反之不真.

这意味着随机变量 X 与 Y 的不相关和相互独立是两个不同的概念. 不相关只是就线性关系来说的,而相互独立是就一般关系而言的.

例 4.16　设二维随机变量 (X,Y) 的联合分布律为

Y	X	
	0	1
0	0.1	0.8
1	0.1	

求 $\mathrm{Cov}(X,Y)$ 和 ρ_{XY}.

解　$E(X) = \sum\limits_{i=0}^{1} \sum\limits_{j=0}^{1} ip_{ij} = 0 \times (0.1 + 0.1) + 1 \times (0.8 + 0) = 0.8,$

$E(Y) = \sum\limits_{i=0}^{1} \sum\limits_{j=0}^{1} jp_{ij} = 0 \times (0.1 + 0.8) + 1 \times (0.1 + 0) = 0.1.$

同理 $E(X^2) = \sum\limits_{i=0}^{1} \sum\limits_{j=0}^{1} i^2 p_{ij} = 0.8, E(Y^2) = \sum\limits_{i=0}^{1} \sum\limits_{j=0}^{1} j^2 p_{ij} = 0.1.$ 于是

$$D(X) = E(X^2) - [E(X)]^2 = 0.8 - 0.64 = 0.16,$$

$$D(Y) = E(Y^2) - [E(Y)]^2 = 0.1 - 0.01 = 0.09.$$

又

$$E(XY) = \sum\limits_{i=0}^{1} \sum\limits_{j=0}^{1} ijp_{ij}$$
$$= 0 \times 0 \times 0.1 + 0 \times 1 \times 0.1 + 1 \times 0 \times 0.8 + 1 \times 1 \times 0$$
$$= 0,$$

故

$$\mathrm{Cov}(X,Y) = E(XY) - E(X)E(Y) = 0 - 0.8 \times 0.1 = -0.08,$$

$$\rho_{XY} = \frac{\mathrm{Cov}(X,Y)}{\sqrt{D(X)}\sqrt{D(Y)}} = \frac{-0.08}{\sqrt{0.16}\sqrt{0.09}} = -\frac{2}{3}.$$

例 4.17　设随机变量 θ 服从 $(-\pi, \pi)$ 上的均匀分布, 且 $X = \sin\theta, Y = \cos\theta$, 判断随机变量 X 与 Y 是否不相关, 是否相互独立?

解　由于

$$E(X) = \frac{1}{2\pi} \int_{-\pi}^{\pi} \sin\theta \mathrm{d}\theta = 0,$$

$$E(Y) = \frac{1}{2\pi} \int_{-\pi}^{\pi} \cos\theta \mathrm{d}\theta = 0,$$

而

$$E(XY) = \frac{1}{2\pi} \int_{-\pi}^{\pi} \sin\theta \cos\theta \mathrm{d}\theta = 0,$$

从而

$$\mathrm{Cov}(X,Y) = E(XY) - E(X)E(Y) = 0,$$

即 $\rho_{XY} = 0, X$ 与 Y 不相关. 但有

$$X^2 + Y^2 = \sin^2\theta + \cos^2\theta = 1,$$

所以 X 与 Y 不相互独立.

例 4.18　设随机变量 (X,Y) 服从二维正态分布, 它的概率密度为

$$f(x,y) = \frac{1}{2\pi\sigma_1\sigma_2\sqrt{1-\rho^2}} \exp\left\{ \frac{-1}{2(1-\rho^2)} \left[\frac{(x-\mu_1)^2}{\sigma_1^2} - 2\rho \frac{(x-\mu_1)(y-\mu_2)}{\sigma_1\sigma_2} + \frac{(y-\mu_2)^2}{\sigma_2^2} \right] \right\}$$

$$(-\infty < x < +\infty, -\infty < y < +\infty),$$

求相关系数 ρ_{XY}.

解 在 §3.2 中已经知道服从二维正态分布的随机变量 (X,Y) 的关于 X 和关于 Y 的边缘概率密度分别为

$$f_X(x) = \frac{1}{\sqrt{2\pi}\,\sigma_1} \exp\left[-\frac{(x-\mu_1)^2}{2\sigma_1^2}\right] \quad (-\infty < x < +\infty),$$

$$f_Y(y) = \frac{1}{\sqrt{2\pi}\,\sigma_2} \exp\left[-\frac{(y-\mu_2)^2}{2\sigma_2^2}\right] \quad (-\infty < y < +\infty),$$

所以

$$E(X) = \mu_1,\ E(Y) = \mu_2,\ D(X) = \sigma_1^2,\ D(Y) = \sigma_2^2.$$

而

$$\mathrm{Cov}(X,Y) = \int_{-\infty}^{+\infty}\int_{-\infty}^{+\infty} (x-\mu_1)(y-\mu_2)f(x,y)\,\mathrm{d}x\mathrm{d}y$$

$$= \frac{1}{2\pi\sigma_1\sigma_2\sqrt{1-\rho^2}} \int_{-\infty}^{+\infty}\int_{-\infty}^{+\infty} (x-\mu_1)(y-\mu_2)\ \cdot$$

$$\exp\left[\frac{-1}{2(1-\rho^2)}\left(\frac{y-\mu_2}{\sigma_2}-\rho\frac{x-\mu_1}{\sigma_1}\right)^2 - \frac{(x-\mu_1)^2}{2\sigma_1^2}\right]\mathrm{d}x\mathrm{d}y,$$

令 $t = \frac{1}{\sqrt{1-\rho^2}}\left(\frac{y-\mu_2}{\sigma_2}-\rho\frac{x-\mu_1}{\sigma_1}\right),u=\frac{x-\mu_1}{\sigma_1}$,则有

$$\mathrm{Cov}(X,Y) = \frac{1}{2\pi}\int_{-\infty}^{+\infty}\int_{-\infty}^{+\infty}(\sigma_1\sigma_2\sqrt{1-\rho^2}\,tu + \rho\sigma_1\sigma_2 u^2)\mathrm{e}^{-(u^2+t^2)/2}\mathrm{d}t\mathrm{d}u$$

$$= \frac{\sigma_1\sigma_2\sqrt{1-\rho^2}}{2\pi}\left(\int_{-\infty}^{+\infty}u\mathrm{e}^{-\frac{u^2}{2}}\mathrm{d}u\right)\left(\int_{-\infty}^{+\infty}t\mathrm{e}^{-\frac{t^2}{2}}\mathrm{d}t\right)\ +$$

$$\frac{\rho\sigma_1\sigma_2}{2\pi}\left(\int_{-\infty}^{+\infty}u^2\mathrm{e}^{-\frac{u^2}{2}}\mathrm{d}u\right)\left(\int_{-\infty}^{+\infty}\mathrm{e}^{-\frac{t^2}{2}}\mathrm{d}t\right)$$

$$= \frac{\rho\sigma_1\sigma_2}{2\pi}\sqrt{2\pi}\cdot\sqrt{2\pi} = \rho\sigma_1\sigma_2,$$

于是

$$\rho_{XY} = \frac{\mathrm{Cov}(X,Y)}{\sqrt{D(X)}\,\sqrt{D(Y)}} = \rho.$$

这就是说,二维正态随机变量 (X,Y) 的概率密度中的参数 ρ 就是 X 与 Y 的相关系数,因而,二维正态随机变量的分布完全可由 X,Y 各自的数学期望、方差以及它们的相关系数所确定.

在 §3.4 中我们已经得到,若随机变量 (X,Y) 服从二维正态分布,那么 X 与 Y 相互独立的充要条件为 $\rho=0$. 现在知道 $\rho_{XY}=\rho$,故知对于二维正态随机变量 (X,Y) 来说,X 与 Y 不相关和 X 与 Y 相互独立是等价的.

§4.4 矩、协方差矩阵

数学期望、方差、协方差是随机变量最常用的数字特征,它们都是某种矩. 矩是最广泛使用的一种数字特征,在概率论和数理统计中占有重要地位. 最常用的矩有两种:原点矩和中心矩.

定义 4.6 设 X 和 Y 是随机变量.

若 $E(X^k)$, $k=1,2,\cdots$ 存在,则称它为 X 的 k 阶原点矩,简称 k 阶矩.

若 $E\{[X-E(X)]^k\}$, $k=2,3,\cdots$ 存在,则称它为 X 的 k 阶中心矩.

若 $E(X^kY^l)$, $k,l=1,2,\cdots$ 存在,则称它为 X 和 Y 的 $(k+l)$ 阶混合矩.

若 $E\{[X-E(X)]^k[Y-E(Y)]^l\}$, $k,l=1,2,\cdots$ 存在,则称它为 X 和 Y 的 $(k+l)$ 阶混合中心矩.

显然,X 的数学期望 $E(X)$ 是 X 的一阶原点矩,方差 $D(X)$ 是 X 的二阶中心矩,协方差 $\mathrm{Cov}(X,Y)$ 是 X 和 Y 的二阶混合中心矩.

由矩的定义以及数学期望的性质可知,若 X 的 k 阶原点矩存在,则 X 的低于 k 阶的原点矩也存在,且 X 的 k 阶及低于 k 阶的中心矩也存在. 同样,若 X 的 k 阶中心矩存在,则 X 的 k 阶及低于 k 阶的原点矩也存在(证明留给读者).

下面介绍 n 维随机变量的协方差矩阵.

定义 4.7 设 n 维随机变量 $(X_1,X_2,\cdots,X_n)$ 的二阶混合中心矩

$$C_{ij}=\mathrm{Cov}(X_i,X_j)=E\{[X_i-E(X_i)][X_j-E(X_j)]\}, \quad i,j=1,2,\cdots,n$$

都存在,则称矩阵

$$C=\begin{pmatrix} C_{11} & C_{12} & \cdots & C_{1n} \\ C_{21} & C_{22} & \cdots & C_{2n} \\ \vdots & \vdots & & \vdots \\ C_{n1} & C_{n2} & \cdots & C_{nn} \end{pmatrix}$$

为 n 维随机变量 $(X_1,X_2,\cdots,X_n)$ 的**协方差矩阵**.

由于 $C_{ij}=C_{ji}(i,j=1,2,\cdots,n)$,因而上述矩阵是一个对称矩阵.

一般地,n 维随机变量 $(X_1,X_2,\cdots,X_n)$ 的分布是未知的,或者太复杂,以致在数学上不易处理. 因此,在研究 n 维随机变量的统计规律时,协方差矩阵显得非常重要.

本节的最后,介绍 n 维正态随机变量的概率密度. 先将二维正态随机变量的概率密度改写成另一种形式,以便将它推广到 n 维正态随机变量的情况. 二维正态随机变量 (X_1,X_2) 的概率密度为

$$f(x_1,x_2)=\frac{1}{2\pi\sigma_1\sigma_2\sqrt{1-\rho^2}}\exp\left\{\frac{-1}{2(1-\rho^2)}\left[\frac{(x_1-\mu_1)^2}{\sigma_1^2}-2\rho\frac{(x_1-\mu_1)(x_2-\mu_2)}{\sigma_1\sigma_2}+\right.\right.$$

$$\frac{(x_2-\mu_2)^2}{\sigma_2^2}\Big]\Big]\Big\}\quad(-\infty<x_1,x_2<+\infty).$$

现在将上式中花括号内式子写成矩阵形式,为此引入列矩阵

$$\boldsymbol{x}=\begin{pmatrix}x_1\\x_2\end{pmatrix},\quad\boldsymbol{\mu}=\begin{pmatrix}\mu_1\\\mu_2\end{pmatrix}.$$

二维随机变量(X_1,X_2)的协方差矩阵为

$$\boldsymbol{C}=\begin{pmatrix}C_{11}&C_{12}\\C_{21}&C_{22}\end{pmatrix}=\begin{pmatrix}\sigma_1^2&\rho\sigma_1\sigma_2\\\rho\sigma_1\sigma_2&\sigma_2^2\end{pmatrix},$$

$\boldsymbol{C}$ 的行列式 $\det\boldsymbol{C}=\sigma_1^2\sigma_2^2(1-\rho^2)$,逆矩阵为

$$\boldsymbol{C}^{-1}=\frac{1}{\det\boldsymbol{C}}\begin{pmatrix}\sigma_2^2&-\rho\sigma_1\sigma_2\\-\rho\sigma_1\sigma_2&\sigma_1^2\end{pmatrix}.$$

经过计算可知(这里矩阵$(\boldsymbol{x}-\boldsymbol{\mu})^{\mathrm{T}}$ 是$(\boldsymbol{x}-\boldsymbol{\mu})$的转置矩阵)

$$(\boldsymbol{x}-\boldsymbol{\mu})^{\mathrm{T}}\boldsymbol{C}^{-1}(\boldsymbol{x}-\boldsymbol{\mu})$$

$$=\frac{1}{\det\boldsymbol{C}}(x_1-\mu_1\quad x_2-\mu_2)\begin{pmatrix}\sigma_2^2&-\rho\sigma_1\sigma_2\\-\rho\sigma_1\sigma_2&\sigma_1^2\end{pmatrix}\begin{pmatrix}x_1-\mu_1\\x_2-\mu_2\end{pmatrix}$$

$$=\frac{1}{1-\rho^2}\Big[\frac{(x_1-\mu_1)^2}{\sigma_1^2}-2\rho\frac{(x_1-\mu_1)(x_2-\mu_2)}{\sigma_1\sigma_2}+\frac{(x_2-\mu_2)^2}{\sigma_2^2}\Big],$$

于是(X_1,X_2)的概率密度可写成

$$f(x_1,x_2)=\frac{1}{(2\pi)^{2/2}(\det\boldsymbol{C})^{1/2}}\exp\Big\{-\frac{1}{2}(\boldsymbol{x}-\boldsymbol{\mu})^{\mathrm{T}}\boldsymbol{C}^{-1}(\boldsymbol{x}-\boldsymbol{\mu})\Big\}.$$

上式容易推广到 n 维正态随机变量$(X_1,X_2,\cdots,X_n)$的情况. 引入列矩阵

$$\boldsymbol{x}=\begin{pmatrix}x_1\\x_2\\\vdots\\x_n\end{pmatrix},\quad\boldsymbol{\mu}=\begin{pmatrix}\mu_1\\\mu_2\\\vdots\\\mu_n\end{pmatrix}=\begin{pmatrix}E(X_1)\\E(X_2)\\\vdots\\E(X_n)\end{pmatrix},$$

n 维正态随机变量$(X_1,X_2,\cdots,X_n)$的概率密度定义为

$$f(x_1,x_2,\cdots,x_n)=\frac{1}{(2\pi)^{n/2}(\det\boldsymbol{C})^{1/2}}\exp\Big\{-\frac{1}{2}(\boldsymbol{x}-\boldsymbol{\mu})^{\mathrm{T}}\boldsymbol{C}^{-1}(\boldsymbol{x}-\boldsymbol{\mu})\Big\}$$

$$(-\infty<x_1,x_2,\cdots,x_n<+\infty),$$

其中 $\boldsymbol{C}$ 是$(X_1,X_2,\cdots,X_n)$的协方差矩阵.

n 维正态分布具有以下四条重要性质(证明略):

(1) n 维正态随机变量$(X_1,X_2,\cdots,X_n)$的每一个分量 $X_i(i=1,2,\cdots,n)$都是正态随机变量;反之,若 $X_1,X_2,\cdots,X_n$ 都是正态随机变量,且相互独立,则$(X_1,X_2,\cdots,X_n)$是 n 维正态随机变量.

（2）n 维随机变量 $(X_1,X_2,\cdots,X_n)$ 服从 n 维正态分布的充要条件是 $X_1,X_2,\cdots,X_n$ 的任意线性组合

$$l_1X_1+l_2X_2+\cdots+l_nX_n$$

服从一维正态分布（其中 $l_1,l_2,\cdots,l_n$ 不全为零）.

（3）若随机变量 $(X_1,X_2,\cdots,X_n)$ 服从 n 维正态分布，设 $Y_1,Y_2,\cdots,Y_k$ 是 $X_j(j=1,2,\cdots,n)$ 的线性函数，则随机变量 $(Y_1,Y_2,\cdots,Y_k)$ 服从 k 维正态分布. 这一性质称为正态随机变量的线性变换不变性.

（4）设随机变量 $(X_1,X_2,\cdots,X_n)$ 服从 n 维正态分布，则"$X_1,X_2,\cdots,X_n$ 相互独立"与"$X_1,X_2,\cdots,X_n$ 两两不相关"等价.

n 维正态分布在随机过程和数理统计中常会遇到.

习 题 4

一、填空题

1. 对任意随机变量 X，若 $E(X)$ 存在，则 $E\{E[E(X)]\}=$ ____.

2. 某车床一天生产的零件中所含次品数 X 的分布律为

X	0	1	2	3
p_k	0.4	0.3	0.2	0.1

则平均每天生产的次品数为____.

3. 设随机变量 X 的概率密度为

$$f(x)=\begin{cases}1+x, & -1\leqslant x\leqslant 0,\\ 1-x, & 0<x\leqslant 1,\\ 0, & \text{其他},\end{cases}$$

则 $E(X)=$ ____，$D(X)=$ ____.

4. 设随机变量 X 的分布函数为 $F(x)=0.5\Phi(x)+0.5\Phi\left(\dfrac{x-4}{2}\right)$，其中 $\Phi(x)$ 为标准正态分布函数，则 $E(X)=$ _____.

5. 设随机变量 X 服从参数为 1 的指数分布，则 $E(X+\mathrm{e}^{-2X})=$ ____.

6. 已知随机变量 $X\sim B(n,p)$，且 $E(X)=2.4,D(X)=1.44$，则 $n=$ ____，$p=$ ____.

7. 设随机变量 X_1,X_2,X_3 相互独立，其中 $X_1\sim U(0,6)$，$X_2\sim N(0,4)$，$X_3\sim P(3)$，记 $Y=X_1-2X_2+3X_3$，则 $D(Y)=$ ____.

8. 设随机变量 X 服从参数为 1 的泊松分布，则 $P\{X=E(X^2)\}=$ _____.

9. 设随机变量 X 的概率分布为 $P\{X=k\}=\dfrac{C}{k!}$，$k=0,1,2,\cdots$，则 $E(X^2)=$ _____.

10. 随机变量 X 和 Y 的相关系数为 0.5,$E(X) = E(Y) = 0$,$E(X^2) = E(Y^2) = 2$,则 $E[(X+Y)^2] = $ ____.

11. 随机变量 X 和 Y 的相关系数为 0.9,若 $Z = X - 0.5$,则 Y 与 Z 的相关系数为 ____.

12. 设随机变量 $X \sim N(1,5)$,$Y \sim N(1,16)$,且 X 与 Y 相互独立. 令 $Z = 3X + 2Y - 4$,则 $E(Z) = $ ____,$D(Z) = $ ____,Y 与 Z 的相关系数 $\rho_{YZ} = $ ____.

13. 甲、乙两个盒子中各装有 2 个红球和 2 个白球,先从甲盒中任取一球,观察颜色后放入乙盒中,再从乙盒中任取一球. 令 X,Y 分别表示从甲盒和乙盒中取到的红球个数,则 X 和 Y 的相关系数为 _____.

14. 设二维随机变量 (X,Y) 服从正态分布 $N(\mu,\mu,\sigma^2,\sigma^2,0)$,则 $E(XY^2) = $ _____.

15. 设随机变量 X,Y 不相关,且 $E(X) = 2$,$E(Y) = 1$,$D(X) = 3$,则 $E[X(X+Y-2)] = $ _____.

二、选择题

1. 设连续型随机变量 X 的分布函数为

$$F(x) = \begin{cases} 1 - \dfrac{A}{x^2}, & x \geq 1, \\ 0, & x < 1, \end{cases}$$

则 X 的数学期望是( ).

(A) 1   (B) A (C) $\dfrac{2}{3}$ (D) 2

2. 下列命题中错误的是( ).

(A) 若随机变量 $X \sim P(\lambda)$,则 $E(X) = D(X) = \lambda$

(B) 若随机变量 X 服从参数为 λ 的指数分布,则 $E(X) = D(X) = \dfrac{1}{\lambda}$

(C) 若随机变量 $X \sim B(1,\theta)$,则 $E(X) = \theta$,$D(X) = \theta(1-\theta)$

(D) 若随机变量 $X \sim U(a,b)$,则 $E(X^2) = \dfrac{a^2 + ab + b^2}{3}$

3. 设随机变量 X 的概率密度为 $f(x) = \begin{cases} ax+b, & 0 \leq x \leq 1, \\ 0, & \text{其他}, \end{cases}$ 且 $E(X) = \dfrac{7}{12}$,则( ).

(A) $a = 1, b = -0.5$ (B) $a = -0.5, b = 1$

(C) $a = 0, b = 1$ (D) $a = 1, b = 0.5$

4. 设随机变量 X 的概率密度为

$$f(x) = \sqrt{\dfrac{3}{\pi}} e^{-3x^2 - 12x - 12},$$

则 X 的方差 $D(X) = $ ( ).

(A) $\dfrac{1}{6}$ (B) $\dfrac{1}{2}$ (C) $\dfrac{1}{3}$ (D) $\dfrac{1}{9}$

5. 设随机变量 X 与 Y 相互独立,且 $E(X)$ 和 $E(Y)$ 存在,记

$$U = \max\{X, Y\}, \quad V = \min\{X, Y\},$$

则 $E(UV) = ($ $)$

(A) $E(U)E(V)$ (B) $E(X)E(V)$

(C) $E(U)E(Y)$ (D) $E(X)E(Y)$

6. 设两个相互独立的随机变量 X 和 Y 的方差各为 4 和 2,则 $3X-2Y$ 的方差为 (   ).

(A) 8   (B) 16   (C) 28   (D) 44

7. 设 X 是随机变量,$E(X) = \mu, D(X) = \sigma^2$,则对任意常数 C,必有(   ).

(A) $E[(X-C)^2] \geqslant E[(X-\mu)^2]$ (B) $E[(X-C)^2] = E[(X-\mu)^2]$

(C) $E[(X-C)^2] < E[(X-\mu)^2]$ (D) $E[(X-C)^2] = E(X^2) - C^2$

8. 对任意两个随机变量 X 和 Y,以下选项正确的是(   ).

(A) $D(X+Y) = D(X) + D(Y)$ (B) $E(X+Y) = E(X) + E(Y)$

(C) $E(XY) = E(X)E(Y)$ (D) $D(XY) = D(X)D(Y)$

9. 二维随机变量 (X, Y) 满足 $E(XY) = E(X)E(Y)$,则(   ).

(A) $D(XY) = D(X)D(Y)$ (B) $D(X+Y) = D(X-Y)$

(C) X 与 Y 相互独立   (D) X 与 Y 不相互独立

10. 设随机变量 (X, Y) 服从二维正态分布,则下列条件中不是 X 与 Y 相互独立的充要条件的是(   ).

(A) X 与 Y 不相关   (B) $E(XY) = E(X)E(Y)$

(C) $\mathrm{Cov}(X, Y) = 0$ (D) $E(X) = E(Y) = 0$

11. 设随机变量 X 与 Y 的相关系数 $\rho_{XY} = 0$,则下列结论不正确的是(   ).

(A) $D(X-Y) = D(X) + D(Y)$

(B) $X+a$ 与 $Y-b(a, b$ 为任意常数)必相互独立

(C) X 与 Y 可能服从二维均匀分布

(D) $E(XY) = E(X)E(Y)$

12. 若随机变量 X 和 Y 满足 $D(X+Y) = D(X-Y)$,则必有(   ).

(A) X 与 Y 不相关   (B) X 与 Y 独立

(C) $D(X) = 0$ (D) $D(Y) = 0$

13. 设随机变量 $X_1, X_2, \cdots, X_n (n > 1)$ 独立同分布,且方差 $\sigma^2 > 0$,令随机变量 $Y = \dfrac{1}{n}\sum\limits_{i=1}^{n} X_i$,则(   ).

(A) $\mathrm{Cov}(X_1, Y) = \dfrac{\sigma^2}{n}$ (B) $\mathrm{Cov}(X_1, Y) = \sigma^2$

(C) $D(X_1 + Y) = \dfrac{n+2}{n}\sigma^2$ (D) $D(X_1 - Y) = \dfrac{n+1}{n}\sigma^2$

14. 将长度为 1 m 的木棒随机地截成两段,则两段长度的相关系数为( ).

(A) 1   (B) $\dfrac{1}{2}$ (C) $-\dfrac{1}{2}$ (D) -1

15. 设随机变量 $X \sim N(0,1)$, $Y \sim N(1,4)$, 且相关系数 $\rho_{XY}=1$, 则( ).

(A) $P\{Y=-2X-1\}=1$ (B) $P\{Y=2X-1\}=1$

(C) $P\{Y=-2X+1\}=1$ (D) $P\{Y=2X+1\}=1$

16. 设随机变量 X_1, X_2, X_3 相互独立且都服从正态分布 $N(0,1)$, 则 $\dfrac{X_1+X_2+X_3}{3} \sim$ ( ).

(A) $N(0,1)$ (B) $N(0,3)$

(C) $N\left(0, \dfrac{1}{3}\right)$ (D) 不确定

三、解答题

1. 甲、乙两台机器一天中出现次品的数量为随机变量 X 和 Y,分布律如下:

X	0	1	2	3
p_k	0.4	0.3	0.2	0.1

Y	0	1	2	3
p_k	0.3	0.5	0.2	0

若两台机器的日产量相同,问哪台机器较好?

2. 某人每次射击命中目标的概率为 p,现连续向目标射击,直到第一次命中目标为止,求射击次数的数学期望.

3. 某产品的次品率为 0.1,检验员每天检验 4 次,每次随机地取 10 件产品进行检验,如发现其中的次品数多于 1,就去调整设备. 以 X 表示一天中调整设备的次数,试求 $E(X)$(设诸产品是否为次品是相互独立的).

4. 设随机变量 X 的概率密度函数为

$$f(x) = \frac{1}{\pi(1+x^2)} \quad (-\infty < x < +\infty),$$

说明 X 的数学期望不存在.

5. 某城市一天的用电量 X(单位:10^5 kW·h)是一个随机变量,其概率密度为

$$f(x) = \begin{cases} \dfrac{1}{9}x\mathrm{e}^{-\frac{x}{3}}, & x>0, \\ 0, & \text{其他,} \end{cases}$$

求一天的平均耗电量.

6. 设随机变量 X 的概率密度为

$$f(x) = \begin{cases} \dfrac{1}{\pi\sqrt{1-x^2}}, & -1<x<1, \\ 0, & \text{其他,} \end{cases}$$

求 $E(X)$.

7. 设随机变量 X 的分布律为

X	-1	0	$\dfrac{1}{2}$	1	2
p_k	$\dfrac{1}{3}$	$\dfrac{1}{6}$	$\dfrac{1}{6}$	$\dfrac{1}{12}$	$\dfrac{1}{4}$

求 $E(X)$,$E(-X+1)$,$E(X^2)$.

8. 设随机变量 X 的概率密度为

$$f(x)=\begin{cases}3x^2, & 0<x<1, \\ 0, & \text{其他},\end{cases}$$

求：

（1）$Y=2X^3$ 的数学期望；

（2）$Z=\mathrm{e}^{-2X}$ 的数学期望.

9. 设随机变量 (X,Y) 的分布律为

Y	X		
	0	1	2
0	$\dfrac{3}{28}$	$\dfrac{3}{14}$	$\dfrac{1}{28}$
1	$\dfrac{9}{28}$	$\dfrac{3}{14}$	0
2	$\dfrac{3}{28}$	0	0

求 $E(X)$,$E(Y)$,$E(X-Y)$.

10. 设随机变量 (X,Y) 的概率密度为 $f(x,y)=\begin{cases}12y^2, & 0\leqslant y\leqslant x\leqslant 1, \\ 0, & \text{其他},\end{cases}$ 求 $E(X)$,
$E(Y)$,$E(XY)$,$E(X^2+Y^2)$.

11. 设随机变量 X,Y 的概率密度分别为

$$f_X(x)=\begin{cases}2x, & 0\leqslant x\leqslant 1, \\ 0, & \text{其他},\end{cases} \qquad f_Y(y)=\begin{cases}\mathrm{e}^{-(y-5)}, & y>5, \\ 0, & \text{其他},\end{cases}$$

（1）求 $E(X+Y)$,$E(2X^2-3Y)$；

（2）又设 X 和 Y 相互独立,求 $E(XY)$.

12. 同时掷 8 颗骰子,求所掷出的点数和的数学期望.

13. 将编号为 1 到 n 的 n 个球随机地放入编号为 1 到 n 的 n 只盒子,一只盒子装一个球. 若一个球装入与球同号的盒子,则称为一个配对,记总的配对数为 X,求 $E(X)$.

14. 求第 2 题中射击次数的方差.

15. 求第 6 题中随机变量 X 的方差.

16. 在长为 l 的线段上任取两点,试求两点间距离的数学期望及方差.

17. 设随机变量 X 的概率密度为

$$f(x) = \frac{1}{2}e^{-|x|}, \quad -\infty < x < +\infty,$$

求 $E(X), D(X)$.

18. 设随机变量 X 服从瑞利分布,其概率密度为

$$f(x) = \begin{cases} \dfrac{x}{\sigma^2}e^{-\frac{x^2}{2\sigma^2}}, & x > 0, \\ 0, & x \leq 0, \end{cases}$$

其中 $\sigma > 0$ 是常数,求 $E(X), D(X)$.

19. 设随机变量 X 和 Y 相互独立,证明:

$$D(XY) = D(X)D(Y) + [E(X)]^2 D(Y) + [E(Y)]^2 D(X).$$

20. 设随机变量 X, Y, Z 相互独立且都服从正态分布 $N(0,1)$,求随机变量 $U = X^2 + Y^2 + Z^2$ 的期望和方差.

21. 设随机变量 X 与 Y 相互独立,且 $X \sim N(0,1)$,$Y \sim U(1,3)$,求 $E(XY)$ 和 $D(XY)$.

22. 5 家商店联营,它们每两周售出的某种农产品的质量(单位:kg)分别为 X_1, X_2, X_3, X_4, X_5. 已知 $X_1 \sim N(200,225)$,$X_2 \sim N(240,240)$,$X_3 \sim N(180,225)$,$X_4 \sim N(260,265)$,$X_5 \sim N(320,270)$,X_1, X_2, X_3, X_4, X_5 相互独立.

(1) 求 5 家商店两周的该农产品总销量的均值和方差;

(2) 商店每隔两周进货一次,为了使新的供货到达之前商店不会脱销的概率大于 0.99,问商店的仓库应至少储存该农产品多少千克?

23. 设随机变量 (X,Y) 的概率密度为

$$f(x,y) = \begin{cases} \dfrac{1}{8}(x+y), & 0 \leq x \leq 2, 0 \leq y \leq 2, \\ 0, & \text{其他}, \end{cases}$$

求 $E(X), E(Y), \mathrm{Cov}(X,Y), \rho_{XY}, D(X+Y)$.

24. 设随机变量 X 的分布律为

X	-2	-1	0	1	2
p_k	$\dfrac{1}{8}$	$\dfrac{1}{8}$	$\dfrac{1}{2}$	$\dfrac{1}{8}$	$\dfrac{1}{8}$

又 $Y = X^2$,求相关系数 ρ_{XY},问 X 与 Y 是否不相关? 是否相互独立?

25. 设二维随机变量 (X,Y) 的概率密度为

$$f(x,y) = \begin{cases} \dfrac{1}{\pi}, & x^2 + y^2 \leq 1, \\ 0, & \text{其他}, \end{cases}$$

试验证 X 和 Y 是不相关的,但 X 和 Y 不是相互独立的.

26. 设 A 和 B 是试验 E 的两个事件,且 $P(A)>0,P(B)>0$,并定义随机变量 X,Y 如下:

$$X=\begin{cases}1, & A \text{ 发生}, \\ 0, & A \text{ 不发生},\end{cases} \qquad Y=\begin{cases}1, & B \text{ 发生}, \\ 0, & B \text{ 不发生},\end{cases}$$

证明:若 $\rho_{XY}=0$,则 X 和 Y 必定相互独立.

27. 设随机变量 X 与 Y 相互独立,X 的分布律为

$$P\{X=1\}=P\{X=-1\}=\frac{1}{2},$$

Y 服从参数为 λ 的泊松分布. 令 $Z=XY$,求:

(1) $\text{Cov}(X,Z)$;

(2) Z 的分布律.

28. 设二维离散型随机变量 (X,Y) 的分布律为

X	Y		
	0	1	2
0	$\frac{1}{4}$	0	$\frac{1}{4}$
1	0	$\frac{1}{3}$	0
2	$\frac{1}{12}$	0	$\frac{1}{12}$

求:

(1) $P\{X=2Y\}$;

(2) $\text{Cov}(X-Y,Y)$.

29. 已知随机变量 X 和 Y 分别服从正态分布 $N(1,3^2)$ 和 $N(0,4^2)$,且 X 和 Y 的相关系数 $\rho_{XY}=-\frac{1}{2}$,设 $Z=\frac{X}{3}+\frac{Y}{2}$,求:

(1) Z 的数学期望 $E(Z)$ 和方差 $D(Z)$;

(2) X 与 Z 的相关系数 ρ_{XZ}.

30. 设二维随机变量 (X,Y) 服从二维正态分布,且 $X \sim N(0,3)$,$Y \sim N(0,4)$,相关系数 $\rho_{XY}=-\frac{1}{4}$,试写出 X 和 Y 的联合概率密度.

31. 对于随机变量 X,Y,Z,已知

$$E(X)=E(Y)=1, \quad E(Z)=-1,$$
$$D(X)=D(Y)=D(Z)=1,$$
$$\rho_{XY}=0, \quad \rho_{XZ}=\frac{1}{2}, \quad \rho_{YZ}=-\frac{1}{2}.$$

求:

(1) 随机变量 $W=X+Y+Z$ 的期望 $E(W)$ 和方差 $D(W)$;

(2) $\mathrm{Cov}(2X+Y,3Z+X)$.

32. 设随机变量 X 的概率密度为

$$f(x)=\begin{cases} 0.5x, & 0<x<2, \\ 0, & \text{其他}, \end{cases}$$

求随机变量 X 的 1 至 4 阶原点矩和 2 至 4 阶中心矩.

33. 设某种商品每周的需求量为 X(单位:件),且 $X\sim U(10,30)$,商店的进货量为 10~30 件,每销售 1 件可获利 500 元. 若供大于求,则削价处理,每处理一件亏损 100 元;若供不应求,则要从外部调剂供应,一件仅获利 300 元. 为使商店所获利润的期望值不少于 9 280 元,试确定最少供货量.

34. 设随机变量 X 的概率密度为

$$f(x)=\begin{cases} \dfrac{x}{2}, & 0<x<2, \\ 0, & \text{其他}, \end{cases}$$

$F(x)$ 为 X 的分布函数,$E(X)$ 为 X 的数学期望,求 $P\{F(X)>E(X)-1\}$.

习题 4 参考答案   第四章自测题

第五章 大数定律与中心极限定理

大数定律与中心极限定理是概率论的基本理论,它们揭示了随机现象的统计规律性,在概率论与数理统计的理论研究和实际应用中都具有重要的意义.

大数定律主要讨论随机变量序列的算术平均值在一定条件下的稳定性规律. 第一章曾经指出,在大量重复试验下的随机事件发生的频率将稳定于事件发生的概率. 这一结论由大数定律可以给出理论上的论证. 中心极限定理则是确定在什么条件下,大量相互独立的非正态分布随机变量之和近似服从正态分布. 本章将介绍这方面的主要内容.

§5.1 大数定律

迄今为止,人们已经发现了很多大数定律. 所谓大数定律,简单地说,就是描述当试验次数很大时随机变量所呈现出的规律,这种规律一般用随机变量序列的某种收敛性来刻画. 本节仅介绍几个最基本的大数定律.

为了证明大数定律,先介绍一个重要的不等式——切比雪夫不等式.

定理 5.1 设随机变量 X 具有数学期望 $E(X)=\mu$,方差 $D(X)=\sigma^2$,则对任意正数 ε,恒有

$$P\{|X-\mu|\geq\varepsilon\}\leq\frac{\sigma^2}{\varepsilon^2} \tag{5.1}$$

或

$$P\{|X-\mu|<\varepsilon\}\geq1-\frac{\sigma^2}{\varepsilon^2} \tag{5.2}$$

成立. 称上述不等式为切比雪夫不等式.

证明 仅对连续型随机变量的情况进行证明. 设 X 的概率密度为 $f(x)$,则

$$P\{|X-\mu|\geq\varepsilon\}=\int_{|X-\mu|\geq\varepsilon}f(x)\,\mathrm{d}x\leq\int_{|X-\mu|\geq\varepsilon}\frac{|x-\mu|^2}{\varepsilon^2}f(x)\,\mathrm{d}x$$

$$\leq\frac{1}{\varepsilon^2}\int_{-\infty}^{+\infty}(x-\mu)^2f(x)\,\mathrm{d}x=\frac{D(X)}{\varepsilon^2}=\frac{\sigma^2}{\varepsilon^2}.$$

切比雪夫不等式说明:$D(X)$ 越小,则 $P\{|X-\mu|\geq\varepsilon\}$ 越小;反之,$P\{|X-\mu|<\varepsilon\}$ 越大. 也就是说,当 $D(X)$ 很小时,随机变量 X 取值基本上集中在 $E(X)$ 附近,这也进一步说明了方差的意义.

利用切比雪夫不等式,我们可以在随机变量 X 的分布未知,而只知道 $E(X)$ 和 $D(X)$ 的情况下估计 $P\{|X-E(X)|<\varepsilon\}$ 的界限,由此得到的这个估计通常比较保守. 如果已经知道随机变量 X 的分布,需求的概率可以确定地计算出来,就没有必要利用这

一不等式来作估计了.

例 5.1 设随机变量 X 的方差为 2,试根据切比雪夫不等式估计 $P\{|X-E(X)|\geqslant 2\}$.

解 由切比雪夫不等式

$$P\{|X-E(X)|\geqslant\varepsilon\}\leqslant\frac{D(X)}{\varepsilon^2},$$

将 $\varepsilon=2,D(X)=2$ 代入,有 $P\{|X-E(X)|\geqslant 2\}\leqslant\frac{2}{2^2}=\frac{1}{2}$.

例 5.2 在 n 重伯努利试验中,若已知每次试验中事件 A 出现的概率为 0.75,试利用切比雪夫不等式估计 n,使得事件 A 出现的频率在 0.74 和 0.76 之间的概率不小于 0.90.

解 设在 n 重伯努利试验中,事件 A 出现的次数为 X,则 $X\sim B(n,0.75)$,$E(X)=0.75n$,$D(X)=0.187\ 5n$,又 $f_n(A)=\dfrac{X}{n}$.因为

$$P\left\{0.74<\frac{X}{n}<0.76\right\}=P\{|X-0.75n|<0.01n\},$$

根据切比雪夫不等式得

$$P\left\{0.74<\frac{X}{n}<0.76\right\}\geqslant 1-\frac{0.187\ 5n}{(0.01n)^2}=1-\frac{1\ 875}{n}\geqslant 0.90,$$

解得 $n\geqslant 18\ 750$.

定义 5.1 设 $\{X_n\}$ 为一个随机变量序列,a 是一个常数,若对任意正数 ε,有

$$\lim_{n\to\infty}P\{|X_n-a|<\varepsilon\}=1,$$

则称序列 $\{X_n\}$ **依概率收敛**于 a,记为 $X_n\xrightarrow{P}a(n\to\infty)$.

依概率收敛有如下性质:

设 $X_n\xrightarrow{P}a$,$Y_n\xrightarrow{P}b$,且函数 $g(x,y)$ 在点 (a,b) 处连续,则

$$g(X_n,Y_n)\xrightarrow{P}g(a,b).$$

定理 5.2(切比雪夫大数定律) 设 $\{X_1,X_2,\cdots,X_n,\cdots\}$ 是相互独立的随机变量序列,并且 $E(X_i)$ 和 $D(X_i)$ 均存在 $(i=1,2,\cdots,n,\cdots)$,同时,存在常数 C,使得 $D(X_i)\leqslant C(i=1,2,\cdots)$,则对任意的 $\varepsilon>0$,有

$$\lim_{n\to\infty}P\left\{\left|\frac{1}{n}\sum_{i=1}^n X_i-\frac{1}{n}\sum_{i=1}^n E(X_i)\right|<\varepsilon\right\}=1, \tag{5.3}$$

也即

$$\frac{1}{n}\sum_{i=1}^n X_i-\frac{1}{n}\sum_{i=1}^n E(X_i)\xrightarrow{P}0\quad(n\to\infty). \tag{5.4}$$

证明 因为 $\{X_1,X_2,\cdots,X_n,\cdots\}$ 为相互独立的随机变量序列,故

$$D\left(\frac{1}{n}\sum_{i=1}^n X_i\right)=\frac{1}{n^2}\sum_{i=1}^n D(X_i)\leqslant\frac{C}{n},$$

根据切比雪夫不等式可得

$$P\left\{\left|\frac{1}{n}\sum_{i=1}^{n}X_i - \frac{1}{n}\sum_{i=1}^{n}E(X_i)\right| < \varepsilon\right\}$$

$$= P\left\{\left|\frac{1}{n}\sum_{i=1}^{n}X_i - E\left(\frac{1}{n}\sum_{i=1}^{n}X_i\right)\right| < \varepsilon\right\}$$

$$\geqslant 1 - \frac{D\left(\dfrac{1}{n}\displaystyle\sum_{i=1}^{n}X_i\right)}{\varepsilon^2} \geqslant 1 - \frac{C}{n\varepsilon^2}.$$

在上式中,令 $n\to\infty$,并注意到概率不能大于 1,由极限的夹逼准则可得

$$\lim_{n\to\infty}P\left\{\left|\frac{1}{n}\sum_{i=1}^{n}X_i - \frac{1}{n}\sum_{i=1}^{n}E(X_i)\right| < \varepsilon\right\} = 1. \tag{5.5}$$

推论 5.1(切比雪夫大数定律特殊情形) 设随机变量 $X_1, X_2, \cdots, X_n, \cdots$ 相互独立,且具有相同的数学期望和方差 $E(X_i) = \mu, D(X_i) = \sigma^2 (i=1,2,\cdots)$. 作前 n 个随机变量的算术平均

$$\overline{X} = \frac{1}{n}\sum_{i=1}^{n}X_i,$$

则对于任意正数 ε,有

$$\lim_{n\to\infty}P\{|\overline{X} - \mu| < \varepsilon\} = \lim_{n\to\infty}P\left\{\left|\frac{1}{n}\sum_{i=1}^{n}X_i - \mu\right| < \varepsilon\right\} = 1.$$

作为上述定理的特殊情况,可以得到如下重要定理:

定理 5.3(伯努利大数定律) 设 n_A 是 n 次独立重复试验中事件 A 发生的次数,p 是事件 A 在每次试验中发生的概率,则对任意正数 ε,有

$$\lim_{n\to\infty}P\left\{\left|\frac{n_A}{n} - p\right| < \varepsilon\right\} = 1, \tag{5.6}$$

即

$$\frac{n_A}{n} \xrightarrow{P} p \quad (n\to\infty). \tag{5.7}$$

证明 引入随机变量 X_i:

$$X_i = \begin{cases} 0, & \text{第 } i \text{ 次试验中 } A \text{ 不发生}, \\ 1, & \text{第 } i \text{ 次试验中 } A \text{ 发生}, \end{cases} \quad i=1,2,\cdots,n,$$

则 $X_1, X_2, \cdots, X_n$ 相互独立且均服从参数为 p 的 0-1 分布,即有

$$n_A = X_1 + X_2 + \cdots + X_n \sim B(n,p),$$
$$E(X_i) = p, \ D(X_i) = p(1-p), \quad i=1,2,\cdots,n.$$

由推论 5.1 得

$$\lim_{n\to\infty}P\left\{\left|\frac{1}{n}\sum_{i=1}^{n}X_i - p\right| < \varepsilon\right\} = 1,$$

即

$$\lim_{n\to\infty} P\left\{\left|\frac{n_A}{n}-p\right|<\varepsilon\right\}=1,$$

也即

$$\frac{n_A}{n}\xrightarrow{\ P\ }p\quad(n\to\infty).$$

伯努利大数定律表明,在 n 次试验中,事件 A 发生的频率依概率收敛于事件 A 发生的概率 p,也就是说,对于给定的任意小的正数 ε,在 n 充分大时,事件 $\left\{\dfrac{n_A}{n}$ 与概率 p 的偏差小于 $\varepsilon\right\}$ 实际上几乎必然要发生. 这就是我们所说的频率稳定性的真正含义. 在实际应用中,当试验次数很大时,就可以用事件的频率来代替事件的概率.

切比雪夫大数定律要求随机变量序列 $\{X_n\}$ 的方差存在,实际上若不要求 $D(X_i)$ $(i=1,2,\cdots)$ 存在,(5.5)式仍然成立,即有如下定理:

定理 5.4(辛钦大数定律)　设 $\{X_1,X_2,\cdots,X_n\}$ 是相互独立且服从同一分布的随机变量序列,具有数学期望 $E(X_i)=\mu(i=1,2,\cdots)$,则 $\dfrac{1}{n}\sum\limits_{i=1}^{n}X_i$ 依概率收敛于 μ,即

$$\frac{1}{n}\sum_{i=1}^{n}X_i\xrightarrow{\ P\ }\mu\quad(n\to\infty).\tag{5.8}$$

定理 5.4 的证明从略.

辛钦大数定律使得算术平均值的法则有了理论依据. 假定我们要测量某一物理量,在相同的条件下重复测量 n 次,得到 n 个测量值 $X_1,X_2,\cdots,X_n$,这些结果可以看作服从同一分布并且期望值为 μ 的 n 个相互独立的随机变量 $X_1,X_2,\cdots,X_n$ 的试验数值. 由辛钦大数定律可知,当 n 充分大时,取 $\dfrac{1}{n}\sum\limits_{i=1}^{n}X_i$ 作为该物理量的近似值,可以认为所发生的误差是很小的. 这一思想方法将被用于参数的点估计理论,辛钦大数定律是数理统计中的点估计理论的重要依据.

§5.2　中心极限定理

在客观实际中有许多随机变量,它们是由大量相互独立的随机因素综合影响所形成的,而其中每一个个别因素在总的影响中所起的作用都是很小的. 这种随机变量往往服从或近似服从正态分布,或者说它的极限分布是正态分布. 中心极限定理正是从数学上论证了这一现象,它在长达两个世纪的时期内曾是概率论研究的中心课题. 下面先给出一个实例.

考察射击时命中点与靶心距离的偏差.这种偏差是大量微小的偶然因素造成的微小误差的总和,这些因素包括:瞄准误差、测量误差、子弹自身参数(如外形、质量等)的误差以及射击时武器的振动、气象因素(如风速、风向、能见度、温度等)的作

用,所有这些因素引起的微小误差是相互独立且随机的,并且它们中每一个因素对总的偏差产生的影响是很微小的. 若将射击偏差记为 Y_n,将不同因素引起的微小误差分别记为 $X_1, X_2, \cdots, X_n$,则 Y_n 是随机变量,且可以看作随机误差 $X_1, X_2, \cdots, X_n$ 之和,即 $Y_n = \sum\limits_{i=1}^{n} X_i$. 一般情况下 Y_n 的精确分布比较难求,因此我们研究当 $n \to \infty$ 时, Y_n 的极限分布. 由于直接研究 Y_n 的极限分布不方便,故先将其标准化,然后再来研究它的极限分布.

本节只介绍两个常用的中心极限定理.

定理 5.5(独立同分布中心极限定理) 设 $\{X_1, X_2, \cdots, X_n, \cdots\}$ 为相互独立、服从同一分布的随机变量序列,且具有数学期望和方差 $E(X_i) = \mu$, $D(X_i) = \sigma^2 > 0$ $(i = 1, 2, \cdots)$,则随机变量之和 $\sum\limits_{i=1}^{n} X_i$ 的标准化随机变量

$$Z_n = \frac{\sum\limits_{i=1}^{n} X_i - E\left(\sum\limits_{i=1}^{n} X_i\right)}{\sqrt{D\left(\sum\limits_{i=1}^{n} X_i\right)}} = \frac{\sum\limits_{i=1}^{n} X_i - n\mu}{\sqrt{n}\,\sigma}$$

的分布函数 $F_n(x)$ 对于任意 x 满足

$$\lim_{n \to \infty} F_n(x) = \lim_{n \to \infty} P\left\{\frac{\sum\limits_{i=1}^{n} X_i - n\mu}{\sqrt{n}\,\sigma} \leqslant x\right\} = \int_{-\infty}^{x} \frac{1}{\sqrt{2\pi}} e^{-\frac{t^2}{2}} dt = \Phi(x). \qquad (5.9)$$

该定理也称为林德伯格-莱维中心极限定理,证明从略.

该定理说明:当 $n \to \infty$ 时,随机变量 Z_n 的分布函数收敛于标准正态分布的分布函数,即

$$\frac{\sum\limits_{i=1}^{n} X_i - n\mu}{\sqrt{n}\,\sigma} \stackrel{近似}{\sim} N(0,1). \qquad (5.10)$$

上述结果也可以写成:当 n 充分大时,

$$\sum_{i=1}^{n} X_i \stackrel{近似}{\sim} N(n\mu, n\sigma^2). \qquad (5.11)$$

(5.11)式说明,不论 $X_1, X_2, \cdots, X_n$ 服从什么分布,只要满足定理 5.5 的条件,当 n 充分大时, $\sum\limits_{i=1}^{n} X_i$ 近似服从正态分布.

下面介绍另一个中心极限定理,它是定理 5.5 的特殊情况.

定理 5.6(棣莫弗-拉普拉斯中心极限定理) 设随机变量 $\eta_n (n = 1, 2, \cdots)$ 服从参数为 $n, p (0 < p < 1)$ 的二项分布,则对任意实数 x,有

$$\lim_{n \to \infty} P\left\{\frac{\eta_n - np}{\sqrt{np(1-p)}} \leqslant x\right\} = \int_{-\infty}^{x} \frac{1}{\sqrt{2\pi}} e^{-\frac{t^2}{2}} dt = \Phi(x). \qquad (5.12)$$

证明 由例 4.11 知 η_n 可分解为 n 个相互独立且服从同一 0-1 分布的随机变量 $X_1, X_2, \cdots, X_n$ 之和,即 $\eta_n = \sum_{i=1}^{n} X_i$,其中 $X_i(i=1,2,\cdots,n)$ 的分布律为

$$P\{X_i = j\} = p^j(1-p)^{1-j}, \quad j = 0,1.$$

而且 $E(X_i) = p, D(X_i) = p(1-p)(i=1,2,\cdots,n)$,根据定理 5.5 得

$$\lim_{n \to \infty} P\left\{\frac{\eta_n - np}{\sqrt{np(1-p)}} \leq x\right\} = \int_{-\infty}^{x} \frac{1}{\sqrt{2\pi}} e^{-\frac{t^2}{2}} dt = \Phi(x).$$

定理 5.6 表明,二项分布的极限分布是正态分布. 当 n 充分大时,我们可以利用该定理来近似计算二项分布的概率,即当 n 充分大时,服从二项分布的随机变量近似服从正态分布.

一般来说,若随机变量 $\eta_n \sim B(n,p)$ 且 n 较大,η_n 在 $[k_1, k_2]$ 内取值的概率就可以用下式来近似计算:

$$P\{k_1 \leq \eta_n \leq k_2\}$$
$$= P\left\{\frac{k_1 - np}{\sqrt{np(1-p)}} \leq \frac{\eta_n - np}{\sqrt{np(1-p)}} \leq \frac{k_2 - np}{\sqrt{np(1-p)}}\right\} \tag{5.13}$$
$$\approx \Phi\left(\frac{k_2 - np}{\sqrt{np(1-p)}}\right) - \Phi\left(\frac{k_1 - np}{\sqrt{np(1-p)}}\right).$$

例 5.3 设某种电器元件的寿命服从均值为 100 h 的指数分布,现在随机取 64 只,设它们的寿命是相互独立的,求这 64 只电器元件的寿命总和大于 6 720 h 的概率.

解 设这 64 只电器元件的寿命分别为 $X_1, X_2, \cdots, X_{64}$,则 64 只电器元件的寿命总和为 $X = \sum_{i=1}^{64} X_i$. 根据题意可得,$E(X_i) = 100, D(X_i) = 100^2(i=1,2,\cdots,64)$. 由独立同分布中心极限定理得

$$Z = \frac{\sum_{i=1}^{64} X_i - 64 \times 100}{\sqrt{64 \times 100^2}} = \frac{X - 6\,400}{800}$$

近似地服从标准正态分布 $N(0,1)$,所以

$$P\{X > 6\,720\} = 1 - P\{X \leq 6\,720\}$$
$$= 1 - P\left\{\frac{X - 6\,400}{800} \leq \frac{6\,720 - 6\,400}{800}\right\}$$
$$\approx 1 - \Phi\left(\frac{6\,720 - 6\,400}{800}\right)$$
$$= 1 - \Phi(0.4) = 0.344\,6.$$

例 5.4 某保险公司的老年人寿保险有 1 万人参加,每人每年交 200 元保费,若老人在该年内死亡,公司付给受益人 1 万元. 设老人的死亡率为 0.017,试求保险公司在一年内这项保险亏本的概率.

解 设 X 为一年中投保老人的死亡数,则 $X \sim B(n,p)$,其中 $n = 10\,000, p = 0.017$.

典型例题
讲解 8

由棣莫弗-拉普拉斯中心极限定理知,保险公司亏本的概率为

$$P\{10\,000X>10\,000\times200\}=P\{X>200\}=P\left\{\frac{X-np}{\sqrt{np(1-p)}}>\frac{200-np}{\sqrt{np(1-p)}}\right\}$$

$$=P\left\{\frac{X-np}{\sqrt{np(1-p)}}>2.321\right\}\approx1-\Phi(2.321)=0.01.$$

例 5.5 某车间有同型号的机床 200 台,在一小时内每台机床约有 70% 的时间是工作的. 假定各机床是否工作是相互独立的,工作时每台机床的功率为 15 kW. 问供电功率至少为多大,才可以有 95% 的可能性保证此车间正常生产?

解 设 Y_n 为 200 台机床中同时工作的机床数,则 $Y_n \sim B(200,0.7)$,$E(Y_n)=140$,$D(Y_n)=42$.

因为 Y_n 台机床同时工作的功率为 $15Y_n$ kW,设供电功率为 y kW,则保证正常生产可用事件 $\{15Y_n\leqslant y\}$ 表示. 由题设 $P\{15Y_n\leqslant y\}\geqslant0.95$,则

$$P\{15Y_n\leqslant y\}=P\left\{Y_n\leqslant\frac{y}{15}\right\}=P\left\{\frac{Y_n-140}{\sqrt{42}}\leqslant\frac{\frac{y}{15}-140}{\sqrt{42}}\right\}=\Phi\left\{\frac{\frac{y}{15}-140}{\sqrt{42}}\right\}\geqslant0.95.$$

查附表 2 得 $\Phi(1.645)=0.95$,所以

$$\frac{\frac{y}{15}-140}{\sqrt{42}}\geqslant1.645,$$

解得 $y\geqslant2\,260$,即此车间供电功率至少为 2 260 kW,才有 95% 的可能性保证正常生产.

习 题 5

一、填空题

1. 掷一枚均匀硬币 n 次,以 S_n 表示正面出现的次数,由切比雪夫不等式有 $P\left\{\left|\frac{S_n}{n}-\frac{1}{2}\right|<0.1\right\}\geqslant$ ___.

2. 设随机变量 X 和 Y 的数学期望都是 2,方差分别为 1 和 4,而相关系数为 0.5,则根据切比雪夫不等式,$P\{|X-Y|\geqslant6\}\leqslant$ ___.

3. 设 $X_1,X_2,\cdots,X_n,\cdots$ 为随机变量序列,a 为常数,则 $\{X_n\}$ 依概率收敛于 a 是指,对任意正数 ε,有 $\lim\limits_{n\to\infty}P\{|X_n-a|\geqslant\varepsilon\}=$ ___.

4. 将一枚硬币连掷 100 次,则出现正面次数大于 65 的概率为 ___(利用中心极限定理).

二、选择题

1. 设随机变量 X 的数学期望为 $E(X)=\mu$,方差为 $D(X)=\sigma^2$,则有 $P\{|X-\mu|\geqslant3\sigma\}\leqslant$ ( ).

(A) $\dfrac{1}{3}$ (B) $\dfrac{1}{6}$ (C) $\dfrac{1}{9}$ (D) $\dfrac{1}{12}$

2. 设 X 为一个随机变量,$E(X^2)=1.1,D(X)=0.1,E(X)>0$,则一定有( ).

(A) $P\{|X|<1\}\geqslant 0.9$ (B) $P\{0<X<2\}\geqslant 0.9$

(C) $P\{X+1\geqslant 1\}\leqslant 0.9$ (D) $P\{|X|\geqslant 1\}\leqslant 0.1$

3. 设 $X_1,X_2,\cdots,X_n,\cdots$ 为独立同分布的随机变量序列,且均服从参数为 λ 的指数分布,记 $\Phi(x)$ 为标准正态分布函数,则( ).

(A) $\lim\limits_{n\to\infty}P\left\{\dfrac{\sum\limits_{i=1}^{n}X_i-n\lambda}{\lambda\sqrt{n}}\leqslant x\right\}=\Phi(x)$ (B) $\lim\limits_{n\to\infty}P\left\{\dfrac{\sum\limits_{i=1}^{n}X_i-n\lambda}{\sqrt{n\lambda}}\leqslant x\right\}=\Phi(x)$

(C) $\lim\limits_{n\to\infty}P\left\{\dfrac{\lambda\sum\limits_{i=1}^{n}X_i-n}{\sqrt{n}}\leqslant x\right\}=\Phi(x)$ (D) $\lim\limits_{n\to\infty}P\left\{\dfrac{\sum\limits_{i=1}^{n}X_i-\lambda}{\sqrt{n\lambda}}\leqslant x\right\}=\Phi(x)$

4. 设随机变量 $X_k(k=1,2,\cdots)$ 相互独立,具有相同的分布函数,$E(X_k)=0$,$D(X_k)=\sigma^2$,且 $E(X_k^4)$ 存在,$k=1,2,\cdots$. 对任意 $\varepsilon>0$,正确的是( ).

(A) $\lim\limits_{n\to\infty}P\left\{\left|\dfrac{1}{n}\sum\limits_{k=1}^{n}X_k-\sigma^2\right|<\varepsilon\right\}=1$ (B) $\lim\limits_{n\to\infty}P\left\{\left|\dfrac{1}{n}\sum\limits_{k=1}^{n}X_k^2-\sigma^2\right|<\varepsilon\right\}<1$

(C) $\lim\limits_{n\to\infty}P\left\{\left|\dfrac{1}{n}\sum\limits_{k=1}^{n}X_k^2-\sigma^2\right|<\varepsilon\right\}=1$ (D) $\lim\limits_{n\to\infty}P\left\{\left|\dfrac{1}{n}\sum\limits_{k=1}^{n}X_k^2-\sigma^2\right|<\varepsilon\right\}=0$

提示:$\{X_k^2\}$ 服从大数定律,且 $E(X_k^2)=\sigma^2$.

5. 设 $X_1,X_2,\cdots,X_n$ 为来自总体 X 的简单随机样本,其中 $P\{X=0\}=P\{X=1\}=\dfrac{1}{2}$,$\Phi(x)$ 表示标准正态分布的分布函数,则利用中心极限定理可得 $P\left\{\sum\limits_{i=1}^{100}X_i\leqslant 55\right\}$ 的近似值为( ).

(A) $1-\Phi(1)$ (B) $\Phi(1)$ (C) $1-\Phi(2)$ (D) $\Phi(2)$

三、解答题

1. 设在独立重复试验中,每次试验时事件 A 发生的概率为 $\dfrac{1}{4}$,问是否可用0.925的概率确信在 1 000 次试验中 A 发生的次数在 200 与 300 之间.

2. 设某元件的寿命 X(单位:h)是随机变量,分布函数未知,但知其均值为1 000 h,方差为 2 500 h^2,试用切比雪夫不等式估计该元件寿命介于 900 h 到 1 100 h 之间的概率.

3. 设通过某大桥的行人的体重在区间 (a,b) 内服从均匀分布(单位:kg),且设行人之间体重相互独立. 若某一时刻恰有 100 个人行走在该大桥上,试求此时所有行人的体重超过 $(47a+53b)$ kg 的概率的近似值.

4. 某工厂生产的巧克力每块的质量是随机变量,分布函数未知,其均值为 10 g,方差为 0.64 g². 设每盒装 50 块巧克力,试求一盒巧克力不足 495 g 的概率的近似值.

5. 某药厂断言,该厂生产的某种药品对医治某种疾病的治愈率为 0.8. 医检员任意抽查 100 个服用此药的患者,如果其中多于 75 人治愈就接受这一断言,否则就拒绝这一断言. 若实际上此药的治愈率为 0.8,问拒绝这一断言的概率是多少?

6. 某保险公司多年的统计资料表明:在索赔户中,被盗索赔户占 20%. 以 X 表示在随意抽查的 100 户索赔户中因被盗向保险公司索赔的户数,求被盗索赔户不少于 14 户且不多于 30 户的概率的近似值.

7. 有一批建筑房屋用的木柱,其中 80% 的长度不小于 3 m. 现从这批木柱中随机地取出 100 根,问其中至少有 30 根短于 3 m 的概率是多少?

8. 某汽车销售点每天出售的汽车数服从参数为 2 的泊松分布. 若一年 365 天都经营汽车销售,且每天出售的汽车数是相互独立的,求一年中售出 700 辆以上汽车的概率.

9. 一家有 500 间客房的大旅馆中每间客房装有一台 2 kW 的空调机. 若开机率为80%,需要多大的供电功率才能有 99% 的可能性保证正常使用空调机?

10. 某工厂每月生产 10 000 台液晶电视,但车间生产的液晶片合格率为 80%. 为了以 99.7% 的可能性保证出厂的液晶电视都能装上合格的液晶片,试问该车间每月至少应该生产多少片液晶片?

11. 随机地选取两组学生,每组 80 人,他们分别在两个实验室里测量某种溶液的pH 值. 每个人测量的结果是随机变量,它们相互独立,服从同一分布,数学期望为 5,方差为 0.3. 以 $\overline{X}, \overline{Y}$ 分别表示第一组和第二组所得结果的算术平均值,求:

(1) $P\{4.9 < \overline{X} < 5.1\}$;

(2) $P\{-0.1 < \overline{X} - \overline{Y} < 0.1\}$.

12. 某件计算器在进行数值计算时,对小数部分四舍五入取整数. 假定所有舍入误差相互独立,且在区间 $(-0.5, 0.5)$ 上服从均匀分布.

(1) 若将 1 500 个数相加,问误差总和的绝对值超过 15 的概率是多少?

(2) 最多可有几个数相加才能使误差总和的绝对值小于 10 的概率不小于 0.90?

习题 5 参考答案

第五章自测题

第六章 数理统计的基本概念

前面五章我们学习了概率论的基本知识,从本章开始将讲述数理统计的基本内容.数理统计是以概率论为基础,研究如何有效地收集、整理和分析数据,并根据数据对随机现象作出推断的一门方法论科学.

数理统计研究的内容可分为两大类:(1)试验的设计和研究,即研究如何更合理、更有效地获得观测资料的方法;(2)统计推断,即研究如何利用一定的资料对所关心的问题作出尽可能精确可靠的结论. 这两部分内容密切联系,在实际应用中更应前后兼顾. 本书只讨论统计推断的基本内容.

在概率论中,往往是在已知随机变量分布的条件下,去研究它的性质、特点和规律性,如求随机变量取某些特定值的概率、随机变量的数字特征等. 在数理统计中,我们所研究的随机变量的分布往往是未知的,可以通过对随机变量进行多次重复独立的试验和观测,得到许多观测数据,进而对这些观测数据进行分析,最后对所研究的随机变量的分布进行估计和推断.

本章介绍数理统计的基本概念、术语和常用统计量的分布,并着重研究有关正态总体的抽样分布定理.

§6.1 随机样本

一、总体与个体

定义 6.1 在数理统计中,将所研究对象的全体组成的集合称为总体,总体中的每个对象称为个体.

例如,一批灯泡的全体就组成一个总体,其中每一个灯泡都是一个个体.

在数理统计中,我们关心的并不是组成总体的每个个体本身,而是与它们相联系的某个数量指标以及这个数量指标的概率分布情况. 因此,也称这些数量指标取值的全体为总体,其中每个元素称为个体. 例如,在研究一批灯泡组成的总体时,可能关心的是灯泡使用寿命,从而所有灯泡寿命数值组成总体,每个灯泡的寿命数值为一个个体. 考察某个学校新生的身高情况,则全体新生构成一个总体,而其中每个新生就是个体,也可以理解为:全体新生身高数值构成总体,每个新生身高数值就是个体.

一般地,总体中的每个个体的出现带有随机性,即相应的数量指标值的出现带有随机性. 从而可把此数量指标看作某一随机变量 X 的值,这样,一个总体对应于一个随机变量 X,因此,我们常用随机变量 X 来表示总体. 这样对总体的研究就是对一个随机变量 X 的研究,X 的分布函数和数字特征就成为总体的分布函数和数字特征. 今后将不再区分总体与相应的随机变量,笼统地称为总体 X. 例如,研究某批灯泡的寿命时,我们关心的数量指标就是寿命,而每个灯泡的寿命是随机的,记作 X,那么,此总体就可以用随机变量 X 表示,或用其分布函数 $F(x)$ 描述.

因此,在统计学中,总体这个概念的要旨是:总体就是指一个具有确定概率分布的随机变量,故我们也可以这样定义总体:

定义 6.2 一个随机变量 X 或其相应的分布函数 $F(x)$ 称为一个**总体**.

如果总体包含的个体数目是有限的,则称为**有限总体**,如果总体包含的个体数目是无限的,就称为**无限总体**. 当总体中包含个体的数量很大时,我们可以把有限总体近似地看成无限总体. 总体中所包含的个体数目称为**总体的容量**. 例如,某厂 10 月份生产的灯泡可以看成有限总体,而该厂生产的全部灯泡就可以看成无限总体,因为它包含过去和将来生产的全部灯泡.

二、样本与样本值

在实际中,总体的分布一般是未知的,为了推断总体的分布及各种特征,按一定的规则从总体中抽取一部分个体进行观测试验,根据获得的数据来得到有关总体的信息. 这一抽取过程称为**抽样**,所抽取的部分个体称为总体的一个**样本**,通常记为 X_1, $X_2, \cdots, X_n$. 而样本中所包含的个体数目 n 称为**样本容量**,容量为 n 的样本可以看作 n 维随机变量. 但是,一旦取定一个样本,得到的是 n 个具体的数,称它们为样本的一次观测值,简称**样本值**.

在实际中,抽取样本的目的是为了利用样本对总体进行统计推断,这就要求样本能够很好地反映总体的特性,即具有代表性,而且样本中个体之间要具有相互独立性. 为保证这两点,一般采用简单随机抽样.

定义 6.3 若一种抽样方法满足下面两条性质,称其为**简单随机抽样**:

(1) 代表性:总体中每个个体被抽到的机会是均等的;

(2) 独立性:样本中的个体是相互独立的.

由简单随机抽样得到的样本称为**简单随机样本**.

定义 6.4 设总体 X 的分布函数为 $F(x)$,若 $X_1, X_2, \cdots, X_n$ 是相互独立且具有相同分布函数 $F(\cdot)$ 的 n 个随机变量,则称 $X_1, X_2, \cdots, X_n$ 为来自总体 X(或总体 $F(x)$)的容量为 n 的**简单随机样本**,简称**样本**,它们的观测值称为**样本值**,又称为 X 的 n 个独立的观测值,记为 $x_1, x_2, \cdots, x_n$.

定理 6.1 设 $X_1, X_2, \cdots, X_n$ 为来自总体 X 的样本,

(1) 若总体 X 的分布函数为 $F(x)$,则样本 $X_1, X_2, \cdots, X_n$ 的联合分布函数为

$$F(x_1, x_2, \cdots, x_n) = \prod_{i=1}^{n} F(x_i);$$

(2) 若总体 X 的概率密度为 $f(x)$,则样本 $X_1, X_2, \cdots, X_n$ 的联合概率密度为

$$f(x_1, x_2, \cdots, x_n) = \prod_{i=1}^{n} f(x_i);$$

(3) 若总体 X 的分布律为 $p(x)$,则样本 $X_1, X_2, \cdots, X_n$ 的联合分布律为

$$p(x_1, x_2, \cdots, x_n) = \prod_{i=1}^{n} p(x_i).$$

例 6.1 设总体 X 服从参数为 $\lambda(\lambda > 0)$ 的指数分布，$X_1, X_2, \cdots, X_n$ 是来自总体 X 的样本，求样本 $X_1, X_2, \cdots, X_n$ 的联合概率密度.

解 总体 X 的概率密度为

$$f(x) = \begin{cases} \lambda e^{-\lambda x}, & x > 0, \\ 0, & x \leq 0. \end{cases}$$

因为 $X_1, X_2, \cdots, X_n$ 相互独立，且与总体 X 有相同的分布，所以 $X_1, X_2, \cdots, X_n$ 的联合概率密度为

$$f(x_1, x_2, \cdots, x_n) = \prod_{i=1}^{n} f(x_i) = \begin{cases} \lambda^n e^{-\lambda \sum\limits_{i=1}^{n} x_i}, & x_i > 0, i = 1, 2, \cdots, n, \\ 0, & \text{其他}. \end{cases}$$

例 6.2 设总体 X 服从 $B(1, p)$，其中 $0 < p < 1$，$X_1, X_2, \cdots, X_n$ 是来自总体 X 的样本，求样本 $X_1, X_2, \cdots, X_n$ 的联合分布律.

解 总体 X 的分布律为

$$P\{X = k\} = p^k (1-p)^{1-k}, \quad k = 0, 1.$$

因为 $X_1, X_2, \cdots, X_n$ 相互独立，且与 X 有相同的分布，所以 $X_1, X_2, \cdots, X_n$ 的联合分布律为

$$P\{X_1 = x_1, X_2 = x_2, \cdots, X_n = x_n\}$$
$$= P\{X_1 = x_1\} P\{X_2 = x_2\} \cdots P\{X_n = x_n\}$$
$$= p^{\sum\limits_{i=1}^{n} x_i} (1-p)^{n - \sum\limits_{i=1}^{n} x_i},$$

其中 $x_1, x_2, \cdots, x_n$ 在集合 $\{0, 1\}$ 中取值.

例 6.3 已知总体 X 的分布律为 $P\{X = k\} = \dfrac{1}{4}, k = 0, 1, 2, 3$，抽取容量为 $n = 36$ 的样本 $X_1, X_2, \cdots, X_{36}$，求 $Y = \sum\limits_{i=1}^{36} X_i$ 大于 50.4 且小于 64.8 的概率.

解 总体 X 的均值和方差分别为

$$E(X) = \frac{1}{4}(0 + 1 + 2 + 3) = \frac{3}{2},$$

$$D(X) = E(X^2) - [E(X)]^2 = \frac{1}{4}(0^2 + 1^2 + 2^2 + 3^2) - \left(\frac{3}{2}\right)^2 = \frac{5}{4}.$$

由于 $X_1, X_2, \cdots, X_{36}$ 均与总体 X 同分布，且相互独立，所以，由均值和方差的性质知 Y 的均值和方差分别为

$$E(Y) = E\left(\sum_{i=1}^{36} X_i\right) = 36 E(X) = 54,$$

$$D(Y) = D\left(\sum_{i=1}^{36} X_i\right) = 36 D(X) = 36 \times \frac{5}{4} = 45.$$

又因为 $n = 36$ 较大，根据独立同分布中心极限定理得

$$P\{50.4<Y<64.8\} = P\left\{\frac{50.4-54}{\sqrt{45}}<\frac{Y-54}{\sqrt{45}}<\frac{64.8-54}{\sqrt{45}}\right\}$$
$$\approx \Phi(1.61)-\Phi(-0.54)=0.6517.$$

§6.2 抽样分布

一、统计量

我们知道,样本是进行统计推断的依据.但在实际应用中,当利用样本去推断总体的性质时,一般不是直接利用样本本身,而是对样本进行"加工""提炼",即针对具体问题构造一些样本的函数,它把样本中所含的信息集中起来,这样就可以利用这些函数来进行统计推断,揭示总体的统计特性.

定义 6.5 设 $X_1, X_2, \cdots, X_n$ 是来自总体 X 的一个样本, $g(X_1, X_2, \cdots, X_n)$ 是 $X_1, X_2, \cdots, X_n$ 的函数,若 g 中不含任何关于总体 X 的未知参数,则称 $g(X_1, X_2, \cdots, X_n)$ 是一个统计量.

设 $x_1, x_2, \cdots, x_n$ 是样本 $X_1, X_2, \cdots, X_n$ 的观测值,则称 $g(x_1, x_2, \cdots, x_n)$ 是统计量 $g(X_1, X_2, \cdots, X_n)$ 的观测值.

注 1 统计量是样本的函数,它是一个随机变量.

注 2 统计量用于统计推断,故不应含总体 X 的任何未知参数.

例 6.4 设 X_1, X_2, X_3 是来自正态总体 $N(\mu, \sigma^2)$ 的一个样本,其中 μ 为已知, σ^2 为未知,判断下列各式哪些是统计量,哪些不是?
$$T_1=X_1, \quad T_2=X_1+X_2 e^{X_3},$$
$$T_3=\frac{1}{3}(X_1+X_2+X_3), \quad T_4=\max\{X_1, X_2, X_3\},$$
$$T_5=X_1+X_2-2\mu, \quad T_6=\frac{1}{\sigma^2}(X_1^2+X_2^2+X_3^2).$$

解 直接利用统计量定义可知, T_1, T_2, T_3, T_4, T_5 均是统计量, T_6 不是统计量,因为它含有未知参数 σ.

下面给出几个常用统计量的定义.设 $X_1, X_2, \cdots, X_n$ 是来自总体 X 的一个样本, $x_1, x_2, \cdots, x_n$ 是这一样本的观测值.

(1) 样本均值
$$\overline{X}=\frac{1}{n}\sum_{i=1}^{n}X_i,$$
其观测值
$$\overline{x}=\frac{1}{n}\sum_{i=1}^{n}x_i.$$
$\overline{X}$ 反映了总体均值的信息,可用于推断 $E(X)$.

(2) 样本方差
$$S^2=\frac{1}{n-1}\sum_{i=1}^{n}(X_i-\overline{X})^2=\frac{1}{n-1}\left(\sum_{i=1}^{n}X_i^2-n\overline{X}^2\right),$$

其观测值

$$s^2 = \frac{1}{n-1} \sum_{i=1}^{n} (x_i - \bar{x})^2 = \frac{1}{n-1} \Big(\sum_{i=1}^{n} x_i^2 - n\bar{x}^2 \Big).$$

S^2 反映了总体方差的信息,可用于推断 $D(X)$.

（3）样本标准差

$$S = \sqrt{S^2} = \sqrt{\frac{1}{n-1} \sum_{i=1}^{n} (X_i - \bar{X})^2},$$

其观测值

$$s = \sqrt{\frac{1}{n-1} \sum_{i=1}^{n} (x_i - \bar{x})^2}.$$

（4）样本 k 阶（原点）矩

$$A_k = \frac{1}{n} \sum_{i=1}^{n} X_i^k, \quad k = 1, 2, \cdots,$$

其观测值

$$a_k = \frac{1}{n} \sum_{i=1}^{n} x_i^k, \quad k = 1, 2, \cdots.$$

（5）样本 k 阶中心矩

$$B_k = \frac{1}{n} \sum_{i=1}^{n} (X_i - \bar{X})^k, \quad k = 2, 3, \cdots,$$

其观测值

$$b_k = \frac{1}{n} \sum_{i=1}^{n} (x_i - \bar{x})^k, \quad k = 2, 3, \cdots.$$

特别地,

$$A_1 = \bar{X}, \quad B_2 = \frac{n-1}{n} S^2.$$

注 1 当 n 较大时,S^2 与 B_2 的差别微小.

注 2 当 n 较小时,S^2 比 B_2 有更好的统计性质.

性质 6.1 设总体 X 的数学期望 $E(X) = \mu$,方差 $D(X) = \sigma^2$,$X_1, X_2, \cdots, X_n$ 为来自总体 X 的样本,$\bar{X}, S^2, B_2$ 分别为样本均值、样本方差和样本 2 阶中心矩,则

（1）$E(\bar{X}) = \mu$;

（2）$D(\bar{X}) = \frac{1}{n} \sigma^2$;

（3）$E(B_2) = \frac{n-1}{n} \sigma^2$;

（4）$E(S^2) = \sigma^2$.

证明 （1）和（2）显然成立,下面给出（3）和（4）的证明.

（3）由定义,

$$E(B_2) = E\Big[\frac{1}{n} \sum_{i=1}^{n} (X_i - \bar{X})^2 \Big]$$

$$= E\left[\frac{1}{n}\left(\sum_{i=1}^{n} X_i^2 - n\,\overline{X}^2\right)\right]$$

$$= \frac{1}{n}\left[\sum_{i=1}^{n} E(X_i^2) - nE(\overline{X}^2)\right]$$

$$= \frac{1}{n}\left[\sum_{i=1}^{n}(\sigma^2 + \mu^2) - n\left(\frac{\sigma^2}{n} + \mu^2\right)\right] = \frac{n-1}{n}\sigma^2.$$

（4）$E(S^2) = E\left(\dfrac{n}{n-1}B_2\right) = \dfrac{n}{n-1}E(B_2) = \sigma^2.$

性质 6.2 若总体 X 的 k 阶矩 $E(X^k) = \mu_k$ 存在，$X_1, X_2, \cdots, X_n$ 为总体 X 的样本，则当 $n \to \infty$ 时，

$$A_k \xrightarrow{P} \mu_k, \quad k = 1, 2, \cdots. \tag{6.1}$$

证明 因为 $X_1, X_2, \cdots, X_n$ 相互独立且与总体 X 同分布，所以 $X_1^k, X_2^k, \cdots, X_n^k$ 相互独立且与 X^k 同分布. 因此有

$$E(X_1^k) = E(X_2^k) = \cdots = E(X_n^k) = \mu_k.$$

根据第五章辛钦大数定律知，当 $n \to \infty$ 时，

$$A_k = \frac{1}{n}\sum_{i=1}^{n} X_i^k \xrightarrow{P} \mu_k, \quad k = 1, 2, \cdots.$$

由第五章关于随机变量序列依概率收敛的性质知，当 $n \to \infty$ 时，

$$g(A_1, A_2, \cdots, A_k) \xrightarrow{P} g(\mu_1, \mu_2, \cdots, \mu_k), \quad k = 1, 2, \cdots,$$

其中 g 是连续函数. 特别地，当 $n \to \infty$ 时，

$$A_1 \xrightarrow{P} E(X) = \mu_1,$$

$$B_2 \xrightarrow{P} D(X) = E(X^2) - [E(X)]^2 = \mu_2 - \mu_1^2.$$

性质 6.2 是下一章所要介绍的矩估计法的理论根据.

下面我们介绍经验分布函数.

定义 6.6 设 $X_1, X_2, \cdots, X_n$ 是从总体 X 中抽取的一个样本，$x_1, x_2, \cdots, x_n$ 是其一次观测值，将观测值按从小到大的顺序重新排列为

$$x_{(1)} \leqslant x_{(2)} \leqslant \cdots \leqslant x_{(n)}.$$

当 $X_1, X_2, \cdots, X_n$ 取值分别为 $x_1, x_2, \cdots, x_n$ 时，定义 $X_{(k)}$ 取值为 $x_{(k)}(k = 1, 2, \cdots, n)$，由此得到的 $X_{(1)}, X_{(2)}, \cdots, X_{(n)}$ 称为样本 $X_1, X_2, \cdots, X_n$ 的**顺序统计量**，对应的 $x_{(1)}, x_{(2)}, \cdots, x_{(n)}$ 称为其**观测值**. $X_{(k)}$ 称为样本 $X_1, X_2, \cdots, X_n$ 的**第 k 个顺序统计量**. 特别地，$X_{(1)} = \min\limits_{1 \leqslant i \leqslant n} X_i$ 称为**最小顺序统计量**，$X_{(n)} = \max\limits_{1 \leqslant i \leqslant n} X_i$ 称为**最大顺序统计量**.

注 由于每个 $X_{(k)}$ 都是样本 $X_1, X_2, \cdots, X_n$ 的函数，所以 $X_{(1)}, X_{(2)}, \cdots, X_{(n)}$ 也是随机变量，但它们一般不相互独立.

定义 6.7 设 $X_1, X_2, \cdots, X_n$ 是总体 X 的一个样本，$X_{(1)}, X_{(2)}, \cdots, X_{(n)}$ 为顺序统计量，$x_{(1)}, x_{(2)}, \cdots, x_{(n)}$ 为其观测值，设 x 是任一实数，称函数

$$F_n(x) = \begin{cases} 0, & x < x_{(1)}, \\ \dfrac{k}{n}, & x_{(k)} \leqslant x < x_{(k+1)}, \\ 1, & x \geqslant x_{(n)} \end{cases}$$

为总体 X 的经验分布函数.

对任何实数 x, 经验分布函数 $F_n(x)$ 的值为样本值中不超过 x 的个数除以 n, 亦即

$$F_n(x) = \frac{\mu_n(x)}{n},$$

其中 $\mu_n(x)$ $(-\infty < x < +\infty)$ 表示 $x_1, x_2, \cdots, x_n$ 中不超过 x 的个数.

例 6.5 设总体具有样本观测值 $1, 2, 2, 2, 3, 3, 3, 4$, 则经验分布函数为

$$F_8(x) = \begin{cases} 0, & x < 1, \\ \dfrac{1}{8}, & 1 \leqslant x < 2, \\ \dfrac{4}{8}, & 2 \leqslant x < 3, \\ \dfrac{7}{8}, & 3 \leqslant x < 4, \\ 1, & x \geqslant 4. \end{cases}$$

对于经验分布函数 $F_n(x)$, 格利文科在 1933 年给出了下面的结论:

对于任一实数 x, 当 $n \to \infty$ 时, $F_n(x)$ 以概率 1 一致收敛于分布函数 $F(x)$, 即

$$P\{\lim_{n \to \infty} \sup_{-\infty < x < +\infty} |F_n(x) - F(x)| = 0\} = 1.$$

所以, 当 n 充分大时, 经验分布函数 $F_n(x)$ 是总体分布函数 $F(x)$ 的一个良好近似, 从而在实际中可当作 $F(x)$ 来使用, 这是经典统计学中一切统计推断都以样本为依据的原因所在.

二、统计学三大抽样分布

统计量的分布称为抽样分布. 经典的统计推断大多是基于正态随机变量构造的三个著名统计量, 它们在统计推断中有广泛的应用.

1. χ^2 分布

正态分布是自然界中最常见的一类概率分布, 例如测量的误差, 人的身高、体重等都近似服从正态分布. 常见的问题是关于这些正态随机变量的平方以及平方和的概率分布问题.

例如, 在统计物理中, 若气体分子速度是随机变量 $\boldsymbol{v} = (X, Y, Z)$, 各分量相互独立, 且均服从正态分布 $N(0, 1.5)$, 求该分子运动动能 $E = \dfrac{1}{2}m(X^2 + Y^2 + Z^2)$ 的分布规律时, 首先要知道 E 中的随机变量 $X^2 + Y^2 + Z^2$ 的概率分布.

对于这种在实际中经常碰到的随机变量平方和问题, 我们自然希望能够对其加以总结, χ^2 分布就是在类似的实际背景下提出的.

定义 6.8 设 $X_1, X_2, \cdots, X_n$ 是来自正态总体 $N(0,1)$ 的样本, 则称统计量

$$\chi^2 = X_1^2 + X_2^2 + \cdots + X_n^2 \tag{6.2}$$

服从自由度为 n 的 χ^2 分布, 记为 $\chi^2 \sim \chi^2(n)$.

此处, 自由度是指 $\chi^2 = X_1^2 + X_2^2 + \cdots + X_n^2$ 中右端包含的独立变量的个数.

$\chi^2(n)$ 分布的概率密度为

$$f(x) = \begin{cases} \dfrac{1}{2^{\frac{n}{2}}\Gamma\left(\dfrac{n}{2}\right)} x^{\frac{n}{2}-1}\mathrm{e}^{-\frac{x}{2}}, & x>0, \\ 0, & \text{其他}, \end{cases} \tag{6.3}$$

其中 $\Gamma(\alpha)$ 称为伽马函数,定义为

$$\Gamma(\alpha) = \int_0^{+\infty} x^{\alpha-1}\mathrm{e}^{-x}\mathrm{d}x, \quad \alpha>0. \tag{6.4}$$

当 $n=2$ 时,$\chi^2(2)$ 分布是参数为 $\dfrac{1}{2}$ 的指数分布.

$\chi^2(n)$ 分布的概率密度 $f(x)$ 的图形如图 6.1 所示.

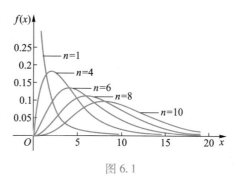

图 6.1

图 6.1 描绘了 $\chi^2(n)$ 分布的概率密度在 $n=1,4,6,8,10$ 时的图形. 可以看出,随着 n 的增大,$f(x)$ 的图形趋于"平缓",而且其图形的"波峰"也逐渐向右下方移动.

下面介绍 χ^2 分布的性质.

性质 6.3(χ^2 分布的可加性) 设随机变量 $Y_1 \sim \chi^2(n_1)$,$Y_2 \sim \chi^2(n_2)$,并且 Y_1 与 Y_2 相互独立,则

$$Y_1 + Y_2 \sim \chi^2(n_1 + n_2). \tag{6.5}$$

性质 6.3 可由 χ^2 分布的定义直接得到. 此性质可以推广到有限多个随机变量的情形:设随机变量 $Y_i \sim \chi^2(n_i)$,并且 $Y_i(i=1,2,\cdots,m)$ 相互独立,则

$$\sum_{i=1}^m Y_i \sim \chi^2(n_1 + n_2 + \cdots + n_m). \tag{6.6}$$

性质 6.4(χ^2 分布的数字特征) 设随机变量 $\chi^2 \sim \chi^2(n)$,则

$$E(\chi^2) = n, \quad D(\chi^2) = 2n. \tag{6.7}$$

证明 因为随机变量 $X_i \sim N(0,1)$,所以

$$E(X_i^2) = D(X_i) + [E(X_i)]^2 = 1, \quad i=1,2,\cdots,n,$$

而

$$E(\chi^2) = E\left(\sum_{i=1}^n X_i^2\right) = \sum_{i=1}^n E(X_i^2) = n.$$

又因为

$$E(X_i^4) = \int_{-\infty}^{+\infty} x^4 \frac{1}{\sqrt{2\pi}} \mathrm{e}^{-\frac{x^2}{2}} \mathrm{d}x = \frac{-2}{\sqrt{2\pi}} \int_0^{+\infty} x^3 \cdot \mathrm{d}\left(\mathrm{e}^{-\frac{x^2}{2}}\right)$$

$$= \frac{-2}{\sqrt{2\pi}} \left[x^3 \mathrm{e}^{-\frac{x^2}{2}} \Big|_0^{+\infty} - \int_0^{+\infty} 3x^2 \mathrm{e}^{-\frac{x^2}{2}} \mathrm{d}x \right] = 3,$$

所以

$$D(X_i^2) = E(X_i^4) - [E(X_i^2)]^2 = 3 - 1 = 2, \quad i=1,2,\cdots,n.$$

于是,

$$D(\chi^2) = D\left(\sum_{i=1}^{n} X_i^2\right) = \sum_{i=1}^{n} D(X_i^2) = 2n.$$

性质 6.5 设随机变量 $\chi^2 \sim \chi^2(n)$，则对任意 x，有

$$\lim_{n\to\infty} P\left\{\frac{\chi^2-n}{\sqrt{2n}} \leqslant x\right\} = \int_{-\infty}^{x} \frac{1}{\sqrt{2\pi}} e^{-\frac{t^2}{2}} dt. \tag{6.8}$$

证明 $\chi^2 = \sum_{i=1}^{n} X_i^2$，其中 $X_1, X_2, \cdots, X_n$ 相互独立且每个 $X_i \sim N(0,1)$，因而 X_1^2，$X_2^2, \cdots, X_n^2$ 相互独立同分布，且

$$E(X_i^2) = 1, \ D(X_i^2) = 2, \quad i = 1, 2, \cdots, n.$$

由独立同分布中心极限定理得

$$\lim_{n\to\infty} P\left\{\frac{\chi^2-n}{\sqrt{2n}} \leqslant x\right\} = \lim_{n\to\infty} P\left\{\frac{\sum_{i=1}^{n} X_i^2 - n}{\sqrt{2n}} \leqslant x\right\} = \int_{-\infty}^{x} \frac{1}{\sqrt{2\pi}} e^{-\frac{t^2}{2}} dt.$$

因此 χ^2 分布的极限分布是正态分布，即当 n 充分大时，$\dfrac{\chi^2-n}{\sqrt{2n}}$ 近似地服从正态分布 $N(0,1)$，进而有 χ^2 近似地服从正态分布 $N(n, 2n)$。

例 6.6 设随机变量 $X \sim N(0,4)$，$Y \sim \chi^2(2)$，且 X 与 Y 相互独立，试求 $\dfrac{X^2}{4} + Y$ 的分布。

解 因为 $X \sim N(0,4)$，且 X 与 Y 相互独立，可知 $\dfrac{1}{2}X \sim N(0,1)$，所以 $\dfrac{X^2}{4} \sim \chi^2(1)$，且 $\dfrac{X^2}{4}$ 与 Y 相互独立，故由 χ^2 分布的可加性得

$$\frac{X^2}{4} + Y \sim \chi^2(3).$$

例 6.7 设 $X_1, X_2, \cdots, X_6$ 为来自正态总体 $N(0,1)$ 的一个样本，求 C_1, C_2 使得 $Y = C_1(X_1+X_2)^2 + C_2(X_3+X_4+X_5+X_6)^2$ 服从 χ^2 分布。

解 $X_1+X_2 \sim N(0,2)$，则

$$Y_1 = \frac{X_1+X_2}{\sqrt{2}} \sim N(0,1).$$

同理

$$Y_2 = \frac{X_3+X_4+X_5+X_6}{\sqrt{4}} \sim N(0,1).$$

又因为 Y_1 与 Y_2 相互独立，所以

$$Y_1^2 + Y_2^2 = \left(\frac{X_1+X_2}{\sqrt{2}}\right)^2 + \left(\frac{X_3+X_4+X_5+X_6}{\sqrt{4}}\right)^2 \sim \chi^2(2),$$

故 $C_1 = \dfrac{1}{2}$，$C_2 = \dfrac{1}{4}$。

2. t 分布

历史上,正态分布由于其广泛的应用背景和良好的性质,曾一度被看作"万能分布". 19 世纪初,英国有一位年轻的酿酒技师戈塞特,他在酒厂从事试验数据分析工作,对数据误差有着大量感性的认识. 我们知道,在总体均值和方差已知情况下,样本均值的分布将随样本容量的增大而接近正态分布,但是戈塞特在试验中发现当样本仅有 5~6 个时,实际数据的分布情况与正态分布有着较大的差异. 于是戈塞特怀疑存在一个不属于正态分布的其他分布,通过研究终于得到了新的密度曲线,并在 1908 年以"Student"笔名发表了此项结果,后人称此为"t 分布"或"学生氏分布".

定义 6.9　设随机变量 $X \sim N(0,1)$,$Y \sim \chi^2(n)$,且 X 与 Y 相互独立,则称随机变量

$$T = \frac{X}{\sqrt{Y/n}} \tag{6.9}$$

服从自由度为 n 的 t 分布,记为 $T \sim t(n)$.

$t(n)$ 分布的概率密度为

$$f(x) = \frac{\Gamma\left(\dfrac{n+1}{2}\right)}{\sqrt{n\pi}\,\Gamma\left(\dfrac{n}{2}\right)}\left(1 + \frac{x^2}{n}\right)^{-\frac{n+1}{2}}, \quad -\infty < x < +\infty. \tag{6.10}$$

$f(x)$ 的图形如图 6.2 所示. 该图描述了当 $n = 2, 7, 12, \infty$ 时 $t(n)$ 分布的概率密度曲线. 从图形可看出,$f(x)$ 的图形关于 $x = 0$ 对称,且随着 n 的增大,$t(n)$ 分布的概率密度曲线逐渐逼近正态分布 $N(0,1)$ 的概率密度曲线. 因为

$$\lim_{n \to \infty} f(x) = \frac{1}{\sqrt{2\pi}} e^{-\frac{x^2}{2}}, \quad -\infty < x < +\infty,$$

即当 n 足够大时,t 分布与正态分布 $N(0,1)$ 相差无几了. 但对于较小的 n,t 分布与正态分布 $N(0,1)$ 相差很大.

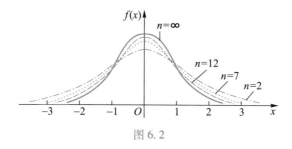

图 6.2

3. F 分布

F 分布是由费希尔在运用回归分析对回归方程进行拟合优度检验时发现的,并且在回归系数的显著性检验和方差分析中逐渐得到了广泛应用.

定义 6.10　设随机变量 $X \sim \chi^2(n_1)$,$Y \sim \chi^2(n_2)$,且 X 与 Y 独立,则称随机变量

$$F = \frac{X/n_1}{Y/n_2} \tag{6.11}$$

服从自由度为 (n_1, n_2) 的 F 分布,记为 $F \sim F(n_1, n_2)$.

F 分布的概率密度为

$$f(x) = \begin{cases} \dfrac{\Gamma\left(\dfrac{n_1+n_2}{2}\right)\left(\dfrac{n_1}{n_2}\right)^{\frac{n_1}{2}} x^{\frac{n_1}{2}-1}}{\Gamma\left(\dfrac{n_1}{2}\right)\Gamma\left(\dfrac{n_2}{2}\right)\left(1+\dfrac{n_1}{n_2}x\right)^{\frac{n_1+n_2}{2}}}, & x>0, \\ 0, & \text{其他}, \end{cases}$$

其图形如图 6.3 所示.

由定义知 F 分布有如下性质:

若随机变量 $F \sim F(n_1, n_2)$,则 $\dfrac{1}{F} \sim F(n_2, n_1)$.

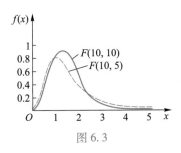

图 6.3

例 6.8 已知随机变量 $T \sim t(n)$,试证:$T^2 \sim F(1, n)$.

证明 因为 $T \sim t(n)$,由定义 6.9 知

$$T = \frac{X}{\sqrt{Y/n}},$$

其中 $X \sim N(0,1)$,$Y \sim \chi^2(n)$,且 X 与 Y 相互独立. 从而 $X^2 \sim \chi^2(1)$,且 X^2 与 Y 独立,所以由定义 6.10 有 $T^2 = \dfrac{X^2}{Y/n} \sim F(1, n)$.

三、概率分布的分位数

定义 6.11 对于总体 X 和给定的 $\alpha(0<\alpha<1)$,若存在 x_α,使得

$$P\{X > x_\alpha\} = \alpha, \tag{6.12}$$

则称 x_α 为 X 的分布的上 α 分位数.

容易看出,上 α 分位数 x_α 是关于 α 的减函数,即当 α 增大时 x_α 减小.若 X 具有概率密度 $f(x)$,则上 α 分位数 x_α 右边的阴影部分的面积为 α(图 6.4),即

$$\int_{x_\alpha}^{+\infty} f(x)\,\mathrm{d}x = \alpha.$$

若 X 的概率密度曲线关于 y 轴对称,如图 6.5 所示,则

$$x_{1-\alpha} = -x_\alpha.$$

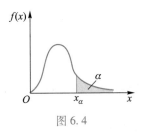

图 6.4

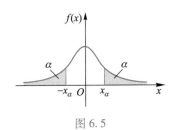

图 6.5

下面给出几种常用分布的上 α 分位数.

1. 标准正态分布的上 α 分位数 z_α

设正态总体 $X \sim N(0,1)$,若 z_α 满足条件

$$P\{X>z_\alpha\}=\alpha \quad (0<\alpha<1),$$

则称点 z_α 为标准正态分布的上 α 分位数(图 6.6).

由于 $\Phi(z_\alpha)=1-\alpha$,对于给定的 α,由标准正态分布表可查得 z_α 的值.下面列出了几个常用的 z_α 的值.

α	0.001	0.005	0.01	0.025	0.05	0.10
z_α	3.090	2.575	2.325	1.960	1.645	1.285

根据标准正态分布的概率密度曲线的对称性知

$$z_{1-\alpha}=-z_\alpha.$$

2. χ^2 分布的上 α 分位数

对于给定的 $\alpha(0<\alpha<1)$,称满足条件 $P\{\chi^2>\chi_\alpha^2(n)\}=\alpha$ 的点 $\chi_\alpha^2(n)$ 为 $\chi^2(n)$ 分布的上 α 分位数(图 6.7).

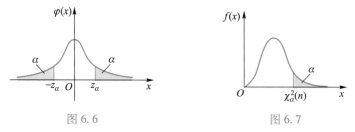

图 6.6 　　　　　　　　　　　　图 6.7

附表 4 中给出了当 $n\le45$ 时 $\chi_\alpha^2(n)$ 的值.当 $n>45$ 时,由 χ^2 分布的渐近性质,有

$$\chi_\alpha^2(n)\approx\frac{1}{2}(z_\alpha+\sqrt{2n-1})^2, \tag{6.13}$$

其中 z_α 是标准正态分布的上 α 分位数.

3. t 分布的上 α 分位数

对于给定的 $\alpha(0<\alpha<1)$,称满足条件 $P\{t>t_\alpha(n)\}=\alpha$ 的点 $t_\alpha(n)$ 为 $t(n)$ 分布的上 α 分位数.

由 $t(n)$ 分布的概率密度曲线的对称性知(图 6.8)

$$t_{1-\alpha}(n)=-t_\alpha(n).$$

我们可以通过查附表 3 得 $t(n)$ 分布的上 α 分位数的值.附表 3 中给出了当 $n\le45$ 时 $t_\alpha(n)$ 的值.当 $n>45$ 时,由于 $t(n)$ 近似于 $N(0,1)$,则 $t_\alpha(n)\approx z_\alpha$.

4. F 分布的上 α 分位数

对于给定的 $\alpha(0<\alpha<1)$,称满足条件 $P\{F>F_\alpha(n_1,n_2)\}=\alpha$ 的点 $F_\alpha(n_1,n_2)$ 为 $F(n_1,n_2)$ 分布的上 α 分位数,如图 6.9 所示.

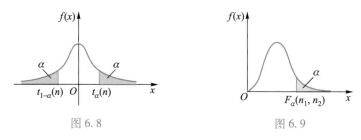

图 6.8 　　　　　　　　　　　　图 6.9

F 分布的上 α 分位数有如下性质:

$$F_{1-\alpha}(n_1,n_2)=\frac{1}{F_\alpha(n_2,n_1)}. \tag{6.14}$$

证明   因为随机变量 $F\sim F(n_1,n_2)$,所以

$$1-\alpha=P\{F>F_{1-\alpha}(n_1,n_2)\}=P\left\{\frac{1}{F}<\frac{1}{F_{1-\alpha}(n_1,n_2)}\right\}$$

$$=1-P\left\{\frac{1}{F}\geqslant\frac{1}{F_{1-\alpha}(n_1,n_2)}\right\}=1-P\left\{\frac{1}{F}>\frac{1}{F_{1-\alpha}(n_1,n_2)}\right\},$$

故

$$P\left\{\frac{1}{F}>\frac{1}{F_{1-\alpha}(n_1,n_2)}\right\}=\alpha.$$

又因为 $\dfrac{1}{F}\sim F(n_2,n_1)$,所以 $P\left\{\dfrac{1}{F}>F_\alpha(n_2,n_1)\right\}=\alpha$,比较得

$$\frac{1}{F_{1-\alpha}(n_1,n_2)}=F_\alpha(n_2,n_1),$$

即

$$F_{1-\alpha}(n_1,n_2)=\frac{1}{F_\alpha(n_2,n_1)}.$$

此性质主要是用来求附表 5 中未给出的一些 F 分布的上 α 分位数,例如,

$$F_{0.95}(12,9)=\frac{1}{F_{0.05}(9,12)}=\frac{1}{2.80}=0.357.$$

四、正态总体的抽样分布定理

在数理统计中,由于正态分布的应用非常广泛和重要,所以下面我们给出关于正态总体的样本均值和样本方差的分布.

对于单个正态总体的样本均值与样本方差有以下定理:

定理 6.2   设 $X_1,X_2,\cdots,X_n$ 是来自正态总体 $N(\mu,\sigma^2)$ 的样本,$\overline{X},S^2$ 分别是样本均值和样本方差,则有

(1) $\overline{X}\sim N\left(\mu,\dfrac{\sigma^2}{n}\right)$;

(2) $\dfrac{(n-1)S^2}{\sigma^2}\sim\chi^2(n-1)$;

(3) $\overline{X}$ 与 S^2 相互独立;

(4) $\dfrac{\overline{X}-\mu}{S/\sqrt{n}}\sim t(n-1)$.

证明   (1)可由正态分布的性质得到,(2)和(3)的证明见本章附录,下面仅对(4)加以证明.

由(1)和(2)得

$$\frac{\overline{X}-\mu}{\sigma/\sqrt{n}}\sim N(0,1)\,,\quad \frac{(n-1)S^2}{\sigma^2}\sim\chi^2(n-1)\,,$$

由(3)知这两者相互独立. 根据 t 分布的定义得

$$\frac{\overline{X}-\mu}{\sigma/\sqrt{n}}\Big/\sqrt{\frac{(n-1)S^2}{\sigma^2(n-1)}}\sim t(n-1)\,,$$

即

$$\frac{\overline{X}-\mu}{S/\sqrt{n}}\sim t(n-1)\,.$$

注　$\displaystyle\sum_{i=1}^{n}\left(\frac{X_i-\overline{X}}{\sigma}\right)^2\sim\chi^2(n-1)\,,\ \displaystyle\sum_{i=1}^{n}\left(\frac{X_i-\mu}{\sigma}\right)^2\sim\chi^2(n)\,.$

对两个正态总体 $N(\mu_1,\sigma_1^2),N(\mu_2,\sigma_2^2)$ 的样本均值差和样本方差比, 有如下定理:

定理 6.3　设 $X_1,X_2,\cdots,X_{n_1}$ 与 $Y_1,Y_2,\cdots,Y_{n_2}$ 分别为来自两个正态总体 $N(\mu_1,\sigma_1^2)$ 和 $N(\mu_2,\sigma_2^2)$ 的样本, 且这两个样本相互独立. 设 $\overline{X},\overline{Y}$ 分别是相应的样本均值, S_1^2,S_2^2 分别是相应的样本方差, 则

知识点
解析 4

(1) $\dfrac{\overline{X}-\overline{Y}-(\mu_1-\mu_2)}{\sqrt{\dfrac{\sigma_1^2}{n_1}+\dfrac{\sigma_2^2}{n_2}}}\sim N(0,1)$;

(2) $\dfrac{S_1^2/\sigma_1^2}{S_2^2/\sigma_2^2}\sim F(n_1-1,n_2-1)$;

(3) 当 $\sigma_1^2=\sigma_2^2=\sigma^2$ 时,

$$\frac{(\overline{X}-\overline{Y})-(\mu_1-\mu_2)}{S_w\sqrt{\dfrac{1}{n_1}+\dfrac{1}{n_2}}}\sim t(n_1+n_2-2)\,,$$

其中 $S_w^2=\dfrac{(n_1-1)S_1^2+(n_2-1)S_2^2}{n_1+n_2-2},S_w=\sqrt{S_w^2}.$

证明　(1) 因为 $\overline{X}\sim N\!\left(\mu_1,\dfrac{\sigma_1^2}{n_1}\right),\overline{Y}\sim N\!\left(\mu_2,\dfrac{\sigma_2^2}{n_2}\right)$, 且 $\overline{X}$ 与 $\overline{Y}$ 相互独立, 所以有

$$\overline{X}-\overline{Y}\sim N\!\left(\mu_1-\mu_2,\dfrac{\sigma_1^2}{n_1}+\dfrac{\sigma_2^2}{n_2}\right),$$

故

$$\frac{\overline{X}-\overline{Y}-(\mu_1-\mu_2)}{\sqrt{\dfrac{\sigma_1^2}{n_1}+\dfrac{\sigma_2^2}{n_2}}}\sim N(0,1)\,.$$

(2) 由定理 6.2 得

$$\frac{(n_1-1)S_1^2}{\sigma_1^2}\sim\chi^2(n_1-1)\,,\quad \frac{(n_2-1)S_2^2}{\sigma_2^2}\sim\chi^2(n_2-1)\,.$$

由题设可知 S_1^2 与 S_2^2 相互独立,由 F 分布的定义知

$$\frac{\dfrac{(n_1-1)S_1^2/\sigma_1^2}{n_1-1}}{\dfrac{(n_2-1)S_2^2/\sigma_2^2}{n_2-1}}\sim F(n_1-1,n_2-1),$$

即

$$\frac{S_1^2/\sigma_1^2}{S_2^2/\sigma_2^2}\sim F(n_1-1,n_2-1).$$

（3）由 $\overline{X}-\overline{Y}\sim N\left(\mu_1-\mu_2,\dfrac{\sigma^2}{n_1}+\dfrac{\sigma^2}{n_2}\right)$,得

$$U=\frac{(\overline{X}-\overline{Y})-(\mu_1-\mu_2)}{\sigma\sqrt{\dfrac{1}{n_1}+\dfrac{1}{n_2}}}\sim N(0,1).$$

由（2）知

$$\frac{(n_1-1)S_1^2}{\sigma^2}\sim\chi^2(n_1-1),\qquad\frac{(n_2-1)S_2^2}{\sigma^2}\sim\chi^2(n_2-1),$$

且它们相互独立,故由 χ^2 分布的可加性知

$$V=\frac{(n_1-1)S_1^2}{\sigma^2}+\frac{(n_2-1)S_2^2}{\sigma^2}\sim\chi^2(n_1+n_2-2).$$

可以证明 U 和 V 相互独立,由 t 分布的定义知

$$\frac{U}{\sqrt{V/(n_1+n_2-2)}}=\frac{(\overline{X}-\overline{Y})-(\mu_1-\mu_2)}{\sqrt{\dfrac{(n_1-1)S_1^2+(n_2-1)S_2^2}{n_1+n_2-2}}\cdot\sqrt{\dfrac{1}{n_1}+\dfrac{1}{n_2}}}\sim t(n_1+n_2-2),$$

设 $S_w^2=\dfrac{(n_1-1)S_1^2+(n_2-1)S_2^2}{n_1+n_2-2}$,则

$$\frac{(\overline{X}-\overline{Y})-(\mu_1-\mu_2)}{S_w\sqrt{\dfrac{1}{n_1}+\dfrac{1}{n_2}}}\sim t(n_1+n_2-2).$$

例 6.9　在正态总体 $N(12,4)$ 中随机抽取容量为 5 的样本 X_1,X_2,X_3,X_4,X_5,试求:

（1）样本均值与总体均值之差的绝对值大于 1 的概率;

（2）$P\left\{\max\limits_{1\le i\le5}X_i>15\right\}$;

（3）$P\left\{\min\limits_{1\le i\le5}X_i<10\right\}$.

解　（1）因为 $X_i\sim N(12,4)$（$i=1,2,3,4,5$）,所以 $\overline{X}\sim N(12,0.8)$.于是,

$$P\{\,|\overline{X}-12|>1\,\}=1-P\{\,|\overline{X}-12|\le1\,\}$$
$$=1-P\{11\le\overline{X}\le13\}$$

$$= 1 - \left[\Phi\left(\frac{13-12}{\sqrt{0.8}}\right) - \Phi\left(\frac{11-12}{\sqrt{0.8}}\right) \right]$$

$$= 2(1 - 0.886\ 6) = 0.262\ 8.$$

(2) $P\left\{\max_{1 \leqslant i \leqslant 5} X_i > 15\right\} = 1 - P\left\{\max_{1 \leqslant i \leqslant 5} X_i \leqslant 15\right\}$

$$= 1 - \prod_{i=1}^{5} P\{X_i \leqslant 15\} = 1 - \prod_{i=1}^{5} \Phi\left(\frac{15-12}{2}\right)$$

$$= 1 - \left[\Phi(1.5)\right]^5 = 1 - 0.933\ 2^5 = 0.292\ 3.$$

(3) $P\left\{\min_{1 \leqslant i \leqslant 5} X_i < 10\right\} = 1 - P\left\{\min_{1 \leqslant i \leqslant 5} X_i \geqslant 10\right\}$

$$= 1 - \prod_{i=1}^{5} P\{X_i \geqslant 10\} = 1 - \prod_{i=1}^{5} \left[1 - P\{X_i < 10\}\right]$$

$$= 1 - \left[1 - \Phi\left(\frac{10-12}{2}\right)\right]^5 = 1 - \left[1 - \Phi(-1)\right]^5$$

$$= 1 - \left[\Phi(1)\right]^5 = 1 - 0.841\ 3^5 = 0.578\ 5.$$

例 6.10　设在总体 $N(\mu, \sigma^2)$ 中抽取容量为 16 的样本, 其中 μ, σ^2 均为未知, 求:

(1) $P\left\{\dfrac{S^2}{\sigma^2} \leqslant 2.041\right\}$;

(2) 方差 $D(S^2)$.

典型例题
讲解 9

解　(1) 由定理 6.2 得

$$\frac{15S^2}{\sigma^2} \sim \chi^2(15),$$

所以

$$P\left\{\frac{S^2}{\sigma^2} \leqslant 2.041\right\} = P\left\{\frac{15S^2}{\sigma^2} \leqslant 30.615\right\}$$

$$= 1 - P\{\chi^2(15) > 30.615\}$$

$$= 1 - 0.01 = 0.99.$$

(2) 由 χ^2 分布的方差知

$$D\left(\frac{(n-1)S^2}{\sigma^2}\right) = 2(n-1),$$

于是

$$D\left(\frac{(n-1)S^2}{\sigma^2}\right) = \frac{(n-1)^2}{\sigma^4} D(S^2) = 2(n-1),$$

故

$$D(S^2) = \frac{2\sigma^4}{n-1} = \frac{2\sigma^4}{15}.$$

例 6.11　设 $X_1, X_2, \cdots, X_{25}, Y_1, Y_2, \cdots, Y_{25}$ 分别为来自两个独立总体 $N(0, 16)$ 和 $N(1, 9)$ 的样本, $\overline{X}$ 与 $\overline{Y}$ 分别表示相应的样本均值, 求 $P\{\overline{X} > \overline{Y}\}$.

解　因为 $\overline{X} \sim N\left(0, \dfrac{16}{25}\right), \overline{Y} \sim N\left(1, \dfrac{9}{25}\right)$, 且相互独立, 所以

$$\overline{X} - \overline{Y} \sim N(-1,1),$$

因此

$$P\{\overline{X} > \overline{Y}\} = P\{\overline{X} - \overline{Y} > 0\} = 1 - P\{\overline{X} - \overline{Y} \leqslant 0\}$$

$$= 1 - P\left\{\frac{(\overline{X} - \overline{Y}) - (-1)}{1} \leqslant 1\right\}$$

$$= 1 - \Phi(1) = 1 - 0.8413 = 0.1587.$$

附录 定理 6.2(2) 和(3) 的证明.

令 $Z_i = \dfrac{X_i - \mu}{\sigma}$, $i = 1, 2, \cdots, n$, 则由定理 6.2 的假设知, $Z_1, Z_2, \cdots, Z_n$ 相互独立, 且都服从正态分布 $N(0,1)$, 而

$$\overline{Z} = \frac{1}{n} \sum_{i=1}^{n} Z_i = \frac{\overline{X} - \mu}{\sigma},$$

$$\frac{(n-1)S^2}{\sigma^2} = \frac{\displaystyle\sum_{i=1}^{n}(X_i - \overline{X})^2}{\sigma^2} = \sum_{i=1}^{n}\left[\frac{(X_i - \mu) - (\overline{X} - \mu)}{\sigma}\right]^2$$

$$= \sum_{i=1}^{n}(Z_i - \overline{Z})^2 = \sum_{i=1}^{n} Z_i^2 - n\overline{Z}^2.$$

取一个 n 阶正交矩阵 $\boldsymbol{A} = (a_{ij})$, 其中第一行元素均为 $\dfrac{1}{\sqrt{n}}$. 作正交变换

$$\boldsymbol{Y} = \boldsymbol{A}\boldsymbol{Z},$$

其中

$$\boldsymbol{Y} = \begin{pmatrix} Y_1 \\ Y_2 \\ \vdots \\ Y_n \end{pmatrix}, \quad \boldsymbol{Z} = \begin{pmatrix} Z_1 \\ Z_2 \\ \vdots \\ Z_n \end{pmatrix}.$$

由于 $Y_i = \displaystyle\sum_{j=1}^{n} a_{ij} Z_j$, $i = 1, 2, \cdots, n$, 故 $Y_1, Y_2, \cdots, Y_n$ 仍为正态随机变量. 由 $Z_i \sim N(0,1)$ $(i = 1, 2, \cdots, n)$ 知

$$E(Y_i) = E\left(\sum_{j=1}^{n} a_{ij} Z_j\right) = \sum_{j=1}^{n} a_{ij} E(Z_j) = 0.$$

又由 $\mathrm{Cov}(Z_i, Z_j) = \delta_{ij}$ $(\delta_{ij} = 0, i \neq j; \delta_{ij} = 1, i = j)$, $i, j = 1, 2, \cdots, n$, 利用正交矩阵的性质可得

$$\mathrm{Cov}(Y_i, Y_k) = \mathrm{Cov}\left(\sum_{j=1}^{n} a_{ij} Z_j, \sum_{l=1}^{n} a_{kl} Z_l\right) = \sum_{j=1}^{n} \sum_{l=1}^{n} a_{ij} a_{kl} \mathrm{Cov}(Z_j, Z_l)$$

$$= \sum_{j=1}^{n} a_{ij} a_{kj} = \delta_{ik}, \quad i, k = 1, 2, \cdots, n,$$

故 $Y_1, Y_2, \cdots, Y_n$ 两两不相关. 又由于 n 维随机变量 $(Y_1, Y_2, \cdots, Y_n)$ 是由 n 维正态随机变量 $(X_1, X_2, \cdots, X_n)$ 经由线性变换得到的, 因此, $(Y_1, Y_2, \cdots, Y_n)$ 也是 n 维正态随机变

量. 于是由 $Y_1, Y_2, \cdots, Y_n$ 两两不相关可推得 $Y_1, Y_2, \cdots, Y_n$ 相互独立,且有 $Y_i \sim N(0,1)$, $i = 1, 2, \cdots, n.$ 而

$$Y_1 = \sum_{j=1}^{n} a_{1j} Z_j = \sum_{j=1}^{n} \frac{1}{\sqrt{n}} Z_j = \sqrt{n}\, \overline{Z} ,$$

$$\sum_{i=1}^{n} Y_i^2 = \boldsymbol{Y}^{\mathrm{T}} \boldsymbol{Y} = (\boldsymbol{AZ})^{\mathrm{T}} (\boldsymbol{AZ}) = \boldsymbol{Z}^{\mathrm{T}} (\boldsymbol{A}^{\mathrm{T}} \boldsymbol{A}) \boldsymbol{Z} = \boldsymbol{Z}^{\mathrm{T}} \boldsymbol{IZ} = \boldsymbol{Z}^{\mathrm{T}} \boldsymbol{Z} = \sum_{i=1}^{n} Z_i^2 ,$$

于是

$$\frac{(n-1) S^2}{\sigma^2} = \sum_{i=1}^{n} Z_i^2 - n \overline{Z}^2 = \sum_{i=1}^{n} Y_i^2 - Y_1^2 = \sum_{i=2}^{n} Y_i^2.$$

由于 $Y_2, Y_3, \cdots, Y_n$ 相互独立,且 $Y_i \sim N(0,1), i = 2, 3, \cdots, n,$ 知 $\sum_{i=2}^{n} Y_i^2 \sim \chi^2(n-1).$ 从而证得

$$\frac{(n-1) S^2}{\sigma^2} \sim \chi^2(n-1).$$

再者,$\overline{X} = \sigma \overline{Z} + \mu = \dfrac{\sigma Y_1}{\sqrt{n}} + \mu$ 仅依赖于 $Y_1,$ 而 $S^2 = \dfrac{\sigma^2}{n-1} \sum_{i=2}^{n} Y_i^2$ 仅依赖于 $Y_2, Y_3, \cdots, Y_n,$ 由 $Y_1, Y_2, \cdots, Y_n$ 的独立性,推知 $\overline{X}$ 与 S^2 相互独立.

习　题　6

一、填空题

1. 设 $X_1, X_2, \cdots, X_n$ 是来自参数为 λ 的泊松分布总体的样本,则统计量 $Y = \sum_{i=1}^{n} X_i$ 服从＿＿分布.

2. 设 $X_1, X_2, \cdots, X_n$ 为来自总体 $\chi^2(10)$ 的样本,则统计量 $Y = \sum_{i=1}^{n} X_i$ 服从＿＿分布.

3. 设总体 $X \sim N(0, \sigma^2)$, X_1, X_2, X_3, X_4 为该总体的一个样本,则统计量 $Y = \dfrac{(X_1 + X_2)^2}{(X_3 - X_4)^2}$ 的分布为＿＿.

4. 设 $X_1, X_2, \cdots, X_n, X_{n+1}, \cdots, X_{n+m}$ 是来自正态总体 $N(0, \sigma^2)$ 的容量为 $n+m$ 的样本,则统计量 $\dfrac{m \sum\limits_{i=1}^{n} X_i^2}{n \sum\limits_{i=n+1}^{n+m} X_i^2}$ 服从的分布是＿＿.

5. 设总体 $X \sim P(\lambda)$, $X_1, X_2, \cdots, X_n$ 是 X 的一个样本,$\overline{X}, S^2$ 分别是样本均值和样本方差,则 $E(\overline{X}) = $ ＿＿, $E(S^2) = $ ＿＿.

6. 设总体 X 和 Y 都服从正态分布 $N(0, 3^2)$ 且相互独立,而 $X_1, X_2, \cdots, X_9$ 和 $Y_1,$

$Y_2, \cdots, Y_9$ 分别是来自总体 X 和 Y 的简单随机样本,则统计量 $U = \dfrac{X_1 + X_2 + \cdots + X_9}{\sqrt{Y_1^2 + Y_2^2 + \cdots + Y_9^2}}$ 服从 ____ 分布.

7. 设总体 X 的概率密度为 $f(x) = \dfrac{1}{2} e^{-|x|}$ $(-\infty < x < +\infty)$, $X_1, X_2, \cdots, X_n$ 为总体 X 的简单随机样本,其样本方差为 S^2,则 $E(S^2) =$ ____.

8. 设总体 X 服从正态分布 $N(\mu_1, \sigma^2)$,总体 Y 服从正态分布 $N(\mu_2, \sigma^2)$,且 X 和 Y 相互独立,$X_1, X_2, \cdots, X_{n_1}$ 和 $Y_1, Y_2, \cdots, Y_{n_2}$ 分别是来自总体 X 和 Y 的简单随机样本,则

$$E\left[\frac{\displaystyle\sum_{i=1}^{n_1} (X_i - \bar{X})^2 + \sum_{i=1}^{n_2} (Y_i - \bar{Y})^2}{n_1 + n_2 - 2} \right] = \underline{\quad}.$$

9. 设在总体 $N(\mu, \sigma^2)$ 中抽取样本 X_1, X_2, X_3,其中 μ 已知,σ^2 未知. 如下表达式:
（a）$X_1 + X_2 + X_3$,（b）$X_2 + 2\mu$,（c）$\max\{X_1, X_2, X_3\}$,（d）$\dfrac{1}{\sigma^2} \sum_{i=1}^{3} X_i^2$,（e）$|X_3 - X_1|$,是统计量的有 ____.

10. 设总体 X 服从正态分布 $N(0, 2^2)$,而 $X_1, X_2, \cdots, X_{15}$ 是来自总体 X 的简单随机样本,则随机变量 $Y = \dfrac{X_1^2 + X_2^2 + \cdots + X_{10}^2}{2(X_{11}^2 + X_{12}^2 + \cdots + X_{15}^2)}$ 服从 ____ 分布.

二、选择题

1. 设总体 $X \sim N(0, 1)$, $X_1, X_2, \cdots, X_n (n > 1)$ 为来自 X 的样本,$\bar{X}, S^2$ 分别是样本均值与样本方差,则有（　　）.

（A）$\bar{X} \sim N(0, 1)$ 　　　　　　　　（B）$n\bar{X} \sim N(0, 1)$

（C）$\sum_{i=1}^{n} X_i^2 \sim \chi^2(n)$ 　　　　　　（D）$\dfrac{\bar{X}}{S} \sim t(n-1)$

2. 设总体 $X \sim N(\mu, \sigma^2)$, $\bar{X}_1$ 和 $\bar{X}_2$ 分别是该总体的容量为 10 和 15 的两个样本均值,记 $P_1 = P\{|\bar{X}_1 - \mu| > \sigma\}$, $P_2 = P\{|\bar{X}_2 - \mu| > \sigma\}$,则有（　　）.
（A）$P_1 < P_2$ 　　　　　　　　　　（B）$P_1 = P_2$
（C）$P_1 > P_2$ 　　　　　　　　　　（D）$P_1 = \mu, P_2 = \sigma$

3. 设随机变量 X 与 Y 相互独立,且都服从 $N(0, \sigma^2)$, X_1, X_2, X_3 和 Y_1, Y_2, Y_3, Y_4 是分别来自 X 和 Y 的样本,则统计量 $\dfrac{\displaystyle\sum_{i=1}^{3} X_i^2}{\displaystyle\sum_{i=1}^{4} (Y_i - \bar{Y})^2}$ 服从的分布是（　　）.

（A）$N(0, 1)$ 　　　（B）$t(3)$ 　　　（C）$F(3, 3)$ 　　　（D）$F(3, 4)$

4. 设 $X_1, X_2, \cdots, X_n$ 是来自正态总体 $N(\mu, \sigma^2)$ 的简单随机样本,$\bar{X}$ 是样本均值,记

$$S_1^2 = \frac{1}{n-1} \sum_{i=1}^{n} (X_i - \bar{X})^2, \quad S_2^2 = \frac{1}{n} \sum_{i=1}^{n} (X_i - \bar{X})^2,$$

$$S_3^2 = \frac{1}{n-1} \sum_{i=1}^{n} (X_i - \mu)^2, \quad S_4^2 = \frac{1}{n} \sum_{i=1}^{n} (X_i - \mu)^2,$$

则服从自由度为 $n-1$ 的 t 分布的随机变量是(　　).

(A) $t = \dfrac{\overline{X} - \mu}{S_1 / \sqrt{n-1}}$　　　　　　　　(B) $t = \dfrac{\overline{X} - \mu}{S_2 / \sqrt{n-1}}$

(C) $t = \dfrac{\overline{X} - \mu}{S_3 / \sqrt{n}}$　　　　　　　　(D) $t = \dfrac{\overline{X} - \mu}{S_4 / \sqrt{n}}$

5. 设随机变量 X 和 Y 都服从标准正态分布,则(　　).

(A) $X+Y$ 服从正态分布　　　　　(B) $X^2 + Y^2$ 服从 χ^2 分布

(C) X^2 和 Y^2 都服从 χ^2 分布　　(D) $\dfrac{X^2}{Y^2}$ 服从 F 分布

6. 设 $X_1, X_2, \cdots, X_{16}$ 是来自总体 $N(2, \sigma^2)$ 的样本,则 $\dfrac{4\overline{X} - 8}{\sigma}$ 服从(　　).

(A) $t(15)$　　　　(B) $t(16)$　　　　(C) $\chi^2(15)$　　　　(D) $N(0,1)$

7. 设总体 $X \sim B(1, p)$, $X_1, X_2, \cdots, X_5$ 是来自总体 X 的样本,则统计量 $T = \sum_{i=1}^{5} X_i$ 服从(　　).

(A) $B(5, p)$　　　(B) $B(1, 5p)$　　(C) $B(5, 5p)$　　(D) $B(1, p)$

8. 设 $X_1, X_2, \cdots, X_n (n \geq 2)$ 为来自总体 $N(0,1)$ 的简单随机样本,$\overline{X}$ 为样本均值,S^2 为样本方差,则(　　).

(A) $n\overline{X} \sim N(0,1)$　　　　　　　(B) $nS^2 \sim \chi^2(n)$

(C) $\dfrac{(n-1)\overline{X}}{S} \sim t(n-1)$　　　　　(D) $\dfrac{(n-1)X_1^2}{\sum_{i=2}^{n} X_i^2} \sim F(1, n-1)$

9. 设 $X_1, X_2, \cdots, X_n (n \geq 2)$ 为来自总体 $N(\mu, 1)$ 的简单随机样本,$\overline{X} = \dfrac{1}{n} \sum_{i=1}^{n} X_i$,则下列结论不正确的是(　　).

(A) $\sum_{i=1}^{n} (X_i - \mu)^2$ 服从 χ^2 分布　　(B) $2(X_n - X_1)^2$ 服从 χ^2 分布

(C) $\sum_{i=1}^{n} (X_i - \overline{X})^2$ 服从 χ^2 分布　　(D) $n(\overline{X} - \mu)^2$ 服从 χ^2 分布

三、解答题

1. 设总体 $X \sim \chi^2(n)$, $X_1, X_2, \cdots, X_{10}$ 是来自 X 的样本,求 $E(\overline{X})$, $D(\overline{X})$, $E(S^2)$.

2. 设总体 $X \sim B(1, p)$, $X_1, X_2, \cdots, X_n$ 是来自 X 的样本,求:

(1) $(X_1, X_2, \cdots, X_n)$ 的分布律;

(2) $\sum_{i=1}^{n} X_i$ 的分布律;

(3) $E(\overline{X})$, $D(\overline{X})$, $E(S^2)$.

3. 设总体 $X \sim N(40, 5^2)$.

（1）抽取容量为 36 的样本，求样本均值 $\bar{X}$ 在 38 与 43 之间的概率；

（2）抽取容量为 64 的样本，求 $\{|\bar{X} - 40| < 1\}$ 的概率；

（3）当样本容量 n 多大时，才能使概率 $P\{|\bar{X} - 40| < 1\}$ 达到 0.95？

4. 设总体 $X \sim N(\mu, \sigma^2)$，从总体中抽取容量为 16 的样本，已知 $\sigma = 2$，求概率 $P\{|\bar{X} - \mu| < 0.5\}$.

5. 设总体 $X \sim N(50, 6^2)$，总体 $Y \sim N(46, 4^2)$，且 X 与 Y 相互独立. 从总体 X 中抽取容量为 10 的样本，从总体 Y 中抽取容量为 8 的样本，求：

（1）$P\{0 < \bar{X} - \bar{Y} < 8\}$；

（2）$P\left\{\dfrac{S_1^2}{S_2^2} < 8.28\right\}$.

6. 设总体 $X \sim N(\mu, \sigma^2)$，$X_1, X_2, \cdots, X_{10}$ 是来自 X 的样本.

（1）写出 $X_1, X_2, \cdots, X_{10}$ 的联合概率密度；

（2）写出 $\bar{X}$ 的概率密度.

7. 设总体 $X \sim N(\mu, 4)$，若要以 95% 的概率保证样本均值 $\bar{X}$ 与总体期望 μ 的偏差小于 0.1，问样本容量 n 应取多大？

8. 设总体 $X \sim N(2, 0.5^2)$，样本容量 $n = 9$，样本均值为 $\bar{X}$，求：

（1）$P\{1.5 < X < 2.5\}$；

（2）$P\{1.5 < \bar{X} < 2.5\}$.

9. 从总体 $X \sim N(80, 20^2)$ 中抽取容量为 100 的样本，求样本均值与总体均值之差的绝对值大于 3 的概率.

10. 设总体 $X \sim N(20, 3)$，从 X 中分别抽取容量为 10, 15 的两个相互独立的样本，求两个样本均值之差的绝对值大于 0.3 的概率.

11. 设 $X_1, X_2, \cdots, X_n (n > 2)$ 为来自总体 $N(0, 1)$ 的简单随机样本，$\bar{X}$ 为样本均值，记 $Y_i = X_i - \bar{X}, i = 1, 2, \cdots, n$. 求：

（1）Y_i 的方差 $D(Y_i), i = 1, 2, \cdots, n$；

（2）Y_1 与 Y_n 的协方差 $\mathrm{Cov}(Y_1, Y_n)$.

12. 设总体 $X \sim N(72, 100)$，$X_1, X_2, \cdots, X_n$ 是从该总体抽取的一个样本. 为使其样本均值 $\bar{X} = \dfrac{1}{n} \sum\limits_{i=1}^{n} X_i$ 大于 70 的概率至少为 0.9，试问样本容量至少应取多少？

13. 设总体 $X \sim N(0, 1)$，$X_1, X_2, \cdots, X_n$ 为 X 的简单随机样本，试问下列统计量各服从什么分布？

（1）$\dfrac{X_1 - X_2}{(X_3^2 + X_4^2)^{\frac{1}{2}}}$；

（2）$\left(\dfrac{n}{3} - 1\right) \sum\limits_{i=1}^{3} X_i^2 \bigg/ \sum\limits_{i=4}^{n} X_i^2$.

14. 设总体 X 的概率密度为

$$f(x) = \begin{cases} |x|, & |x| < 1, \\ 0, & \text{其他}, \end{cases}$$

$X_1, X_2, \cdots, X_{50}$ 为取自 X 的一个样本,试求:

(1) $\overline{X}$ 的数学期望与方差;

(2) S^2 的数学期望.

15. 设总体 $X \sim N(\mu, \sigma^2)$, $X_1, X_2, \cdots, X_n$ 为简单随机样本,$\overline{X}$ 为样本均值,S^2 为样本方差,求:

(1) $P\left\{ (\overline{X} - \mu)^2 \leqslant \dfrac{\sigma^2}{n} \right\}$;

(2) 如果 n 很大,试求 $P\left\{ (\overline{X} - \mu)^2 \leqslant \dfrac{2S^2}{n} \right\}$.

16. 设 $X_1, X_2, \cdots, X_n$ 为从正态总体 $X \sim N(\mu, \sigma^2)$ 中抽取的一个简单随机样本,令 $d = \dfrac{1}{n} \sum_{i=1}^{n} |X_i - \mu|$, 证明:

(1) $E(d) = \sqrt{\dfrac{2}{\pi}} \sigma$;

(2) $D(d) = \left(1 - \dfrac{2}{\pi}\right) \dfrac{\sigma^2}{n}$.

17. 设总体 $X \sim N(\mu, \sigma^2)$, 从该总体中抽取简单随机样本 $X_1, X_2, \cdots, X_n$, $\overline{X}$ 为样本均值,S^2 为样本方差. 又设 X_{n+1} 与 $X_1, X_2, \cdots, X_n$ 相互独立且同分布,求统计量 $Y = \dfrac{X_{n+1} - \overline{X}}{S} \cdot \sqrt{\dfrac{n}{n+1}}$ 服从的分布.

习题 6 参考答案

第六章自测题

第七章 参数估计

在上一章我们指出,数理统计的基本问题是根据样本所提供的信息对总体的分布以及分布的数字特征等做出统计推断. 而统计推断的基本问题包括参数估计问题和假设检验问题,本章讨论参数估计问题中的点估计和区间估计.

什么是参数估计? 首先明确参数是刻画总体某方面概率特性的数值,当此数值未知时,我们从总体中抽取一个样本,用某种方法对这个未知参数进行估计就是参数估计. 例如,正态总体 $X \sim N(\mu, \sigma^2)$,若 μ, σ^2 未知,则可以通过构造样本的函数,估计它们的数值(点估计)或取值范围(区间估计).

§7.1 点估计

一、点估计问题的提出

在实际中,我们经常遇到这样的问题:总体 X 的分布函数 $F(x; \theta)$ 形式已知,θ 是未知参数,$X_1, X_2, \cdots, X_n$ 是 X 的一个样本,$x_1, x_2, \cdots, x_n$ 为相应的一个样本值,我们希望用样本值去估计未知参数 θ,即给出未知参数 θ 的近似值,这种问题称为点估计问题.

为了估计未知参数 θ(在例 7.1 中 θ 是 μ 或 σ^2),我们需要构造一个适当的统计量 $\hat{\theta}(X_1, X_2, \cdots, X_n)$,用它的观测值 $\hat{\theta}(x_1, x_2, \cdots, x_n)$ 来作为未知参数 θ 的近似值. 我们称 $\hat{\theta}(X_1, X_2, \cdots, X_n)$ 为 θ 的点估计量,称 $\hat{\theta}(x_1, x_2, \cdots, x_n)$ 为 θ 的点估计值.

下面我们通过例 7.1 给出点估计的具体方法.

例 7.1 已知某地区新生婴儿的体重 $X \sim N(\mu, \sigma^2)$(μ, σ^2 未知),这时我们随机抽查 100 个婴儿,即得到 100 个体重数据(单位:kg),而全部信息就由这 100 个数组成. 据此,我们应如何估计 μ 和 σ^2 呢?

我们知道 $X \sim N(\mu, \sigma^2)$,则 $E(X) = \mu$,由大数定律

$$\lim_{n \to \infty} P\left\{ \left| \frac{1}{n} \sum_{i=1}^{n} X_i - \mu \right| < \varepsilon \right\} = 1,$$

自然想到把 100 个婴儿体重的平均值作为总体平均体重的一个估计,也就是用样本均值 $\overline{X}$ 估计 μ. 类似地,可以用样本方差 S^2 估计 σ^2.

下面介绍点估计的两种常用方法:矩估计法和最大似然估计法.

二、矩估计法

矩估计法是由英国统计学家皮尔逊在 1894 年提出的,其基本思想是用样本的 k 阶原点矩 $A_k = \dfrac{1}{n} \sum_{i=1}^{n} X_i^k$ 去估计总体 X 的 k 阶原点矩 $E(X^k)$,$k = 1, 2, \cdots$;用样本的 k 阶中心矩 $B_k = \dfrac{1}{n} \sum_{i=1}^{n} (X_i - \overline{X})^k$ 去估计总体 X 的 k 阶中心矩 $E\{ [X - E(X)]^k \}$,$k = 2, 3, \cdots$.

它的理论依据是辛钦大数定律,并由此得到未知参数的估计量.

下面我们具体介绍矩估计法的实现途径.

设总体 X 为连续型随机变量,其概率密度为 $f(x;\theta_1,\theta_2,\cdots,\theta_m)$,或 X 为离散型随机变量,其分布律为 $P\{X=x\}=p(x;\theta_1,\theta_2,\cdots,\theta_m)$,其中 $\theta_1,\theta_2,\cdots,\theta_m$ 是 m 个待估计的未知参数. 对任意 k,设 $\mu_k=E(X^k)$ 存在 $(k=1,2,\cdots,m)$,则对 $k=1,2,\cdots,m$,

$$\mu_k=E(X^k)=\int_{-\infty}^{+\infty} x^k f(x;\theta_1,\theta_2,\cdots,\theta_m)\,\mathrm{d}x \quad (X\text{ 为连续型随机变量}),$$

或

$$\mu_k=E(X^k)=\sum_{x\in R_x} x^k p(x;\theta_1,\theta_2,\cdots,\theta_m) \quad (X\text{ 为离散型随机变量}),$$

其中 R_x 是 X 可能取值的范围. 一般来说,μ_k 是 $\theta_1,\theta_2,\cdots,\theta_m$ 的函数.

现在用样本矩作为总体矩的估计,即令

$$A_k=\frac{1}{n}\sum_{i=1}^{n} X_i^k=\mu_k,\quad k=1,2,\cdots,m,$$

这样得到含 m 个未知参数 $\theta_1,\theta_2,\cdots,\theta_m$ 的方程组

$$\begin{cases} \dfrac{1}{n}\sum_{i=1}^{n} X_i=E(X),\\[2mm] \dfrac{1}{n}\sum_{i=1}^{n} X_i^2=E(X^2),\\ \cdots\cdots\cdots\cdots\cdots \\ \dfrac{1}{n}\sum_{i=1}^{n} X_i^m=E(X^m). \end{cases}$$

解该方程组得

$$\hat{\theta}_k=\hat{\theta}_k(X_1,X_2,\cdots,X_n),\quad k=1,2,\cdots,m,$$

并以 $\hat{\theta}_k(X_1,X_2,\cdots,X_n)$ 作为参数 θ_k 的估计量,称为 θ_k 的矩估计量. 相应地,把 $\hat{\theta}_k(x_1,x_2,\cdots,x_n)$ 作为未知参数 θ_k 的估计值,称为 θ_k 的矩估计值. 这种方法称为矩估计法.

例 7.2　设总体 X 服从泊松分布 $P(\lambda)$,其中 λ 未知,$X_1,X_2,\cdots,X_n$ 是来自 X 的一个样本,求参数 λ 的矩估计量.

解　由于 $E(X)=\lambda$,建立方程

$$\overline{X}=E(X)=\lambda,$$

因此得 λ 的矩估计量为

$$\hat{\lambda}=\overline{X}=\frac{1}{n}\sum_{i=1}^{n} X_i.$$

例 7.3　设总体的均值 μ 及方差 σ^2 都存在,且有 $\sigma^2>0$,但 μ,σ^2 均为未知,从总体中抽取样本 $X_1,X_2,\cdots,X_n$,求参数 μ,σ^2 的矩估计量.

解　由于

$$\begin{cases} E(X)=\mu,\\ E(X^2)=D(X)+[E(X)]^2=\mu^2+\sigma^2, \end{cases}$$

故建立方程组

$$\begin{cases} \overline{X} = \mu, \\ \dfrac{1}{n} \sum_{i=1}^{n} X_i^2 = \mu^2 + \sigma^2. \end{cases}$$

解上述方程组得 μ 和 σ^2 的矩估计量为

$$\begin{cases} \hat{\mu} = \overline{X}, \\ \hat{\sigma}^2 = \dfrac{1}{n} \sum_{i=1}^{n} X_i^2 - \overline{X}^2 = \dfrac{1}{n} \sum_{i=1}^{n} (X_i - \overline{X})^2 = B_2. \end{cases}$$

例 7.4　设总体 X 服从区间 $[a,b]$ 上的均匀分布,其中参数 a,b 未知,从总体中抽取样本 $X_1, X_2, \cdots, X_n$,求参数 a,b 的矩估计量.

解　由于

$$\begin{cases} E(X) = \dfrac{a+b}{2}, \\ E(X^2) = D(X) + [E(X)]^2 = \dfrac{(b-a)^2}{12} + \left(\dfrac{a+b}{2}\right)^2, \end{cases}$$

因此建立方程组

$$\begin{cases} \overline{X} = \dfrac{a+b}{2}, \\ \dfrac{1}{n} \sum_{i=1}^{n} X_i^2 = \dfrac{(b-a)^2}{12} + \left(\dfrac{a+b}{2}\right)^2, \end{cases}$$

解上述方程组得 a 和 b 的矩估计量为

$$\begin{cases} \hat{a} = \overline{X} - \sqrt{\dfrac{3}{n} \sum_{i=1}^{n} (X_i - \overline{X})^2}, \\ \hat{b} = \overline{X} + \sqrt{\dfrac{3}{n} \sum_{i=1}^{n} (X_i - \overline{X})^2}. \end{cases}$$

例 7.5　设总体 X 的概率密度为

$$f(x;\theta) = \frac{1}{2\theta} e^{-\frac{|x|}{\theta}} \quad (-\infty < x < +\infty, \ \theta > 0),$$

$X_1, X_2, \cdots, X_n$ 为总体 X 的样本,求参数 θ 的矩估计量.

解　由于 $f(x;\theta)$ 只含有一个未知参数 θ,一般只需求出 $E(X)$ 便可得到 θ 的矩估计量.但是

$$E(X) = \int_{-\infty}^{+\infty} x \cdot \frac{1}{2\theta} e^{-\frac{|x|}{\theta}} \mathrm{d}x = 0,$$

即 $E(X)$ 不含有 θ,故由此不能得到 θ 的矩估计量.而

$$E(X^2) = \int_{-\infty}^{+\infty} x^2 \cdot \frac{1}{2\theta} e^{-\frac{|x|}{\theta}} \mathrm{d}x = \int_{0}^{+\infty} x^2 \cdot \frac{1}{\theta} e^{-\frac{x}{\theta}} \mathrm{d}x = 2\theta^2,$$

因此建立方程

$$\frac{1}{n} \sum_{i=1}^{n} X_i^2 = 2\theta^2,$$

解方程即可得 θ 的矩估计量为

$$\hat{\theta} = \sqrt{\frac{1}{2n} \sum_{i=1}^{n} X_i^2}.$$

三、最大似然估计法

最大似然估计法最初是由德国数学家高斯于 1821 年提出的,英国统计学家费希尔作了进一步研究,使之成为数理统计中应用最广泛的方法之一.

为了叙述最大似然估计法的基本思想,先看两个例子.

例 7.6 某位同学与一位猎人一起外出打猎,一只野兔从前方窜过,一声枪响后野兔应声倒下. 因为只发一枪便打中野兔,猎人打中野兔的概率一般大于这位同学打中野兔的概率,所以认为野兔是猎人打中的.

例 7.7 设有外形完全相同的两个箱子,甲箱中有 99 个白球和 1 个黑球,乙箱中有 99 个黑球和 1 个白球. 现在从这两个箱子中任取一个箱子,要估计所取得的这个箱中白球数与黑球数之比 θ 是 99 还是 $\frac{1}{99}$. 为了估计 θ,允许从这个箱子中任意抽取一个球,如果取出的是白球,应取 θ 的估计值 $\hat{\theta}$ 为多少?

解 从甲箱中取出白球的概率 $P(白球 \mid 甲箱) = \frac{99}{100}$,从乙箱中取出白球的概率 $P(白球 \mid 乙箱) = \frac{1}{100}$. 由此可见,从甲箱中取出白球的概率远大于从乙箱中取出白球的概率. 现在既然在一次抽样中取出白球,很自然地会认为是从取出白球概率较大的甲箱中抽取的,也就是说,应取 θ 的估计值 $\hat{\theta} = 99$.

上述这两个例子所做出的推断已经体现了最大似然估计法的基本思想.

一般来说,事件 A 发生的概率 $P(A)$ 与参数 θ 有关($\theta \in \Theta$,其中 Θ 表示参数 θ 所有可能取值组成的集合),θ 取值不同,则 $P(A)$ 也不同,因而应记事件 A 发生的概率为 $P(A;\theta)$. 若 A 发生了,则认为此时 θ 的值应是 Θ 中使 $P(A;\theta)$ 达到最大的那一个. 这就是最大似然估计法的基本思想,它用到"概率最大的事件最可能发生"的直观想法.

若总体 X 为离散型,其分布律 $P\{X=x\} = p(x;\theta)$ ($\theta \in \Theta$) 的形式为已知,θ 为待估参数,Θ 是 θ 可能取值的范围,则样本 $X_1, X_2, \cdots, X_n$ 的联合分布律为

$$\prod_{i=1}^{n} p(x_i;\theta).$$

又设 $x_1, x_2, \cdots, x_n$ 是 $X_1, X_2 \cdots, X_n$ 的一个样本值,易知 $X_1, X_2, \cdots, X_n$ 取值 $x_1, x_2, \cdots, x_n$ 的概率,亦即事件 $\{X_1=x_1, X_2=x_2, \cdots, X_n=x_n\}$ 发生的概率为

$$L(\theta) = L(x_1, x_2, \cdots, x_n, \theta) = \prod_{i=1}^{n} p(x_i;\theta), \quad \theta \in \Theta. \tag{7.1}$$

这一概率随着 θ 的取值而变化,因此 $L(\theta)$ 是 θ 的函数,称之为基于数据 $x_1, x_2, \cdots, x_n$ 的似然函数,简称为似然函数.

根据最大似然估计法的思想:固定 $x_1, x_2, \cdots, x_n$,挑选使似然函数 $L(\theta)$ 达到最大的

参数值 $\hat{\theta}$ 作为 θ 的估计值,即取 $\hat{\theta}$ 使得

$$L(x_1, x_2, \cdots, x_n, \hat{\theta}) = \max_{\theta \in \Theta} L(x_1, x_2, \cdots, x_n, \theta). \qquad (7.2)$$

这样得到的 $\hat{\theta}$ 与样本值 $x_1, x_2, \cdots, x_n$ 有关,常记为 $\hat{\theta}(x_1, x_2, \cdots, x_n)$,称为参数 θ 的最大似然估计值,而相应的统计量 $\hat{\theta}(X_1, X_2, \cdots, X_n)$ 称为参数 θ 的最大似然估计量.

若总体 X 为连续型,其概率密度 $f(x; \theta)$ $(\theta \in \Theta)$ 的形式已知,θ 为待估参数,则样本 $X_1, X_2, \cdots, X_n$ 的联合概率密度为

$$\prod_{i=1}^{n} f(x_i; \theta).$$

设 $x_1, x_2, \cdots, x_n$ 是相应于样本 $X_1, X_2, \cdots, X_n$ 的一个样本值,则随机点 $(X_1, X_2, \cdots, X_n)$ 落在 $(x_1, x_2, \cdots, x_n)$ 的邻域(边长分别为 $\mathrm{d}x_1, \mathrm{d}x_2, \cdots, \mathrm{d}x_n$ 的 n 维立方体)内的概率近似地为

$$\prod_{i=1}^{n} f(x_i; \theta) \mathrm{d}x_i, \qquad (7.3)$$

其值随 θ 的取值变化而变化. 这时取 θ 的估计值 $\hat{\theta}$ 使概率(7.3)取到最大值,但因子 $\prod_{i=1}^{n} \mathrm{d}x_i$ 和 θ 无关,故只需考虑函数

$$L(\theta) = L(x_1, x_2, \cdots, x_n, \theta) = \prod_{i=1}^{n} f(x_i; \theta) \quad (\theta \in \Theta) \qquad (7.4)$$

的最大值,这里 $L(\theta)$ 称为似然函数. 若

$$L(x_1, x_2, \cdots, x_n, \hat{\theta}) = \max_{\theta \in \Theta} L(x_1, x_2, \cdots, x_n, \theta), \qquad (7.5)$$

则称 $\hat{\theta}(x_1, x_2, \cdots, x_n)$ 为 θ 的最大似然估计值,称 $\hat{\theta}(X_1, X_2, \cdots, X_n)$ 为参数 θ 的最大似然估计量.

两点说明:

(1) 在求似然函数 $L(\theta)$ 的最大值点时,如果 $L(\theta)$ 可微,则 $\hat{\theta}$ 常可以从方程

$$\frac{\mathrm{d}L(\theta)}{\mathrm{d}\theta} = 0$$

解得. 注意到 $\ln x$ 是 x 的增函数,$\ln L(\theta)$ 与 $L(\theta)$ 在 θ 的同一个值处各自达到最大值,为计算方便,往往对似然函数求对数得到 $\ln L(\theta)$,称 $\ln L(\theta)$ 为对数似然函数. 通过求解对数似然方程

$$\frac{\mathrm{d}\ln L(\theta)}{\mathrm{d}\theta} = 0,$$

可以得到 θ 的最大似然估计值.

若总体中包含 k 个未知参数 $\theta_1, \theta_2, \cdots, \theta_k$,此时似然函数为 $L(\theta_1, \theta_2, \cdots, \theta_k)$,令

$$\frac{\partial L}{\partial \theta_i} = 0, \quad i = 1, 2, \cdots, k,$$

或

$$\frac{\partial \ln L}{\partial \theta_i} = 0, \quad i = 1, 2, \cdots, k,$$

解上述方程组求得 $\theta_1,\theta_2,\cdots,\theta_k$ 的最大似然估计值.

（2）若用上述求导方法行不通,这时我们要根据最大似然估计法的基本思想求参数的最大似然估计.

例 7.8 设总体 $X\sim B(1,p)$,其中参数 p 未知,从总体中抽取样本 $X_1,X_2,\cdots,X_n$,试求参数 p 的最大似然估计量.

解 设 $x_1,x_2,\cdots,x_n$ 是相应于样本 $X_1,X_2,\cdots,X_n$ 的一个样本值. 总体 X 的分布律为

$$P\{X=x\}=p^x(1-p)^{1-x},\quad x=0,1,$$

故似然函数为

$$L(p)=\prod_{i=1}^{n}p^{x_i}(1-p)^{1-x_i}=p^{\sum\limits_{i=1}^{n}x_i}(1-p)^{n-\sum\limits_{i=1}^{n}x_i},$$

对数似然函数为

$$\ln L(p)=\sum_{i=1}^{n}x_i\ln p+\left(n-\sum_{i=1}^{n}x_i\right)\ln(1-p).$$

对上式关于 p 求导并令其为 0,得对数似然方程

$$\frac{\mathrm{d}\ln L(p)}{\mathrm{d}p}=\frac{\sum\limits_{i=1}^{n}x_i}{p}-\frac{n-\sum\limits_{i=1}^{n}x_i}{1-p}=0,$$

解得 p 的最大似然估计值为

$$\hat{p}=\frac{1}{n}\sum_{i=1}^{n}x_i=\bar{x},$$

p 的最大似然估计量为

$$\hat{p}=\frac{1}{n}\sum_{i=1}^{n}X_i=\bar{X}.$$

例 7.9 设总体 $X\sim N(\mu,\sigma^2)$,其中参数 μ,σ^2 未知,从总体中抽取样本 $X_1,X_2,\cdots,X_n$,试求 μ,σ^2 的最大似然估计量.

解 设 $x_1,x_2,\cdots,x_n$ 是相应于样本 $X_1,X_2,\cdots,X_n$ 的一个样本值,总体 X 的概率密度为

$$f(x;\mu,\sigma^2)=\frac{1}{\sqrt{2\pi}\,\sigma}\mathrm{e}^{-\frac{(x-\mu)^2}{2\sigma^2}}\quad(-\infty<x<+\infty),$$

似然函数为

$$L(\mu,\sigma^2)=\prod_{i=1}^{n}\frac{1}{\sqrt{2\pi}\,\sigma}\mathrm{e}^{-\frac{(x_i-\mu)^2}{2\sigma^2}}$$

$$=(2\pi)^{-\frac{n}{2}}(\sigma^2)^{-\frac{n}{2}}\exp\left(-\frac{\sum\limits_{i=1}^{n}(x_i-\mu)^2}{2\sigma^2}\right),$$

于是对数似然函数为

$$\ln L(\mu,\sigma^2)=-\frac{n}{2}\ln(2\pi)-\frac{n}{2}\ln\sigma^2-\frac{1}{2\sigma^2}\sum_{i=1}^{n}(x_i-\mu)^2.$$

对上式关于 μ 和 σ^2 求偏导并令其为 0,得方程组

$$\begin{cases} \dfrac{\partial \ln L}{\partial \mu} = \dfrac{1}{\sigma^2}\Big(\sum_{i=1}^{n} x_i - n\mu \Big) = 0, \\ \dfrac{\partial \ln L}{\partial \sigma^2} = -\dfrac{n}{2\sigma^2} + \dfrac{1}{2(\sigma^2)^2} \sum_{i=1}^{n} (x_i - \mu)^2 = 0, \end{cases}$$

解得 μ 和 σ^2 的最大似然估计值为

$$\begin{cases} \hat{\mu} = \dfrac{1}{n} \sum_{i=1}^{n} x_i = \bar{x}, \\ \hat{\sigma}^2 = \dfrac{1}{n} \sum_{i=1}^{n} (x_i - \bar{x})^2. \end{cases}$$

故 μ 和 σ^2 的最大似然估计量为

$$\begin{cases} \hat{\mu} = \dfrac{1}{n} \sum_{i=1}^{n} X_i = \overline{X}, \\ \hat{\sigma}^2 = \dfrac{1}{n} \sum_{i=1}^{n} (X_i - \overline{X})^2. \end{cases}$$

典型例题
讲解 10

例 7.10 设总体 $X \sim U(a,b)$，其中参数 a,b 未知，从总体中抽取样本 $X_1, X_2, \cdots,$ X_n，求参数 a,b 的最大似然估计量.

解 设 $x_1, x_2, \cdots, x_n$ 是相应于样本 $X_1, X_2, \cdots, X_n$ 的样本值. 总体 X 的概率密度为

$$f(x;a,b) = \begin{cases} \dfrac{1}{b-a}, & a \le x \le b, \\ 0, & \text{其他}, \end{cases}$$

似然函数为

$$L(a,b) = \begin{cases} \dfrac{1}{(b-a)^n}, & a \le x_1, x_2, \cdots, x_n \le b, \\ 0, & \text{其他}, \end{cases}$$

于是对数似然函数为

$$\ln L(a,b) = \ln \dfrac{1}{(b-a)^n} = -n \ln(b-a), \quad a \le x_1, x_2, \cdots, x_n \le b.$$

对上式关于 a 和 b 求偏导并令其为 0，得方程组

$$\begin{cases} \dfrac{\partial \ln L(a,b)}{\partial a} = \dfrac{n}{b-a} = 0, \\ \dfrac{\partial \ln L(a,b)}{\partial b} = \dfrac{-n}{b-a} = 0, \end{cases}$$

该方程组不能求解.

下面根据最大似然估计法的基本思想求参数 a,b 的最大似然估计. 令

$$x_{(1)} = \min\{x_1, x_2, \cdots, x_n\}, \quad x_{(n)} = \max\{x_1, x_2, \cdots, x_n\},$$

由于 $a \le x_1, x_2, \cdots, x_n \le b$ 等价于 $a \le x_{(1)} \le x_{(n)} \le b$，所以

$$L(a,b) = \begin{cases} \dfrac{1}{(b-a)^n}, & a \le x_{(1)} \le x_{(n)} \le b, \\ 0, & \text{其他}. \end{cases}$$

欲使 $L(a,b)$ 达到最大值,需要 a 尽可能大,b 尽可能小. 取 $\hat{a}=x_{(1)}$,$\hat{b}=x_{(n)}$,则对满足 $a \leqslant x_{(1)} \leqslant x_{(n)} \leqslant b$ 的一切 a,b 都有

$$\frac{1}{(b-a)^n} \leqslant \frac{1}{(x_{(n)}-x_{(1)})^n},$$

故 $\hat{a}=x_{(1)}$,$\hat{b}=x_{(n)}$ 分别是 a,b 的最大似然估计值. a,b 的最大似然估计量为

$$\hat{a}=X_{(1)}=\min_{1 \leqslant i \leqslant n} X_i, \quad \hat{b}=X_{(n)}=\max_{1 \leqslant i \leqslant n} X_i.$$

例 7.11 设总体 X 的分布律为

X	0	1	2
p	θ	$1-2\theta$	θ

其中 $0<\theta<\dfrac{1}{2}$ 为未知参数. 今对 X 进行观测,得到 $X_1,X_2,\cdots,X_6$ 的样本值为

$$0, \quad 1, \quad 2, \quad 0, \quad 2, \quad 1.$$

求 θ 的最大似然估计值.

解 似然函数为

$$L(\theta)=P\{X_1=0,X_2=1,X_3=2,X_4=0,X_5=2,X_6=1\}$$
$$=\theta \cdot (1-2\theta) \cdot \theta \cdot \theta \cdot \theta \cdot (1-2\theta)=\theta^4(1-2\theta)^2,$$

对数似然函数为

$$\ln L(\theta)=4\ln \theta + 2\ln(1-2\theta).$$

令

$$\frac{\mathrm{d}\ln L(\theta)}{\mathrm{d}\theta}=\frac{4}{\theta}-\frac{4}{1-2\theta}=0,$$

得 θ 的最大似然估计值为

$$\hat{\theta}=\frac{1}{3}.$$

最大似然估计量具有下述性质:

设 $\hat{\theta}$ 是 θ 的最大似然估计量,$u(\theta)$ 是 θ 的函数,且有单值反函数 $\theta=\theta(u)$,则 $\hat{u}=u(\hat{\theta})$ 是 $u(\theta)$ 的最大似然估计量.

例如,在正态总体 $N(\mu,\sigma^2)$ 中,σ^2 的最大似然估计量为 $\hat{\sigma^2}=\dfrac{1}{n}\displaystyle\sum_{i=1}^{n}(X_i-\overline{X})^2$,$\sigma=\sqrt{\sigma^2}$ 是 σ^2 的单值函数,且具有单值反函数,故 σ 的最大似然估计量为

$$\hat{\sigma}=\sqrt{\frac{1}{n}\sum_{i=1}^{n}(X_i-\overline{X})^2}.$$

类似地,$\ln \sigma$ 的最大似然估计量为

$$\ln \hat{\sigma}=\ln \sqrt{\frac{1}{n}\sum_{i=1}^{n}(X_i-\overline{X})^2}.$$

例 7.12(续例 7.5) 求参数 θ 的最大似然估计量.

解 设 $x_1, x_2, \cdots, x_n$ 是相应于样本 $X_1, X_2, \cdots, X_n$ 的一个样本值,则似然函数为

$$L(\theta) = \prod_{i=1}^{n} \frac{1}{2\theta} e^{-\frac{|x_i|}{\theta}} = \frac{1}{2^n \theta^n} e^{-\frac{\sum\limits_{i=1}^{n} |x_i|}{\theta}},$$

于是对数似然函数为

$$\ln L(\theta) = -n\ln 2 - n\ln \theta - \frac{\sum\limits_{i=1}^{n} |x_i|}{\theta}.$$

对上式关于 θ 求导并令其为 0,得似然方程

$$\frac{\mathrm{d} \ln L(\theta)}{\mathrm{d}\theta} = -\frac{n}{\theta} + \frac{\sum\limits_{i=1}^{n} |x_i|}{\theta^2} = 0,$$

解得 θ 的最大似然估计值为

$$\hat{\theta} = \frac{1}{n} \sum_{i=1}^{n} |x_i|,$$

θ 的最大似然估计量为

$$\hat{\theta} = \frac{1}{n} \sum_{i=1}^{n} |X_i|.$$

§7.2 点估计量的优良性标准

对于同一个未知参数,不同的方法得到的点估计量可能是不同的,因此我们要从中选取"好"的估计量,就需要有评价点估计量优良性的标准. 下面介绍常用而又重要的三种优良性标准.

1. 无偏性

定义 7.1 设 $\hat{\theta} = \hat{\theta}(X_1, X_2, \cdots, X_n)$ 是总体分布中未知参数 θ 的点估计量,如果

$$E(\hat{\theta}) = \theta, \quad \theta \in \Theta, \tag{7.6}$$

则称 $\hat{\theta} = \hat{\theta}(X_1, X_2, \cdots, X_n)$ 是 θ 的无偏估计量.

若 $E(\hat{\theta}) \neq \theta$,则称 $\hat{\theta}$ 是 θ 的有偏估计量,并称 $E(\hat{\theta}) - \theta$ 是 $\hat{\theta}$ 作为 θ 的估计的偏差.

如果 $\lim\limits_{n\to\infty} E(\hat{\theta}) = \theta$,则称 $\hat{\theta}$ 为 θ 的渐近无偏估计量.

例 7.13 设总体 X 的期望 $E(X) = \mu$,方差 $D(X) = \sigma^2$,从 X 中抽取样本 $X_1, X_2, \cdots, X_n$,试判断:

(1) 样本均值 $\overline{X}$ 是否是总体均值 μ 的无偏估计量?

(2) 二阶样本中心矩 B_2 和样本方差 S^2 是否是总体方差 σ^2 的无偏估计量? 如果不是 σ^2 的无偏估计量,是否是渐近无偏估计量?

解 (1) 由性质 6.1 知,$E(\overline{X}) = \mu$,因此 $\overline{X}$ 是总体均值 μ 的无偏估计量.

（2）由性质 6.1 知

$$E(S^2)=\sigma^2, \quad E(B_2)=\frac{n-1}{n}\sigma^2,$$

故 S^2 是 σ^2 的无偏估计量，B_2 不是 σ^2 的无偏估计量.

由于 $\lim\limits_{n\to\infty}E(B_2)=\sigma^2$，故 B_2 是 σ^2 的渐近无偏估计量.

例 7.14 设总体 X 的概率密度为

$$f(x;\theta)=\begin{cases}\dfrac{1}{\theta}\mathrm{e}^{-\frac{x}{\theta}}, & x>0,\\[2mm] 0, & x\le 0,\end{cases}$$

典型例题
讲解 11

其中参数 $\theta>0$ 未知，从总体中抽取样本 $X_1,X_2,\cdots,X_n$，试证：点估计量 $\overline{X}$ 与 $n\min\{X_1,X_2,\cdots,X_n\}$ 都是 θ 的无偏估计量.

证明 由于 $E(\overline{X})=E(X)=\theta$，因此 $\overline{X}$ 是 θ 的无偏估计量. 令 $Z=\min\{X_1,X_2,\cdots,X_n\}$，则

$$\begin{aligned}F_Z(z)&=1-P\{X_1>z,X_2>z,\cdots,X_n>z\}\\ &=1-[1-F(z)]^n=1-\mathrm{e}^{-\frac{nz}{\theta}}, \quad z>0,\end{aligned}$$

可得

$$f_Z(z)=\begin{cases}\dfrac{n}{\theta}\mathrm{e}^{-\frac{nz}{\theta}}, & z>0,\\[2mm] 0, & z\le 0.\end{cases}$$

所以 $Z\sim E\left(\dfrac{n}{\theta}\right)$，且 $E(Z)=\dfrac{\theta}{n}$，$E(nZ)=\theta$，故 $nZ=n\min\{X_1,X_2,\cdots,X_n\}$ 是 θ 的无偏估计量.

由此可见，一个未知参数可以有不同的无偏估计量.

2. 有效性

无偏估计量的数学期望是被估参数，但它的估计值有可能偏离被估参数较远，并且同一总体参数的无偏估计量不是唯一的. 这时就需要在无偏估计量中挑选其取值波动较小的估计量，也就是说方差较小的估计量.

定义 7.2 设 $\hat{\theta}_1,\hat{\theta}_2$ 都是总体未知参数 θ 的无偏估计量，若 $D(\hat{\theta}_1)<D(\hat{\theta}_2)$，则称无偏估计量 $\hat{\theta}_1$ 比 $\hat{\theta}_2$ 更有效.

例 7.15 比较例 7.14 中 $\overline{X}$ 和 $n\min\{X_1,X_2,\cdots,X_n\}$ 两个无偏估计量，哪个更有效？

解 由于

$$D(\overline{X})=\frac{D(X)}{n}=\frac{\theta^2}{n}, \quad D(n\min\{X_1,X_2,\cdots,X_n\})=\theta^2,$$

且

$$\frac{\theta^2}{n}<\theta^2 \quad (n\ge 2),$$

所以，$\overline{X}$ 比 $n\min\{X_1,X_2,\cdots,X_n\}$ 更有效.

3. 一致性(相合性)

前面我们讲的无偏性和有效性都是在样本容量 n 固定的前提下提出的. 在样本容量一定的条件下,我们不可能要求估计量完全等同于参数的真实取值. 但是当样本容量 n 较大时,我们完全可以要求估计量随着样本容量 n 的增大而逼近参数的真实取值,这就是一致性.

定义 7.3　设 $\hat{\theta}=\hat{\theta}(X_1,X_2,\cdots,X_n)$ 是总体参数 θ 的估计量,若对于任意的 $\theta\in\Theta$,当 $n\to\infty$ 时,$\hat{\theta}$ 依概率收敛于 θ,即对任意 $\varepsilon>0$,

$$\lim_{n\to\infty}P\{|\hat{\theta}-\theta|<\varepsilon\}=1,$$

则称 $\hat{\theta}$ 是 θ 的一致估计量(相合估计量).

例 7.16　设总体 X 分布任意,且 $E(X)=\mu,D(X)=\sigma^2$,证明:样本均值 $\overline{X}$ 是总体均值 μ 的一致估计量.

证明　因为样本 $X_1,X_2,\cdots,X_n$ 相互独立,且与 X 同分布,故有

$$E(X_i)=\mu,\quad D(X_i)=\sigma^2,\quad i=1,2,\cdots,n.$$

由切比雪夫大数定律知

$$\lim_{n\to\infty}P\left\{\left|\frac{1}{n}\sum_{i=1}^{n}X_i-\mu\right|<\varepsilon\right\}=1,$$

即 $\overline{X}$ 是 μ 的一致估计量.

§7.3　区间估计

在第一节我们给出了参数的点估计方法,该方法利用样本给出未知参数的具体数值,但只是一个近似值,并没有反映出这个近似值的误差和可信度. 本节介绍的参数区间估计正好弥补了点估计的这个缺陷,即给出一个随机区间,并指出以多大可信度包含未知参数的真值.

譬如,在估计湖中鱼数的问题中,若根据一个实际样本得到鱼数 N 的最大似然估计值为 1 000 条,实际上,N 的真值可能大于 1 000 条,也有可能小于 1 000 条. 若能给出一个区间,在此区间内我们合理地相信 N 的真值位于其中(图 7.1),这样对鱼数的估计就很有把握了. 也就是

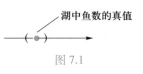

图 7.1

说,我们希望确定一个区间,使我们能以较高的可靠程度相信它包含未知参数的真值.

这里所说的"可靠程度"是用概率来度量的,称为置信概率、置信度或置信水平. 习惯上把置信水平记作 $1-\alpha$,这里 α 是一个很小的正数,置信水平的大小是根据实际需要来确定的. 下面我们给出置信区间的定义.

定义 7.4　设总体 X 的分布函数为 $F(x;\theta)$,θ 为总体 X 的未知参数,从总体 X 中抽取样本 $X_1,X_2,\cdots,X_n$. 给定 $\alpha\in(0,1)$,如果有两个统计量 $\hat{\theta}_1=\hat{\theta}_1(X_1,X_2,\cdots,X_n)$ 和 $\hat{\theta}_2=\hat{\theta}_2(X_1,X_2,\cdots,X_n)$,使得

$$P\{\hat{\theta}_1<\theta<\hat{\theta}_2\}\geq 1-\alpha, \tag{7.7}$$

则称 $(\hat{\theta}_1,\hat{\theta}_2)$ 为参数 θ 的置信水平为 $1-\alpha$ 的**双侧置信区间**或**置信区间**, $1-\alpha$ 称为置信区间的**置信水平**或**置信度**, $\hat{\theta}_1,\hat{\theta}_2$ 分别为参数 θ 的置信水平为 $1-\alpha$ 的**置信下限**和**置信上限**.

关于定义 7.4 的三点说明：

（1）被估计参数 θ 虽然未知, 但它是一个常数, 不具有随机性, 而区间 $(\hat{\theta}_1,\hat{\theta}_2)$ 是随机的. 故 $P\{\hat{\theta}_1<\theta<\hat{\theta}_2\}\geq 1-\alpha$ 是指随机区间 $(\hat{\theta}_1,\hat{\theta}_2)$ 以 $1-\alpha$ 的概率包含了未知参数 θ 的真实值, 不能说 θ 以 $1-\alpha$ 的概率落入 $(\hat{\theta}_1,\hat{\theta}_2)$.

（2）区间长度 $\hat{\theta}_2-\hat{\theta}_1$ 描述了估计的精度, 置信水平 $1-\alpha$ 描述了估计的可靠性. 一般我们要求估计的精度要尽可能地高, 置信水平尽可能地大. 但是, 可靠性越高, 从而估计的精度也越差；反之, 提高估计的精度会增大不包含 θ 的真实值的概率.

（3）对于给定的 α, 当总体 X 是连续型随机变量时, 可以按照要求找出 $\hat{\theta}_1,\hat{\theta}_2$, 使得 $P\{\hat{\theta}_1<\theta<\hat{\theta}_2\}=1-\alpha$. 但当 X 为离散型随机变量时, 很难恰好使得 $P\{\hat{\theta}_1<\theta<\hat{\theta}_2\}=1-\alpha$. 这时我们只需寻找区间 $(\hat{\theta}_1,\hat{\theta}_2)$, 使得 $P\{\hat{\theta}_1<\theta<\hat{\theta}_2\}$ 尽量接近 $1-\alpha$.

那么, 在实际问题中如何寻找参数的置信区间？让我们看一个例子.

例 7.17 设 $X_1,X_2,\cdots,X_n$ 是来自 $N(\mu,\sigma^2)$ 的样本, 其中 μ 未知, $\sigma^2=0.1^2$. 如果样本观测值为

3.12,　2.85,　3.1,　3.08,　2.97,　3.02,　2.99,　3.19,

试求参数 μ 的置信水平为 $1-\alpha$ 的置信区间 $(\alpha=0.05)$.

解 由定理 6.2 可知 $\overline{X}$ 是 μ 的无偏估计量, 构造 μ 的置信区间, 即以 $\overline{X}$ 为中心, 找出对应于 $\alpha=0.05$ 的误差限, 也即 $(\overline{X}-\Delta,\overline{X}+\Delta)$, 这里 Δ 称为样本均值 $\overline{X}$ 的**抽样误差限**.

由定理 6.2 可知 $\overline{X}\sim N\left(\mu,\dfrac{\sigma^2}{n}\right)$. 因此

$$Z=\frac{\overline{X}-\mu}{\sigma/\sqrt{n}}\sim N(0,1),$$

且由图 7.2 易知

$$P\left\{-z_{\frac{\alpha}{2}}<\frac{\overline{X}-\mu}{\sigma/\sqrt{n}}<z_{\frac{\alpha}{2}}\right\}=1-\alpha,$$

即

$$P\left\{\overline{X}-\frac{\sigma}{\sqrt{n}}z_{\frac{\alpha}{2}}<\mu<\overline{X}+\frac{\sigma}{\sqrt{n}}z_{\frac{\alpha}{2}}\right\}=1-\alpha.$$

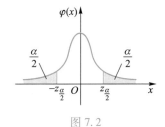

图 7.2

所以 μ 的置信水平为 $1-\alpha$ 的置信区间为

$$\left(\overline{X}-\frac{\sigma}{\sqrt{n}}z_{\frac{\alpha}{2}},\overline{X}+\frac{\sigma}{\sqrt{n}}z_{\frac{\alpha}{2}}\right). \tag{7.8}$$

由题意可知 $\sigma = 0.1, n = 8, \alpha = 0.05$, 查附表 2 可得 $z_{\frac{\alpha}{2}} = z_{0.025} = 1.96$, 即参数 μ 的置信水平为 0.95 的置信区间为

$$\left(\overline{X} - \frac{1.96 \times 0.1}{\sqrt{8}}, \overline{X} + \frac{1.96 \times 0.1}{\sqrt{8}} \right).$$

由样本值计算得 $\overline{x} = 3.04$, 所以

$$\hat{\mu}_1 = 3.04 - \frac{1.96 \times 0.1}{\sqrt{8}} = 2.97,$$

$$\hat{\mu}_2 = 3.04 + \frac{1.96 \times 0.1}{\sqrt{8}} = 3.11.$$

区间 $(2.97, 3.11)$ 是随机区间 $\left(\overline{X} - \frac{1.96 \times 0.1}{\sqrt{n}}, \overline{X} + \frac{1.96 \times 0.1}{\sqrt{n}} \right)$ 的一个实现. 称后者为 μ 的置信水平为 0.95 的置信区间, 是指这个区间包含 μ 真值的概率为 0.95. 至于一个具体的区间如 $(2.97, 3.11)$, 它已不具有随机性: 它要么包含 μ 的真值, 要么没有包含.

置信水平为 $1-\alpha$ 的置信区间并不唯一, 对例 7.17 来说, 若给定 $\alpha = 0.05$, 则又有

$$P\left\{ -z_{0.04} < \frac{\overline{X} - \mu}{\sigma/\sqrt{n}} < z_{0.01} \right\} = 0.95,$$

即

$$P\left\{ \overline{X} - \frac{\sigma}{\sqrt{n}} z_{0.01} < \mu < \overline{X} + \frac{\sigma}{\sqrt{n}} z_{0.04} \right\} = 0.95,$$

故

$$\left(\overline{X} - \frac{\sigma}{\sqrt{n}} z_{0.01}, \overline{X} + \frac{\sigma}{\sqrt{n}} z_{0.04} \right) \tag{7.9}$$

也是 μ 的置信水平为 0.95 的置信区间. 我们将两个置信区间相比较, 可知由 (7.8) 式确定的区间长度为 $\frac{2\sigma}{\sqrt{n}} z_{0.025} = 3.92 \cdot \frac{\sigma}{\sqrt{n}}$, 而由 (7.9) 式确定的区间长度为 $\frac{\sigma}{\sqrt{n}} (z_{0.04} + z_{0.01}) = 4.08 \cdot \frac{\sigma}{\sqrt{n}}$, 很显然前者要比后者短. 容易理解的是, 像正态分布 $N(0,1)$ 那样, 其概率密度曲线是单峰且对称的情况, 当 n 固定时, 在所有置信水平为 $1-\alpha$ 的置信区间中, 形如 (7.8) 式的区间的长度最短, 我们自然选用它.

由上例我们可以看出寻找参数 θ 的置信区间一般可通过下列三个步骤得到:

(1) 寻找样本的一个函数 $g(X_1, X_2, \cdots, X_n; \theta)$, 该函数称为枢轴量. 要求枢轴量包含待估参数 θ (不能含有其他任何未知参数), 分布函数已知且与 θ 无关. 在许多场合, 这个函数可以从未知参数的点估计经过一些变换获得.

(2) 对于给定的置信水平 $1-\alpha$, 确定常数 a, b 使得

$$P\{ a < g(X_1, X_2, \cdots, X_n; \theta) < b \} = 1-\alpha, \tag{7.10}$$

这里的常数 a 和 b 往往通过上 α 分位数得到.

(3) 利用不等式变形, 将 (7.10) 式改写为

$$P\{ \hat{\theta}_1(X_1, X_2, \cdots, X_n) < \theta < \hat{\theta}_2(X_1, X_2, \cdots, X_n) \} = 1-\alpha, \tag{7.11}$$

因此得到参数 θ 的置信水平为 $1-\alpha$ 的置信区间

$$(\hat{\theta}_1(X_1,X_2,\cdots,X_n),\hat{\theta}_2(X_1,X_2,\cdots,X_n)).$$

例 7.17 中的 $Z=\dfrac{\overline{X}-\mu}{\sigma/\sqrt{n}}$ 就是枢轴量.

下面给出正态总体参数的区间估计.

一、单个正态总体均值的区间估计

设 $X_1,X_2,\cdots,X_n$ 为总体 $N(\mu,\sigma^2)$ 的样本,其中 $\overline{X},S^2$ 分别为样本均值和样本方差,对给定的置信水平 $1-\alpha(0<\alpha<1)$,下面我们首先来研究参数 μ 的区间估计.

1. σ^2 已知时 μ 的置信区间

由例 7.17 可知,由于 $\overline{X}$ 是 μ 的无偏估计量,最常用的枢轴量为 $\dfrac{\overline{X}-\mu}{\sigma/\sqrt{n}}\sim N(0,1)$. 确定常数 a 和 b,使得

$$P\left\{a<\frac{\overline{X}-\mu}{\sigma/\sqrt{n}}<b\right\}=1-\alpha,$$

这里 a 和 b 的选取有很多种. 当 a 和 b 分别取 $-z_{\frac{\alpha}{2}}$ 和 $z_{\frac{\alpha}{2}}$ 时,置信水平为 $1-\alpha$ 的置信区间的长度最短(图 7.3),即

$$P\left\{-z_{\frac{\alpha}{2}}<\frac{\overline{X}-\mu}{\sigma/\sqrt{n}}<z_{\frac{\alpha}{2}}\right\}=1-\alpha.$$

不等式变形,即

$$P\left\{\overline{X}-\frac{\sigma}{\sqrt{n}}z_{\frac{\alpha}{2}}<\mu<\overline{X}+\frac{\sigma}{\sqrt{n}}z_{\frac{\alpha}{2}}\right\}=1-\alpha,$$

因此 μ 的置信水平为 $1-\alpha$ 的置信区间为

$$\left(\overline{X}-\frac{\sigma}{\sqrt{n}}z_{\frac{\alpha}{2}},\overline{X}+\frac{\sigma}{\sqrt{n}}z_{\frac{\alpha}{2}}\right). \tag{7.12}$$

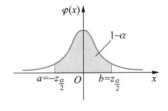

图 7.3

2. σ^2 未知时 μ 的置信区间

当 σ^2 未知时,不能用 $\dfrac{\overline{X}-\mu}{\sigma/\sqrt{n}}$ 作为枢轴量,因为其中含有未知参数 σ^2. 由性质 6.1 可知 $E(S^2)=\sigma^2$,即 S^2 是 σ^2 的无偏估计量,用 S^2 代替 σ^2,由定理 6.2 可知

$$\frac{\overline{X}-\mu}{S/\sqrt{n}}\sim t(n-1),$$

取 $\dfrac{\overline{X}-\mu}{S/\sqrt{n}}$ 为枢轴量. 由于 t 分布的概率密度曲线是单峰对称的,故选取常数 $a=-t_{\frac{\alpha}{2}}(n-1),b=t_{\frac{\alpha}{2}}(n-1)$,于是

$$P\left\{-t_{\frac{\alpha}{2}}(n-1)<\frac{\overline{X}-\mu}{S/\sqrt{n}}<t_{\frac{\alpha}{2}}(n-1)\right\}=1-\alpha,$$

即

$$P\left\{\overline{X}-\frac{S}{\sqrt{n}}t_{\frac{\alpha}{2}}(n-1)<\mu<\overline{X}+\frac{S}{\sqrt{n}}t_{\frac{\alpha}{2}}(n-1)\right\}=1-\alpha,$$

故 μ 的置信水平为 $1-\alpha$ 的置信区间为

$$\left(\overline{X}-\frac{S}{\sqrt{n}}t_{\frac{\alpha}{2}}(n-1),\overline{X}+\frac{S}{\sqrt{n}}t_{\frac{\alpha}{2}}(n-1)\right). \tag{7.13}$$

例 7.18 为研究某种汽车轮胎的磨耗,随机地选取 16 只轮胎,每只轮胎行驶到磨坏为止,记录所行驶的路程(单位:km)如下:

41 250, 40 187, 43 175, 41 010, 39 265, 41 872, 42 654, 41 287,

38 970, 40 200, 42 550, 41 095, 40 680, 43 500, 39 775, 40 400.

假设这些数据来自正态总体 $N(\mu,\sigma^2)$,其中 μ,σ^2 未知. 试求 μ 的置信水平为 0.95 的置信区间.

解 σ^2 未知,故 μ 的置信区间为

$$\left(\overline{X}-\frac{S}{\sqrt{n}}t_{\frac{\alpha}{2}}(n-1),\overline{X}+\frac{S}{\sqrt{n}}t_{\frac{\alpha}{2}}(n-1)\right).$$

根据题意 $n-1=15,\alpha=0.05$,故查附表 3 得 $t_{0.025}(15)=2.131\ 5.$ 由样本值可算得

$$\overline{x}=41\ 116.88, \quad s=1\ 346.84,$$

故 μ 的置信水平为 0.95 的置信区间为

$$(40\ 399.18,41\ 834.57),$$

即估计汽车轮胎的磨耗在 40 399.18 与 41 834.57 之间,这个估计的可信程度为 95%.

上述置信区间的长度为

$$\left(\overline{X}+\frac{S}{\sqrt{n}}t_{\frac{\alpha}{2}}(n-1)\right)-\left(\overline{X}-\frac{S}{\sqrt{n}}t_{\frac{\alpha}{2}}(n-1)\right)=2\frac{S}{\sqrt{n}}t_{\frac{\alpha}{2}}(n-1).$$

因此,若以此区间内任一值作为 μ 的近似值,其误差不大于 $\frac{2S}{\sqrt{n}}t_{\frac{\alpha}{2}}(n-1)=1\ 435.40$,这个误差估计的可信程度为 95%.

下面再分别计算置信水平为 0.90 和 0.99 的置信区间.

当置信水平为 0.90 时,$\alpha=0.1,t_{\frac{\alpha}{2}}(15)=t_{0.05}(15)=1.753$,置信区间为

$$(40\ 526.62,41\ 707.13).$$

当置信水平为 0.99 时,$\alpha=0.01,t_{\frac{\alpha}{2}}(15)=t_{0.005}(15)=2.946\ 7$,置信区间为

$$(40\ 124.69,42\ 109.06).$$

当置信水平分别为 0.90,0.95,0.99 时,置信区间长度分别为 1 180.51,1 435.40,1 984.37. 可以看出置信水平越高,置信区间的长度越长,即估计的精度越低.

注 当枢轴量的概率密度曲线为单峰且对称情形时(图 7.4),取 $a=-b$ 可使求得

的置信区间长度为最短. 即使在枢轴量的概率密度曲线
不对称的情形, 如 χ^2 分布和 F 分布, 习惯上仍取概率对
称的上 α 分位数来计算未知参数的置信区间.

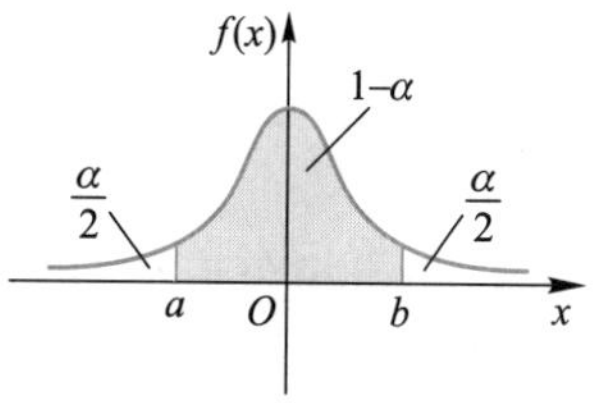

二、单个正态总体方差的区间估计

设总体 $X \sim N(\mu, \sigma^2)$, 从总体中抽取样本 $X_1, X_2, \cdots,$
X_n, 对于给定置信水平 $1-\alpha(0<\alpha<1)$, 我们来研究参数
σ^2 的区间估计.

1. μ 已知时 σ^2 的置信区间

由于 $X \sim N(\mu, \sigma^2)$, 故 $\sum\limits_{i=1}^{n}\left(\dfrac{X_i-\mu}{\sigma}\right)^2 \sim \chi^2(n)$, 取枢轴量为

$$\sum_{i=1}^{n}\frac{(X_i-\mu)^2}{\sigma^2}.$$

虽然 χ^2 分布的概率密度曲线不是对称的, 但我们仍选取 $a=\chi^2_{1-\frac{\alpha}{2}}(n)$, $b=\chi^2_{\frac{\alpha}{2}}(n)$
(图 7.5), 因此

$$P\left\{\chi^2_{1-\frac{\alpha}{2}}(n) < \sum_{i=1}^{n}\frac{(X_i-\mu)^2}{\sigma^2} < \chi^2_{\frac{\alpha}{2}}(n)\right\} = 1-\alpha,$$

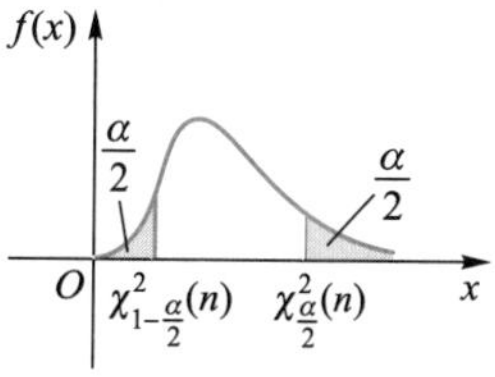

即

$$P\left\{\frac{\sum\limits_{i=1}^{n}(X_i-\mu)^2}{\chi^2_{\frac{\alpha}{2}}(n)} < \sigma^2 < \frac{\sum\limits_{i=1}^{n}(X_i-\mu)^2}{\chi^2_{1-\frac{\alpha}{2}}(n)}\right\} = 1-\alpha,$$

故 σ^2 的置信水平为 $1-\alpha$ 的置信区间为

$$\left(\frac{\sum\limits_{i=1}^{n}(X_i-\mu)^2}{\chi^2_{\frac{\alpha}{2}}(n)}, \frac{\sum\limits_{i=1}^{n}(X_i-\mu)^2}{\chi^2_{1-\frac{\alpha}{2}}(n)}\right), \tag{7.14}$$

σ 的置信水平为 $1-\alpha$ 的置信区间为

$$\left(\sqrt{\frac{\sum\limits_{i=1}^{n}(X_i-\mu)^2}{\chi^2_{\frac{\alpha}{2}}(n)}}, \sqrt{\frac{\sum\limits_{i=1}^{n}(X_i-\mu)^2}{\chi^2_{1-\frac{\alpha}{2}}(n)}}\right). \tag{7.15}$$

2. μ 未知时 σ^2 的置信区间

当 μ 未知时, 不能再用 $\sum\limits_{i=1}^{n}\dfrac{(X_i-\mu)^2}{\sigma^2}$ 作为枢轴量. 由 $E(\overline{X})=\mu$, 故用 $\overline{X}$ 代替 μ, 即取
枢轴量为

$$\sum_{i=1}^{n}\frac{(X_i-\overline{X})^2}{\sigma^2} = \frac{(n-1)S^2}{\sigma^2} \sim \chi^2(n-1).$$

同理, 选取 $a=\chi^2_{1-\frac{\alpha}{2}}(n-1)$, $b=\chi^2_{\frac{\alpha}{2}}(n-1)$,

$$P\left\{\chi^2_{1-\frac{\alpha}{2}}(n-1) < \frac{(n-1)S^2}{\sigma^2} < \chi^2_{\frac{\alpha}{2}}(n-1)\right\} = 1-\alpha,$$

图 7.4

图 7.5

即

$$P\left\{\frac{(n-1)S^2}{\chi^2_{\frac{\alpha}{2}}(n-1)}<\sigma^2<\frac{(n-1)S^2}{\chi^2_{1-\frac{\alpha}{2}}(n-1)}\right\}=1-\alpha,$$

因此 σ^2 的置信水平为 $1-\alpha$ 的置信区间为

$$\left(\frac{(n-1)S^2}{\chi^2_{\frac{\alpha}{2}}(n-1)},\frac{(n-1)S^2}{\chi^2_{1-\frac{\alpha}{2}}(n-1)}\right), \tag{7.16}$$

σ 的置信水平为 $1-\alpha$ 的置信区间为

$$\left(\frac{\sqrt{n-1}\,S}{\sqrt{\chi^2_{\frac{\alpha}{2}}(n-1)}},\frac{\sqrt{n-1}\,S}{\sqrt{\chi^2_{1-\frac{\alpha}{2}}(n-1)}}\right). \tag{7.17}$$

例 7.19　为考察某地区寿险投保人的年龄,从该地区寿险投保人中随机抽取 25 人组成一个样本,测得样本均值 $\bar{x}=39.5$ 岁,标准差 $s=7.8$ 岁. 假设投保人的年龄服从正态分布 $N(\mu,\sigma^2)$,求投保人总体标准差 σ 的置信水平为 0.95 的置信区间.

解　σ 的置信区间为

$$\left(\frac{\sqrt{n-1}\,S}{\sqrt{\chi^2_{\frac{\alpha}{2}}(n-1)}},\frac{\sqrt{n-1}\,S}{\sqrt{\chi^2_{1-\frac{\alpha}{2}}(n-1)}}\right).$$

已知 $n=25,s=7.8$. 当 $\alpha=0.05$ 时,查附表 4 可得 $\chi^2_{0.975}(24)=12.401,\chi^2_{0.025}(24)=39.364$,代入上式可得 σ 的置信水平为 0.95 的置信区间为

$$(6.09,10.85).$$

三、两个正态总体参数的区间估计

实际中常常遇到这样的问题,已知产品的某一质量指标服从正态分布,但由于进行了工艺改革,例如改变了原料的种类、更换了操作人员或更新了设备,引起总体均值、总体方差有所改变,为了要评估变化结果的好坏,这就需要考察两个正态总体均值差和方差比的估计问题.

设 $X_1,X_2,\cdots,X_{n_1}$ 为来自正态总体 $X\sim N(\mu_1,\sigma_1^2)$ 的样本,$Y_1,Y_2,\cdots,Y_{n_2}$ 为来自正态总体 $Y\sim N(\mu_2,\sigma_2^2)$ 的样本,且两个样本相互独立,

$$\bar{X}=\frac{1}{n_1}\sum_{i=1}^{n_1}X_i,\quad \bar{Y}=\frac{1}{n_2}\sum_{i=1}^{n_2}Y_i,$$

$$S_1^2=\frac{1}{n_1-1}\sum_{i=1}^{n_1}(X_i-\bar{X})^2,\quad S_2^2=\frac{1}{n_2-1}\sum_{i=1}^{n_2}(Y_i-\bar{Y})^2.$$

1. 两个正态总体均值差 $\mu_1-\mu_2$ 的区间估计

(1) σ_1^2,σ_2^2 已知时 $\mu_1-\mu_2$ 的置信区间

由于 $E(\bar{X})=\mu_1,E(\bar{Y})=\mu_2$,故 $E(\bar{X}-\bar{Y})=\mu_1-\mu_2$,且 $\bar{X}-\bar{Y}\sim N\left(\mu_1-\mu_2,\frac{\sigma_1^2}{n_1}+\frac{\sigma_2^2}{n_2}\right)$,因此选取枢轴量

$$\frac{\bar{X}-\bar{Y}-(\mu_1-\mu_2)}{\sqrt{\dfrac{\sigma_1^2}{n_1}+\dfrac{\sigma_2^2}{n_2}}}\sim N(0,1). \tag{7.18}$$

选取 $a=-z_{\frac{\alpha}{2}}, b=z_{\frac{\alpha}{2}}$,则有

$$P\left\{-z_{\frac{\alpha}{2}}<\frac{\overline{X}-\overline{Y}-(\mu_1-\mu_2)}{\sqrt{\dfrac{\sigma_1^2}{n_1}+\dfrac{\sigma_2^2}{n_2}}}<z_{\frac{\alpha}{2}}\right\}=1-\alpha,$$

即

$$P\left\{\overline{X}-\overline{Y}-z_{\frac{\alpha}{2}}\sqrt{\frac{\sigma_1^2}{n_1}+\frac{\sigma_2^2}{n_2}}<\mu_1-\mu_2<\overline{X}-\overline{Y}+z_{\frac{\alpha}{2}}\sqrt{\frac{\sigma_1^2}{n_1}+\frac{\sigma_2^2}{n_2}}\right\}=1-\alpha,$$

因此得 $\mu_1-\mu_2$ 的置信水平为 $1-\alpha$ 的置信区间为

$$\left(\overline{X}-\overline{Y}-z_{\frac{\alpha}{2}}\sqrt{\frac{\sigma_1^2}{n_1}+\frac{\sigma_2^2}{n_2}},\ \overline{X}-\overline{Y}+z_{\frac{\alpha}{2}}\sqrt{\frac{\sigma_1^2}{n_1}+\frac{\sigma_2^2}{n_2}}\right). \tag{7.19}$$

值得注意的是,当 n_1,n_2 较大(超过 30)时,若两个总体方差未知,可用 S_1^2 代替 σ_1^2,S_2^2 代替 σ_2^2,并证明

$$\frac{\overline{X}-\overline{Y}-(\mu_1-\mu_2)}{\sqrt{\dfrac{S_1^2}{n_1}+\dfrac{S_2^2}{n_2}}}\overset{\text{近似地}}{\sim}N(0,1),$$

因此可以给出 $\mu_1-\mu_2$ 的置信水平近似为 $1-\alpha$ 的置信区间为

$$\left(\overline{X}-\overline{Y}-z_{\frac{\alpha}{2}}\sqrt{\frac{S_1^2}{n_1}+\frac{S_2^2}{n_2}},\ \overline{X}-\overline{Y}+z_{\frac{\alpha}{2}}\sqrt{\frac{S_1^2}{n_1}+\frac{S_2^2}{n_2}}\right). \tag{7.20}$$

(2) $\sigma_1^2=\sigma_2^2=\sigma^2$ 未知时,$\mu_1-\mu_2$ 的置信区间

由定理 6.3 知,当 $\sigma_1^2=\sigma_2^2=\sigma^2$ 时,

$$\frac{\overline{X}-\overline{Y}-(\mu_1-\mu_2)}{S_w\sqrt{\dfrac{1}{n_1}+\dfrac{1}{n_2}}}\sim t(n_1+n_2-2), \tag{7.21}$$

其中 $S_w^2=\dfrac{(n_1-1)S_1^2+(n_2-1)S_2^2}{n_1+n_2-2},S_w=\sqrt{S_w^2}$.

取(7.21)式左边的函数为枢轴量,选取 $a=-t_{\frac{\alpha}{2}}(n_1+n_2-2),b=t_{\frac{\alpha}{2}}(n_1+n_2-2)$,易得 $\mu_1-\mu_2$ 的置信水平为 $1-\alpha$ 的置信区间为

$$\left(\overline{X}-\overline{Y}-t_{\frac{\alpha}{2}}(n_1+n_2-2)S_w\sqrt{\frac{1}{n_1}+\frac{1}{n_2}},\ \overline{X}-\overline{Y}+t_{\frac{\alpha}{2}}(n_1+n_2-2)S_w\sqrt{\frac{1}{n_1}+\frac{1}{n_2}}\right). \tag{7.22}$$

例 7.20 为了比较甲、乙两类试验田的收获量,随机抽取甲类试验田 8 块,乙类试验田 10 块,测得单位产量(单位:kg)如下:

甲类	510	628	583	615	554	612	530	525		
乙类	433	535	398	470	560	567	498	480	503	426

假定这两类试验田的单位产量都服从正态分布,且方差相同,求均值之差 $\mu_1-\mu_2$ 的置信水平为 0.95 的置信区间.

解 由题意,应以(7.22)式作为置信区间,$\alpha=0.05$,$n_1=8$,$n_2=10$,查附表 3 可得 $t_{0.025}(16)=2.119\,9$,由样本值计算得

$$\bar{x}=569.63,\quad s_1^2=2\,114.6,\quad \bar{y}=487,\quad s_2^2=3\,256.2,$$

$$s_w=\sqrt{\frac{(n_1-1)s_1^2+(n_2-1)s_2^2}{n_1+n_2-2}}=\sqrt{\frac{7\times2\,114.6+9\times3\,256.2}{16}}=52.50,$$

代入(7.22)式,即可得 $\mu_1-\mu_2$ 的置信水平为 0.95 的置信区间为(29.83,135.42).

2. 两个正态总体方差比 $\dfrac{\sigma_1^2}{\sigma_2^2}$ 的置信区间

仅讨论 μ_1,μ_2 未知的情况. 由定理 6.3 知

$$\frac{S_1^2/\sigma_1^2}{S_2^2/\sigma_2^2}\sim F(n_1-1,n_2-1),$$

取枢轴量 $\dfrac{S_1^2/\sigma_1^2}{S_2^2/\sigma_2^2}$. 对于给定的置信水平 $1-\alpha$,取

$$a=F_{1-\frac{\alpha}{2}}(n_1-1,n_2-1),$$
$$b=F_{\frac{\alpha}{2}}(n_1-1,n_2-1)(\text{图 7.6}),$$

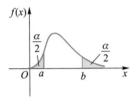

图 7.6

因此

$$P\left\{F_{1-\frac{\alpha}{2}}(n_1-1,n_2-1)<\frac{S_1^2/\sigma_1^2}{S_2^2/\sigma_2^2}<F_{\frac{\alpha}{2}}(n_1-1,n_2-1)\right\}=1-\alpha,$$

即

$$P\left\{\frac{S_1^2}{S_2^2}\frac{1}{F_{\frac{\alpha}{2}}(n_1-1,n_2-1)}<\frac{\sigma_1^2}{\sigma_2^2}<\frac{S_1^2}{S_2^2}\frac{1}{F_{1-\frac{\alpha}{2}}(n_1-1,n_2-1)}\right\}=1-\alpha.$$

于是,我们得到 $\dfrac{\sigma_1^2}{\sigma_2^2}$ 的置信水平为 $1-\alpha$ 的置信区间为

$$\left(\frac{S_1^2}{S_2^2}\frac{1}{F_{\frac{\alpha}{2}}(n_1-1,n_2-1)},\frac{S_1^2}{S_2^2}\frac{1}{F_{1-\frac{\alpha}{2}}(n_1-1,n_2-1)}\right). \tag{7.23}$$

例 7.21 一家商店销售的某种产品来自甲、乙两个厂家,为了考察产品性能的差异,现从两厂的产品中分别抽取了 8 件和 9 件,测定性能指标 X,得如下数据:

甲厂产品 X_1	0.30	0.12	0.18	0.25	0.27	0.08	0.19	0.13	
乙厂产品 X_2	0.28	0.30	0.11	0.14	0.26	0.14	0.31	0.20	0.35

假设测定结果服从正态分布 $X_i\sim N(\mu_i,\sigma_i^2)$ $(i=1,2)$. 求方差比 $\dfrac{\sigma_1^2}{\sigma_2^2}$ 和均值差 $\mu_1-\mu_2$ 的置信水平为 0.90 的置信区间,并对所得结果加以说明.

解 由样本值计算可得

$\bar{x}_1 = 0.190$，$s_1^2 = 0.078^2$，$\bar{x}_2 = 0.232$，$s_2^2 = 0.087^2$，$n_1 = 8$，$n_2 = 9$.

由于 $\alpha = 0.1$，查附表 5 可得

$$F_{\frac{\alpha}{2}}(n_1-1, n_2-1) = F_{0.05}(7,8) = 3.50,$$

$$F_{1-\frac{\alpha}{2}}(n_1-1, n_2-1) = F_{0.95}(7,8) = \frac{1}{F_{0.05}(8,7)} = \frac{1}{3.73},$$

因此 $\dfrac{\sigma_1^2}{\sigma_2^2}$ 的置信水平为 0.90 的置信区间为 $(0.23, 3.00)$. 可以看出，此区间包含 1，因此可以认为 $\sigma_1^2 = \sigma_2^2$.

构造 $\mu_1 - \mu_2$ 的置信区间，可代入 (7.22) 式，查附表 3 可得 $t_{0.05}(15) = 1.753\,1$，因此得 $\mu_1 - \mu_2$ 的置信水平为 0.90 的置信区间为 $(-0.112\,6, 0.028\,6)$. 由于此区间包含 0，因此可以认为 $\mu_1 = \mu_2$，即两个厂家产品的性能没有差异.

四、大样本情况下的区间估计

下面我们研究一下在样本容量 n 充分大时，比例 p 的置信区间.

设总体 $X \sim B(1, p)$，p 未知，从总体 X 中抽取样本容量为 n（n 充分大）的样本 X_1, $X_2, \cdots, X_n$，由独立同分布中心极限定理可知

$$\bar{X} \xrightarrow{\text{近似地}} N\left(p, \frac{p(1-p)}{n}\right),$$

即

$$\frac{\bar{X} - p}{\sqrt{p(1-p)/n}} \xrightarrow{\text{近似地}} N(0, 1).$$

选用上式为枢轴量，对于给定的置信水平 $1-\alpha$，选取 $a = -z_{\frac{\alpha}{2}}$，$b = z_{\frac{\alpha}{2}}$，则

$$P\left\{-z_{\frac{\alpha}{2}} < \frac{\bar{X} - p}{\sqrt{p(1-p)/n}} < z_{\frac{\alpha}{2}}\right\} \approx 1 - \alpha. \tag{7.24}$$

不等式等价于

$$(\bar{X} - p)^2 \leqslant z_{\frac{\alpha}{2}}^2 \frac{p(1-p)}{n},$$

记 $\lambda = z_{\frac{\alpha}{2}}^2$，上述不等式可变形为

$$\left(1 + \frac{\lambda}{n}\right)p^2 - \left(2\bar{X} + \frac{\lambda}{n}\right)p + \bar{X}^2 \leqslant 0.$$

易得根的判别式

$$\Delta = \left(2\bar{X} + \frac{\lambda}{n}\right)^2 - 4\left(1 + \frac{\lambda}{n}\right)\bar{X}^2 = \frac{4\lambda\bar{X}(1-\bar{X})}{n} + \frac{\lambda^2}{n^2} > 0,$$

可见相应的一元二次方程有两个不同实根，记为 $\hat{p}_1, \hat{p}_2 (\hat{p}_1 < \hat{p}_2)$，即

$$\hat{p}_1 = \frac{1}{1+\dfrac{\lambda}{n}}\left(\overline{X}+\frac{\lambda}{2n}-z_{\frac{\alpha}{2}}\sqrt{\frac{\overline{X}(1-\overline{X})}{n}+\frac{\lambda}{4n^2}}\right),$$

$$\hat{p}_2 = \frac{1}{1+\dfrac{\lambda}{n}}\left(\overline{X}+\frac{\lambda}{2n}+z_{\frac{\alpha}{2}}\sqrt{\frac{\overline{X}(1-\overline{X})}{n}+\frac{\lambda}{4n^2}}\right). \tag{7.25}$$

当 n 比较大时,通常省略 $\dfrac{\lambda}{n}$ 这一项,可得置信区间为

$$\left(\overline{X}-z_{\frac{\alpha}{2}}\sqrt{\frac{\overline{X}(1-\overline{X})}{n}},\overline{X}+z_{\frac{\alpha}{2}}\sqrt{\frac{\overline{X}(1-\overline{X})}{n}}\right). \tag{7.26}$$

例 7.22　随机调查了学校的 1 000 名学生,发现其中 651 个同学有手机. 计算该学校有手机的同学比例 p 的置信水平为 0.90 的置信区间.

解　由题意 $n=1\ 000, \overline{x}=\dfrac{651}{1\ 000}, \alpha=0.1. z_{\frac{\alpha}{2}}=z_{0.05}=1.645$,代入(7.26)式得 p 的置信区间为(0.626 2,0.675 8).

五、单侧置信区间

在前面我们讨论了未知参数 θ 的双侧置信区间 $(\hat{\theta}_1,\hat{\theta}_2)$,但在有些实际问题中,人们只关心未知参数 θ 在某个方向的界限. 例如灯泡的寿命、人均收入、生产率和射击命中率是越大越好,因此我们只关心这些数值的下限;而产品次品率、杂质含量、发生事故次数是越小越好,因此我们只关心这些数值的上限. 下面我们给出单侧置信区间的概念.

定义 7.5　设总体 X 的分布函数为 $F(x;\theta)$,θ 为总体 X 的未知函数,从总体中抽取样本容量为 n 的样本 $X_1,X_2,\cdots,X_n$. 对给定的 $\alpha(0<\alpha<1)$,若存在统计量 $\underline{\theta}=\underline{\theta}(X_1,X_2,\cdots,X_n)$,对于任意 $\theta\in\Theta$,满足

$$P\{\theta>\underline{\theta}\}\geqslant 1-\alpha, \tag{7.27}$$

则称区间 $(\underline{\theta},+\infty)$ 是参数 θ 的置信水平为 $1-\alpha$ 的单侧置信区间,$\underline{\theta}$ 称为 θ 的置信水平为 $1-\alpha$ 的单侧置信下限.

又若存在统计量 $\overline{\theta}=\overline{\theta}(X_1,X_2,\cdots,X_n)$,对于任意 $\theta\in\Theta$,满足

$$P\{\theta<\overline{\theta}\}\geqslant 1-\alpha, \tag{7.28}$$

则称 $(-\infty,\overline{\theta})$ 是 θ 的置信水平为 $1-\alpha$ 的单侧置信区间,$\overline{\theta}$ 称为 θ 的置信水平为 $1-\alpha$ 的单侧置信上限.

例 7.23　设 $X_1,X_2,\cdots,X_n$ 为来自总体 $N(\mu,\sigma^2)$ 的样本,μ,σ^2 均未知,试求 μ 的置信水平为 $1-\alpha$ 的单侧置信下限和 σ^2 的置信水平为 $1-\alpha$ 的单侧置信上限.

解　(1) 由于 μ 的无偏估计量是 $\overline{X}$,取枢轴量 $\dfrac{\overline{X}-\mu}{S/\sqrt{n}}\sim t(n-1)$,对于给定的置信水平 $1-\alpha$,如图 7.7 有

$$P\left\{\frac{\overline{X}-\mu}{S/\sqrt{n}}<t_\alpha(n-1)\right\}=1-\alpha,$$

即

$$P\left\{\overline{X}-\frac{S}{\sqrt{n}}t_\alpha(n-1)<\mu\right\}=1-\alpha,$$

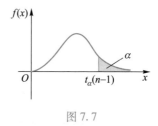

图 7.7

因此 μ 的置信水平为 $1-\alpha$ 的单侧置信下限为

$$\underline{\mu}=\overline{X}-\frac{S}{\sqrt{n}}t_\alpha(n-1). \qquad (7.29)$$

类似可得 μ 的置信水平为 $1-\alpha$ 的单侧置信上限为

$$\overline{\mu}=\overline{X}+\frac{S}{\sqrt{n}}t_\alpha(n-1).$$

（2）由于 σ^2 的无偏估计量是 S^2，对于给定的置信水平 $1-\alpha$，如图 7.8 有

$$P\left\{\frac{(n-1)S^2}{\sigma^2}>\chi^2_{1-\alpha}(n-1)\right\}=1-\alpha,$$

即

$$P\left\{\sigma^2<\frac{(n-1)S^2}{\chi^2_{1-\alpha}(n-1)}\right\}=1-\alpha,$$

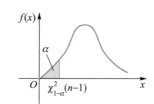

图 7.8

因此 σ^2 的置信水平为 $1-\alpha$ 的单侧置信上限为

$$\overline{\sigma^2}=\frac{(n-1)S^2}{\chi^2_{1-\alpha}(n-1)}, \qquad (7.30)$$

于是 σ^2 的置信水平为 $1-\alpha$ 的单侧置信区间为

$$\left(0,\frac{(n-1)S^2}{\chi^2_{1-\alpha}(n-1)}\right). \qquad (7.31)$$

例 7.24 从某轧钢车间生产的钢板中随机抽取 6 张，测得其厚度（单位:cm）为

0.341，0.382，0.365，0.375，0.353，0.376.

设钢板厚度服从正态分布，求钢板平均厚度的 95% 的单侧置信上限.

解 由题意可得 $\overline{x}=0.365$，$s=0.016$，由于 $\alpha=0.05$，查附表 3 得 $t_{0.05}(5)=2.015$.代入 $\overline{\mu}=\overline{x}+\frac{s}{\sqrt{n}}t_\alpha(n-1)$，可得

$$\overline{\mu}=0.378.$$

对正态总体均值、方差的置信区间的小结见表 7.1.

表 7.1 正态总体均值、方差的置信区间（置信水平为 1−α）

待估参数	其他参数	枢轴量的分布	双侧置信区间上、下限	单侧置信区间上、下限
单个正态总体 μ	σ^2 已知	$Z=\dfrac{\bar{X}-\mu}{\frac{\sigma}{\sqrt{n}}}\sim N(0,1)$	$\bar{X}\pm z_{\frac{\alpha}{2}}\cdot\dfrac{\sigma}{\sqrt{n}}$	$\overline{\mu}=\bar{X}+\dfrac{\sigma}{\sqrt{n}}z_\alpha,\ \underline{\mu}=\bar{X}-\dfrac{\sigma}{\sqrt{n}}z_\alpha$
	σ^2 未知	$t=\dfrac{\bar{X}-\mu}{\frac{S}{\sqrt{n}}}\sim t(n-1)$	$\bar{X}\pm t_{\frac{\alpha}{2}}(n-1)\cdot\dfrac{S}{\sqrt{n}}$	$\overline{\mu}=\bar{X}+\dfrac{S}{\sqrt{n}}t_\alpha(n-1),\ \underline{\mu}=\bar{X}-\dfrac{S}{\sqrt{n}}t_\alpha(n-1)$
σ^2	μ 未知	$\chi^2=\dfrac{(n-1)S^2}{\sigma^2}\sim\chi^2(n-1)$	$\dfrac{(n-1)S^2}{\chi^2_{\frac{\alpha}{2}}(n-1)},\dfrac{(n-1)S^2}{\chi^2_{1-\frac{\alpha}{2}}(n-1)}$	$\overline{\sigma^2}=\dfrac{(n-1)S^2}{\chi^2_{1-\alpha}(n-1)},\ \underline{\sigma^2}=\dfrac{(n-1)S^2}{\chi^2_{\alpha}(n-1)}$
	μ 已知	$\dfrac{\sum\limits_{i=1}^{n}(X_i-\mu)^2}{\sigma^2}\sim\chi^2(n)$	$\dfrac{\sum\limits_{i=1}^{n}(X_i-\mu)^2}{\chi^2_{\frac{\alpha}{2}}(n)},\dfrac{\sum\limits_{i=1}^{n}(X_i-\mu)^2}{\chi^2_{1-\frac{\alpha}{2}}(n)}$	$\overline{\sigma^2}=\dfrac{\sum\limits_{i=1}^{n}(X_i-\mu)^2}{\chi^2_{1-\alpha}(n)},\ \underline{\sigma^2}=\dfrac{\sum\limits_{i=1}^{n}(X_i-\mu)^2}{\chi^2_{\alpha}(n)}$

续表

待估参数	其他参数	枢轴量的分布	双侧置信区间上、下限	单侧置信区间上、下限
两个正态总体 $\mu_1-\mu_2$	σ_1^2,σ_2^2 均已知	$Z=\dfrac{\bar{X}-\bar{Y}-(\mu_1-\mu_2)}{\sqrt{\dfrac{\sigma_1^2}{n_1}+\dfrac{\sigma_2^2}{n_2}}}\sim N(0,1)$	$\bar{X}-\bar{Y}\pm z_{\frac{\alpha}{2}}\sqrt{\dfrac{\sigma_1^2}{n_1}+\dfrac{\sigma_2^2}{n_2}}$	$\overline{\mu_1-\mu_2}=\bar{X}-\bar{Y}+z_\alpha\sqrt{\dfrac{\sigma_1^2}{n_1}+\dfrac{\sigma_2^2}{n_2}}$, $\underline{\mu_1-\mu_2}=\bar{X}-\bar{Y}-z_\alpha\sqrt{\dfrac{\sigma_1^2}{n_1}+\dfrac{\sigma_2^2}{n_2}}$
	$\sigma_1^2=\sigma_2^2=\sigma^2$ 但未知	$t=\dfrac{\bar{X}-\bar{Y}-(\mu_1-\mu_2)}{S_w\sqrt{\dfrac{1}{n_1}+\dfrac{1}{n_2}}}\sim$ $t(n_1+n_2-2)$, $S_w^2=\dfrac{(n_1-1)S_1^2+(n_2-1)S_2^2}{n_1+n_2-2}$	$\bar{X}-\bar{Y}\pm t_{\frac{\alpha}{2}}(n_1+n_2-2)\cdot$ $S_w\sqrt{\dfrac{1}{n_1}+\dfrac{1}{n_2}}$	$\overline{\mu_1-\mu_2}=\bar{X}-\bar{Y}+t_\alpha(n_1+n_2-2)S_w\sqrt{\dfrac{1}{n_1}+\dfrac{1}{n_2}}$, $\underline{\mu_1-\mu_2}=\bar{X}-\bar{Y}-t_\alpha(n_1+n_2-2)S_w\sqrt{\dfrac{1}{n_1}+\dfrac{1}{n_2}}$
$\dfrac{\sigma_1^2}{\sigma_2^2}$	μ_1,μ_2 均未知	$F=\dfrac{S_1^2/\sigma_1^2}{S_2^2/\sigma_2^2}\sim F(n_1-1,n_2-1)$	$\dfrac{S_1^2}{S_2^2}\cdot\dfrac{1}{F_{\frac{\alpha}{2}}(n_1-1,n_2-1)}$, $\dfrac{S_1^2}{S_2^2}\cdot\dfrac{1}{F_{1-\frac{\alpha}{2}}(n_1-1,n_2-1)}$	$\overline{\dfrac{\sigma_1^2}{\sigma_2^2}}=\dfrac{S_1^2}{S_2^2}\dfrac{1}{F_{1-\alpha}(n_1-1,n_2-1)}$, $\underline{\dfrac{\sigma_1^2}{\sigma_2^2}}=\dfrac{S_1^2}{S_2^2}\dfrac{1}{F_\alpha(n_1-1,n_2-1)}$

■■■ 习　题　7 ■■■

一、填空题

1. 设总体 X 服从两点分布 $B(1,p)$，p 为未知参数，$X_1, X_2, \cdots, X_n$ 为来自总体 X 的一个样本，则参数 p 的矩估计量是____，p 的最大似然估计量是____.

2. 若 $0,2,2,1,3$ 是均匀分布 $U(0,\theta)$ 的观测值，则 θ 的矩估计值是____.

3. 设总体 X 以等概率 $\dfrac{1}{\theta}$ 取值 $1,2,\cdots,\theta$，参数 θ 未知，则 θ 的矩估计量是____.

4. 设 $X_1, X_2, \cdots, X_n$ 是来自总体 X 的一个样本，且 $X \sim P(\lambda)$，则 $P\{X=0\}$ 的最大似然估计量是____.

5. 设总体 X 服从正态分布 $N(\mu,\sigma^2)$，$X_1, X_2, \cdots, X_n$ 是来自 X 的样本，当 σ^2 已知时，参数 μ 的置信水平为 $1-\alpha$ 的置信区间为____；当 σ^2 未知时，μ 的置信水平为 $1-\alpha$ 的置信区间为____.

6. 已知一批零件的长度 X（单位：cm）服从正态分布 $N(\mu,1)$，从中随机抽取 16 个零件，得到长度的平均值为 40 cm，则 μ 的置信水平为 0.95 的置信区间为____.

7. 设总体 $X \sim B(n,p)$，从总体中抽取样本 $X_1, X_2, \cdots, X_m$，$\overline{X}, S^2$ 分别为样本均值和样本方差，且 $\overline{X}+kS^2$ 为 np^2 的无偏估计量，则 $k=$____.

二、选择题

1. 设 $\hat{\theta}$ 是参数 θ 的无偏估计量，且 $D(\hat{\theta})>0$，则 $\hat{\theta}^2$ 是 θ^2 的（　　）.

（A）无偏估计量　　　　　　　　　（B）有效估计量

（C）有偏估计量　　　　　　　　　（D）（A）和（B）同时成立

2. 设总体 X 服从正态分布 $N(\mu,\sigma^2)$，$X_1, X_2, \cdots, X_n$ 是来自 X 的样本，则 σ^2 的最大似然估计量为（　　），σ^2 的无偏估计量为（　　）.

（A）$\dfrac{1}{n}\sum\limits_{i=1}^{n}(X_i-\overline{X})^2$　　　　　　（B）$\dfrac{1}{n-1}\sum\limits_{i=1}^{n}(X_i-\overline{X})^2$

（C）$\dfrac{1}{n}\sum\limits_{i=1}^{n}X_i^2$　　　　　　　　（D）$\overline{X}^2$

3. 对总体 $X \sim N(\mu,\sigma^2)$ 的均值做区间估计，得到置信水平为 95% 的置信区间，这个区间的意义为（　　）.

（A）平均含总体 95% 的值　　　　（B）平均含样本 95% 的值

（C）有 95% 的概率含 μ 的值　　　（D）μ 有 95% 的概率落入置信区间

4. 设 X_1, X_2, X_3, X_4 为总体 X 的样本，则总体均值较有效的估计量是（　　）.

（A）$\dfrac{1}{3}X_1+\dfrac{1}{6}X_2+\dfrac{1}{6}X_3+\dfrac{1}{3}X_4$　　　　（B）$\dfrac{1}{4}X_1+\dfrac{1}{4}X_2+\dfrac{1}{4}X_3+\dfrac{1}{4}X_4$

（C）$\dfrac{4}{9}X_1+\dfrac{3}{9}X_2+\dfrac{1}{9}X_3+\dfrac{1}{9}X_4$　　　　（D）$\dfrac{1}{5}X_1+\dfrac{2}{5}X_2+\dfrac{1}{5}X_3+\dfrac{1}{5}X_4$

5. 设总体 $X \sim N(\mu, \sigma^2)$，其中 σ^2 已知，μ 未知.对给定的样本观测值,总体均值 μ 的置信区间长度 l 与置信水平 $1-\alpha$ 的关系是(　　).

(A) 当 $1-\alpha$ 变小时,l 变大　　　　(B) 当 $1-\alpha$ 变小时,l 变小

(C) 当 $1-\alpha$ 变小时,l 不变　　　　(D) $1-\alpha$ 与 l 的关系不能确定

6. 设一批零件的长度服从正态分布 $N(\mu, \sigma^2)$，现从中随机抽取 16 个零件,测得样本均值为 $\bar{x} = 20$ cm,样本标准差 $s = 1$ cm,则 μ 的置信水平为 0.90 的置信区间为(　　).

(A) $\left(20 - \dfrac{1}{4} t_{0.05}(16), 20 + \dfrac{1}{4} t_{0.05}(16)\right)$

(B) $\left(20 - \dfrac{1}{4} t_{0.1}(16), 20 + \dfrac{1}{4} t_{0.1}(16)\right)$

(C) $\left(20 - \dfrac{1}{4} t_{0.05}(15), 20 + \dfrac{1}{4} t_{0.05}(15)\right)$

(D) $\left(20 - \dfrac{1}{4} t_{0.1}(15), 20 + \dfrac{1}{4} t_{0.1}(15)\right)$

7. 设 $(X_1, Y_1), (X_2, Y_2), \cdots, (X_n, Y_n)$ 是来自正态总体 $N(\mu_1, \mu_2, \sigma_1^2, \sigma_2^2, \rho)$ 的简单随机样本,令 $\theta = \mu_1 - \mu_2$, $\bar{X} = \dfrac{1}{n} \sum\limits_{i=1}^{n} X_i$, $\bar{Y} = \dfrac{1}{n} \sum\limits_{i=1}^{n} Y_i$, $\hat{\theta} = \bar{X} - \bar{Y}$,则(　　).

(A) $\hat{\theta}$ 是 θ 的无偏估计，$D(\hat{\theta}) = \dfrac{\sigma_1^2 + \sigma_2^2}{n}$

(B) $\hat{\theta}$ 不是 θ 的无偏估计，$D(\hat{\theta}) = \dfrac{\sigma_1^2 + \sigma_2^2}{n}$

(C) $\hat{\theta}$ 是 θ 的无偏估计，$D(\hat{\theta}) = \dfrac{\sigma_1^2 + \sigma_2^2 - 2\rho\sigma_1\sigma_2}{n}$

(D) $\hat{\theta}$ 不是 θ 的无偏估计，$D(\hat{\theta}) = \dfrac{\sigma_1^2 + \sigma_2^2 - 2\rho\sigma_1\sigma_2}{n}$

三、解答题

1. 设 $X_1, X_2, \cdots, X_n$ 是来自总体 X 的样本,求下列总体中未知参数的矩估计量和最大似然估计量:

(1) $f(x) = \begin{cases} (\theta+1)x^{\theta}, & 0 < x < 1, \\ 0, & \text{其他}, \end{cases}$ 其中 $\theta > -1$ 是未知参数;

(2) $P\{X=x\} = p(1-p)^{x-1}, x = 1, 2, \cdots,$ 其中 $0 < p < 1$ 是未知参数;

(3) $f(x; \theta) = \begin{cases} \sqrt{\theta} X^{\sqrt{\theta}-1}, & 0 \leqslant x \leqslant 1, \\ 0, & \text{其他}, \end{cases}$ 其中 $\theta > 0$ 是未知参数;

(4) $f(x; \mu, \sigma) = \begin{cases} \dfrac{1}{\sigma} \exp\left\{-\dfrac{x-\mu}{\sigma}\right\}, & x > \mu, \\ 0, & \text{其他}, \end{cases}$ 其中 $\mu, \sigma > 0$ 为未知参数;

(5) $f(x; \theta) = \begin{cases} \dfrac{1}{\theta} x^{\frac{1-\theta}{\theta}}, & 0 < x < 1, \\ 0, & \text{其他}, \end{cases}$ 其中 $\theta > 0$ 为未知参数.

2. 设总体 X 的概率密度为

$$f(x;\lambda)=\begin{cases}\lambda ax^{a-1}\mathrm{e}^{-\lambda x^a}, & x>0,\\ 0, & x\leqslant 0,\end{cases}$$

其中 $\lambda>0$ 为未知参数，$a>0$ 是已知常数，$X_1,X_2,\cdots,X_n$ 为总体 X 的样本，求 λ 的最大似然估计量 $\hat{\lambda}$.

3. 设总体 X 的概率密度为

$$f(x)=\begin{cases}\lambda^2 x\mathrm{e}^{-\lambda x}, & x>0,\\ 0, & \text{其他},\end{cases}$$

其中参数 λ 未知，$X_1,X_2,\cdots,X_n$ 为总体 X 的样本，求 λ 的矩估计量和最大似然估计量.

4. 设总体 X 的分布律为

X	0	1	2	3
p	θ^2	$2\theta(1-\theta)$	θ^2	$1-2\theta$

其中 $\theta\left(0<\theta<\dfrac{1}{2}\right)$ 是未知参数，利用总体 X 的样本值

$$3,\quad 1,\quad 3,\quad 0,\quad 3,\quad 1,\quad 2,\quad 3$$

求 θ 的矩估计值和最大似然估计值.

5. 设总体 X 的概率密度为

$$f(x)=\begin{cases}2\mathrm{e}^{-2(x-\theta)}, & x>\theta,\\ 0, & x\leqslant\theta,\end{cases}$$

其中 $\theta>0$ 为未知参数. 从总体 X 中抽取样本 $X_1,X_2,\cdots,X_n$，记 $\hat{\theta}=\min\{X_1,X_2,\cdots,X_n\}$.

(1) 求总体 X 的分布函数 $F(x)$；

(2) 求统计量 $\hat{\theta}$ 的分布函数 $F_{\hat{\theta}}(x)$；

(3) 用 $\hat{\theta}$ 作为 θ 的估计量，讨论它是否具有无偏性.

6. 一个地质学家为研究某湖滩地区的岩石成分，随机地自该地区取 100 个样品，每个样品有 10 块石子，记录每个样品中属石灰石的石子数. 假设这 100 次观察相互独立，并且由过去经验知，它们都服从参数为 $m=10,p$ 的二项分布，p 是这地区一块石子是石灰石的概率，求 p 的最大似然估计值. 该地质学家所得的数据如下：

样品中属石灰石的石子数 i	0	1	2	3	4	5	6	7	8	9	10
观察到 i 块石灰石的样品个数	0	1	6	7	23	26	21	12	3	1	0

7. 设 $X_1,X_2,\cdots,X_n$ 是来自总体 X 的一个样本，设 $E(X)=\mu,D(X)=\sigma^2$.

(1) 确定常数 c，使 $c\displaystyle\sum_{i=1}^{n-1}(X_{i+1}-X_i)^2$ 为 σ^2 的无偏估计；

(2) 确定常数 c，使 $(\overline{X}^2-cS^2)$ 为 μ^2 的无偏估计.

8. 设从均值为 μ,方差 $\sigma^2 > 0$ 的总体中分别抽取容量为 n_1, n_2 的两个独立样本,$\overline{X}_1$ 和 $\overline{X}_2$ 分别是两个样本均值. 试说明对于任意常数 $a, b (a+b=1)$,$Y = a\overline{X}_1 + b\overline{X}_2$ 都是 μ 的无偏估计,并确定常数 a, b,使 $D(Y)$ 达到最小.

9. 设 X_1, X_2 是取自正态总体 $N(\mu, 1)$ 的一个样本,试证下面三个估计量均为 μ 的无偏估计量,并确定最有效的一个:

$$\frac{2}{3}X_1 + \frac{1}{3}X_2, \quad \frac{1}{4}X_1 + \frac{3}{4}X_2, \quad \frac{1}{2}(X_1 + X_2).$$

10. 从一台机床加工的轴承中随机地抽取 200 件,测量其椭圆度(单位:mm),得样本均值 $\overline{x} = 0.081$,并由累积资料知道椭圆度服从正态分布 $N(\mu, 0.025^2)$,试求 μ 的置信水平为 0.95 的置信区间.

11. 设正态总体 $X \sim N(\mu, \sigma^2)$,$x_1, x_2, \cdots, x_n$ 是样本观测值. 如果 σ^2 已知,问 n 取多大值时,能保证 μ 的置信水平为 $1-\alpha$ 的置信区间的长度不大于给定的 L?

12. 假设某种香烟的尼古丁含量服从正态分布,现随机地抽取此种香烟 8 支作为一个样本,测得其尼古丁平均含量为 18.6 mg,样本标准差 $s = 2.4$ mg,试求此种香烟尼古丁含量方差的置信水平为 0.99 的置信区间.

13. 测得 A、B 两个民族中 8 位成年人的身高(单位:cm)如下:

A 民族	162.6	170.2	172.7	165.1	157.5	158.4	160.2	162.2
B 民族	175.3	177.8	167.6	180.3	182.9	180.5	178.4	180.4

假设这两个民族成年人的身高均服从正态分布,且方差相等,求两个民族成年人平均身高之差 $\mu_2 - \mu_1$ 的置信水平为 0.90 的置信区间.

14. 设 A, B 两位化验员独立地对某种聚合物含量用相同的方法各做 10 次测定,其测定值的样本方差依次为 $s_A^2 = 0.5419, s_B^2 = 0.6065$.设 σ_A^2, σ_B^2 分别为 A, B 所测定的测定值总体的方差,且总体均服从正态分布,求方差比 $\dfrac{\sigma_A^2}{\sigma_B^2}$ 的置信水平为 0.95 的置信区间.

15. 设总体 X 的概率密度为

$$f(x;\theta) = \begin{cases} \dfrac{1}{2\theta}, & 0 < x < \theta, \\[2mm] \dfrac{1}{2(1-\theta)}, & \theta \le x < 1, \\[2mm] 0, & \text{其他,} \end{cases}$$

其中参数 $\theta (0 < \theta < 1)$ 未知,$X_1, X_2, \cdots, X_n$ 为来自总体 X 的样本,$\overline{X}$ 是样本均值.

(1) 求 θ 的矩估计量 $\hat{\theta}$;

(2) 判断 $4\overline{X}^2$ 是否为 θ^2 的无偏估计量,并说明理由.

16. 设总体 X 的概率密度为

$$f(x;\theta) = \begin{cases} \theta, & 0 < x < 1, \\ 1-\theta, & 1 \le x < 2, \\ 0, & \text{其他,} \end{cases}$$

其中 θ 是未知参数($0<\theta<1$),$X_1,X_2,\cdots,X_n$ 为来自 X 的简单随机样本,记 N 为样本值 $x_1,x_2,\cdots,x_n$ 中小于 1 的个数,求 θ 的最大似然估计.

17. 在一批货物的容量为 100 的样本中,经检验发现有 16 只次品,试求这批货物次品率的置信水平为 0.95 的置信区间.

18. 从汽车轮胎厂生产的某种轮胎中抽取 10 个样品进行磨损试验,直至轮胎行驶到磨坏为止,测得它们的行驶路程(单位:km)如下:

$$41\ 250,\quad 41\ 010,\quad 42\ 650,\quad 38\ 970,\quad 40\ 200,$$
$$42\ 550,\quad 43\ 500,\quad 40\ 400,\quad 41\ 870,\quad 39\ 800.$$

设轮胎的行驶路程服从正态分布 $N(\mu,\sigma^2)$,求:

(1) μ 的置信水平为 0.95 的单侧置信下限;

(2) σ 的置信水平为 0.95 的单侧置信上限.

19. 设总体 X 的分布函数为

$$F(x)=\begin{cases}0, & x<0,\\ 1-\mathrm{e}^{-\frac{x^2}{\theta}}, & x\geq 0,\end{cases}$$

其中 $\theta>0$ 是未知参数,$X_1,X_2,\cdots,X_n$ 为来自总体 X 的简单随机样本.

(1) 求 $E(X),E(X^2)$.

(2) 求 θ 的最大似然估计量 $\hat{\theta}$.

(3) 是否存在实数 a,使得对任意的 $\varepsilon>0$,都有

$$\lim_{n\to\infty}P\{|\hat{\theta}-a|\geq\varepsilon\}=0?$$

20. 设总体 X 的概率密度为

$$f(x;\theta)=\begin{cases}\dfrac{1}{1-\theta}, & \theta\leq x\leq 1,\\ 0, & \text{其他},\end{cases}$$

其中 θ 为未知参数,$x_1,x_2,\cdots,x_n$ 为来自该总体的简单随机样本.求:

(1) θ 的矩估计量.

(2) θ 的最大似然估计量.

21. 设总体 X 的概率密度为

$$f(x;\theta)=\begin{cases}\dfrac{3x^2}{\theta^3}, & 0<x<\theta,\\ 0, & \text{其他}.\end{cases}$$

其中 $\theta\in(0,+\infty)$ 为未知参数,X_1,X_2,X_3 为来自总体 X 的简单随机样本,令 $T=\max\{X_1,X_2,X_3\}$.

(1) 求 T 的概率密度;

(2) 确定 a,使得 aT 为 θ 的无偏估计.

22. 某工程师为评估一台天平的精度,用该天平对一个物体的质量做 n 次测量,而该物体的质量 μ 是已知的.设 n 次测量结果 $X_1,X_2,\cdots,X_n$ 相互独立且均服从正态分布 $N(\mu,\sigma^2)$.该工程师记录的是 n 次测量的绝对误差 $Z_i=|X_i-\mu|(i=1,2,\cdots,n)$,利用 $Z_1,Z_2,\cdots,Z_n$ 估计 σ.求:

（1）$Z_i(i = 1, 2, \cdots, n)$ 的概率密度；

（2）σ 的矩估计（利用一阶矩）；

（3）参数 σ 的最大似然估计量.

23. 设总体 X 的概率密度为

$$f(x;\sigma^2) = \begin{cases} \dfrac{A}{\sigma} \mathrm{e}^{-\frac{(x-\mu)^2}{2\sigma^2}}, & x \geqslant \mu, \\ 0, & x < \mu, \end{cases}$$

其中 μ 是已知参数，$\sigma > 0$ 为未知参数，A 是常数，$X_1, X_2, \cdots, X_n$ 为来自总体 X 的简单随机样本. 求：

（1）常数 A 的值；

（2）σ^2 的最大似然估计量.

24. 设某种元件的使用寿命 T 的分布函数为

$$F(t) = \begin{cases} 1 - \mathrm{e}^{-\left(\frac{t}{\theta}\right)^m}, & t \geqslant 0, \\ 0, & t < 0, \end{cases}$$

其中 θ, m 是参数且大于零.

（1）求 $P\{T > t\}$ 与 $P\{T > s + t \mid T > s\}$，其中 $s > 0, t > 0$.

（2）任取 n 个这种元件做寿命试验，测得它们的寿命分别为 $t_1, t_2, \cdots, t_n$. 若 m 已知，求 θ 的最大似然估计 $\hat{\theta}$.

习题 7 参考答案

第七章自测题

第八章　假设检验

假设检验是统计推断的另一项重要内容,它与参数估计类似,但角度不同. 参数估计是利用样本信息推断总体的未知参数,而假设检验则是先对总体分布中的未知参数或总体分布的形式提出一个假设,然后利用样本信息推断这一假设是否合理. 假设检验理论在很多领域都有应用. 本章介绍假设检验的基本概念、正态总体均值与方差的假设检验、其他常见分布参数的假设检验和非参数假设检验.

§8.1　假设检验的基本概念

一、假设检验问题的提出

假设检验有一套系统的理论, 深入理解这个理论中所贯穿的思维方式非常必要. 我们从几个实例开始, 引出假设检验问题.

例 8.1　某车间用一台包装机包装奶粉,额定的袋装标准质量为 0.5 kg. 根据以往经验,包装机的实际袋装质量服从正态分布 $N(\mu,\sigma_0^2)$,其中标准差 $\sigma_0 = 0.015$ kg 通常不会变化. 为检验包装机工作是否正常,随机地抽取 9 袋奶粉,称得净重数据(单位: kg)如下:

  0.493, 0.514, 0.524, 0.512, 0.496, 0.515, 0.520, 0.513, 0.514.

问这台包装机工作是否正常?

显然,"这台包装机工作是否正常"完全取决于未知参数 μ. 包装机工作正常对应于 $\mu = 0.5$,不正常对应于 $\mu \neq 0.5$. 该问题转化为如何根据 9 个来自正态总体 $N(\mu,\sigma_0^2)$ 的样本观测值,其中 $\sigma_0 = 0.015$,来判断 $\mu = 0.5$ 是否成立?

例 8.2　现记录了某建筑工地 200 天的安全生产情况,事故数记录如下:

一天发生的事故数	0	1	2	3	4	5	6
天数	102	59	30	8	0	1	0

如果记该建筑工地每天发生的事故数为一个随机变量 X,如何根据上述样本观测值判断 X 是否服从泊松分布 $P(\lambda)$? 更一般地,如何根据样本去判断随机变量以某给定的函数 $F_0(x)$ 为其分布函数?

例 8.3　为研究抽烟和慢性支气管炎是否有关,调查了 339 个人,数据按照是否抽烟与是否患病(慢性支气管炎)可罗列如下:

	患病	未患病
抽烟人数	43	162
不抽烟人数	13	121

令

$$X = \begin{cases} 1, & 抽烟, \\ 0, & 不抽烟, \end{cases} \qquad Y = \begin{cases} 1, & 患病, \\ 0, & 未患病, \end{cases}$$

问题化为判断"X 与 Y 相互独立"是否成立?

例 8.4　在针织品的漂白过程中,为了考察温度对针织品断裂强力的影响,分别在 70 ℃ 和 80 ℃ 下重复做了 8 次试验,测得断裂强力的数据如下:

温度	断裂强力/Pa							
70 ℃	20.5	18.8	19.8	20.9	21.5	19.5	21.0	21.2
80 ℃	17.7	20.3	20.0	18.8	19.0	20.1	20.2	19.1

究竟 70 ℃ 时的断裂强力与 80 ℃ 的断裂强力有没有差别? 分别用 X 和 Y 表示 70 ℃ 和 80 ℃ 时的断裂强力,问题变成:X 和 Y 是否服从相同的分布?

这些例子所代表的问题是很广泛的,其共同点是根据样本值去判断关于总体分布的一个"猜测"或"看法"是否成立. 例 8.1 的看法是"$\mu = 0.5$",例 8.2 的看法是"X 的分布函数为 $F_0(x)$",例 8.3 的看法是"X 与 Y 相互独立",例 8.4 的看法是"X 和 Y 有相同的分布".

定义 8.1　对一个或多个总体所作出的猜测或看法称为统计假设,简称假设.

"假设"这个词在此就是一个有待通过样本去判断的猜测或看法,不要和它通常的意义混淆. 例如在数学中常见的"假设某函数处处连续",那是一个在所讨论的问题中已被承认的前提或条件,与此处所讲的完全不同.

假设还有参数型和非参数型的区别. 如果假设是针对总体的某个或多个未知参数给出的,那么称这种假设为参数假设. 如果假设是针对未知总体的分布或其他一些特征给出的,那么称这种假设为非参数假设. 例如,例 8.1 中的假设为参数假设,而例 8.2 中的假设为非参数假设. 在例 8.4 中,如果事先不知道 X 和 Y 服从什么分布,相应的假设为非参数假设,而如果在 $X \sim N(\mu_1, \sigma_1^2)$ 和 $Y \sim N(\mu_2, \sigma_2^2)$ 的基础上考虑,相应的假设为参数假设.

在统计学中将利用样本数据判断统计假设是否成立这一类问题称为假设检验问题或检验问题. 如果样本数据所提供的证据与所作出的假设不一致,我们认为假设不正确,称为拒绝该假设;否则,我们认为假设正确,称为接受该假设或不拒绝该假设.

从以上的例子可以发现,例 8.1 和例 8.2 中的假设是关于一个随机变量分布的判断,这称为一个总体的假设检验问题. 例 8.3 和例 8.4 中的假设是关于两个随机变量分布的判断,这称为两个总体的假设检验问题. 当然,还可以考虑三个或更多个总体的检验问题,例如第九章介绍的方差分析问题.

二、假设检验问题的基本概念

接下来通过例 8.1 来介绍假设检验问题的几个基本概念及推理方法.

1. 原假设与备择假设

在假设检验问题中,常把要检验的假设称为原假设或零假设,用 H_0 表示. 当 H_0 被拒绝时,接受的假设称为备择假设或对立假设,用 H_1 表示. 原假设和备择假设常常成对出现.在例 8.1 中,我们可以建立如下假设检验问题:

$$H_0: \mu = 0.5, \quad H_1: \mu \neq 0.5.$$

抛开问题的具体意义,一般地,可将类似的问题表述如下:设总体 $X \sim N(\mu, \sigma_0^2)$,其中 σ_0^2 已知,$X_1, X_2, \cdots, X_n$ 为来自总体 X 的样本,$x_1, x_2, \cdots, x_n$ 为样本观测值,考虑假设检验问题

$$H_0: \mu = \mu_0, \quad H_1: \mu \neq \mu_0, \tag{8.1}$$

其中 μ_0 为已知常数.

2. 检验统计量、拒绝域、接受域、临界值

由样本对原假设进行检验总是通过一个统计量完成的,该统计量称为检验统计量.对于所考虑的假设检验问题,往往由问题的直观背景出发,构造检验统计量,使得在原假设 H_0 成立时和在备择假设 H_1 成立时,该检验统计量的值有差异.

比如在假设检验问题(8.1)中,由于要检验的是总体的均值,故首先想到了样本均值 $\overline{X}$. 我们知道 $\overline{X}$ 观测值的大小在一定程度上反映了总体均值 μ 的大小,从而当 $H_0: \mu = \mu_0$ 为真时,$\overline{X}$ 与 μ_0 的偏差不应太大,即 $|\overline{X} - \mu_0|$ 不应太大,如果太大,则拒绝假设 H_0. 这里用的统计量是 $\overline{X}$,但 $\overline{X}$ 并不能直接作为检验统计量,要将其标准化,即令 $Z = \dfrac{\overline{X} - \mu_0}{\sigma_0 / \sqrt{n}}$. 注意到如果 $|Z|$ 太大,则拒绝假设 H_0,这里 Z 就是一个检验统计量.

使原假设被拒绝的样本值所在的区域称为拒绝域,用 W 表示,即如果 $(x_1, x_2, \cdots, x_n) \in W$,则拒绝 H_0. 设 Ω 是所有样本 $X_1, X_2, \cdots, X_n$ 取值构成的集合,称为样本空间. 一般说来,拒绝域 W 是 Ω 的一个子集. 如果 $(x_1, x_2, \cdots, x_n) \in \overline{W}$,其中 $\overline{W} = \Omega - W$,则不拒绝 H_0,即接受 H_0,因而 $\overline{W}$ 也称为接受域.

在假设检验问题(8.1)中,拒绝域有以下形式

$$W = \left\{ (x_1, x_2, \cdots, x_n) \ \middle| \ |z| = \left| \frac{\overline{x} - \mu_0}{\sigma_0 / \sqrt{n}} \right| \geqslant K \right\}, \tag{8.2}$$

这里 K 是一个常数.

大多数问题表明,自然产生的检验具有刚才所叙述的那种结构,即对所考虑的假设检验问题,可构造一个统计量 T,当原假设 H_0 为真时,T(或 $|T|$)有偏小的趋势,而当备择假设 H_1 为真时,T(或 $|T|$)有偏大的趋势. 从而我们能够根据这个统计量的取值大小选定拒绝域,即存在一个常数 K,使得此检验问题的拒绝域 W 恰好是

$$W = \{ (x_1, x_2, \cdots, x_n) \mid T(x_1, x_2, \cdots, x_n) (\text{或} \mid T(x_1, x_2, \cdots, x_n) \mid) \geqslant K \}.$$

这个统计量就是检验统计量,常数 K 称为检验问题的临界值.

3. 两类错误与显著性水平

现在我们来考虑问题(8.1)中临界值 K 的确定问题,即 $|Z|$ 要多大才足够否定假设 $H_0: \mu = \mu_0$,这里必须考虑随机变量 Z 的分布. 由定理 6.2 可知,当 H_0 为真时,Z 服从标准正态分布 $N(0,1)$. 给定一个较小的正数 $\alpha (0 < \alpha < 1)$,由标准正态分布上 α 分位数得

$$P\left\{\left|\frac{\overline{X}-\mu_0}{\sigma_0/\sqrt{n}}\right| \geqslant z_{\frac{\alpha}{2}}\right\}=\alpha.$$

于是若令 $K=z_{\frac{\alpha}{2}}$, 则事件"$\left|\dfrac{\overline{X}-\mu_0}{\sigma_0/\sqrt{n}}\right| \geqslant K$"是一个小概率事件. 由于小概率事件在一次试验中基本上不会发生, 如果在一次试验或观测中该事件竟然发生了, 则 H_0 的合理性值得怀疑, 也就说有很大的把握拒绝 H_0.

由此可见, 确定拒绝域为

$$W=\left\{(x_1,x_2,\cdots,x_n)\;\middle|\;|z|=\left|\frac{\overline{x}-\mu_0}{\sigma_0/\sqrt{n}}\right| \geqslant z_{\frac{\alpha}{2}}\right\}$$

是直观和可信的. 但是小概率事件是有可能会发生的, 因此假设检验问题的检验结果和真实情况可能吻合, 也可能不吻合, 即检验是可能犯错误的.

检验可能犯的错误有两类. 其一是 H_0 为真, 但被拒绝了, 这类"弃真"的错误称为第一类错误, 通常记犯第一类错误的概率为 $P\{$拒绝 $H_0 \mid H_0$ 为真$\}$. 显然对于检验问题 (8.1), 如果在拒绝域 (8.2) 中取 $K=z_{\frac{\alpha}{2}}$, 则犯第一类错误的概率 $P\{$拒绝 $H_0 \mid H_0$ 为真$\}=\alpha$. 另一类错误是 H_0 不真, 但被接受了, 这类"存伪"的错误称为第二类错误, 通常记犯第二类错误的概率为 $P\{$接受 $H_0 \mid H_0$ 不真$\}=\beta$. 为了清晰可见, 使用一个检验可能带来的结果列于表 8.1 中.

表 8.1　假设检验的结果

判断的结果	真实情况	
	H_0 为真	H_0 不真
拒绝 H_0	犯第一类错误 (弃真错误)	判断正确
接受 H_0	判断正确	犯第二类错误 (存伪错误)

需要注意的是, 我们可以不犯第一类错误或不犯第二类错误, 但不可能两类错误都不犯. 进行一个检验, 最理想的当然是犯两类错误的概率都尽可能地小, 但实际上难以做到. 一般来说, 在样本容量一定的情况下, 这两类错误的概率之间存在这样的关系: 当减少犯某一类错误的概率时, 往往导致犯另一类错误的概率增大, 即犯两类错误的概率就像一个跷跷板的两头. 要使两者同时减少的唯一办法只有增加样本容量, 但是样本容量的增加又会受到许多因素的限制.

在此背景下, 奈曼和皮尔逊提出了如下"保一望二"的处理法则: 事先指定一个小的正数 α, 要求检验犯第一类错误的概率不超过 α, 然后在这个限制下, 使犯第二类错误的概率尽可能小. 由于研究第二类错误的概率超出了本课程的要求, 因此, 在今后的讨论中, 只考虑使犯第一类错误的概率不超过 α, 并称这样的概率值 α 为检验的显著性水平. 那么, 多么小的概率才算小呢? 没有一个绝对的标准, 只能根据具体问题确定, 一般 α 常取 0.01, 0.05, 0.1 等.

读者可能会问: 为什么不固定犯第二类错误的概率, 且在这个前提下尽量减少犯第一类错误的概率? 回答是:这么做并非不可以,但是约定统一在一个原则下讨论问题比较方便些. 这种做法也不是唯一的选择. 从实用的观点看,在多数假设检验问题中,确实第一类错误被认为更有害,更需要控制. 但也有情况,确实是第二类错误的危害更大,这时还是有必要控制这个概率的. 换句话说,"控制犯第一类错误的概率"这一原则也并非绝对,可视情况的需要而变通.

现在回到例8.1,由(8.2)式知,给定显著性水平 α,假设检验问题(8.1)的拒绝域为

$$W=\left\{(x_1,x_2,\cdots,x_n)\ \middle|\ |z|=\left|\frac{\bar{x}-\mu_0}{\sigma_0/\sqrt{n}}\right|\geq z_{\frac{\alpha}{2}}\right\},$$

即检验的临界值 $K=z_{\frac{\alpha}{2}}$. 在本例中,由样本值算出 $\bar{x}=0.511$,从而计算得 $z=\dfrac{\bar{x}-0.5}{0.015/\sqrt{9}}=$ 2.2,若取 $\alpha=0.05$,查附表2得 $z_{0.025}=1.96$. 由于 $|z|=2.2>1.96$,因而拒绝 H_0,即在显著性水平 $\alpha=0.05$ 下,我们认为包装机工作不正常.

三、假设检验问题的基本步骤

1. 建立原假设 H_0 和备择假设 H_1

从形式上看,原假设和备择假设的内容是可以互换的,但原假设与备择假设的提出却不是任意的. 两者不是处于对等地位. 这是因为假设检验拒绝原假设相对不易,如果抽样结果不能显著地说明备择假设成立,则不能拒绝原假设且接受备择假设. 因此,原假设与备择假设的选择取决于对问题的态度,一般将不能轻易接受的结论作为备择假设,需要充分理由才能拒绝的结论作为原假设. 例如对例8.1,如果认为在机器工作正常时判断其不正常的后果是十分严重的,则备择假设选为"机器工作不正常",原假设选为"机器工作正常".

2. 选择检验统计量 $T=T(X_1,X_2,\cdots,X_n)$

从研究的总体中抽出一个样本 $X_1,X_2,\cdots,X_n$,设法选取一个合适的检验统计量 $T=T(X_1,X_2,\cdots,X_n)$,使其在原假设 H_0 为真时,T 有偏小的趋势,而在备择假设 H_1 为真时,T 有偏大的趋势. 在原假设 H_0 为真时,还要求统计量 T 的抽样分布已知. 有时,对于给定的样本容量 n,T 的精确分布不易求得,则改求 T 的极限分布. 从而可以求得统计量 T 在任意区间或区域取值的概率值或近似值,使得我们能够根据这个统计量的取值大小选定拒绝域.

3. 确定拒绝域 W

给定显著性水平 α,按照犯第一类错误的概率不超过 α 来确定拒绝域 W,即 W 满足

$$P\{拒绝 H_0 \mid H_0 为真\}=P\{T(X_1,X_2,\cdots,X_n)\in W\mid H_0 为真\}\leq\alpha.$$

4. 结论

根据样本观测值 $x_1,x_2,\cdots,x_n$ 计算出检验统计量的值 $t=T(x_1,x_2,\cdots,x_n)$,若 $(x_1,x_2,\cdots,x_n)\in W$,则拒绝 H_0,否则接受 H_0.

§8.2　正态总体均值与方差的假设检验

一、单个正态总体均值的假设检验

设 $X_1, X_2, \cdots, X_n$ 是来自正态总体 $N(\mu, \sigma^2)$ 的样本,下面就 σ^2 是否已知分别讨论均值 μ 的假设检验问题.

1. 方差 σ^2 已知,检验假设 $H_0: \mu = \mu_0, H_1: \mu \neq \mu_0 (\mu_0$ 为已知常数)

§8.1 已对上述问题做过详细讨论. 我们选取统计量 $Z = \dfrac{\overline{X} - \mu_0}{\sigma/\sqrt{n}}$ 来确定拒绝域. 这种利用服从标准正态分布的统计量作为检验统计量的检验方法称为 Z 检验法.

2. 方差 σ^2 未知,检验假设 $H_0: \mu = \mu_0, H_1: \mu \neq \mu_0 (\mu_0$ 为已知常数)

由于总体方差 σ^2 未知,故不能用 $Z = \dfrac{\overline{X} - \mu_0}{\sigma/\sqrt{n}}$ 来作检验. 一个很自然的想法是以样本方差代替总体方差构造统计量

$$T = \frac{\overline{X} - \mu_0}{S/\sqrt{n}}, \tag{8.3}$$

其中 $S^2 = \dfrac{1}{n-1} \sum\limits_{i=1}^{n} (X_i - \overline{X})^2$. 当假设 H_0 成立时, T 服从自由度为 $n-1$ 的 t 分布. 当 $|T|$ 过分大时,假设 H_0 不大可能成立,应拒绝 H_0. 所以,对给定的 $\alpha(0 < \alpha < 1)$,查 t 分布表可得检验的临界值 $t_{\frac{\alpha}{2}}(n-1)$ 使

$$P\{ |T| \geq t_{\frac{\alpha}{2}}(n-1) \mid H_0 \text{ 为真} \} = \alpha,$$

故检验的拒绝域为

$$W = \left\{ (x_1, x_2, \cdots, x_n) \,\middle|\, \left| \frac{\overline{x} - \mu_0}{s/\sqrt{n}} \right| \geq t_{\frac{\alpha}{2}}(n-1) \right\}, \tag{8.4}$$

再根据样本观测值 $x_1, x_2, \cdots, x_n$ 算出 T 的观测值 $t = \dfrac{\overline{x} - \mu_0}{s/\sqrt{n}}$. 若 $|t| \geq t_{\frac{\alpha}{2}}(n-1)$,则拒绝 H_0,否则接受 H_0.

这种利用服从 t 分布的统计量作为检验统计量的检验方法称为 t 检验法.

例 8.5 某切割机在正常工作时,切割每段金属棒的平均长度为 10.5 cm,今从一批产品中随机地抽取 15 段进行测量,其结果如下(单位:cm):

　　10.4,　10.6,　10.1,　10.4,　10.5,　10.3,　10.3,　10.2,
　　10.9,　10.6,　10.8,　10.5,　10.7,　10.2,　10.7.

假设切割的金属棒的长度服从正态分布 $N(\mu, \sigma^2)$,试问该切割机工作是否正常(显著性水平 $\alpha = 0.05$)?

解 问题是要检验假设 $H_0: \mu = 10.5, H_1: \mu \neq 10.5$. 因 σ^2 未知,故用 t 检验法. 由样本值算出 $\overline{x} = 10.48, s^2 = 0.056$,从而计算得

$$t = \frac{\bar{x} - \mu_0}{s/\sqrt{n}} = -0.327\,3.$$

给定显著性水平 $\alpha = 0.05$,查附表 3 得 $t_{0.025}(14) = 2.144\,8$. 由于 $|t| < t_{0.025}(14)$,故接受 H_0,即认为切割机工作正常.

二、单个正态总体方差的假设检验

设总体 $X \sim N(\mu, \sigma^2)$,μ, σ^2 均未知,$X_1, X_2, \cdots, X_n$ 是来自 X 的样本,要求检验假设
$$H_0: \sigma^2 = \sigma_0^2, \quad H_1: \sigma^2 \neq \sigma_0^2 \quad (\sigma_0^2 \text{ 为已知常数}).$$

由于 S^2 是 σ^2 的无偏估计量,当 H_0 为真时,观测值 s^2 与 σ_0^2 的比值应接近 1,故当 $\dfrac{s^2}{\sigma_0^2}$ 过分大于 1 或过分小于 1 时,我们拒绝 H_0. 由定理 6.2 知,当 H_0 为真时,有
$$\frac{(n-1)S^2}{\sigma_0^2} \sim \chi^2(n-1), \tag{8.5}$$

取 $\chi^2 = \dfrac{(n-1)S^2}{\sigma_0^2}$ 作为检验统计量. 如上所述,可知检验的拒绝域具有如下形式:
$$W = \left\{ (x_1, x_2, \cdots, x_n) \;\middle|\; \frac{(n-1)S^2}{\sigma_0^2} \leqslant C_1 \text{ 或 } \frac{(n-1)S^2}{\sigma_0^2} \geqslant C_2 \right\},$$

其中 C_1, C_2 为适当的常数.

给定显著性水平 α,有
$$P\left\{ \frac{(n-1)S^2}{\sigma_0^2} \leqslant C_1 \text{ 或 } \frac{(n-1)S^2}{\sigma_0^2} \geqslant C_2 \;\middle|\; H_0 \text{ 为真} \right\} = \alpha,$$

满足上式的 C_1, C_2 有很多. 为了方便起见,习惯上取 $C_1 = \chi^2_{1-\frac{\alpha}{2}}(n-1)$,$C_2 = \chi^2_{\frac{\alpha}{2}}(n-1)$,于是得拒绝域为
$$W = \left\{ (x_1, x_2, \cdots, x_n) \;\middle|\; \frac{(n-1)S^2}{\sigma_0^2} \leqslant \chi^2_{1-\frac{\alpha}{2}}(n-1) \text{ 或 } \frac{(n-1)S^2}{\sigma_0^2} \geqslant \chi^2_{\frac{\alpha}{2}}(n-1) \right\}. \tag{8.6}$$

这种利用服从 χ^2 分布的统计量作为检验统计量的检验方法称为 χ^2 检验法.

例 8.6 设用某仪器测定岩石的抗张强度(单位:Pa)服从正态分布,其方差为 $\sigma_0^2 = 64$. 然后用新仪器对岩石抗张强度进行了 10 次测定,其数据如下:
$$578, \quad 572, \quad 570, \quad 568, \quad 572, \quad 570, \quad 572, \quad 570, \quad 596, \quad 584.$$
问新仪器测定的效果与旧仪器测定的效果是否一样(显著性水平 $\alpha = 0.05$)?

解 本题要求在显著性水平 $\alpha = 0.05$ 下检验假设
$$H_0: \sigma^2 = 64, \quad H_1: \sigma^2 \neq 64.$$

由于 $n = 10$,$\alpha = 0.05$,查附表 4 得 $\chi^2_{1-\frac{\alpha}{2}}(n-1) = \chi^2_{0.975}(9) = 2.7$,$\chi^2_{\frac{\alpha}{2}}(n-1) = \chi^2_{0.025}(9) = 19.023$,$\sigma_0^2 = 64$. 利用(8.6)式得拒绝域为
$$\left\{ (x_1, x_2, \cdots, x_n) \;\middle|\; \frac{(n-1)S^2}{\sigma_0^2} \leqslant 2.7 \text{ 或 } \frac{(n-1)S^2}{\sigma_0^2} \geqslant 19.023 \right\}.$$

由样本观测值算得 $\bar{x} = 575.2$,$s^2 = 75.733\,3$,所以 $\chi^2 = \dfrac{(n-1)s^2}{\sigma_0^2} = 10.65$. 由于 $2.7 < 10.65 <$

19.023,故接受 H_0,即认为新旧仪器的测定效果一样.

三、两个正态总体均值差的假设检验

t 检验法还可以检验具有相同方差的两个正态总体均值是否相等. 设 $X_1, X_2, \cdots,$ X_{n_1} 和 $Y_1, Y_2, \cdots, Y_{n_2}$ 分别是来自正态总体 $N(\mu_1, \sigma^2)$ 和 $N(\mu_2, \sigma^2)$ 的样本,且设两个总体相互独立. 又分别记它们的样本均值为 $\overline{X}, \overline{Y}$,样本方差为 S_1^2, S_2^2. 设 μ_1, μ_2, σ^2 均为未知. 现在要检验假设 $H_0: \mu_1 = \mu_2, H_1: \mu_1 \neq \mu_2$.

如果原假设 H_0 为真,那么 $\overline{X} - \overline{Y}$ 应该在 0 的附近随机摆动,取统计量

$$T = \frac{\overline{X} - \overline{Y}}{S_w \sqrt{\dfrac{1}{n_1} + \dfrac{1}{n_2}}}, \tag{8.7}$$

其中 $S_w^2 = \dfrac{(n_1-1)S_1^2 + (n_2-1)S_2^2}{n_1 + n_2 - 2}, S_w = \sqrt{S_w^2}$. 统计量 T 在 H_0 为真时服从自由度为 $n_1 + n_2 - 2$ 的 t 分布.

给定显著性水平 α,可得检验的临界值 $t_{\frac{\alpha}{2}}(n_1 + n_2 - 2)$,使

$$P\{|T| \geq t_{\frac{\alpha}{2}}(n_1 + n_2 - 2) \mid H_0 \text{ 为真}\} = \alpha,$$

故检验的拒绝域为

$$W = \left\{ (x_1, x_2, \cdots, x_{n_1}, y_1, y_2, \cdots, y_{n_2}) \left| \frac{|\overline{x} - \overline{y}|}{s_w \sqrt{\dfrac{1}{n_1} + \dfrac{1}{n_2}}} \geq t_{\frac{\alpha}{2}}(n_1 + n_2 - 2) \right. \right\}. \tag{8.8}$$

若由样本观测值算出 T 的观测值 t 使得 $|t| \geq t_{\frac{\alpha}{2}}(n_1 + n_2 - 2)$,则拒绝原假设 H_0,否则接受 H_0.

这里我们假定了两个正态总体有相同的方差 σ^2. 如果去掉这一假设,假定两个正态总体的方差分别为 σ_1^2 和 σ_2^2,且未知,这就是著名的贝伦斯-费希尔问题. 在 §8.3 第五部分将给出这一问题的大样本检验方法.

例 8.7　比较两种安眠药 A 与 B 的疗效,对两种药分别取 10 个失眠者为试验对象,以 X 表示使用 A 后延长的睡眠时间,Y 表示使用 B 后延长的睡眠时间,试验结果如下:

X/h	1.9	0.8	1.1	0.1	-0.1	4.4	5.5	1.6	4.6	3.4
Y/h	0.7	-1.6	-0.2	-1.2	-0.1	3.4	3.7	0.8	0	2.0

假定随机变量 X, Y 分别服从正态分布 $N(\mu_1, \sigma^2)$ 和 $N(\mu_2, \sigma^2)$,试问在显著性水平 $\alpha = 0.01$ 下,两种药的疗效有无显著差异?

解　问题为检验假设 $H_0: \mu_1 = \mu_2, H_1: \mu_1 \neq \mu_2$. 由样本观测值分别算出

$$\overline{x} = 2.33, \quad s_1^2 = 4.009, \quad \overline{y} = 0.75, \quad s_2^2 = 3.20,$$

根据(8.7)式算出 $t = 1.860\,8$.

给定显著性水平 $\alpha=0.01$, 查附表 3 得 $t_{\frac{\alpha}{2}}(n_1+n_2-2)=t_{0.005}(18)=2.8784$, 由于 $|t|=1.8608<2.8784=t_{0.005}(18)$, 所以接受原假设, 即认为两种安眠药的疗效无显著差异.

四、两个正态总体方差比的假设检验

设 $X_1, X_2, \cdots, X_{n_1}$ 和 $Y_1, Y_2, \cdots, Y_{n_2}$ 分别来自正态总体 $N(\mu_1, \sigma_1^2)$ 和 $N(\mu_2, \sigma_2^2)$, 且两个总体相互独立, $\overline{X}, \overline{Y}$ 分别表示两个样本均值, S_1^2, S_2^2 分别表示两个样本方差. 现在要检验假设

$$H_0: \sigma_1^2=\sigma_2^2, \quad H_1: \sigma_1^2 \neq \sigma_2^2.$$

要检验 σ_1^2 与 σ_2^2 是否相等, 自然想到比较它们的无偏估计量 S_1^2 和 S_2^2. 考虑统计量 $F=\dfrac{S_1^2}{S_2^2}$, 当 H_0 为真时, F 的值应接近于 1, 故当 F 过分大于 1 或过分小于 1 时, 我们拒绝 H_0. 由定理 6.3 知, 当 H_0 为真时, 有

$$F=\frac{S_1^2}{S_2^2} \sim F(n_1-1, n_2-1). \tag{8.9}$$

取 $F=\dfrac{S_1^2}{S_2^2}$ 作为检验统计量, 如上所述, 可知拒绝域具有形式

$$W=\{(x_1, x_2, \cdots, x_{n_1}, y_1, y_2, \cdots, y_{n_2}) \mid F \leqslant C_1 \text{ 或 } F \geqslant C_2\},$$

其中 C_1, C_2 为适当的常数.

对于给定的显著性水平 α, 有

$$P\left\{\frac{S_1^2}{S_2^2} \leqslant C_1 \text{ 或 } \frac{S_1^2}{S_2^2} \geqslant C_2 \,\middle|\, H_0 \text{ 为真}\right\}=\alpha,$$

满足上式的常数 C_1, C_2 有很多. 为了方便起见, 习惯上取 $C_1=F_{1-\frac{\alpha}{2}}(n_1-1, n_2-1)$, $C_2=F_{\frac{\alpha}{2}}(n_1-1, n_2-1)$, 故检验的拒绝域为

$$W=\{(x_1, x_2, \cdots x_{n_1}, y_1, y_2, \cdots y_{n_2}) \mid F \leqslant F_{1-\frac{\alpha}{2}}(n_1-1, n_2-1) \text{ 或 } F \geqslant F_{\frac{\alpha}{2}}(n_1-1, n_2-1)\}.$$

$$\tag{8.10}$$

这种利用服从 F 分布的统计量作为检验统计量的检验方法称为 F 检验法.

例 8.8(例 8.4 续) 为了考察温度对某物体断裂强力的影响, 在 70 ℃ 与 80 ℃ 下分别重复做了 8 次试验, 测得断裂强力的数据(单位:Pa)如下:

70 ℃	20.5	18.8	19.8	20.9	21.5	19.5	21.0	21.2
80 ℃	17.7	20.3	20.0	18.8	19.0	20.1	20.2	19.1

假定在 70 ℃ 下断裂强力用 X 表示, 服从正态分布 $N(\mu_1, \sigma_1^2)$, 在 80 ℃ 下的断裂强力用 Y 表示, 服从正态分布 $N(\mu_2, \sigma_2^2)$, 试问在显著性水平 $\alpha=0.05$ 下, X 与 Y 的方差有无显著差异?

解 本题需要检验假设

$$H_0: \sigma_1^2=\sigma_2^2, \quad H_1: \sigma_1^2 \neq \sigma_2^2.$$

由于 $n_1 = 8, n_2 = 8$,对于 $\alpha = 0.05$,查附表 5 得 $F_{0.025}(7,7) = 4.99, F_{0.975}(7,7) = \dfrac{1}{F_{0.025}(7,7)} = \dfrac{1}{4.99} = 0.2004$,从而拒绝域为

$$\{(x_1, x_2, \cdots, x_8, y_1, y_2, \cdots, y_8) \mid F \leqslant 0.2004 \text{ 或 } F \geqslant 4.99\}.$$

由所给数据计算得 $s_1^2 = \dfrac{6.20}{7}, s_2^2 = \dfrac{5.80}{7}$,所以 $F = \dfrac{6.20}{5.80} = 1.07$. 由于 $0.2004 < 1.07 < 4.99$,故应接受 H_0,即认为在 70 ℃ 与 80 ℃ 下物体的断裂强力的方差无显著差异.

五、单侧假设检验

形如 (8.1) 式中的备择假设 H_1 表示 μ 可能大于 μ_0,也可能小于 μ_0,即备择假设 H_1 在原假设 H_0 两侧时,称为 双侧假设检验问题. 在实际问题中还经常遇到备择假设 H_1 在原假设 H_0 一侧的情形,这称为 单侧假设检验问题.

例如,试验新工艺以提高材料的强度,这时所考虑的总体均值应该越大越好. 如果我们能判断在新工艺下总体均值 μ 较以往正常生产时总体均值 μ_0(为已知常数)大,则可考虑采用新工艺.假设 μ 为总体均值,此时我们需要考虑假设检验问题

$$H_0 : \mu \leqslant \mu_0, \quad H_1 : \mu > \mu_0.$$

显然,另外一种常见的单侧假设检验问题为

$$H_0 : \mu \geqslant \mu_0, \quad H_1 : \mu < \mu_0.$$

前面考虑的都是正态总体均值和方差的双侧检验问题. 一般来说,对相同参数的单侧和双侧检验问题所用的检验统计量是相同的,差别在拒绝域上. 识别单侧检验和双侧检验有益于以后构造拒绝域.

下面我们仅以两个相互独立的正态总体 $X \sim N(\mu_1, \sigma_1^2)$ 和 $Y \sim N(\mu_2, \sigma_2^2)$,在 $\sigma_1^2 = \sigma_2^2$ 但未知时的单侧假设检验问题

$$H_0 : \mu_1 \leqslant \mu_2, \quad H_1 : \mu_1 > \mu_2 \tag{8.11}$$

知识点
解析 5

为例,说明单侧假设检验问题确定拒绝域的方法,其余情形留给读者作为练习.

设 $X_1, X_2, \cdots, X_{n_1}$ 和 $Y_1, Y_2, \cdots, Y_{n_2}$ 分别是来自 X 和 Y 的样本,由于随机变量

$$T_1 = \frac{\overline{X} - \overline{Y} - (\mu_1 - \mu_2)}{S_w \sqrt{\dfrac{1}{n_1} + \dfrac{1}{n_2}}}$$

服从自由度为 $n_1 + n_2 - 2$ 的 t 分布,其中 $S_w^2 = \dfrac{(n_1 - 1)S_1^2 + (n_2 - 1)S_2^2}{n_1 + n_2 - 2}$,因此给定显著性水平 α,得 $P\{T_1 \geqslant t_\alpha(n_1 + n_2 - 2)\} = \alpha$.

当 H_0 为真时,有

$$T_1 = \frac{\overline{X} - \overline{Y} - (\mu_1 - \mu_2)}{S_w \sqrt{\dfrac{1}{n_1} + \dfrac{1}{n_2}}} \geqslant \frac{\overline{X} - \overline{Y}}{S_w \sqrt{\dfrac{1}{n_1} + \dfrac{1}{n_2}}} \xlongequal{\text{def}} T, \tag{8.12}$$

因此

$$P\{T \geqslant t_\alpha(n_1 + n_2 - 2)\} \leqslant P\{T_1 \geqslant t_\alpha(n_1 + n_2 - 2)\} = \alpha,$$

即事件 $\{T \geqslant t_\alpha(n_1 + n_2 - 2)\}$ 的概率比事件 $\{T_1 \geqslant t_\alpha(n_1 + n_2 - 2)\}$ 的概率还要小. 如果事件 $\{T \geqslant t_\alpha(n_1 + n_2 - 2)\}$ 在一次抽样中发生了, 应拒绝原假设 H_0, 否则应接受 H_0, 故检验的拒绝域为

$$W = \{(x_1, x_2, \cdots, x_{n_1}, y_1, y_2, \cdots, y_{n_2}) \mid T \geqslant t_\alpha(n_1 + n_2 - 2)\}. \tag{8.13}$$

实质上, 拒绝域 (8.13) 取的临界值只考虑在 $\mu_1 = \mu_2$ 处犯第一类错误的概率为 α, 这是由于在原假设 H_0 下, 即不等式 (8.12) 成立时, 可得犯第一类错误的概率恒小于或等于 α. 也就是说, 检验问题 (8.11) 与检验问题

$$H_0: \mu_1 = \mu_2, \quad H_1: \mu_1 > \mu_2$$

有相同的拒绝域. 这一现象对于其他单侧假设检验仍是成立的.

例 8.9 某铸造车间为提高铸件的耐磨性而试制了一种镍合金铸件以取代铜合金铸件, 为此, 从两种铸件中各抽取一个容量分别为 8 和 9 的样本, 测得其硬度 (一种特殊的耐磨性指标) 为

镍合金	76.43	76.21	73.58	69.69	65.29	70.83	82.75	72.34
铜合金	73.66	64.27	69.34	71.37	69.77	68.12	67.27	68.07	62.61

根据专业经验, 铸件的硬度服从正态分布, 且方差保持不变, 试在显著性水平 $\alpha = 0.05$ 下判断镍合金的硬度是否比铜合金的硬度有明显提高?

解 用 X 表示镍合金的硬度, Y 表示铜合金的硬度, 则由假设 $X \sim N(\mu_1, \sigma^2)$, $Y \sim N(\mu_2, \sigma^2)$, 要检验的假设是 $H_0: \mu_1 \leqslant \mu_2$, $H_1: \mu_1 > \mu_2$. 由于两者方差未知但相等, 故采用两个样本的 t 检验. 由于 $n_1 = 8$, $n_2 = 9$, 对于 $\alpha = 0.05$, 查附表 3 得 $t_{0.05}(15) = 1.753\,1$, 从而由 (8.13) 式知拒绝域为 $\{t > 1.753\,1\}$. 经计算,

$$\bar{x} = 73.39, \quad \sum_{i=1}^{8}(x_i - \bar{x})^2 = 191.795\,8,$$

$$\bar{y} = 68.275\,6, \quad \sum_{i=1}^{9}(y_i - \bar{y})^2 = 91.154\,8,$$

从而

$$s_w = \sqrt{\frac{1}{8 + 9 - 2}(191.795\,8 + 91.154\,8)} = 4.343\,2,$$

计算得

$$t = \frac{73.39 - 68.275\,6}{4.343\,2\sqrt{\dfrac{1}{8} + \dfrac{1}{9}}} = 2.423\,4.$$

所以 $t > 1.753\,1$, 故拒绝原假设, 可判断镍合金的硬度比铜合金的硬度有显著提高.

正态总体均值、方差的检验法可总结为表 8.2.

表 8.2 正态总体均值、方差的检验法(显著性水平为 α)

适用范围	H_0	H_1	检验方法	统计量	拒绝域
正态总体 $N(\mu,\sigma_0^2)$,σ_0^2 已知	$\mu=\mu_0$ $\mu\leqslant\mu_0$ $\mu\geqslant\mu_0$	$\mu\neq\mu_0$ $\mu>\mu_0$ $\mu<\mu_0$	Z 检验法	$Z=\dfrac{\overline{X}-\mu_0}{\sigma_0/\sqrt{n}}$	$\lvert z\rvert\geqslant z_{\frac{\alpha}{2}}$ $z\geqslant z_\alpha$ $z\leqslant -z_\alpha$
正态总体 $N(\mu,\sigma^2)$,σ^2 未知	$\mu=\mu_0$ $\mu\leqslant\mu_0$ $\mu\geqslant\mu_0$	$\mu\neq\mu_0$ $\mu>\mu_0$ $\mu<\mu_0$	T 检验法	$T=\dfrac{\overline{X}-\mu_0}{S/\sqrt{n}}$	$\lvert t\rvert\geqslant t_{\frac{\alpha}{2}}(n-1)$ $t\geqslant t_\alpha(n-1)$ $t\leqslant -t_\alpha(n-1)$
正态总体 $N(\mu,\sigma^2)$,μ 未知	$\sigma^2=\sigma_0^2$ $\sigma^2\leqslant\sigma_0^2$ $\sigma^2\geqslant\sigma_0^2$	$\sigma^2\neq\sigma_0^2$ $\sigma^2>\sigma_0^2$ $\sigma^2<\sigma_0^2$	χ^2 检验法	$\chi^2=\dfrac{(n-1)S^2}{\sigma_0^2}$	$\chi^2\geqslant\chi_{\frac{\alpha}{2}}^2(n-1)$ 或 $\chi^2\leqslant\chi_{1-\frac{\alpha}{2}}^2(n-1)$ $\chi^2\geqslant\chi_\alpha^2(n-1)$ $\chi^2\leqslant\chi_{1-\alpha}^2(n-1)$
两个正态总体 $N(\mu_1,\sigma_1^2)$ 和 $N(\mu_2,\sigma_2^2)$,σ_1^2,σ_2^2 已知	$\mu_1=\mu_2$ $\mu_1\leqslant\mu_2$ $\mu_1\geqslant\mu_2$	$\mu_1\neq\mu_2$ $\mu_1>\mu_2$ $\mu_1<\mu_2$	Z 检验法	$Z=\dfrac{\overline{X}-\overline{Y}}{\sqrt{\dfrac{\sigma_1^2}{n_1}+\dfrac{\sigma_2^2}{n_2}}}$	$\lvert z\rvert\geqslant z_{\frac{\alpha}{2}}$ $z\geqslant z_\alpha$ $z\leqslant -z_\alpha$
两个正态总体 $N(\mu_1,\sigma_1^2)$ 和 $N(\mu_2,\sigma_2^2)$ σ_1^2,σ_2^2 未知,$\sigma_1^2=\sigma_2^2$	$\mu_1=\mu_2$ $\mu_1\leqslant\mu_2$ $\mu_1\geqslant\mu_2$	$\mu_1\neq\mu_2$ $\mu_1>\mu_2$ $\mu_1<\mu_2$	T 检验法	$T=\dfrac{\overline{X}-\overline{Y}}{S_w\sqrt{\dfrac{1}{n_1}+\dfrac{1}{n_2}}}$, $S_w^2=\dfrac{(n_1-1)S_1^2+(n_2-1)S_2^2}{n_1+n_2-2}$	$\lvert t\rvert\geqslant t_{\frac{\alpha}{2}}(n_1+n_2-2)$ $t\geqslant t_\alpha(n_1+n_2-2)$ $t\leqslant -t_\alpha(n_1+n_2-2)$
两个正态总体 $N(\mu_1,\sigma_1^2)$ 和 $N(\mu_2,\sigma_2^2)$,μ_1,μ_2 未知	$\sigma_1^2=\sigma_2^2$ $\sigma_1^2\leqslant\sigma_2^2$ $\sigma_1^2\geqslant\sigma_2^2$	$\sigma_1^2\neq\sigma_2^2$ $\sigma_1^2>\sigma_2^2$ $\sigma_1^2<\sigma_2^2$	F 检验法	$F=\dfrac{S_1^2}{S_2^2}$	$F\geqslant F_{\frac{\alpha}{2}}(n_1-1,n_2-1)$ 或 $F\leqslant F_{1-\frac{\alpha}{2}}(n_1-1,n_2-1)$ $F\geqslant F_\alpha(n_1-1,n_2-1)$ $F\leqslant F_{1-\alpha}(n_1-1,n_2-1)$

§8.3 其他常见分布参数的假设检验

同前一节我们介绍正态分布总体的参数假设检验一样,其他常见分布参数的假设检验也可分为单个总体与多个(主要是两个)总体. 这一节仅以单个总体的参数假设检验为例,介绍二项分布、泊松分布、均匀分布和指数分布总体的参数假设检验问题. 此外,本节还介绍大样本检验.

一、二项分布参数 p 的假设检验

在 n 重伯努利试验中,设某事件在一次试验中发生的概率为 p,p 未知. 以 X 表示该事件发生的总次数,则 $X \sim B(n,p)$. 现根据 X 来考虑如下的假设检验问题

$$H_0 : p \geqslant p_0, \quad H_1 : p < p_0, \tag{8.14}$$

其中 p_0 为已知的常数.

显然当 p 越大时,统计量 X 倾向于取较大的整数. 也就是说,在原假设 H_0 成立时,X 值较大,而在备择假设 H_1 成立时,X 值较小. 因此,对于假设检验问题(8.14),一个合理的检验统计量为 X,拒绝域的形式为 $\{X < c\}$,这里 c 是一个临界值. 这个检验是直观和可信的.

根据 X 的分布,可计算犯第一类错误的概率为

$$P_{H_0}\{X < c\} = \sum_{k=0}^{c-1} C_n^k p^k (1-p)^{n-k}, \quad p \geqslant p_0.$$

容易验证上述概率值是关于 p 的减函数,所以欲使上式小于或等于 α,只需取 c 满足

$$\sum_{k=0}^{c-1} C_n^k p_0^k (1-p_0)^{n-k} = \alpha.$$

但是,上述方程往往没有整数解. 这是在对离散总体做假设检验中普遍会遇到的问题. 此时,较常见的方法是找一个 c_0 满足

$$\sum_{k=0}^{c_0-1} C_n^k p_0^k (1-p_0)^{n-k} < \alpha < \sum_{k=0}^{c_0} C_n^k p_0^k (1-p_0)^{n-k}.$$

因而对于检验问题(8.14),如果拒绝域取为

$$W = \{x < c_0\},$$

此时犯第一类错误的概率严格小于 α,这相当于把检验的显著性水平降低了一些,由 α 降低到 $\sum_{k=0}^{c_0-1} C_n^k p_0^k (1-p_0)^{n-k}$.

类似地,对于假设检验问题

$$H_0 : p \leqslant p_0, \quad H_1 : p > p_0, \tag{8.15}$$

检验统计量仍为 X,检验的拒绝域为 $W = \{x > c\}$,c 为满足

$$1 - \sum_{k=0}^{c} C_n^k p_0^k (1-p_0)^{n-k} \leqslant \alpha$$

的最小正整数. 对于假设检验问题

$$H_0 : p = p_0, \quad H_1 : p \neq p_0, \tag{8.16}$$

检验统计量仍为 X,检验的拒绝域为 $W = \{x < c_1 \text{ 或 } x > c_2\}$,其中 c_1 为满足

$$\sum_{k=0}^{c_1-1} C_n^k p_0^k (1-p_0)^{n-k} \leqslant \frac{\alpha}{2}$$

的最大正整数,c_2 为满足

$$1 - \sum_{k=0}^{c_2} C_n^k p_0^k (1-p_0)^{n-k} \leqslant \frac{\alpha}{2}$$

的最小正整数. 上述检验的拒绝域使得犯第一类错误的概率严格小于显著性水平 α.

例 8.10 某项调查询问了 2 000 名大学生,问题是:"学校食堂今年与去年相比,饭菜味道有什么变化?"有 800 人觉得"越来越好",有 720 人感觉"不如去年",有 400 人表示"没有变化",有 60 人说不知道. 根据调查结果,取显著性水平 $\alpha = 0.05$,能否确信在总体中认为"学校食堂饭菜味道越来越好"的人比认为"学校食堂饭菜味道不如去年"的人多?

解 将回答"没有变化"和说"不知道"的人舍去. 令 p 表示其余两类大学生中认为"学校食堂饭菜味道越来越好"的人所占的比例,这是一个假设检验问题,检验的假设为

$$H_0 : p \leq 0.5, \quad H_1 : p > 0.5.$$

本题中 $n = 1\,520$,即回答"越来越好"和"不如去年"的人数,$p_0 = 0.5$.因为

$$1 - \sum_{k=0}^{423} C_n^k p_0^k (1-p_0)^{n-k} = 0.048 < 0.05 < 1 - \sum_{k=0}^{422} C_n^k p_0^k (1-p_0)^{n-k} = 0.056,$$

从而拒绝域为 $W = \{x > 423\}$. 本例中,由于观测值 $x = 800$ 落入拒绝域,故拒绝原假设,并确信在总体中认为"学校食堂饭菜味道越来越好"的人比认为"学校食堂饭菜味道不如去年"的人多. 附带指出的是,该拒绝域的显著性水平,即犯第一类错误的概率实际上不是 0.05,而是 0.048.

二、泊松分布参数的假设检验

设 $X_1, X_2, \cdots, X_n$ 为从泊松分布总体 $X \sim P(\lambda)$ 中抽取的样本,$x_1, x_2, \cdots, x_n$ 为一组样本观测值. 现考虑关于参数 λ 的如下假设检验问题:

$$H_0 : \lambda \geq \lambda_0, \quad H_1 : \lambda < \lambda_0, \tag{8.17}$$

其中 λ_0 为已知的常数.

知识点
解析 6

注意,样本均值 $\dfrac{1}{n} \sum_{i=1}^{n} X_i$ 是 λ 的一个无偏估计和最大似然估计. 一般来说,在原假设 H_0 成立时,统计量 $\sum_{i=1}^{n} X_i$ 的值较大,而在备择假设 H_1 成立时,统计量 $\sum_{i=1}^{n} X_i$ 的值较小. 因此,对于假设检验问题 (8.17),一个合理的检验统计量为 $\sum_{i=1}^{n} X_i$,拒绝域为

$$\left\{ (x_1, x_2, \cdots, x_n) \;\middle|\; \sum_{i=1}^{n} x_i < c \right\},$$

这里 c 是一个临界值. 这个检验是直观和可信的.

利用泊松分布的可加性,可得

$$\sum_{i=1}^{n} X_i \sim P(n\lambda).$$

由此可计算犯第一类错误的概率为

$$P_{H_0} \left\{ \sum_{i=1}^{n} X_i < c \right\} = \sum_{k=0}^{c-1} \frac{(n\lambda)^k}{k!} e^{-n\lambda}, \quad \lambda \geq \lambda_0.$$

容易验证上述概率值是关于 λ 的减函数. 给定显著性水平 α,欲使犯第一类错误的概率小于等于 α,只需取 c 满足

$$\sum_{k=0}^{c-1} \frac{(n\lambda_0)^k}{k!} e^{-n\lambda_0} = \alpha.$$

但是,上述方程也往往没有整数解. 此时,较常见的方法是找一个 c_0 满足

$$\sum_{k=0}^{c_0-1} \frac{(n\lambda_0)^k}{k!}e^{-n\lambda_0} < \alpha < \sum_{k=0}^{c_0} \frac{(n\lambda_0)^k}{k!}e^{-n\lambda_0}.$$

因而对于检验问题(8.17),如果拒绝域取为

$$W = \left\{ (x_1,x_2,\cdots,x_n) \;\middle|\; \sum_{i=1}^{n} x_i < c_0 \right\},$$

此时犯第一类错误的概率严格小于 α,这相当于把检验的显著性水平降低了一些,由 α 降低到 $\sum_{k=0}^{c_0-1} \frac{(n\lambda_0)^k}{k!}e^{-n\lambda_0}$.

类似地,对于假设检验问题

$$H_0 : \lambda \leqslant \lambda_0, \quad H_1 : \lambda > \lambda_0, \tag{8.18}$$

检验统计量仍为 $\sum_{i=1}^{n} X_i$,检验的拒绝域为

$$W = \left\{ (x_1,x_2,\cdots,x_n) \;\middle|\; \sum_{i=1}^{n} x_i > c \right\},$$

c 为满足

$$1 - \sum_{k=0}^{c} \frac{(n\lambda_0)^k}{k!}e^{-n\lambda_0} \leqslant \alpha$$

的最小正整数. 上述检验的拒绝域使得犯第一类错误的概率严格小于显著性水平 α.

对于检验问题

$$H_0 : \lambda = \lambda_0, \quad H_1 : \lambda \neq \lambda_0, \tag{8.19}$$

检验统计量仍为 $\sum_{i=1}^{n} X_i$,检验的拒绝域为

$$W = \left\{ (x_1,x_2,\cdots,x_n) \;\middle|\; \sum_{i=1}^{n} x_i < c_1 \text{ 或 } \sum_{i=1}^{n} x_i > c_2 \right\},$$

其中 c_1 为满足

$$\sum_{k=0}^{c_1-1} \frac{(n\lambda_0)^k}{k!}e^{-n\lambda_0} \leqslant \frac{\alpha}{2}$$

的最大正整数,c_2 为满足

$$1 - \sum_{k=0}^{c_2} \frac{(n\lambda_0)^k}{k!}e^{-n\lambda_0} \leqslant \frac{\alpha}{2}$$

的最小正整数. 上述检验的拒绝域使得犯第一类错误的概率严格小于显著性水平 α.

例 8.11 对某农作物根部害虫情况进行调查,结果如下:

每株害虫数 X	0	1	2	3	4	5	合计
实际株数	10	24	10	4	1	1	50

假设每株害虫数 X 服从泊松分布 $P(\lambda)$,根据调查结果,取显著性水平 $\alpha = 0.05$,能否认为 $\lambda \leqslant 1$?

解 设每株害虫数 X 服从泊松分布 $P(\lambda)$,假设检验问题为

$$H_0 : \lambda \leqslant 1, \quad H_1 : \lambda > 1.$$

利用观测值,计算检验统计量 $T = \sum_{i=1}^{n} X_i$ 的观测值为

$$t_0 = 0 \times 10 + 1 \times 24 + \cdots + 5 \times 1 = 65.$$

本题中 $n = 50, \lambda_0 = 1$,且

$$1 - \sum_{k=0}^{62} \frac{(n\lambda_0)^k}{k!} e^{-n\lambda_0} = 0.042 < 0.05 < 1 - \sum_{k=0}^{61} \frac{(n\lambda_0)^k}{k!} e^{-n\lambda_0} = 0.055,$$

从而拒绝域为 $W = \{ T > 62 \}$. 本例中,由于观测值 $t_0 = 65$ 落入拒绝域,故拒绝原假设,不认为 $\lambda \leqslant 1$. 附带指出的是,该拒绝域的显著性水平,即犯第一类错误的概率实际上不是 0.05,而是 0.042.

三、均匀分布参数的假设检验

设 $X_1, X_2, \cdots, X_n$ 为从均匀分布总体 $X \sim U(0, \theta)$ 中抽取的样本,$x_1, x_2, \cdots, x_n$ 为一组样本观测值. 现考虑关于参数 θ 的如下假设检验问题:

$$H_0 : \theta \geqslant \theta_0, \quad H_1 : \theta < \theta_0, \tag{8.20}$$

其中 θ_0 为已知的常数.

注意,θ 的最大似然估计量为 $X_{(n)} = \max \{ X_1, X_2, \cdots, X_n \}$. 一般来说,在原假设 H_0 成立时,统计量 $X_{(n)}$ 值较大,而在备择假设 H_1 成立时,统计量 $X_{(n)}$ 值较小. 因此,对于假设检验问题 (8.20),一个合理的检验统计量为 $X_{(n)}$,拒绝域的形式为

$$W = \{ (x_1, x_2, \cdots, x_n) \mid x_{(n)} < c \},$$

这里 c 是一个临界值. 这个检验是直观和可信的.

根据 §3.5,可以计算 $X_{(n)}$ 的概率密度为

$$f_{X_{(n)}}(x) = \frac{n}{\theta^n} x^{n-1} I_{(0, \theta)}(x),$$

其中 $I_D(x)$ 表示集合 D 上的示性函数,且可以证明随机变量 $Y = \dfrac{X_{(n)}}{\theta}$ 的密度函数为

$$f_Y(y) = n y^{n-1} I_{(0,1)}(y).$$

由此可计算犯第一类错误的概率为

$$P_{H_0} \{ X_{(n)} < c \} = P_{H_0} \left\{ \frac{X_{(n)}}{\theta} < \frac{c}{\theta} \right\}.$$

当 H_0 成立,即 $\theta \geqslant \theta_0$ 时,

$$P_{H_0} \left\{ \frac{X_{(n)}}{\theta} < \frac{c}{\theta} \right\} \leqslant P_{H_0} \left\{ \frac{X_{(n)}}{\theta} < \frac{c}{\theta_0} \right\}.$$

给定显著性水平 α,欲使犯第一类错误的概率小于或等于 α,只需取 c 满足

$$P_{H_0} \left\{ \frac{X_{(n)}}{\theta} < \frac{c}{\theta_0} \right\} = \int_0^{c/\theta_0} n y^{n-1} \mathrm{d}y = \alpha,$$

解得

$$c = \sqrt[n]{\alpha} \, \theta_0.$$

因而对于检验问题 (8.20),拒绝域为

$$W = \{ (x_1, x_2, \cdots, x_n) \mid x_{(n)} < \theta_0 \sqrt[n]{\alpha} \}.$$

类似地,关于参数 λ 的另外两种形式的假设检验问题

$$H_0 : \theta \leqslant \theta_0, \quad H_1 : \theta > \theta_0 \tag{8.21}$$

和

$$H_0 : \theta = \theta_0, \quad H_1 : \theta \neq \theta_0, \tag{8.22}$$

检验统计量仍为 $X_{(n)}$,拒绝域分别为

$$W = \{ (x_1, x_2, \cdots, x_n) \mid x_{(n)} > \theta_0 \sqrt[n]{1-\alpha} \}$$

和

$$W = \left\{ (x_1, x_2, \cdots, x_n) \;\middle|\; x_{(n)} < \theta_0 \sqrt[n]{\frac{\alpha}{2}} \text{ 或 } x_{(n)} > \theta_0 \sqrt[n]{1 - \frac{\alpha}{2}} \right\}.$$

四、指数分布参数的假设检验

设 $X_1, X_2, \cdots, X_n$ 为从指数分布总体 $X \sim E(\lambda)$ 中抽取的样本,$x_1, x_2, \cdots, x_n$ 为一组样本观测值. 现考虑关于参数 λ 的如下假设检验问题:

$$H_0 : \lambda \geqslant \lambda_0, \quad H_1 : \lambda < \lambda_0, \tag{8.23}$$

其中 λ_0 为已知的常数.

注意,样本均值 $\dfrac{1}{n} \sum\limits_{i=1}^{n} X_i$ 是 $\dfrac{1}{\lambda}$ 的一个无偏估计. 一般来说,在原假设 H_0 成立时,统计量 $\sum\limits_{i=1}^{n} X_i$ 值较小,而在备择假设 H_1 成立时,统计量 $\sum\limits_{i=1}^{n} X_i$ 值较大. 因此,对于假设检验问题(8.23),一个合理的检验统计量为 $\sum\limits_{i=1}^{n} X_i$,拒绝域的形式为

$$W = \left\{ (x_1, x_2, \cdots, x_n) \;\middle|\; \sum_{i=1}^{n} x_i > c \right\},$$

这里 c 是一个临界值. 这个检验是直观和可信的.

根据指数分布的定义,可以证明

$$2\lambda \sum_{i=1}^{n} X_i \sim \chi^2(2n),$$

由此可计算犯第一类错误的概率为

$$P_{H_0} \left\{ \sum_{i=1}^{n} X_i > c \right\} = P_{H_0} \left\{ 2\lambda \sum_{i=1}^{n} X_i > 2\lambda c \right\} \leqslant P_{H_0} \left\{ 2\lambda \sum_{i=1}^{n} X_i > 2\lambda_0 c \right\}.$$

当 H_0 成立,即 $\lambda \geqslant \lambda_0$ 时,

$$P_{H_0} \left\{ 2\lambda \sum_{i=1}^{n} X_i > 2\lambda c \right\} \leqslant P_{H_0} \left\{ 2\lambda \sum_{i=1}^{n} X_i > 2\lambda_0 c \right\}.$$

欲使上式右端小于等于显著性水平 α,只需取 $2\lambda_0 c = \chi_\alpha^2(2n)$. 因而对于检验问题(8.23),拒绝域为

$$W = \left\{ (x_1, x_2, \cdots, x_n) \;\middle|\; \sum_{i=1}^{n} x_i > \frac{1}{2\lambda_0} \chi_\alpha^2(2n) \right\}.$$

类似地,关于参数 λ 的另外两种形式的假设检验问题

$$H_0:\lambda \leqslant \lambda_0, \quad H_1:\lambda > \lambda_0 \tag{8.24}$$

和

$$H_0:\lambda = \lambda_0, \quad H_1:\lambda \neq \lambda_0, \tag{8.25}$$

检验统计量仍为 $\sum_{i=1}^{n} X_i$，拒绝域分别为

$$W = \left\{ (x_1,x_2,\cdots,x_n) \ \middle| \ \sum_{i=1}^{n} x_i < \frac{1}{2\lambda_0}\chi^2_{1-\alpha}(2n) \right\}$$

和

$$W = \left\{ (x_1,x_2,\cdots,x_n) \ \middle| \ \sum_{i=1}^{n} x_i < \frac{1}{2\lambda_0}\chi^2_{1-\frac{\alpha}{2}}(2n) \ \text{或} \ \sum_{i=1}^{n} x_i > \frac{1}{2\lambda_0}\chi^2_{\frac{\alpha}{2}}(2n) \right\}.$$

例 8.12　假定元件寿命 X 服从指数分布 $E(\lambda)$，现取 10 个元件投入试验，观测到如下 10 个失效时间（单位：h）：

$$10\,394, \quad 395, \quad 4\,094, \quad 6\,014, \quad 11\,572,$$
$$438, \quad 6\,133, \quad 3\,991, \quad 8\,886, \quad 9\,352.$$

根据调查结果，取显著性水平 $\alpha = 0.05$，能否认为元件的平均寿命不小于 6 000 h？

解　假设检验问题为

$$H_0:\lambda \leqslant \frac{1}{6\,000}, \quad H_1:\lambda > \frac{1}{6\,000}.$$

在本例中 $n = 10$，$\lambda_0 = \dfrac{1}{6\,000}$. 如果取显著性水平 $\alpha = 0.05$，则查附表 4 知 $\chi^2_{0.95}(20) = 10.851$. 所以检验问题的拒绝域为

$$W = \left\{ (x_1,x_2,\cdots,x_n) \ \middle| \ \sum_{i=1}^{n} x_i < \frac{1}{2\lambda_0}\chi^2_{1-\alpha}(2n) = 32\,553 \right\}.$$

计算检验统计量 $\sum_{i=1}^{n} X_i$ 的观测值 $\sum_{i=1}^{n} x_i = 61\,269$. 由于观测值没有落入拒绝域. 可以认为元件的平均寿命不小于 6 000 h.

五、大样本假设检验

当样本容量较大时，我们可以根据检验统计量的极限分布来确定拒绝域，这种方法称为**大样本检验方法**. 大样本检验方法一般是在检验统计量的精确分布不易求得或不方便使用的情况下，不得已才使用的方法. 例如，在前面介绍的二项分布中参数 p 的检验和泊松分布中参数 λ 的检验，拒绝域临界值的确定比较烦琐，属于使用起来不方便的情形. 这一节中的贝伦斯-费希尔问题属于检验统计量的精确分布无法确定的情形. 我们举三个例子说明.

1. 考虑假设检验问题 (8.16)

检验统计量 $X \sim B(n,p)$，利用中心极限定理可知：当 n 充分大时，

$$\frac{X-np}{\sqrt{np(1-p)}}$$

近似地服从正态分布 $N(0,1)$. 所以当 H_0 成立，即 $p = p_0$ 时有

$$U = \frac{X - np_0}{\sqrt{np_0(1 - p_0)}} \quad \xrightarrow{\text{近似}} \quad N(0,1).$$

因此,可以取 U 作为检验统计量,且当 U 的绝对值越大时,越有理由拒绝 H_0. 给定显著性水平 α,拒绝域为

$$W = \left\{ x \;\middle|\; \left| \frac{x - np_0}{\sqrt{np_0(1 - p_0)}} \right| > z_{\frac{\alpha}{2}} \right\}.$$

类似地,可求两个单侧假设检验问题(8.14)和(8.15)的大样本检验的近似拒绝域分别为

$$W = \left\{ x \;\middle|\; \frac{x - np_0}{\sqrt{np_0(1 - p_0)}} < z_{1-\alpha} \right\}$$

和

$$W = \left\{ x \;\middle|\; \frac{x - np_0}{\sqrt{np_0(1 - p_0)}} > z_\alpha \right\}.$$

2. 考虑假设检验问题(8.19)

检验统计量 $\sum_{i=1}^{n} X_i \sim P(n\lambda)$. 利用中心极限定理可知,当 n 充分大时,

$$\frac{\sum_{i=1}^{n} X_i - n\lambda}{\sqrt{n\lambda}}$$

近似地服从正态分布 $N(0,1)$. 故当 H_0 成立,即 $\lambda = \lambda_0$ 时有

$$U = \frac{\sum_{i=1}^{n} X_i - n\lambda_0}{\sqrt{n\lambda_0}} \xrightarrow{\text{近似}} N(0,1).$$

因此,可以取 U 作为检验统计量,且当 U 的绝对值越大时,越有理由拒绝 H_0. 给定显著性水平 α,近似地确定拒绝域为

$$W = \left\{ (x_1, x_2, \cdots, x_n) \;\middle|\; \left| \frac{\sum_{i=1}^{n} x_i - n\lambda_0}{\sqrt{n\lambda_0}} \right| > z_{\frac{\alpha}{2}} \right\}.$$

类似地,可求两个单侧检验问题(8.17)和(8.18)的大样本检验的近似拒绝域分别为

$$W = \left\{ (x_1, x_2, \cdots, x_n) \;\middle|\; \frac{\sum_{i=1}^{n} x_i - n\lambda_0}{\sqrt{n\lambda_0}} < z_{1-\alpha} \right\}$$

和

$$W = \left\{ (x_1, x_2, \cdots, x_n) \;\middle|\; \frac{\sum_{i=1}^{n} x_i - n\lambda_0}{\sqrt{n\lambda_0}} > z_\alpha \right\}.$$

例 8.13(例 8.11 续) 本题中 $n=50$ 和 $\lambda_0=1$. 利用大样本检验, 计算检验统计量的观测值为

$$\frac{\sum_{i=1}^{n} x_i - n\lambda_0}{\sqrt{n\lambda_0}} = \frac{65-50}{\sqrt{50}} = 2.121.$$

给定显著性水平 $\alpha=0.05$, 可得拒绝域为

$$W = \left\{ (x_1, x_2, \cdots, x_n) \ \middle| \ \frac{\sum_{i=1}^{n} x_i - n\lambda_0}{\sqrt{n\lambda_0}} > z_{0.05} = 1.645 \right\}.$$

由于观测值 2.121>1.645 落入拒绝域, 故拒绝原假设, 不认为 $\lambda \leqslant 1$.

3. 贝伦斯-费希尔问题

设 $X_1, X_2, \cdots, X_{n_1}$ 和 $Y_1, Y_2, \cdots, Y_{n_2}$ 为分别来自正态总体 $N(\mu_1, \sigma_1^2)$ 和 $N(\mu_2, \sigma_2^2)$, 且两样本独立, 参数 $\mu_1, \sigma_1^2, \mu_2, \sigma_2^2$ 均未知. 以下面的双侧假设检验问题为例:

$$H_0: \mu_1 = \mu_2, \quad H_1: \mu_1 \neq \mu_2.$$

根据定理 6.3, 可知

$$\frac{\overline{X} - \overline{Y} - (\mu_1 - \mu_2)}{\sqrt{\dfrac{\sigma_1^2}{n_1} + \dfrac{\sigma_2^2}{n_2}}} \sim N(0,1).$$

由于上式含有未知参数 σ_1^2 和 σ_2^2, 故不能用作检验统计量. 于是考虑分别用 S_1^2 和 S_2^2 来估计 σ_1^2 和 σ_2^2. 根据大数定律, 当 $\min\{n_1, n_2\}$ 充分大时,

$$\frac{\overline{X} - \overline{Y} - (\mu_1 - \mu_2)}{\sqrt{\dfrac{S_1^2}{n_1} + \dfrac{S_2^2}{n_2}}} \overset{\text{近似}}{\sim} N(0,1).$$

于是, 我们得到假设 H_0 的显著性水平近似为 α 的拒绝域为

$$W = \left\{ (x_1, x_2, \cdots, x_{n_1}, y_1, y_2, \cdots, y_{n_2}) \ \middle| \ \left| \frac{\overline{X} - \overline{Y} - (\mu_1 - \mu_2)}{\sqrt{\dfrac{S_1^2}{n_1} + \dfrac{S_2^2}{n_2}}} \right| \geqslant z_{\frac{\alpha}{2}} \right\}.$$

类似地, 可求两个单侧检验问题的大样本检验的近似拒绝域.

大样本检验方法是近似的, 近似的含义是指检验的实际显著性水平和预先设定的显著性水平不一致. 但是如果样本容量很大, 这种差异就很小. 在实际问题中, 我们一般并不清楚对一定的样本容量, 这个差异有多大. 所以大样本检验是一个不得已而为之的方法.

§8.4 非参数假设检验

前面介绍的各种检验方法基本是在总体分布类型已知的情形下, 由样本对分布参数进行检验. 但在实际问题中, 事先并不知道总体服从什么分布, 这时需要根据样本对总体

分布形式建立假设并进行检验. 这一类检验问题统称为分布的拟合优度检验,它们是一类非参数假设检验. 此类问题的检验方法可以采用卡尔·皮尔逊提出的 χ^2 拟合优度检验.

一、χ^2 拟合优度检验

设总体 X 的分布函数 $F(x)$ 未知,$X_1, X_2, \cdots, X_n$ 为 X 的一个样本,$x_1, x_2, \cdots, x_n$ 为样本观测值,根据样本观测值来检验关于总体分布的假设

$$H_0: F(x) = F_0(x),\qquad(8.26)$$

其中 $F_0(x)$ 是分布类型已知、但可能含有未知参数的分布函数. 这类问题一般只提原假设而不提备择假设.

先设 H_0 中所假设的 X 的分布函数 $F_0(x)$ 不含未知参数. 当 H_0 为真时,选取 $(m-1)$ 个实数 $-\infty < a_1 < a_2 < \cdots < a_{m-1} < +\infty$,它们将 X 可能取值的集合(不妨设为全体实数)分成 m 个区间,$A_1 = (-\infty, a_1]$,$A_2 = (a_1, a_2]$,$\cdots$,$A_m = (a_{m-1}, +\infty)$.

因为当 H_0 为真时,总体 X 的分布函数 $F_0(x)$ 为已知函数,故可以计算 X 落入这 m 个区间的概率分别为

$$p_1 = P(A_1) = F_0(a_1),$$
$$p_i = P(A_i) = F_0(a_i) - F_0(a_{i-1}),\quad i = 2, 3, \cdots, m-1,$$
$$p_m = P(A_m) = 1 - F_0(a_{m-1}).$$

记 n_i 为样本观测值 $x_1, x_2, \cdots, x_n$ 中落入 A_i 的频数 $(i = 1, 2, \cdots, m)$,显然 $\sum\limits_{i=1}^{m} n_i = n$.

我们知道频率是概率的反映,如果 H_0 为真且试验次数 n 又足够大,频率 $\dfrac{n_i}{n}$ 与概率 p_i 虽然会有差异,但是这种差异不应太大. 因此频率 $\dfrac{n_i}{n}$ 与概率 p_i 之间的差异程度可以反映出 $F_0(x)$ 是不是 X 的真实分布. 基于这种思想,卡尔·皮尔逊首先提出运用统计量

$$\chi^2 = \sum_{i=1}^{m} \frac{\left(\dfrac{n_i}{n} - p_i\right)^2}{\dfrac{p_i}{n}} = \sum_{i=1}^{m} \frac{(n_i - np_i)^2}{np_i}\qquad(8.27)$$

作为检验统计量来度量样本与原假设 H_0 的吻合程度.

当 H_0 中所假设的 X 的分布函数 $F_0(x)$ 中含有未知参数 $\theta_1, \theta_2, \cdots, \theta_r$ 时,需要先利用样本值求出未知参数 $\theta_1, \theta_2, \cdots, \theta_r$ 的最大似然估计值 $\hat{\theta}_1, \hat{\theta}_2, \cdots, \hat{\theta}_r$,将其代入 $F_0(x)$ 的表达式,那么 $F_0(x; \hat{\theta}_1, \hat{\theta}_2, \cdots, \hat{\theta}_r)$ 变成已知函数. 此时可求出 p_i 的估计值 $\hat{p}_i = P(A_i)$,在 (8.27) 式中以 $\hat{p}_i$ 代替 p_i,取

$$\chi^2 = \sum_{i=1}^{m} \frac{(n_i - n\hat{p}_i)^2}{n\hat{p}_i}\qquad(8.28)$$

作为检验统计量来度量样本和原假设 H_0 的吻合程度.

定理 8.1 如果样本容量 n 充分大(一般 $n \geqslant 50$),则当 H_0 为真时,统计量 (8.27) 近似地服从 $\chi^2(m-1)$ 分布,而统计量 (8.28) 近似地服从 $\chi^2(m-r-1)$ 分布,其中 r 为被

估计的参数个数.

定理 8.1 的证明从略.

根据以上讨论知,当 H_0 为真时,(8.27)式或(8.28)式所表示的 χ^2 值不应太大,如果 χ^2 值过分大就应拒绝 H_0,因而拒绝域应具有以下形式

$$\{\chi^2 \geq K, K \text{ 为正常数}\}. \tag{8.29}$$

对于显著性水平 α,根据定理 8.1 可得,存在 $\chi_\alpha^2(m-r-1)$(当 H_0 中所假设的分布函数 $F_0(x)$ 不含未知参数时,$r=0$),使

$$P\{\chi^2 \geq \chi_\alpha^2(m-r-1)\} = \alpha,$$

于是得大样本假设检验的近似拒绝域为

$$W = \{\chi^2 \geq \chi_\alpha^2(m-r-1)\}. \tag{8.30}$$

如果由样本观测值计算出 χ^2 值满足 $\chi^2 \geq \chi_\alpha^2(m-r-1)$,则在显著性水平 α 下拒绝 H_0,否则接受 H_0. 这就是 χ^2 拟合优度检验法.

χ^2 拟合优度检验法是基于定理 8.1 得到的,所以在使用时,必须注意 n 要足够大,以及 np_i 或 $n\hat{p_i}$ 不能太小这两个条件. 一般要求样本容量 n 不小于 50,以及每一个 np_i 或 $n\hat{p_i}$ 都不小于 5,而且 np_i 或 $n\hat{p_i}$ 最好在 10 以上,否则应适当地合并 A_i,以使 np_i 或 $n\hat{p_i}$ 满足这个要求(详见例 8.15).

作为假设检验问题(8.26)的特殊情况,当总体 X 是仅取 m 个可能值的离散型随机变量时,不失一般性仍记这 m 个取值为 $A_1,A_2,\cdots,A_m$,此时原假设(8.26)为

$$H_0:P\{X=A_i\}=p_i, \quad i=1,2,\cdots,m,$$

其中 $p_i \geq 0$,且 $\sum\limits_{i=1}^{m} p_i = 1$.

例 8.14 将一颗骰子掷了 120 次,结果如下:

点数	1	2	3	4	5	6
频数	21	28	19	24	16	12

试取显著性水平 $\alpha=0.05$,检验这颗骰子是否匀称.

解 设 X 表示骰子的点数,按题意需检验假设 $H_0:X$ 的分布律为

X	1	2	3	4	5	6
p_i	$\dfrac{1}{6}$	$\dfrac{1}{6}$	$\dfrac{1}{6}$	$\dfrac{1}{6}$	$\dfrac{1}{6}$	$\dfrac{1}{6}$

为了算出统计量 χ^2 的值,所需要的计算,列表如下($n=120$):

A_i	n_i	p_i	np_i	n_i-np_i	$(n_i-np_i)^2$	$\dfrac{(n_i-np_i)^2}{np_i}$
A_1	21	$\dfrac{1}{6}$	20	1	1	0.05
A_2	28	$\dfrac{1}{6}$	20	8	64	3.2

续表

A_i	n_i	p_i	np_i	n_i-np_i	$(n_i-np_i)^2$	$\dfrac{(n_i-np_i)^2}{np_i}$
A_3	19	$\dfrac{1}{6}$	20	-1	1	0.05
A_4	24	$\dfrac{1}{6}$	20	4	16	0.8
A_5	16	$\dfrac{1}{6}$	20	-4	16	0.8
A_6	12	$\dfrac{1}{6}$	20	-8	64	3.2
合计	120	1	120	—	—	$\chi^2=8.1$

对 $\alpha=0.05$, 查附表 4 得 $\chi_\alpha^2(m-r-1)=\chi_{0.05}^2(6-0-1)=11.071$, 由上表知 $\chi^2=8.1<\chi_{0.05}^2(5)=11.071$, 故接受 H_0, 即认为这颗骰子是匀称的.

例 8.15　在一个试验中, 每隔一定时间观察一次由某种铀放射到计数器上的 α 粒子的个数 X, 共观察 100 次, 得如下结果:

X	0	1	2	3	4	5	6	7	8	9	10	11	12
n_i	1	5	16	17	26	11	9	9	2	1	2	1	0
A_i	A_0	A_1	A_2	A_3	A_4	A_5	A_6	A_7	A_8	A_9	A_{10}	A_{11}	A_{12}

其中 n_i 表示观察到 i 个 α 粒子的频数, A_i 为对应的事件 $(i=0,1,\cdots,12)$. 从理论上考虑知 X 应服从泊松分布

$$P\{X=i\}=\frac{\lambda^i e^{-\lambda}}{i!}, \quad i=0,1,2,\cdots,$$

问上式是否符合实际 (显著性水平 $\alpha=0.05$)？即在显著性水平 0.05 下检验假设 H_0: 总体 X 服从参数为 λ 的泊松分布.

解　因在 H_0 中参数 λ 未知, 因此需要求出它的最大似然估计值, 由最大似然估计得 $\hat\lambda=\bar x=4.2$. 在 H_0 为真时, 即在 X 服从泊松分布的假设下, X 所有可能取值为 $\Omega=\{0,1,2,\cdots\}$, 将 Ω 分成如题所示两两不相交的子集 $A_0,A_1,\cdots,A_{12}$. 计算每个子集 A_i 的理论概率值

$$\hat p_i=P\{X=i\}=\frac{4.2^i e^{-4.2}}{i!}, \quad i=0,1,\cdots,12,$$

例如,

$$\hat p_0=P\{X=0\}=e^{-4.2}=0.015,$$

$$\hat p_{12}=P\{X\geqslant12\}=1-\sum_{i=0}^{11}\hat p_i=0.002.$$

计算结果如表 8.3 所示, 其中有些组予以适当合并, 使得每组 $n\hat p_i\geqslant5$, 如表中第四列的括号所示. 此处合并组后 $m=8$, 但估计了一个参数 λ, 故 $r=1$, χ^2 统计量的自由度为

8-1-1=6. 对于 $\alpha=0.05$, 查表得 $\chi_{0.05}^2(6)=12.592$, 现在 $\chi^2=6.2825<12.592$, 故在显著性水平 $\alpha=0.05$ 下接受 H_0, 即认为样本来自泊松分布总体, 也就是认为理论上的结论是符合实际的.

表 8.3　例 8.15 计算数据

A_i	n_i	$\hat{p}_i$	$n\hat{p}_i$	$(n_i-n\hat{p}_i)^2$	$\dfrac{(n_i-n\hat{p}_i)^2}{n\hat{p}_i}$
A_0	1 ⎫ 6	0.015 ⎫ 0.078	1.5 ⎫ 7.8	3.240	0.415 4
A_1	5 ⎭	0.063 ⎭	6.3 ⎭		
A_2	16	0.132	13.2	7.840	0.593 9
A_3	17	0.185	18.5	2.250	0.121 6
A_4	26	0.194	19.4	43.560	2.245 4
A_5	11	0.163	16.3	28.090	1.723 3
A_6	9	0.114	11.4	5.760	0.505 3
A_7	9	0.069	6.9	4.410	0.639 1
A_8	2 ⎫	0.036 ⎫	3.6 ⎫		
A_9	1 ⎪	0.017 ⎪	1.7 ⎪		
A_{10}	2 ⎬ 6	0.007 ⎬ 0.065	0.7 ⎬ 6.5	0.250	0.038 5
A_{11}	1 ⎪	0.003 ⎪	0.3 ⎪		
A_{12}	0 ⎭	0.002 ⎭	0.2 ⎭		
合计	100	1	100	—	$\chi^2=6.2825$

例 8.16　某车床生产滚珠, 随机抽取 50 个产品测得它们的直径 (单位:mm) 如下:

15.0,　15.8,　15.2,　15.1,　15.9,　14.7,　14.8,　15.5,　15.6,　15.3,
15.1,　15.3,　15.0,　15.6,　15.7,　14.8,　14.5,　14.2,　14.9,　14.9,
15.2,　15.0,　15.3,　15.6,　15.1,　14.9,　14.2,　14.6,　15.8,　15.2,
15.9,　15.2,　15.0,　14.9,　14.8,　14.5,　15.1,　15.5,　15.5,　15.1,
15.1,　15.0,　15.3,　14.7,　14.5,　15.5,　15.0,　14.7,　14.6,　14.2.

试在显著性水平 $\alpha=0.05$ 下, 检验滚珠直径是否服从正态分布.

解　设 X 表示滚珠直径, 要检验假设 H_0: 总体 X 服从正态分布 $N(\mu,\sigma^2)$. 由于 μ 和 σ^2 未知, 因此需求出它们的最大似然估计值. 它们的最大似然估计量分别是

$$\hat{\mu}=\frac{1}{n}\sum_{i=1}^{n}X_i=\overline{X},\quad \hat{\sigma}^2=\frac{1}{n}\sum_{i=1}^{n}(X_i-\overline{X})^2,$$

由样本观测值得 $\hat{\mu}=15.1, \hat{\sigma}^2=0.4287^2$.

取分点 $a_1=14.35, a_2=14.65, a_3=14.95, a_4=15.25, a_5=15.55, a_6=15.85$, 将 $(-\infty,+\infty)$ 分成 7 段. 当 H_0 为真时, 计算每个区间的理论概率值, 例如:

$$\hat{p}_1=P\{X<14.35\}=P\left\{\frac{X-15.1}{0.4287}<\frac{14.35-15.1}{0.4287}\right\}=\Phi(-1.75)=0.0401.$$

为了计算统计量 χ^2 的值, 将其他有关数据列于表 8.4. 由题意知 $m=7, r=2$, 故 χ^2

的自由度为 $7-2-1=4$. 对于 $\alpha=0.05$, 查附表 4 得 $\chi^2_{0.05}(4)=9.488$, 现在 $\chi^2=1.7846<9.488$, 所以在显著性水平 $\alpha=0.05$ 下接受 H_0, 即认为滚珠直径 X 服从正态分布.

表 8.4 例 8.16 计算数据

区间 A_i	n_i	$\hat{p}_i$	$n\hat{p}_i$	$(n_i-n\hat{p}_i)^2$	$\dfrac{(n_i-n\hat{p}_i)^2}{n\hat{p}_i}$
$(-\infty,14.35]$	3	0.040 1	2.05	0.990 0	0.493 8
$(14.35,14.65]$	5	0.106 8	5.34	0.115 6	0.021 6
$(14.65,14.95]$	10	0.216 3	10.815	0.664 2	0.061 4
$(14.95,15.25]$	16	0.273 6	13.68	5.382 4	0.393 5
$(15.25,15.55]$	8	0.216 3	10.815	7.924 2	0.732 7
$(15.55,15.85]$	6	0.106 8	5.34	0.435 6	0.081 5
$(15.85,+\infty)$	2	0.040 1	2.05	0.000 025	0.000 001 25
合计	50	1	50	—	$\chi^2=1.784\ 6$

二、独立性检验

在社会调查中,调查人员预计男性和女性对某种提案将会有不同的态度,他们根据被调查者的性别和对该提案的态度进行分类,结果见表 8.5. 我们要检验原假设 H_0:公民的态度与性别是相互独立的.

表 8.5 对某种提案的态度

性别	态度		
	赞成	反对	弃权
男	1 154	475	243
女	1 083	442	362

在实际问题中,随着数据量变大,类别还可以多分一些. 假定考察的总体是由两个指标 X 及 Y 联合来反映的,这就要考虑二维随机变量 (X,Y). 从这个总体中,随机地抽取容量为 n 的二维样本 $(X_1,Y_1),(X_2,Y_2),\cdots,(X_n,Y_n)$, 将 X 和 Y 的可能取值范围分别分成 m 个和 k 个互不相交的小区间 $A_1,A_2,\cdots,A_m$ 和 $B_1,B_2,\cdots,B_k$, 用 n_{ij} 表示样本值中 x 属于小区间 A_i 且 y 属于小区间 B_j 的个数 $(i=1,2,\cdots,m;j=1,2,\cdots,k)$. 记

$$n_{i\cdot}=\sum_{j=1}^{k}n_{ij},\quad n_{\cdot j}=\sum_{i=1}^{m}n_{ij},$$

显见

$$n=\sum_{i=1}^{m}\sum_{j=1}^{k}n_{ij}.$$

用表 8.6 表示样本值的这种分类,这种表称为 $m\times k$ 列联表.

表 8.6 $m \times k$ 列联表

X	Y				$n_{i\cdot} = \sum\limits_{j=1}^{k} n_{ij}$
	B_1	B_2	$\cdots$	B_k	
A_1	n_{11}	n_{12}	$\cdots$	n_{1k}	$n_{1\cdot}$
A_2	n_{21}	n_{22}	$\cdots$	n_{2k}	$n_{2\cdot}$
$\vdots$	$\vdots$	$\vdots$		$\vdots$	$\vdots$
A_m	n_{m1}	n_{m2}	$\cdots$	n_{mk}	$n_{m\cdot}$
$n_{\cdot j} = \sum\limits_{i=1}^{m} n_{ij}$	$n_{\cdot 1}$	$n_{\cdot 2}$	$\cdots$	$n_{\cdot k}$	n

从总体 (X,Y) 中任意抽一个元素即一个个体,它的第一个分量 x 属于小区间 A_i、第二个分量 y 属于小区间 B_j,这一事件的概率记为 p_{ij},以 $p_{i\cdot}$ 及 $p_{\cdot j}$ 分别记相应的边缘概率,则有

$$p_{i\cdot} = \sum_{j=1}^{k} p_{ij}, \quad p_{\cdot j} = \sum_{i=1}^{m} p_{ij}, \quad \sum_{i=1}^{m} \sum_{j=1}^{k} p_{ij} = \sum_{i=1}^{m} p_{i\cdot} = \sum_{j=1}^{k} p_{\cdot j} = 1. \tag{8.31}$$

此时,欲检验假设 H_0:总体的两个分量 X 和 Y 是相互独立的,就简化为检验假设

$$H_0 : p_{ij} = p_{i\cdot} \cdot p_{\cdot j}, \quad i = 1, 2, \cdots, m; j = 1, 2, \cdots, k.$$

现在,要建立 H_0 的检验统计量. 由于这个假设并没有明确指出 $(m+k)$ 个未知参数 $p_{i\cdot}$ 与 $p_{\cdot j}$ 的值,要想用 χ^2 检验法来检验假设 H_0,就需先按照最大似然估计法确定这些未知参数的估计值. 因为 $p_{i\cdot}$ 和 $p_{\cdot j}$ 满足 (8.31) 式,所以有 $(m+k-2)$ 个独立的参数. 当 H_0 为真时,未知参数的似然函数为

$$L = \prod_{i=1}^{m} \prod_{j=1}^{k} p_{ij}^{n_{ij}} = \prod_{i=1}^{m} \prod_{j=1}^{k} (p_{i\cdot} \cdot p_{\cdot j})^{n_{ij}} = \prod_{i=1}^{m} p_{i\cdot}^{n_{i\cdot}} \cdot \prod_{j=1}^{k} p_{\cdot j}^{n_{\cdot j}}$$

$$= \left(1 - \sum_{i=1}^{m-1} p_{i\cdot}\right)^{n_{m\cdot}} \cdot \left(1 - \sum_{j=1}^{k-1} p_{\cdot j}\right)^{n_{\cdot k}} \prod_{i=1}^{m-1} p_{i\cdot}^{n_{i\cdot}} \cdot \prod_{j=1}^{k-1} p_{\cdot j}^{n_{\cdot j}}.$$

由此得对数似然方程组

$$\begin{cases} \dfrac{\partial \ln L}{\partial p_{i\cdot}} = \dfrac{-n_{m\cdot}}{1 - \sum\limits_{i=1}^{m-1} p_{i\cdot}} + \dfrac{n_{i\cdot}}{p_{i\cdot}} = \dfrac{n_{i\cdot}}{p_{i\cdot}} - \dfrac{n_{m\cdot}}{p_{m\cdot}} = 0, \quad i = 1, 2, \cdots, m-1, \\[3mm] \dfrac{\partial \ln L}{\partial p_{\cdot j}} = -\dfrac{n_{\cdot k}}{1 - \sum\limits_{j=1}^{k-1} p_{\cdot j}} + \dfrac{n_{\cdot j}}{p_{\cdot j}} = \dfrac{n_{\cdot j}}{p_{\cdot j}} - \dfrac{n_{\cdot k}}{p_{\cdot k}} = 0, \quad j = 1, 2, \cdots, k-1, \end{cases}$$

解得

$$\hat{p}_{i\cdot} = \frac{n_{i\cdot}}{n}, \quad \hat{p}_{\cdot j} = \frac{n_{\cdot j}}{n}, \quad i = 1, 2, \cdots, m; j = 1, 2, \cdots, k.$$

其实,估计量不是别的,正好是频率.

由估计量得 $\hat{p}_{ij} = \hat{p}_{i\cdot} \cdot \hat{p}_{\cdot j} = \dfrac{n_{i\cdot} \cdot n_{\cdot j}}{n^2}$,因而得到落入 (A_i, B_j) 格的理论值为 $n\hat{p}_{ij} = \dfrac{n_{i\cdot} \cdot n_{\cdot j}}{n}$,因此导出 H_0 的检验统计量

$$\chi^2 = \sum_{i=1}^{m} \sum_{j=1}^{k} \frac{\left(n_{ij} - \dfrac{n_{i.} n_{.j}}{n}\right)^2}{\dfrac{n_{i.} n_{.j}}{n}} = n \sum_{i=1}^{m} \sum_{j=1}^{k} \frac{\left(n_{ij} - \dfrac{n_{i.} n_{.j}}{n}\right)^2}{n_{i.} n_{.j}}. \tag{8.32}$$

由定理 8.1 知,用(8.32)式所建立的统计量 χ^2 近似服从自由度为 $mk-(m+k-2)-1 = (m-1)(k-1)$ 的 χ^2 分布. 给定显著性水平 α,可得临界值 $\chi^2_\alpha((m-1)(k-1))$. 如果统计量 χ^2 的观测值大于临界值,则在显著性水平 α 下否定 H_0. 这种检验又称为**列联表检验法**.

特别地,当 $m=k=2$ 时,列联表 8.6 称为四格表,统计量为

$$\chi^2 = \frac{n(n_{11}n_{22} - n_{12}n_{21})^2}{n_{1.} n_{2.} n_{.1} n_{.2}}, \tag{8.33}$$

其极限分布是自由度为 1 的 χ^2 分布.

例 8.17(例 8.3 续) 调查 339 名 50 岁以上的人,研究吸烟习惯与慢性支气管炎的关系,结果如下:

	患慢性支气管炎者	未患慢性支气管炎者	合计	患病率/%
吸烟人数	43	162	205	21.0
不吸烟人数	13	121	134	9.7
合计	56	283	339	16.5

试问吸烟与患慢性支气管炎是否相关(显著性水平 $\alpha = 0.01$)?

解 设 X 表示是否吸烟,Y 表示是否患慢性支气管炎. 它们各有两个结果:$A_1 = \{吸烟\}$,$A_2 = \{不吸烟\}$,$B_1 = \{患慢性支气管炎\}$,$B_2 = \{未患有慢性支气管炎\}$. 所以,由 (8.33)式计算得统计量的观测值 $\chi^2 = 7.47$. 对于 $\alpha = 0.01$,查表得 $\chi^2_{0.01}((m-1)(k-1)) = \chi^2_{0.01}(1) = 6.635$. 由于 $\chi^2 = 7.47 > 6.635$,故拒绝原假设 H_0,即认为慢性支气管炎的患病率与吸烟有关.

三、利用 p 值进行检验

假设检验的结论通常是简单的,即在给定的显著性水平 α 下,不是拒绝原假设就是接受原假设. 但这种方法在应用中会带来一些麻烦. 例如一个决策者主张选择显著性水平 $\alpha = 0.05$,而另一个决策者主张选 $\alpha = 0.01$,此时很可能发生前者的结论是拒绝原假设,而后者的结论是接受原假设的情况. 注意,α 是犯第一类错误概率的上界,也就是说,如果选择相同的 α,不论检验统计量的值是大是小,所有检验的可靠度都一样. 这种方法无法给出样本值与原假设之间不一致程度的精确度量. 并且计算完统计量后,为了确定拒绝域,需要使用查表的方法得到临界值. 将这种方法在计算机软件中使用是行不通的.

许多文献和通用的统计软件并不是根据给定显著性水平 α 来确定检验统计量的临界值,进而给出拒绝域,而是利用 p 值进行决策.

定义 8.2 当原假设为真时,出现比所得到的样本观测值更极端的结果的概率称

知识点
解析 7

为 p 值.

　　由定义不难看出,如果 p 值越小,说明当原假设为真时,出现所得到的样本观测值越不容易发生,也就是说所得到的样本观测值与原假设之间的不一致程度就越大.所以当 p 值越小时,越有理由拒绝原假设.

　　下面通过几个例子介绍 p 值的计算以及与显著性水平 α 的关系,分析方法和所得结论具有一般性.在例 8.1 中,检验统计量为 $Z=\dfrac{\overline{X}-\mu_0}{\sigma_0/\sqrt{n}}$,样本观测结果为 $z=2.20$,且当 H_0 为真时, $Z\sim N(0,1)$.考虑到假设检验问题为双侧检验,计算 p 值,即比所得到的样本观测结果更极端的结果出现的概率为

$$p=P_{H_0}\{|Z|\geqslant 2.20\}=2P_{H_0}\{Z\geqslant 2.20\}=0.027\,8.$$

对于单侧检验问题(8.11),检验统计量为

$$T=\frac{\overline{X}-\overline{Y}}{S_w\sqrt{\dfrac{1}{n_1}+\dfrac{1}{n_2}}},$$

假设 t 为检验统计量的观测值.类似于确定单侧检验问题拒绝域的思想, p 值的计算也只需考虑当 $\mu_1=\mu_2$ 时,出现比所得到的样本观测值更极端的结果的概率,即

$$p=P_{\mu_1=\mu_2}\{T\geqslant t\}.$$

在例 8.9 中,可以计算该问题的 p 值为

$$p=P\{t(15)\geqslant t=2.423\,4\}=0.014\,2.$$

　　接下来讨论 p 值与显著性水平 α 的关系.在例 8.1 中,如果取显著性水平 $\alpha=0.05$,拒绝域为

$$W=\left\{(x_1,x_2,\cdots,x_n)\ \middle|\ \left|\frac{\overline{X}-\mu_0}{\sigma_0/\sqrt{n}}\right|\geqslant z_{0.025}=1.96\right\}.$$

根据样本观测结果 $z=2.20$,此时拒绝原假设 H_0.而如果取显著性水平 $\alpha=0.01$,拒绝域为

$$W=\left\{(x_1,x_2,\cdots,x_n)\ \middle|\ \left|\frac{\overline{X}-\mu_0}{\sigma/\sqrt{n}}\right|\geqslant z_{0.005}=2.58\right\},$$

此时接受原假设 H_0.

　　现在换一个角度来看,检验问题(8.1)的拒绝域为

$$W=\left\{(x_1,x_2,\cdots,x_n)\ \middle|\ \left|\frac{\overline{X}-\mu_0}{\sigma/\sqrt{n}}\right|\geqslant z_{\frac{\alpha}{2}}\right\}.$$

若以计算得到的 p 值 $0.027\,8$ 为基准,当显著性水平 $\alpha<0.027\,8$ 时,有 $z_{\frac{\alpha}{2}}>2.20$,于是样本观测结果就不在拒绝域内,此时应接受原假设 H_0.而当显著性水平 $\alpha\geqslant 0.027\,8$ 时,有 $z_{\frac{\alpha}{2}}\leqslant 2.20$,于是样本观测值就在拒绝域内,此时应拒绝原假设 H_0.由此看出, p 值是能用样本观测值做出拒绝原假设的最小显著性水平.

　　上述分析具有一般性,对于任何假设检验问题均适用.引进 p 值的概念有明显的好处.首先,它比较客观,避免了事先确定显著性水平,而是基于 p 值的大小与工程师

或科研人员的标准来得出结论. 其次,利用 p 值进行检验的规则是十分简单的:在已知 p 值的条件下,将其与人们心目中的显著性水平 α 进行比较,如果 $p \leqslant \alpha$,则在显著性水平 α 下拒绝原假设 H_0;如果 $p > \alpha$,则在显著性水平 α 下不能拒绝原假设 H_0. 在例 8.9 中,算得的 p 值为 0.014 2,现利用 p 值进行决策:若取显著性水平 $\alpha = 0.05$,则拒绝原假设,这与例 8.9 中结论一致;而取显著性水平 $\alpha = 0.01$,则接受原假设.

习 题 8

一、填空题

1. 某产品以往的废品率为 5%,采取某种技术革新措施后,对产品的样本进行检验,判断这种产品的废品率是否有所降低,取显著性水平 $\alpha = 0.05$,则此问题的原假设 H_0:____,备择假设 H_1:____,犯第一类错误的概率为____.

2. 有一批电子零件,假设此电子零件的平均使用时间 $\mu \geqslant 1\,000$ h 为合格,否则为不合格,那么可以提出的原假设为_____.

3. 当原假设正确而被拒绝时,所犯的错误为_____;当备择假设正确而未拒绝原假设时,所犯的错误为_____.

4. 在假设检验中,控制犯第一类错误的概率不超过某个规定的值 α,则 α 称为_____.

5. 设某个假设检验问题的拒绝域为 W,且当原假设 H_0 成立时,样本值 $x_1, x_2, \cdots, x_n$ 落入 W 的概率为 0.15,则犯第一类错误的概率为____.

6. 要使犯两类错误的概率同时减少,只有_____.

7. 设总体 X 服从正态分布 $N(\mu, \sigma^2)$,μ, σ^2 未知,$X_1, X_2, \cdots, X_n$ 是来自该总体的样本. 记 $\overline{X} = \dfrac{1}{n} \sum\limits_{i=1}^{n} X_i$,$Q = \sum\limits_{i=1}^{n} (X_i - \overline{X})^2$,则对假设检验

$$H_0 : \mu = \mu_0, \quad H_1 : \mu \neq \mu_0,$$

使用的 t 检验的统计量 $T = $____(用 $\overline{X}, Q$ 表示).

8. 设 $X_1, X_2, \cdots, X_n$ 为来自总体 $X \sim N(\mu, \sigma^2)$ 的一个简单随机样本,对于给定的显著性水平 α,已知关于 σ^2 检验的拒绝域为 $\{(x_1, x_2, \cdots, x_n) \mid \chi^2 \leqslant \chi^2_{1-\alpha}(n-1)\}$,则相应的备择假设为_____.

9. 设 $X_1, X_2, \cdots, X_n$ 和 $Y_1, Y_2, \cdots, Y_m$ 分别为来自两个正态总体 $X \sim N(\mu_1, \sigma_1^2)$ 和 $Y \sim N(\mu_2, \sigma_2^2)$ 的简单随机样本,参数 μ_1, μ_2 未知,两个正态总体相互独立,欲检验 $H_0 : \sigma_1 = \sigma_2$,$H_1 : \sigma_1 \neq \sigma_2$,应选择的检验统计量是_____.

10. 在非参数假设检验中,欲检验假设 $H_0 : F(X) = F_0(x, \theta)$,其中 θ 已知,$F_0(x, \theta)$ 为已知分布,可应用____检验法,检验的统计量为____.

二、选择题

1. 在假设检验中,用 α 和 β 分别表示犯第一类错误和第二类错误的概率,则当样本容量一定时,下列说法正确的是(   ).

(A) α 减小，β 也减小

(B) α 增大，β 也增大

(C) α 与 β 不能同时减少，减少其中一个，另一个往往就会增大

(D) (A)和(B)同时成立

2. 在假设检验中，设 H_1 为备择假设，则称(　　)为犯第一类错误.

(A) H_1 为真，接受 H_1　　　　　　(B) H_1 不真，接受 H_1

(C) H_1 为真，拒绝 H_1　　　　　　(D) H_1 不真，拒绝 H_1

3. 在一次假设检验中，当显著性水平为 0.05 时，结论是拒绝原假设，现将显著性水平设为 0.1，那么(　　).

(A) 仍然拒绝原假设　　　　　　(B) 不一定拒绝原假设

(C) 需要重新进行假设检验　　　　(D) 有可能拒绝原假设

4. 设 $X_1, X_2, \cdots, X_n$ 为来自正态总体 $N(\mu, \sigma^2)$ 的一个样本，若进行假设检验，当(　　)时，一般采用统计量 $Z = \dfrac{\overline{X} - \mu_0}{\sigma / \sqrt{n}}$.

(A) μ 未知，检验 $\sigma^2 = \sigma_0^2$　　　　(B) μ 已知，检验 $\sigma^2 = \sigma_0^2$

(C) σ^2 未知，检验 $\mu = \mu_0$　　　　(D) σ^2 已知，检验 $\mu = \mu_0$

5. 设正态总体 $X \sim N(\mu, \sigma^2)$，σ^2 已知，给定样本 $X_1, X_2, \cdots, X_n$，对总体均值 μ 进行检验. 令 $H_0: \mu = \mu_0$，$H_1: \mu \neq \mu_0$，则(　　).

(A) 若显著性水平 $\alpha = 0.05$ 时拒绝 H_0，则 $\alpha = 0.01$ 时也拒绝 H_0

(B) 若显著性水平 $\alpha = 0.05$ 时接受 H_0，则 $\alpha = 0.01$ 时拒绝 H_0

(C) 若显著性水平 $\alpha = 0.05$ 时拒绝 H_0，则 $\alpha = 0.01$ 时接受 H_0

(D) 若显著性水平 $\alpha = 0.05$ 时接受 H_0，则 $\alpha = 0.01$ 时也接受 H_0

6. 设正态总体 $X \sim N(\mu, \sigma^2)$，其中 μ 未知. 取得样本 $X_1, X_2, \cdots, X_n$，记 $\overline{X}, S^2$ 为样本均值与样本方差，对假设检验 $H_0: \sigma \geq 2$，$H_1: \sigma < 2$，应取检验统计量 $\chi^2 = ($　　$)$.

(A) $\dfrac{(n-1)S^2}{8}$　　　　　　(B) $\dfrac{(n-1)S^2}{2}$

(C) $\dfrac{(n-1)S^2}{4}$　　　　　　(D) $\dfrac{(n-1)S^2}{6}$

7. 设正态总体 $X \sim N(\mu_1, \sigma_1^2)$，样本 $X_1, X_2, \cdots, X_{n_1}$ 来自 X，正态总体 $Y \sim N(\mu_2, \sigma_2^2)$，样本 $Y_1, Y_2, \cdots, Y_{n_2}$ 来自 Y，且两个样本相互独立，样本均值分别为 $\overline{X}, \overline{Y}$，样本方差分别为 S_1^2，S_2^2，且 μ_1, μ_2 未知，则检验假设 $H_0: \sigma_1^2 = \sigma_2^2$，$H_1: \sigma_1^2 < \sigma_2^2$ 的拒绝域是(　　).

(A) $W = \left\{ (x_1, x_2, \cdots, x_{n_1}, y_1, y_2, \cdots, y_{n_2}) \; \middle| \; \dfrac{S_1^2}{S_2^2} \leq F_{1-\alpha}(n_1 - 1, n_2 - 1) \right\}$

(B) $W = \left\{ (x_1, x_2, \cdots, x_{n_1}, y_1, y_2, \cdots, y_{n_2}) \; \middle| \; \dfrac{S_1^2}{S_2^2} \leq F_{1-\alpha}(n_1, n_2) \right\}$

(C) $W = \left\{ (x_1, x_2, \cdots, x_{n_1}, y_1, y_2, \cdots, y_{n_2}) \; \middle| \; \dfrac{\dfrac{1}{n_1} \sum\limits_{i=1}^{n_1} (x_i - \mu_1)^2}{\dfrac{1}{n_2} \sum\limits_{i=1}^{n_2} (y_i - \mu_2)^2} \leq F_{1-\alpha}(n_1, n_2) \right\}$

(D) $W = \left\{ (x_1, x_2, \cdots, x_{n_1}, y_1, y_2, \cdots, y_{n_2}) \; \middle| \; \dfrac{\dfrac{1}{n_1} \sum\limits_{i=1}^{n_1} (x_i - \mu_1)^2}{\dfrac{1}{n_2} \sum\limits_{i=1}^{n_2} (y_i - \mu_2)^2} \leqslant F_{1-\alpha}(n_1 - 1, n_2 - 1) \right\}$

8. 设总体 X 是有限总体,X 的分布列为

X	a_1	a_2	$\cdots$	a_r
P_k	p_1	p_2	$\cdots$	p_r

其中 $\sum\limits_{i=1}^{r} p_i = 1$. 原假设 $H_0: P\{X = a_i\} = p_i$, $i = 1, 2, \cdots, r$. 检验统计量为 $\chi^2 = \sum\limits_{i=1}^{r} \dfrac{(m_i - np_i)^2}{np_i}$, 其中 m_i 是 n 次独立重复试验中 a_i 出现的频数 ($i = 1, 2, \cdots, r$), 则检验的拒绝域 (显著性水平为 α) 为 (　　).

(A) $\{\chi^2 > \chi^2_\alpha(r)\}$ 　　　　　　　　(B) $\{\chi^2 > \chi^2_\alpha(r-1)\}$

(C) $\{\chi^2 < \chi^2_{1-\frac{\alpha}{2}}(r)$ 或 $\chi^2 > \chi^2_{\frac{\alpha}{2}}(r)\}$ 　　(D) $\{\chi^2 < \chi^2_{1-\frac{\alpha}{2}}(r-1)$ 或 $\chi^2 > \chi^2_{\frac{\alpha}{2}}(r-1)\}$

9. 下列四个数值中,检验的 p 值为 (　　) 时,拒绝原假设的理由最充分.

(A) 0.99 　　　　　(B) 0.50 　　　　　(C) 0.05 　　　　　(D) 0.01

三、解答题

1. 某天开工时,需检验自动装包机工作是否正常. 根据以往的经验,其装包的质量在正常情况下服从正态分布 $N(100, 1.5^2)$ (单位:kg). 现抽测了 9 包,其质量为

99.3, 98.7, 100.5, 101.2, 98.3, 99.7, 99.5, 102.0, 100.5.

问这天装包机工作是否正常? 将这一问题化为假设检验问题,写出假设检验的步骤 (显著性水平 $\alpha = 0.05$).

2. 设正态总体 $X \sim N(\mu, 1)$, $X_1, X_2, \cdots, X_n$ 是来自该总体的样本,对于假设 $H_0: \mu \leqslant 0$, $H_1: \mu > 0$, 取显著性水平 α, 拒绝域为 $W = \{Z > z_\alpha\}$, 其中 $Z = \sqrt{n}\,\overline{X}$, z_α 为标准正态分布的上 α 分位数,求:

(1) 当 H_0 为真时,犯第一类错误的概率 $\alpha(\mu)$;

(2) 当 H_0 不真时,犯第二类错误的概率 $\beta(\mu)$.

3. 某种元件的寿命服从正态分布,它的标准差 $\sigma = 150$ h. 今抽取一个容量为 26 的样本,测得样本的均值为 1 637 h,问在显著性水平 $\alpha = 0.05$ 下,能否认为这批元件的寿命期望为 1 600 h?

4. 某批矿砂的 5 个样品中的镍含量 (质量百分数) 经测定为 3.25, 3.27, 3.24, 3.26, 3.24. 设测定值总体服从正态分布,问在显著性水平 $\alpha = 0.01$ 下能否接受假设:这批矿砂的镍含量的均值为 3.25?

5. 有两批棉纱,为比较其断裂强度,从中各取一个样本,测试得到

第一批棉纱样本:$n_1 = 200$, $\overline{x} = 0.532$ kg, $s_1 = 0.218$ kg;

第二批棉纱样本:$n_2 = 200$, $\overline{y} = 0.576$ kg, $s_2 = 0.17$ kg.

假设两批棉纱的断裂强度服从正态分布,且它们的方差相等,试检验这两批棉纱断裂

强度的均值有无显著差异(显著性水平 $\alpha = 0.05$)?

6. 使用 A(电学法)与 B(混合法)两种方法来研究冰的潜热,样品都是 $-0.72\ ℃$ 的冰. 下列数据是每克冰从 $-0.72\ ℃$ 变为 $0\ ℃$ 的水的过程中热量的变化(单位: $J/(kg \cdot ℃)$):

方法 A	79.98	80.04	80.02	80.04	80.03	80.03	80.04	79.97
	80.05	80.03	80.02	80.00	80.02			
方法 B	80.02	79.97	79.98	79.97	79.94	80.03	79.95	79.97

假如用每种方法测得的数据都服从正态分布,并且它们的方差相等,试在显著性水平 $\alpha = 0.05$ 下检验两种方法测得结果是否一致.

7. 对锰的熔点作了 10 次测定,其结果是(单位: $℃$):

$$1\ 260,\quad 1\ 271,\quad 1\ 203,\quad 1\ 265,\quad 1\ 251,$$
$$1\ 238,\quad 1\ 236,\quad 1\ 241,\quad 1\ 244,\quad 1\ 255.$$

假设锰的熔点服从正态分布,取显著性水平 $\alpha = 0.05$,试检验测定值均方差等于 $20\ ℃$ 的假设是否可信?

8. 电工器材厂生产一批保险丝,抽取 10 根测试其熔化时间(单位:s),得数据如下:

$$42,\quad 65,\quad 75,\quad 78,\quad 71,\quad 59,\quad 57,\quad 68,\quad 54,\quad 55.$$

问是否可认为整批保险丝的熔化时间的方差不大于 80(显著性水平 $\alpha = 0.05$,熔化时间为正态随机变量)?

9. 设有来自正态总体 $X \sim N(\mu, \sigma^2)$ 的容量为 100 的样本,样本均值 $\bar{x} = 2.7$,μ, σ^2 均未知,而 $\sum_{i=1}^{100}(x_i - \bar{x})^2 = 225$. 在显著性水平 $\alpha = 0.05$ 下,检验下列假设:

(1) $H_0 : \mu = 3$,$H_1 : \mu \neq 3$;

(2) $H_0 : \sigma^2 = 2.5$,$H_1 : \sigma^2 \neq 2.5$.

10. 对 A、B 两批同类电子元件的电阻进行测试,各抽 6 件,测得结果如下(单位: Ω):

A 批	0.140	0.138	0.143	0.141	0.144	0.137
B 批	0.135	0.140	0.142	0.136	0.138	0.141

已知电子元件的电阻服从正态分布. 设显著性水平 $\alpha = 0.05$,问:

(1) 两批电子元件的电阻的方差是否相等?

(2) 两批电子元件的平均电阻是否有显著差异?

11. 据推测,矮个子的人比高个子的人寿命要长一些. 下面给出 31 个自然死亡的人的寿命,将他们分为矮个子与高个子两类,列表如下:

矮个子	85	79	67	90	80								
高个子	68	53	63	70	88	74	64	66	60	78	71	67	90
	73	71	77	57	78	67	56	63	64	83	65	60	72

设两个寿命总体均服从正态分布且方差相等,试问这些数据是否符合上述推测(显著性水平 $\alpha = 0.05$)?

12. 在孟德尔的豌豆试验中,他曾对 10 棵豌豆株统计了黄色豌豆和青色豌豆的个数:黄色豌豆 355 个,青色豌豆 123 个,总计 478 个. 根据孟德尔的理论,黄、青豌豆的比例为 3:1.试检验这一假设(显著性水平 $\alpha = 0.05$).

13. 某种昆虫的后代按体格的属性分为三类,各类的数目是:10,53,46.按照某种遗传模型,其频率比应为 $p^2 : 2p(1-p) : (1-p)^2$. 问数据与模型是否相符(显著性水平 $\alpha = 0.05$)?

14. 在 1 h 内电话服务台每分钟的呼叫次数统计如下:

每分钟呼叫次数	0	1	2	3	4	5	6
频数	8	16	17	10	6	2	1

用 χ^2 检验法检验每分钟电话呼叫次数是否服从泊松分布(显著性水平 $\alpha = 0.05$).

15. 投掷一枚钱币,直至出现正面为止,重复试验 256 次. 令 X 为直至出现正面时的试验次数,其结果如下:

X	1	2	3	4	5	6	7	8
频数	136	60	34	12	9	1	3	1

若钱币是均匀的,则 X 服从几何分布

$$p_i = P\{X=i\} = \left(\frac{1}{2}\right)^{i-1} \cdot \frac{1}{2} = \frac{1}{2^i}, \quad i = 1,2,\cdots.$$

取显著性水平 $\alpha = 0.05$,检验假设

$$H_0 : p_i = P\{X=i\} = \frac{1}{2^i}, \quad i = 1,2,\cdots.$$

16. 在一批灯泡中抽取 300 只做寿命试验,其结果如下:

寿命 t/h	$[0,100]$	$(100,200]$	$(200,300]$	$(300,+\infty)$
灯泡数	121	78	43	58

取显著性水平 $\alpha = 0.05$,试检验假设 H_0:灯泡寿命是否服从指数分布

$$f(t) = \begin{cases} 0.005\mathrm{e}^{-0.005t}, & t \geqslant 0, \\ 0, & t < 0. \end{cases}$$

17. 从自动精密机床产品传递袋中取出 200 个零件,以 1 μm 内的测量精度检验零件尺寸,把测量结果与额定尺寸的偏差按每隔 5 μm 进行分组,计算这种偏差落在各组内的频数 n_i 如下:

组号	1	2	3	4	5
组限	$[-20,-15)$	$[-15,-10)$	$[-10,-5)$	$[-5,0)$	$[0,5)$
n_i	7	11	15	24	49
组号	6	7	8	9	10
组限	$[5,10)$	$[10,15)$	$[15,20)$	$[20,25)$	$[25,30)$
n_i	41	26	17	7	3

使用 χ^2 检验法检验尺寸偏差是否服从正态分布(显著性水平 $\alpha = 0.05$).

18. 从总体 X 中抽取容量为 80 的样本,其频数分布如下表,试在显著性水平 $\alpha = 0.05$ 下检验总体 X 密度函数是否为 $f(x) = 2xI_{(0,1)}(x)$?

所在区间	$\left[0,\dfrac{1}{4}\right)$	$\left[\dfrac{1}{4},\dfrac{1}{2}\right)$	$\left[\dfrac{1}{2},\dfrac{3}{4}\right)$	$\left[\dfrac{3}{4},1\right]$
频数	6	18	20	36

19. 为了了解色盲与性别的联系,调查了 1 000 个人,按性别及是否色盲分类如下:

是否色盲	性别	
	男	女
正常	442	514
色盲	38	6

试在显著性水平 $\alpha = 0.05$ 下检验假设"色盲与性别相互独立".

20. 为了了解某种药品对某种疾病的疗效是否与患者的年龄相关,共抽查了 300 名患者,将疗效分成"显著""一般""较差"三个等级,将年龄分成"儿童""中青年""老年"三个等级,得到数据如下:

疗效	年龄		
	儿童	中青年	老年
显著	58	38	32
一般	28	44	45
较差	23	18	14

试在显著性水平 $\alpha = 0.05$ 下检验假设"疗效与年龄相互独立".

21. 设正态总体 $X \sim N(\mu,\sigma^2)$,其中 μ 未知,σ^2 已知. 若在一个关于 μ 的检验问题中采用 Z 检验,其拒绝域为 $\{|z| \geqslant 1.645\}$,据样本得 $z_0 = 2.94$,求检验的 p 值.

22. 设正态总体 $X \sim N(\mu, \sigma^2)$，其中 μ 和 σ^2 未知. 若在一个关于 μ 的检验问题中采用 T 检验，其拒绝域为 $\{t \leqslant -2.33\}$，样本容量 $n = 10$，又据样本得 $t_0 = -3$，求检验的 p 值.

习题 8 参考答案

第八章自测题

第九章　方差分析与回归分析

　　方差分析是数理统计中广泛应用的基本方法之一,是生产实践和科学试验中进行数据分析的一种重要工具.

　　在生产实践和科学试验中,影响结果的因素往往有很多. 例如,在化工生产中,有原料成分、原料剂量、催化剂种类、反应温度、压力、溶剂浓度、反应时间、机器设备及人员水平等因素. 其中每个因素的改变都可能影响产品的数量和质量,并且有些因素影响大,有些因素影响小,有必要找出对产品数量和质量影响显著的那些因素. 因此,需要进行科学试验. 方差分析就是根据试验结果进行推断,鉴别各因素对试验结果影响程度的有效方法. 方差分析按影响试验指标的因素个数进行分类,可分为单因素方差分析、双因素方差分析和多因素方差分析. 本章只介绍单因素方差分析和双因素方差分析。

　　事物是普遍联系的,把事物或现象用变量表示,并寻找它们之间的数量关系,一直是人们不懈的追求. 例如,19 世纪英国生物学家和统计学家高尔顿和他的学生、现代统计学的奠基人之一卡尔·皮尔逊在研究父代身高与子代身高的遗传问题时,观察了1 078对父子,用 x 表示父亲身高,Y 表示成年儿子的身高. 这两个变量有依赖关系,由 x 可以部分地决定 Y. 一般来说,当 x 较大时,Y 也倾向于较大,但由 x 不能严格地决定 Y. 又如,城市生活用电量 Y 与气温 x 也有很大的关系,在夏天气温很高或冬天气温很低时,由于空调、冰箱、电取暖器等家用电器的使用,用电量高;相反,在春秋季节气温不高也不低时,用电量就相对低,但由气温 x 不能准确地决定用电量 Y. 类似的例子还有很多,我们在此就不一一列举了. 变量之间这种不完全确定的关系称为相关关系.

　　变量之间的相关关系不能用完全确切的函数形式表示,但在期望意义下有一定的定量关系表达式,寻找这种定量关系表达式是回归分析的主要任务. 回归分析是一种应用非常广泛的数据分析方法,它通过对客观事物中变量的大量观测或试验获得数据,寻找隐藏在数据背后的相关关系,揭示变量之间的内在规律,并用于预测、控制等.

　　将实际问题转化为数学模型时,变量(或通过适当变换的变量)之间往往表现出或近似表现出线性相关关系. 线性相关关系的分析方法简单、理论完整,因此线性回归常常作为回归分析的首选.

§9.1　单因素试验的方差分析

　　方差分析是数理统计的基本方法之一,是工农业生产和科学研究中分析数据的一个重要工具. 方差分析主要研究自变量(因素)与因变量(随机变量)之间的相关关系,与回归分析不同之处在于其主要研究某个因素对因变量是否有显著的影响. 例如,在气候、水利、土壤等条件相同时,想搞清楚几种不同的水稻优良品种对水稻的单位面积产量是否有显著的影响,以从中选出对某地区来说最优的水稻品种,这是一个典型的方差分析问题. 方差分析法就是通过对试验获得的数据之间的差异分析推断试验中各个因素所起作用的一种统计方法. 我们主要介绍单因素试验方差分析和双因素试验方差分析.

在试验中,我们将要考察的指标称为试验指标,影响试验指标的条件称为因素. 因素可分为两类,一类是人们可以控制的(可控因素),一类是人们不能控制的. 例如,反应温度、原料剂量、溶液浓度等是可以控制的,而测量误差、气象条件等一般是难以控制的. 下面我们所说的因素都是指可控因素. 因素所处的状态,称为该因素的水平. 如果在一项试验过程中只有一个因素在改变,该试验称为单因素试验,如果多于一个因素在改变,则称为多因素试验.

例 9.1 有 5 种不同的菠菜品种,分别在 4 块试验田上种植,所得平均单位产量(单位:kg)如表 9.1 所示:

表 9.1   平均单位产量

品种	田块			
	1	2	3	4
A_1	256	222	280	298
A_2	244	300	290	275
A_3	250	277	230	322
A_4	288	280	315	259
A_5	206	212	220	212

试问:不同菠菜品种对平均单位产量影响是否显著?

这里,试验的指标是平均单位产量,菠菜品种为因素,5 种不同的菠菜品种就是这个因素的 5 个不同的水平,试验的目的在于考察菠菜品种这一因素对平均单位产量有无显著的影响.

在例 9.1 中,我们在菠菜品种这个因素的每一个水平下进行独立试验,其结果是一个随机变量,表 9.1 中的数据可以看成来自 5 个不同总体(每个水平对应一个总体)的样本观测值,将每个总体的均值依次记为 $\mu_1, \mu_2, \mu_3, \mu_4, \mu_5$. 按照试验的目的,需检验假设

$$H_0: \mu_1 = \mu_2 = \mu_3 = \mu_4 = \mu_5, \quad H_1: \mu_1, \mu_2, \mu_3, \mu_4, \mu_5 \text{ 不全相等}.$$

进一步可假设各个总体均服从正态分布,且方差相等. 这时问题就变为一个检验同方差的多个正态总体均值是否相等的问题,方差分析就是检验多个正态总体均值是否相等的一种统计方法. 下面给出这个问题的数学模型及统计推断方法.

一、数学模型

设因素 A 有 s 个水平 $A_1, A_2, \cdots, A_s$,在水平 A_i 下进行试验,其试验结果是一个随机变量,记为 $X_i (i = 1, 2, \cdots, s)$. 设

$$X_i \sim N(\mu_i, \sigma^2), \quad i = 1, 2, \cdots, s,$$

且 $X_1, X_2, \cdots, X_s$ 相互独立.

现在水平 A_i 下做了 n_i 次试验,获得 n_i 个试验结果 $X_{i1}, X_{i2}, \cdots, X_{in_i} (i = 1, 2, \cdots, s)$,

我们把这个试验结果看成来自总体 X_i 的一个样本 $X_{i1}, X_{i2}, \cdots, X_{in_i}$. 把试验结果整理成表9.2.

表9.2 试 验 结 果

水平	试验结果
A_1	$X_{11}, X_{12}, \cdots, X_{1n_1}$
A_2	$X_{21}, X_{22}, \cdots, X_{2n_2}$
$\vdots$	$\vdots$
A_s	$X_{s1}, X_{s2}, \cdots, X_{sn_s}$

由于 $X_{ij} \sim N(\mu_i, \sigma^2)$, 且 μ_i 和 σ^2 未知, 即有 $X_{ij} - \mu_i \sim N(0, \sigma^2)$, 故 $X_{ij} - \mu_i$ 可看成随机误差. 记 $X_{ij} - \mu_i = \varepsilon_{ij}$, 则 X_{ij} 可写成

$$\begin{cases} X_{ij} = \mu_i + \varepsilon_{ij}, \\ \varepsilon_{ij} \sim N(0, \sigma^2), \text{各 } \varepsilon_{ij} \text{ 相互独立}, \\ i = 1, 2, \cdots, s; j = 1, 2, \cdots, n_i. \end{cases} \tag{9.1}$$

(9.1)式称为单因素试验方差分析的数学模型.

对于模型(9.1), 方差分析的任务是:

（1）检验 s 个总体 $X_1, X_2, \cdots, X_s$ 的均值是否相等, 即检验假设

$$H_0: \mu_1 = \mu_2 = \cdots = \mu_s, \quad H_1: \mu_1, \mu_2, \cdots, \mu_s \text{ 不全相等}; \tag{9.2}$$

（2）作出未知参数 $\mu_1, \mu_2, \cdots, \mu_s, \sigma^2$ 的估计.

为方便起见, 记

$$n = \sum_{i=1}^{s} n_i, \quad \mu = \frac{1}{n} \sum_{i=1}^{s} n_i \mu_i, \quad \delta_i = \mu_i - \mu (i = 1, 2, \cdots, s),$$

称 μ 为总平均, δ_i 表示水平 A_i 下的总体均值与总平均的差异, 习惯上称 δ_i 为水平 A_i 的效应, 易验证

$$\sum_{i=1}^{s} n_i \delta_i = 0.$$

此时, 模型(9.1)可以写成

$$\begin{cases} X_{ij} = \mu + \delta_i + \varepsilon_{ij}, \\ \varepsilon_{ij} \sim N(0, \sigma^2), \text{各 } \varepsilon_{ij} \text{ 相互独立}, \\ i = 1, 2, \cdots, s; j = 1, 2, \cdots, n_i, \\ \sum_{i=1}^{s} n_i \delta_i = 0. \end{cases} \tag{9.3}$$

而假设(9.2)等价于假设

$$H_0: \delta_1 = \delta_2 = \cdots = \delta_s = 0, \quad H_1: \delta_1, \delta_2, \cdots, \delta_s \text{ 不全为零}, \tag{9.4}$$

这是因为当且仅当 $\mu_1 = \mu_2 = \cdots = \mu_s$ 时, $\mu_i = \mu$, 即 $\delta_i = 0, i = 1, 2, \cdots, s$.

二、统计推断方法

为了构造检验假设 $H_0: \delta_1 = \delta_2 = \cdots = \delta_s = 0$ 的统计量, 首先分析引起数据 X_{ij} 不等的

原因. 这里有两个可能的原因:第一,当假设 H_0 成立时,$X_{ij} \sim N(\mu_i, \sigma^2)$,各个 X_{ij} 的波动完全由重复试验中的随机误差引起;第二,当假设 H_0 不成立时,$X_{ij} \sim N(\mu_i, \sigma^2)$,各个 X_{ij} $(i=1,2,\cdots,s;j=1,2,\cdots,n_i)$ 的数学期望不同,当然取值也会不一致,即引起 X_{ij} 不同的原因是因素 A 取不同的水平. 我们希望用一个量刻画各个 X_{ij} 之间的波动程度,并且把引起 X_{ij} 波动的两个不同原因区分开. 这就是方差分析的总偏差平方和分解法.

引入总变差平方和

$$S_T = \sum_{i=1}^{s} \sum_{j=1}^{n_i} (X_{ij} - \overline{X})^2, \tag{9.5}$$

其中 $\overline{X} = \dfrac{1}{n} \sum_{i=1}^{s} \sum_{j=1}^{n_i} X_{ij}$ 是数据的总平均,S_T 反映了全部试验数据的波动. 又记水平 A_i 下的样本均值为 $\overline{X}_i$,即

$$\overline{X}_i = \frac{1}{n_i} \sum_{j=1}^{n_i} X_{ij}, \quad i = 1, 2, \cdots, s.$$

考虑总偏差平方和分解

$$
\begin{aligned}
S_T &= \sum_{i=1}^{s} \sum_{j=1}^{n_i} (X_{ij} - \overline{X})^2 \\
&= \sum_{i=1}^{s} \sum_{j=1}^{n_i} (X_{ij} - \overline{X}_i + \overline{X}_i - \overline{X})^2 \\
&= \sum_{i=1}^{s} \sum_{j=1}^{n_i} (X_{ij} - \overline{X}_i)^2 + \sum_{i=1}^{s} \sum_{j=1}^{n_i} (\overline{X}_i - \overline{X})^2 + 2 \sum_{i=1}^{s} \sum_{j=1}^{n_i} (X_{ij} - \overline{X}_i)(\overline{X}_i - \overline{X}),
\end{aligned}
$$

其中交叉项为

$$
\begin{aligned}
2 \sum_{i=1}^{s} \sum_{j=1}^{n_i} (X_{ij} - \overline{X}_i)(\overline{X}_i - \overline{X}) &= 2 \sum_{i=1}^{s} \left((\overline{X}_i - \overline{X}) \sum_{j=1}^{n_i} (X_{ij} - \overline{X}_i) \right) \\
&= 2 \sum_{i=1}^{s} \left((\overline{X}_i - \overline{X})(n_i \overline{X}_i - n_i \overline{X}_i) \right) \\
&= 0,
\end{aligned}
$$

于是得

$$S_T = S_E + S_A, \tag{9.6}$$

其中,$S_E = \sum_{i=1}^{s} \sum_{j=1}^{n_i} (X_{ij} - \overline{X}_i)^2$,$S_A = \sum_{i=1}^{s} \sum_{j=1}^{n_i} (\overline{X}_i - \overline{X})^2$,(9.6)式称为**总偏差平方和分解公式**.

S_T 反映了全部数据 X_{ij} 波动程度的大小. S_E 称为**随机误差平方和**,也称为**组内偏差平方和**,反映了随机误差的作用在数据中引起的波动. S_A 称为**因素 A 的偏差平方和**,也称为**组间偏差平方和**,主要反映因素 A 的各个水平作用在数据中引起的波动.

这样我们通过平方和分解公式(9.6)把引起 X_{ij} 波动的两个原因在数量上刻画了出来,如何构造检验问题(9.4)的检验统计量?下面我们先考察 S_E 和 S_A 的分布.

定理 9.1 在单因素试验方差分析的模型(9.1)下,

（1）$\dfrac{S_E}{\sigma^2} \sim \chi^2(n-s)$；

（2）当原假设 H_0 成立时，有 $\dfrac{S_A}{\sigma^2} \sim \chi^2(s-1)$，且 S_A 与 S_E 相互独立，因而

$$F = \frac{S_A/(s-1)}{S_E/(n-s)} \sim F(s-1, n-s).$$

根据定理 9.1，若 $H_0: \mu_1 = \mu_2 = \cdots = \mu_s$ 为真，或 $H_0: \delta_1 = \delta_2 = \cdots = \delta_s = 0$ 为真，则 $F = \dfrac{S_A/(s-1)}{S_E/(n-s)} \sim F(s-1, n-s)$；若 H_0 不真，则 S_A 的值就会偏大，F 的值也会偏大.

当 H_0 为真时，给定显著性水平 α，则

$$P\{F \geqslant F_\alpha(s-1, n-s)\} = \alpha,$$

故拒绝域为

$$W = \left\{ \frac{S_A/(s-1)}{S_E/(n-s)} \geqslant F_\alpha(s-1, n-s) \right\}. \tag{9.7}$$

因此，由试验数据算得 F 的观测值 F. 若 $F \geqslant F_\alpha(s-1, n-s)$，则拒绝 H_0，即认为因素 A 对试验结果有显著影响；若 $F < F_\alpha(s-1, n-s)$，则接受 H_0，即认为因素 A 对试验结果没有显著影响.

综上所述，列方差分析表如表 9.3.

表9.3 方 差 分 析

方差来源	平方和	自由度	均方	F 值	显著性
因素 A	$S_A = \sum\limits_{i=1}^{s} \sum\limits_{j=1}^{n_i} (\overline{X_i} - \overline{X})^2$	$s-1$	$\overline{S_A} = \dfrac{S_A}{s-1}$	$F = \dfrac{S_A/(s-1)}{S_E/(n-s)}$	见表 9.4
误差 E	$S_E = \sum\limits_{i=1}^{s} \sum\limits_{j=1}^{n_i} (X_{ij} - \overline{X_i})^2$	$n-s$	$\overline{S_E} = \dfrac{S_E}{n-s}$		
总和	$S_T = \sum\limits_{i=1}^{s} \sum\limits_{j=1}^{n_i} (X_{ij} - \overline{X})^2$	$n-1$			

方差分析的显著性判断见表 9.4.

表9.4 显著性判断

条件	显著性
$F < F_{0.05}(s-1, n-s)$	不显著
$F_{0.05}(s-1, n-s) \leqslant F < F_{0.01}(s-1, n-s)$	显著（可用“ * ”表示）
$F \geqslant F_{0.01}(s-1, n-s)$	高度显著（可用“ * * ”表示）

在对因素进行了显著性检验后,有时还需要估计因素的效应,即对未知参数作点估计,不难证明下列关于点估计的结论成立:

定理 9.2　在单因素试验方差分析的模型(9.1)下,

(1) $\hat{\mu} = \overline{X}$ 是 μ 的无偏估计量;

(2) $\hat{\mu}_i = \overline{X}_i$ 是 μ_i 的无偏估计量;

(3) $\hat{\delta}_i = \overline{X}_i - \overline{X}$ 是 δ_i 的无偏估计量;

(4) $\hat{\sigma}^2 = \dfrac{S_E}{n-s}$ 是 σ^2 的无偏估计量.

例 9.2　设例 9.1 符合模型(9.1)的条件,取显著性水平 $\alpha = 0.05$,检验假设

$$H_0 : \mu_1 = \mu_2 = \mu_3 = \mu_4 = \mu_5, \quad H_1 : \mu_1, \mu_2, \mu_3, \mu_4, \mu_5 \text{ 不全相等.}$$

解　现在 $s = 5, n_1 = n_2 = n_3 = n_4 = n_5 = 4, n = 20$,

$$S_T = \sum_{i=1}^{5} \sum_{j=1}^{4} (X_{ij} - \overline{X})^2 = \sum_{i=1}^{5} \sum_{j=1}^{4} X_{ij}^2 - 20\,\overline{X}^2 = 24\,687.2,$$

$$S_A = \sum_{i=1}^{5} \sum_{j=1}^{4} (\overline{X}_i - \overline{X})^2 = 4 \sum_{i=1}^{5} \overline{X}_i^2 - 20\,\overline{X}^2 = 13\,195.7,$$

$$S_E = S_T - S_A = 11\,491.5,$$

S_T, S_A, S_E 的自由度依次为 $n-1 = 19, s-1 = 4, n-s = 15$,得方差分析如表 9.5.

表 9.5　例 9.2 方差分析

方差来源	平方和	自由度	均方	F 值	显著性
因素 A	13 195.7	4	3 298.925	4.31	*
误差 E	11 491.5	15	766.1		
总和	24 687.2	19			

对于 $\alpha = 0.05$,查附表 5(F 分布表)得 $F_{0.05}(4, 15) = 3.06$. 由于 $F = 4.31 > 3.06 = F_{0.05}(4, 15)$,拒绝 H_0,从而知因素 A 的影响显著,即不同的菠菜品种对平均单位产量有显著影响.

§9.2　双因素试验的方差分析

在许多实际问题中,往往要同时考虑两个因素对试验指标的影响. 例如,饮料销售量除了受饮料颜色的影响外,还可能受销售地区的影响. 如果在不同的地区销售量存在显著的差异,就需要分析原因,采用不同的销售策略,使该饮料品牌在市场占有率高的地区继续深入人心,保持领先地位;在市场占有率低的地区,进一步扩大宣传,让更多的消费者了解、接受该品牌. 若把饮料的颜色看作影响销售量的因素 A,饮料的销售地区看作影响因素 B,对因素 A 和因素 B 同时进行分析,就属于双因素试验的方差分析.

对于双因素试验的方差分析,我们分为无重复试验和等重复试验两种情况来讨论.

对无重复试验只需要检验两个因素对试验结果有无显著影响;而对等重复试验还可以考察两个因素的交互作用对试验结果有无显著影响.

一、双因素等重复试验方差分析

双因素试验的方差分析与单因素试验的方差分析的基本思想是一致的,不同之处在于各因素不但对试验指标有影响,而且各因素不同水平的搭配也对试验指标有影响. 统计学上把双因素不同水平的搭配对试验指标的影响称为交互作用. 交互作用的效应只有在重复的试验中才能分析出来. 设因素 A 有 r 个水平 $A_1, A_2, \cdots, A_r$,因素 B 有 s 个水平 $B_1, B_2, \cdots, B_s$. 对因素 A, B 的每一个水平组合 $(A_i, B_j)(i = 1, 2, \cdots, r; j = 1, 2, \cdots, s)$ 进行 $t(t \geqslant 2)$ 次试验(称为等重复实验),得到 rst 个试验结果 $X_{ijk}(i = 1, 2, \cdots, r; j = 1, 2, \cdots, s; k = 1, 2, \cdots, t)$. 我们可以把 $X_{ijk}(k = 1, 2, \cdots, t)$ 看作从总体 X_{ij} 中抽取的容量为 t 的样本. 所有试验结果见表 9.6.

表 9.6　双因素等重复试验结果

因素 A	因素 B			
	B_1	B_2	$\cdots$	B_s
A_1	$X_{111}, X_{112}, \cdots, X_{11t}$	$X_{121}, X_{122}, \cdots, X_{12t}$	$\cdots$	$X_{1s1}, X_{1s2}, \cdots, X_{1st}$
A_2	$X_{211}, X_{212}, \cdots, X_{21t}$	$X_{221}, X_{222}, \cdots, X_{22t}$	$\cdots$	$X_{2s1}, X_{2s2}, \cdots, X_{2st}$
$\vdots$	$\vdots$	$\vdots$		$\vdots$
A_r	$X_{r11}, X_{r12}, \cdots, X_{r1t}$	$X_{r21}, X_{r22}, \cdots, X_{r2t}$	$\cdots$	$X_{rs1}, X_{rs2}, \cdots, X_{rst}$

问:(1) 因素 A 对试验指标的影响是否显著?

(2) 因素 B 对试验指标的影响是否显著?

(3) A 与 B 的交互作用对试验指标的影响是否显著?

1. 数学模型

与单因素试验的方差分析类似,假设

(1) $X_{ijk} \sim N(\mu_{ij}, \sigma^2), \mu_{ij}, \sigma^2$ 未知, $i = 1, 2, \cdots, r; j = 1, 2, \cdots, s; k = 1, 2, \cdots, t$.

(2) 各 X_{ijk} 相互独立, $i = 1, 2, \cdots, r; j = 1, 2, \cdots, s; k = 1, 2, \cdots, t$.

由假设有 $X_{ijk} \sim N(\mu_{ij}, \sigma^2)$($\mu_{ij}$ 和 σ^2 未知),记 $X_{ijk} - \mu_{ij} = \varepsilon_{ijk}$,即有 $\varepsilon_{ijk} = X_{ijk} - \mu_{ij} \sim N(0, \sigma^2)$,故 $X_{ijk} - \mu_{ij}$ 可视为随机误差. 从而得到如下数学模型:

$$\begin{cases} X_{ijk} = \mu_{ij} + \varepsilon_{ijk}, \varepsilon_{ijk} \sim N(0, \sigma^2), \\ \text{各 } \varepsilon_{ijk} \text{相互独立}, i = 1, 2, \cdots, r; j = 1, 2, \cdots, s; k = 1, 2, \cdots, t. \end{cases} \tag{9.8}$$

类似地,引入记号

$$\mu = \frac{1}{rs} \sum_{i=1}^{r} \sum_{j=1}^{s} \mu_{ij},$$

$$\mu_{i.} = \frac{1}{s} \sum_{j=1}^{s} \mu_{ij}, \quad i = 1, 2, \cdots, r,$$

$$\mu_{\cdot j} = \frac{1}{r} \sum_{i=1}^{r} \mu_{ij}, \quad j = 1,2,\cdots,s,$$

$$\alpha_i = \mu_{i\cdot} - \mu, \quad i = 1,2,\cdots,r,$$

$$\beta_j = \mu_{\cdot j} - \mu, \quad j = 1,2,\cdots,s,$$

易见

$$\sum_{i=1}^{r} \alpha_i = 0, \quad \sum_{j=1}^{s} \beta_j = 0.$$

仍称 μ 为总平均,称 α_i 为水平 A_i 的效应,称 β_j 为水平 B_j 的效应. 这样可以将 μ_{ij} 表示成

$$\mu_{ij} = \mu + \alpha_i + \beta_j + \gamma_{ij} \quad (i = 1,2,\cdots,r; j = 1,2,\cdots,s),$$

其中 $\gamma_{ij} = \mu_{ij} - \mu_{i\cdot} - \mu_{\cdot j} + \mu (i = 1,2,\cdots,r; j = 1,2,\cdots,s)$,称 γ_{ij} 为水平 A_i 和水平 B_j 的**交互效应**,这是由 A_i 与 B_j 搭配联合起作用而引起的. 易见

$$\sum_{j=1}^{s} \gamma_{ij} = 0, \quad i = 1,2,\cdots,r; \quad \sum_{i=1}^{r} \gamma_{ij} = 0, \quad j = 1,2,\cdots,s.$$

从而前述数学模型(9.8)可改写为

$$\begin{cases} X_{ijk} = \mu + \alpha_i + \beta_j + \gamma_{ij} + \varepsilon_{ijk}, \varepsilon_{ijk} \sim N(0,\sigma^2), \\ \text{各 } \varepsilon_{ijk} \text{ 相互独立}, i = 1,2,\cdots,r; j = 1,2,\cdots,s; k = 1,2,\cdots,t, \\ \sum_{i=1}^{r} \alpha_i = 0, \sum_{j=1}^{s} \beta_j = 0, \sum_{i=1}^{r} \gamma_{ij} = 0, \sum_{j=1}^{s} \gamma_{ij} = 0, \end{cases} \quad (9.9)$$

其中 $\mu, \alpha_i, \beta_j, \gamma_{ij}$ 及 σ^2 都是未知参数.

对模型(9.9),我们要检验的假设为

(1) $\begin{cases} H_{0A}: \alpha_1 = \alpha_2 = \cdots = \alpha_r = 0, \\ H_{1A}: \alpha_1, \alpha_2, \cdots, \alpha_r \text{ 不全为零}; \end{cases}$

(2) $\begin{cases} H_{0B}: \beta_1 = \beta_2 = \cdots = \beta_s = 0, \\ H_{1B}: \beta_1, \beta_2, \cdots, \beta_s \text{ 不全为零}; \end{cases}$

(3) $\begin{cases} H_{0A\times B}: \gamma_{11} = \gamma_{12} = \cdots = \gamma_{rs} = 0, \\ H_{1A\times B}: \gamma_{11}, \gamma_{12}, \cdots, \gamma_{rs} \text{不全为零}. \end{cases}$

与单因素试验的情况类似,此类问题的检验方法也是建立在对总偏差平方和的分解上的.

2. 统计推断方法

引入记号

$$\overline{X} = \frac{1}{rst} \sum_{i=1}^{r} \sum_{j=1}^{s} \sum_{k=1}^{t} X_{ijk},$$

$$\overline{X}_{ij\cdot} = \frac{1}{t} \sum_{k=1}^{t} X_{ijk}, \quad i = 1,2,\cdots,r; j = 1,2,\cdots,s,$$

$$\overline{X}_{i\cdot\cdot} = \frac{1}{st} \sum_{j=1}^{s} \sum_{k=1}^{t} X_{ijk}, \quad i = 1,2,\cdots,r,$$

$$\overline{X}_{.j.} = \frac{1}{rt} \sum_{i=1}^{r} \sum_{k=1}^{t} X_{ijk}, \quad j = 1, 2, \cdots, s,$$

则总偏差平方和为

$$S_T = \sum_{i=1}^{r} \sum_{j=1}^{s} \sum_{k=1}^{t} (X_{ijk} - \overline{X})^2.$$

将总偏差平方和进行分解

$$S_T = \sum_{i=1}^{r} \sum_{j=1}^{s} \sum_{k=1}^{t} \big[(X_{ijk} - \overline{X}_{ij.}) + (\overline{X}_{i..} - \overline{X}) + (\overline{X}_{.j.} - \overline{X}) +$$
$$(\overline{X}_{ij.} - \overline{X}_{i..} - \overline{X}_{.j.} + \overline{X}) \big]^2,$$

可以验证 S_T 的展式中 6 个交叉项都等于零,故有

$$S_T = S_E + S_A + S_B + S_{A \times B},$$

其中

$$S_E = \sum_{i=1}^{r} \sum_{j=1}^{s} \sum_{k=1}^{t} (X_{ijk} - \overline{X}_{ij.})^2,$$

$$S_A = \sum_{i=1}^{r} \sum_{j=1}^{s} \sum_{k=1}^{t} (\overline{X}_{i..} - \overline{X})^2 = st \sum_{i=1}^{r} (\overline{X}_{i..} - \overline{X})^2,$$

$$S_B = \sum_{i=1}^{r} \sum_{j=1}^{s} \sum_{k=1}^{t} (\overline{X}_{.j.} - \overline{X})^2 = rt \sum_{j=1}^{s} (\overline{X}_{.j.} - \overline{X})^2,$$

$$S_{A \times B} = \sum_{i=1}^{r} \sum_{j=1}^{s} \sum_{k=1}^{t} (\overline{X}_{ij.} - \overline{X}_{i..} - \overline{X}_{.j.} + \overline{X})^2$$
$$= t \sum_{i=1}^{r} \sum_{j=1}^{s} (\overline{X}_{ij.} - \overline{X}_{i..} - \overline{X}_{.j.} + \overline{X})^2.$$

同样,我们仍称 S_E 为随机误差平方和,称 S_A, S_B 分别为因素 A、因素 B 的偏差平方和,$S_{A \times B}$ 称为 A, B 的交互偏差平方和.

为了完成基于模型(9.9)的假设检验,我们不加证明地给出如下结论:

当 H_{0A} 为真时,可以证明

$$F_A = \frac{S_A / (r - 1)}{S_E / (rs(t - 1))} \sim F(r - 1, rs(t - 1)). \tag{9.10}$$

取显著性水平为 α,得假设 H_{0A} 的拒绝域为

$$W_A = \{ F_A \geqslant F_\alpha(r - 1, rs(t - 1)) \}. \tag{9.11}$$

类似地,当 H_{0B} 为真时,可以证明

$$F_B = \frac{S_B / (s - 1)}{S_E / (rs(t - 1))} \sim F(s - 1, rs(t - 1)). \tag{9.12}$$

取显著性水平为 α,得假设 H_{0B} 的拒绝域为

$$W_B = \{ F_B \geqslant F_\alpha(s - 1, rs(t - 1)) \}. \tag{9.13}$$

类似地,当 $H_{0A \times B}$ 为真时,可以证明

$$F_{A \times B} = \frac{S_{A \times B} / ((r - 1)(s - 1))}{S_E / (rs(t - 1))} \sim F((r - 1)(s - 1), rs(t - 1)). \tag{9.14}$$

取显著性水平为 α，得假设 $H_{0A\times B}$ 的拒绝域为

$$W_{A\times B} = \{ F_{A\times B} \geqslant F_\alpha((r-1)(s-1), rs(t-1)) \}. \tag{9.15}$$

实际分析中，常采用如下简便算法和记号：

$$T = \sum_{i=1}^{r} \sum_{j=1}^{s} \sum_{k=1}^{t} X_{ijk} = rst\,\overline{X},$$

$$T_{ij\cdot} = \sum_{k=1}^{t} X_{ijk}, \quad i = 1,2,\cdots,r; j = 1,2,\cdots,s,$$

$$T_{i\cdot\cdot} = \sum_{j=1}^{s} \sum_{k=1}^{t} X_{ijk}, \quad i = 1,2,\cdots,r,$$

$$T_{\cdot j\cdot} = \sum_{i=1}^{r} \sum_{k=1}^{t} X_{ijk}, \quad j = 1,2,\cdots,s,$$

则

$$S_T = \sum_{i=1}^{r} \sum_{j=1}^{s} \sum_{k=1}^{t} X_{ijk}^2 - \frac{T^2}{rst},$$

$$S_A = \frac{1}{st} \sum_{i=1}^{r} T_{i\cdot\cdot}^2 - \frac{T^2}{rst},$$

$$S_B = \frac{1}{rt} \sum_{j=1}^{s} T_{\cdot j\cdot}^2 - \frac{T^2}{rst},$$

$$S_{A\times B} = \left(\frac{1}{t} \sum_{i=1}^{r} \sum_{j=1}^{s} T_{ij\cdot}^2 - \frac{T^2}{rst} \right) - S_A - S_B,$$

$$S_E = S_T - S_A - S_B - S_{A\times B}.$$

于是可得方差分析表 9.7.

表 9.7　双因素等重复试验的方差分析

方差来源	平方和	自由度	均方	F 值
因素 A	S_A	$r-1$	$\overline{S}_A = \dfrac{S_A}{r-1}$	$F_A = \dfrac{\overline{S}_A}{\overline{S}_E}$
因素 B	S_B	$s-1$	$\overline{S}_B = \dfrac{S_B}{s-1}$	$F_B = \dfrac{\overline{S}_B}{\overline{S}_E}$
交互作用 $A\times B$	$S_{A\times B}$	$(r-1)(s-1)$	$\overline{S}_{A\times B} = \dfrac{S_{A\times B}}{(r-1)(s-1)}$	$F_{A\times B} = \dfrac{\overline{S}_{A\times B}}{\overline{S}_E}$
误差	S_E	$rs(t-1)$	$\overline{S}_E = \dfrac{S_E}{rs(t-1)}$	
总和	S_T	$rst-1$		

例 9.3　一位工程师研制一种用在某种装置内的电池，决定考察三种板极材料和三种温度对电池有效使用寿命的影响. 在每种板极材料和温度下检测四个电池，试验

所得电池使用寿命数据如下:

材料 A	温度 B		
	B_1	B_2	B_3
A_1	130,155,74,180	34,40,80,75	20,70,82,58
A_2	150,188,159,126	126,122,106,115	25,70,58,45
A_3	138,110,168,160	174,120,150,139	96,104,82,60

设本题符合模型(9.9)中的条件,试在显著性水平 $\alpha = 0.05$ 下检验板极材料、温度以及两者的交互作用对电池的使用寿命是否有显著的影响.

解 由题意可得 $r = s = 3, t = 4$,计算得到

$$S_T = \sum_{i=1}^{r} \sum_{j=1}^{s} \sum_{k=1}^{t} X_{ijk}^2 - \frac{T^2}{rst} = 77\,134.75,$$

$$S_A = \frac{1}{st} \sum_{i=1}^{r} T_{i\cdot\cdot}^2 - \frac{T^2}{rst} = 10\,633.167,$$

$$S_B = \frac{1}{rt} \sum_{j=1}^{s} T_{\cdot j \cdot}^2 - \frac{T^2}{rst} = 39\,083.167,$$

$$S_{A \times B} = \left(\frac{1}{t} \sum_{i=1}^{r} \sum_{j=1}^{s} T_{ij\cdot}^2 - \frac{T^2}{rst} \right) - S_A - S_B = 9\,437.666\,7,$$

$$S_E = S_T - S_A - S_B - S_{A \times B} = 17\,980.75,$$

于是可得方差分析表9.8.

表9.8 例9.3方差分析

方差来源	平方和	自由度	均方	F 值
因素 A	10\,633.167	2	$\overline{S}_A = \dfrac{S_A}{r-1} = 5\,316.583\,3$	$F_A = \dfrac{\overline{S}_A}{\overline{S}_E} = 7.983\,41$
因素 B	39\,083.167	2	$\overline{S}_B = \dfrac{S_B}{s-1} = 19\,541.583$	$F_B = \dfrac{\overline{S}_B}{\overline{S}_E} = 29.343\,7$
交互作用 $A \times B$	9\,437.667	4	$\overline{S}_{A \times B} = \dfrac{S_{A \times B}}{(r-1)(s-1)} = 2\,359.416\,7$	$F_{A \times B} = \dfrac{\overline{S}_{A \times B}}{\overline{S}_E} = 3.542\,9$
误差	17\,980.75	27	$\overline{S}_E = \dfrac{S_E}{rs(t-1)} = 665.953\,7$	
总和	77\,134.75	35		

由于 $F_{0.05}(2,27)=3.35$，$F_{0.05}(4,27)=2.73$，所以认为板极材料、温度以及两者的交互作用对电池的使用寿命的影响都是显著的.

二、双因素无重复试验方差分析

设在某试验中,有两个因素 A 和 B 可能影响试验结果. 为考察因素 A 和因素 B 对试验的结果影响是否显著,取因素 A 的 r 个水平 $A_1,A_2,\cdots,A_r$,因素 B 的 s 个水平 $B_1,B_2,\cdots,B_s$. 对因素 A,B 的每一个水平组合 (A_i,B_j) $(i=1,2,\cdots,r;j=1,2,\cdots,s)$ 只进行一次试验,得到 rs 个试验结果 X_{ij},列于表 9.9 中.

表 9.9 双因素无重复试验结果

因素 A	因素 B			
	B_1	B_2	$\cdots$	B_s
A_1	X_{11}	X_{12}	$\cdots$	X_{1s}
A_2	X_{21}	X_{22}	$\cdots$	X_{2s}
$\vdots$	$\vdots$	$\vdots$		$\vdots$
A_r	X_{r1}	X_{r2}	$\cdots$	X_{rs}

问:(1) 因素 A 对指标的作用影响是否显著?

(2) 因素 B 对指标的作用影响是否显著?

1. 数学模型

与单因素试验的方差分析类似,仍假设:

(1) $X_{ij} \sim N(\mu_{ij},\sigma^2)$,$\mu_{ij},\sigma^2$ 未知,$i=1,2,\cdots,r;j=1,2,\cdots,s$;

(2) 各 X_{ij} 相互独立,$i=1,2,\cdots,r;j=1,2,\cdots,s$.

由假设有 $X_{ij} \sim N(\mu_{ij},\sigma^2)$ (μ_{ij} 和 σ^2 未知),记 $X_{ij}-\mu_{ij}=\varepsilon_{ij}$,即有 $\varepsilon_{ij}=X_{ij}-\mu_{ij} \sim N(0,\sigma^2)$,故 $X_{ij}-\mu_{ij}$ 可视为随机误差,从而得到如下数学模型:

$$\begin{cases} X_{ij}=\mu_{ij}+\varepsilon_{ij}, i=1,2,\cdots,r;j=1,2,\cdots,s, \\ \varepsilon_{ij} \sim N(0,\sigma^2),各 \varepsilon_{ij} 相互独立,\mu_{ij},\sigma^2 未知. \end{cases} \quad (9.16)$$

引入记号

$$\mu = \frac{1}{rs} \sum_{i=1}^{r} \sum_{j=1}^{s} \mu_{ij},$$

$$\mu_{i\cdot} = \frac{1}{s} \sum_{j=1}^{s} \mu_{ij}, \quad i=1,2,\cdots,r,$$

$$\mu_{\cdot j} = \frac{1}{r} \sum_{i=1}^{r} \mu_{ij}, \quad j=1,2,\cdots,s,$$

$$\alpha_i = \mu_{i\cdot} - \mu, \quad i=1,2,\cdots,r,$$

$$\beta_j = \mu_{\cdot j} - \mu, \quad j=1,2,\cdots,s.$$

易见 $\sum\limits_{i=1}^{r} \alpha_i = 0, \sum\limits_{j=1}^{s} \beta_j = 0.$ 称 μ 为总平均,称 α_i 为水平 A_i 的效应,称 β_j 为水平 B_j 的效应,且 $\mu_{ij} = \mu + \alpha_i + \beta_j$.

于是上述模型进一步可写成

$$\begin{cases} X_{ij} = \mu + \alpha_i + \beta_j + \varepsilon_{ij}, \\ \varepsilon_{ij} \sim N(0, \sigma^2),\ \text{各}\ \varepsilon_{ij}\ \text{相互独立}, \mu_{ij}, \sigma^2\ \text{未知}, \\ \sum\limits_{i=1}^{r} \alpha_i = 0, \sum\limits_{j=1}^{s} \beta_j = 0, i = 1, 2, \cdots, r; j = 1, 2, \cdots, s. \end{cases} \quad (9.17)$$

检验假设

$$\begin{cases} H_{0A} : \alpha_1 = \alpha_2 = \cdots = \alpha_r = 0, \\ H_{1A} : \alpha_1, \alpha_2, \cdots, \alpha_r\ \text{不全为零}, \end{cases}$$

$$\begin{cases} H_{0B} : \beta_1 = \beta_2 = \cdots = \beta_s = 0, \\ H_{1B} : \beta_1, \beta_2, \cdots, \beta_s\ \text{不全为零}. \end{cases}$$

若 $H_{0A}(H_{0B})$ 成立,则认为因素 $A(B)$ 的影响不显著,否则影响显著.

2. 统计推断方法

类似于单因素试验的方差分析,需要将总偏差平方和进行分解. 记

$$\overline{X} = \frac{1}{rs} \sum_{i=1}^{r} \sum_{j=1}^{s} X_{ij},$$

$$\overline{X}_{i\cdot} = \frac{1}{s} \sum_{j=1}^{s} X_{ij}, \quad i = 1, 2, \cdots, r,$$

$$\overline{X}_{\cdot j} = \frac{1}{r} \sum_{i=1}^{r} X_{ij}, \quad j = 1, 2, \cdots, s,$$

将总偏差平方和进行分解:

$$\begin{aligned} S_T &= \sum_{i=1}^{r} \sum_{j=1}^{s} (X_{ij} - \overline{X})^2 \\ &= \sum_{i=1}^{r} \sum_{j=1}^{s} [(\overline{X}_{i\cdot} - \overline{X}) + (\overline{X}_{\cdot j} - \overline{X}) + (X_{ij} - \overline{X}_{i\cdot} - \overline{X}_{\cdot j} + \overline{X})]^2. \end{aligned}$$

可以验证 S_T 的展式中三个交叉项都等于零,故有

$$S_T = S_A + S_B + S_E,$$

其中

$$S_A = \sum_{i=1}^{r} \sum_{j=1}^{s} (\overline{X}_{i\cdot} - \overline{X})^2 = s \sum_{i=1}^{r} (\overline{X}_{i\cdot} - \overline{X})^2,$$

$$S_B = \sum_{i=1}^{r} \sum_{j=1}^{s} (\overline{X}_{\cdot j} - \overline{X})^2 = r \sum_{j=1}^{s} (\overline{X}_{\cdot j} - \overline{X})^2,$$

$$S_E = \sum_{i=1}^{r} \sum_{j=1}^{s} (X_{ij} - \overline{X}_{i\cdot} - \overline{X}_{\cdot j} + \overline{X})^2.$$

我们称 S_E 为随机误差平方和,称 S_A, S_B 分别为因素 A、因素 B 的偏差平方和.

下面构造检验统计量并得到检验法则,与单因素试验的方差分析类似,直接给出

有关结论.

当 H_{0A} 为真时, 构造检验统计量

$$F_A = \frac{S_A/(r-1)}{S_E/((r-1)(s-1))} \sim F(r-1,(r-1)(s-1)). \qquad (9.18)$$

取显著性水平为 α, 得假设 H_{0A} 的拒绝域为

$$W_A = \{F_A \geqslant F_\alpha(r-1,(r-1)(s-1))\}. \qquad (9.19)$$

类似地, 当 H_{0B} 为真时, 构造检验统计量

$$F_B = \frac{S_B/(s-1)}{S_E/((r-1)(s-1))} \sim F(s-1,(r-1)(s-1)). \qquad (9.20)$$

取显著性水平为 α, 得假设 H_{0B} 的拒绝域为

$$W_B = \{F_B \geqslant F_\alpha(s-1,(r-1)(s-1))\}. \qquad (9.21)$$

实际分析中, 常采用如下简便算法和记号:

$$T = \sum_{i=1}^{r} \sum_{j=1}^{s} X_{ij} = rs\,\overline{X},$$

$$T_{i\cdot} = \sum_{j=1}^{s} X_{ij} = s\,\overline{X}_{i\cdot}, \quad i = 1,2,\cdots,r,$$

$$T_{\cdot j} = \sum_{i=1}^{r} X_{ij} = r\,\overline{X}_{\cdot j}, \quad j = 1,2,\cdots,s,$$

则

$$S_T = \sum_{i=1}^{r} \sum_{j=1}^{s} X_{ij}^2 - \frac{T^2}{rs},$$

$$S_A = \frac{1}{s} \sum_{i=1}^{r} T_{i\cdot}^2 - \frac{T^2}{rs},$$

$$S_B = \frac{1}{r} \sum_{j=1}^{s} T_{\cdot j}^2 - \frac{T^2}{rs},$$

$$S_E = S_T - S_A - S_B.$$

于是可得方差分析表 9.10.

表 9.10　双因素无重复试验的方差分析

方差来源	平方和	自由度	均方	F 值
因素 A	S_A	$r-1$	$\overline{S}_A = \dfrac{S_A}{r-1}$	$F_A = \overline{S}_A/\overline{S}_E$
因素 B	S_B	$s-1$	$\overline{S}_B = \dfrac{S_B}{s-1}$	$F_B = \overline{S}_B/\overline{S}_E$
误差	S_E	$(r-1)(s-1)$	$\overline{S}_E = \dfrac{S_E}{(r-1)(s-1)}$	
总和	S_T	$rs-1$		

例 9.4 下表给出了在不同时间、不同地点下空气中的颗粒物含量(单位:mg/m³)的数据:

因素 A(时间)	因素 B(地点)					$T_{i\cdot}$
	1	2	3	4	5	
2020 年 10 月	76	67	81	56	51	331
2021 年 1 月	82	69	96	59	70	376
2021 年 4 月	68	59	67	54	42	290
2021 年 6 月	63	56	64	58	37	278
$T_{\cdot j}$	289	251	308	227	200	1 275

设本题符合模型(9.17)中的条件,试在显著性水平 $\alpha = 0.05$ 下检验:在不同时间、不同地点下颗粒物含量的均值有无显著差异?

解 观察两个因素的水平,易知 $r = 4, s = 5$. 计算各个平方和如下:

$$S_T = 76^2 + 67^2 + \cdots + 37^2 - \frac{1\ 275^2}{20} = 3\ 571.75,$$

$$S_A = \frac{1}{5}(331^2 + 376^2 + 290^2 + 278^2) - \frac{1\ 275^2}{20} = 1\ 182.95,$$

$$S_E = \frac{1}{4}(289^2 + 251^2 + \cdots + 200^2) - \frac{1\ 275^2}{20} = 1\ 947.50,$$

$$S_E = 3\ 571.75 - (1\ 182.95 + 1\ 947.50) = 441.30.$$

于是可得方差分析表 9.11.

表 9.11 例 9.4 方差分析

方差来源	平方和	自由度	均方	F 值
因素 A	$S_A = 1\ 182.95$	3	$\bar{S}_A = \dfrac{S_A}{r-1} = 394.32$	$F_A = \bar{S}_A / \bar{S}_E = 10.72$
因素 B	$S_B = 1\ 947.5$	4	$\bar{S}_B = \dfrac{S_B}{s-1} = 486.88$	$F_B = \bar{S}_B / \bar{S}_E = 13.24$
误差	$S_E = 441.3$	12	$\bar{S}_E = \dfrac{S_E}{(r-1)(s-1)} = 36.78$	
总和	$S_T = 3\ 571.75$	19		

根据附表 5, $F_{0.05}(3, 12) = 3.49 < 10.72$, $F_{0.05}(4, 12) = 3.26 < 13.24$, 故在显著性水平 $\alpha = 0.05$ 下拒绝 H_{0A} 及 H_{0B}, 认为在不同时间、不同地点下颗粒物含量的均值有显著差异, 即时间和地点对颗粒物含量的影响均为显著.

§9.3 一元线性回归

一、一元线性回归模型

在实际生活中,我们经常会对一些现象之间的关系感兴趣,比如家庭收入与开支的关系、血压与年龄的关系、个人投资收益率与国家 GDP(国内生产总值)增长率之间的关系等. 在工农业生产中,我们需要掌握事物之间的联系,如企业销售量与广告投入是否成正比、施肥量如何影响粮食产量等.

为了探索以上关系,我们把其中易知、相对确定的量记为 x,其中被动变化、易受影响的量记为 Y. 我们要考察的就是:变量 Y 与变量 x 之间的关系. 对于 x 和 Y,通过观测或试验得到若干对数据 (x_i, y_i), $i = 1, 2, \cdots, n$. 为了直观发现数据分布的规律,我们把 (x_i, y_i) 看成平面直角坐标系中的点的坐标并绘制出来,这就是样本数据的散点图. 散点图是初步确定 x 和 Y 之间是否为线性相关关系的一个有效方法.

例 9.5 某家电厂需要研究广告投入的效果,从所有销售额相似的地区中随机选 14 个地区,分别统计该地区的销售额和广告费用,数据如下:

地区	1	2	3	4	5	6	7
销售额 Y/万元	5 600	5 200	3 200	4 200	4 750	4 400	3 850
广告费用 x/万元	450	400	200	330	380	350	290
地区	8	9	10	11	12	13	14
销售额 Y/万元	5 900	3 100	3 250	4 500	2 800	5 800	4 050
广告费用 x/万元	480	180	210	360	150	470	300

首先画出样本数据的散点图,如图 9.1 所示.

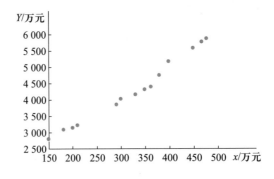

图 9.1

从图 9.1 可以看出,样本点 (x_i, y_i) 大致落在一条直线附近,这说明广告费用 x 和销售额 Y 之间有明显的线性关系. 从图中还发现,这些样本点没有恰好落在一条直线上,这表明它们之间的线性关系不是完全确定的. 事实上,对销售额 Y 产生影响的因素还有价格、公司品牌、竞争程度、终端促销、服务水平等. 每个样本点 (x_i, y_i) 与直线的偏差就可看作其他随机因素的影响.

通过以上介绍,我们建立一元线性回归模型:设变量 Y 与变量 x 之间存在着某种相关关系,这里 x 可以被控制或精确观测,是影响 Y 的主要因素,但在本章中我们不把 x 看成随机变量,而将它当作普通变量;Y 除受 x 的影响外,还会受其他随机因素干扰,被视为随机变量.

由于 Y 的随机性,对于 x 的各个确定值,Y 有一定的分布. 前面提到的随机因素的影响体现于 Y 的分布中,于是 Y 和 x 的关系可以表示为

$$Y = f(x) + \varepsilon, \tag{9.22}$$

其中 ε 是其他随机因素的影响. 回归分析即是利用 Y 和 x 的观测数据,在 ε 的某些假定下确定 $f(x)$.

特别地,当 $f(x)$ 是一元线性函数时,我们有

$$Y = \beta_0 + \beta_1 x + \varepsilon, \tag{9.23}$$

其中 Y 称为因变量或响应变量,x 称为自变量或回归变量;β_0 和 β_1 是未知参数,β_0 称为回归常数,β_1 称为回归系数;ε 是不可观测的随机误差,它是一个随机变量,通常假定 ε 满足

$$E(\varepsilon) = 0, \quad D(\varepsilon) = \sigma^2. \tag{9.24}$$

在实际问题的研究中,为了方便地对回归系数作估计和假设检验,我们还进一步假设 (9.23) 式中的误差项 ε 服从正态分布,即

$$\varepsilon \sim N(0, \sigma^2). \tag{9.25}$$

在上述假设下,对 (9.23) 式两端求期望,得

$$E(Y) = \beta_0 + \beta_1 x, \tag{9.26}$$

(9.26) 式常被称为回归函数. 因此,一元线性回归模型为

$$Y = \beta_0 + \beta_1 x + \varepsilon, \quad \varepsilon \sim N(0, \sigma^2).$$

它是本节研究的基本模型.

为了求解回归函数,对模型 (9.23) 中的变量 x, Y 进行 n 次独立观测,得样本 (x_i, y_i) $(i = 1, 2, \cdots, n)$. 它们满足 (9.23) 式,即

$$y_i = \beta_0 + \beta_1 x_i + \varepsilon_i, \quad i = 1, 2, \cdots, n. \tag{9.27}$$

为了在以后的讨论中充分利用矩阵这个处理线性关系的有力工具,这里我们将一元线性回归的一般形式 (9.27) 用矩阵表示. 令

$$\boldsymbol{Y} = \begin{pmatrix} y_1 \\ y_2 \\ \vdots \\ y_n \end{pmatrix}, \quad \boldsymbol{X} = \begin{pmatrix} 1 & x_1 \\ 1 & x_2 \\ \vdots & \vdots \\ 1 & x_n \end{pmatrix}, \quad \boldsymbol{\beta} = \begin{pmatrix} \beta_0 \\ \beta_1 \end{pmatrix}, \quad \boldsymbol{\varepsilon} = \begin{pmatrix} \varepsilon_1 \\ \varepsilon_2 \\ \vdots \\ \varepsilon_n \end{pmatrix},$$

则 (9.27) 式可写为

$$\boldsymbol{Y} = \boldsymbol{X}\boldsymbol{\beta} + \boldsymbol{\varepsilon}, \quad \boldsymbol{\varepsilon} \sim N(0, \sigma^2 \boldsymbol{I}_n), \tag{9.28}$$

其中 $\boldsymbol{Y}$ 称为观测向量,$\boldsymbol{X}$ 称为回归设计矩阵(列满秩),它们由样本数据决定,是已知的;$\boldsymbol{\beta}$ 是回归系数向量;$\boldsymbol{\varepsilon}$ 是不可观测的随机误差向量,本章中恒假定其各分量相互独

立,服从期望为 0,方差为 σ^2 的正态分布,即 $\varepsilon_i \sim N(0,\sigma^2)(i=1,2,\cdots,n)$;$\boldsymbol{I}_n$ 表示单位矩阵,称(9.28)式为一元线性回归模型的矩阵形式.

二、参数估计及其性质

通过对一元线性回归模型的介绍,读者大概已经意识到我们下面将要求解回归函数. 因为 ε 是无法控制的随机变量,我们要想揭示 x 和 Y 的相关关系,从平均意义着手应该是不错的选择.注意到(9.23)式中有两个未知参数 β_0,β_1 需要估计,对每一次样本观测值 (x_i,y_i),考虑观测值 y_i 与其回归值 $E(y_i)=\beta_0+\beta_1 x_i$ 的偏差 $(i=1,2,\cdots,n)$,综合考虑 n 个偏差值,定义偏差平方和

$$Q(\beta_0,\beta_1) = \sum_{i=1}^{n} \left[y_i - E(y_i) \right]^2 = \sum_{i=1}^{n} (y_i - \beta_0 - \beta_1 x_i)^2. \tag{9.29}$$

这里运用最小二乘法进行参数估计,即寻找 β_0,β_1 的估计值 $\hat{\beta}_0,\hat{\beta}_1$,使(9.29)式定义的偏差平方和达到最小值,即寻找 $\hat{\beta}_0,\hat{\beta}_1$,满足

$$\begin{aligned} Q(\hat{\beta}_0,\hat{\beta}_1) &= \sum_{i=1}^{n} (y_i - \hat{\beta}_0 - \hat{\beta}_1 x_i)^2 \\ &= \min_{\beta_0,\beta_1} \sum_{i=1}^{n} (y_i - \beta_0 - \beta_1 x_i)^2. \end{aligned} \tag{9.30}$$

易知 $Q(\beta_0,\beta_1) \geqslant 0$,且关于 β_0,β_1 可导,则由多元函数极值存在的必要条件可得

$$\begin{cases} \dfrac{\partial Q(\beta_0,\beta_1)}{\partial \beta_0} = 0, \\[3mm] \dfrac{\partial Q(\beta_0,\beta_1)}{\partial \beta_1} = 0, \end{cases} \tag{9.31}$$

即

$$\begin{cases} \sum_{i=1}^{n} \left[y_i - (\beta_0 + \beta_1 x_i) \right] = 0, \\[3mm] \sum_{i=1}^{n} \left[y_i - (\beta_0 + \beta_1 x_i) \right] x_i = 0, \end{cases} \tag{9.32}$$

整理可得

$$\begin{cases} n\beta_0 + \beta_1 \sum_{i=1}^{n} x_i = \sum_{i=1}^{n} y_i, \\[3mm] \beta_0 \sum_{i=1}^{n} x_i + \beta_1 \sum_{i=1}^{n} x_i^2 = \sum_{i=1}^{n} x_i y_i, \end{cases} \tag{9.33}$$

(9.32)式或(9.33)式称为正规方程组. 解正规方程组得

$$\begin{cases} \hat{\beta}_1 = \dfrac{\sum_{i=1}^{n} (x_i - \bar{x})(y_i - \bar{y})}{\sum_{i=1}^{n} (x_i - \bar{x})^2} = \dfrac{l_{xy}}{l_{xx}}, \\[5mm] \hat{\beta}_0 = \bar{y} - \hat{\beta}_1 \bar{x}, \end{cases} \tag{9.34}$$

其中 $\bar{x} = \dfrac{1}{n}\sum\limits_{i=1}^{n} x_i$, $\bar{y} = \dfrac{1}{n}\sum\limits_{i=1}^{n} y_i$, $l_{xx} = \sum\limits_{i=1}^{n} (x_i - \bar{x})^2$, $l_{xy} = \sum\limits_{i=1}^{n} (x_i - \bar{x})(y_i - \bar{y})$. $\hat{\beta}_0, \hat{\beta}_1$ 即为回归参数 β_0, β_1 的最小二乘估计.

记 $\hat{y} \overset{\text{def}}{=\!=} \hat{\beta}_0 + \hat{\beta}_1 x$, 则 $\hat{y}$ 可作为回归函数 $\beta_0 + \beta_1 x$ 的估计. 方程

$$\hat{y} = \hat{\beta}_0 + \hat{\beta}_1 x \tag{9.35}$$

称为经验回归方程, 其图形称为回归直线. 由 $\hat{\beta}_0$ 的表达式知,

$$\hat{y} = \hat{\beta}_0 + \hat{\beta}_1 x = \bar{y} + \hat{\beta}_1 (x - \bar{x}),$$

即回归直线通过样本数据的几何中心 $(\bar{x}, \bar{y})$. 称 $\hat{y}_i = \hat{\beta}_0 + \hat{\beta}_1 x_i$ 为 $y_i (i = 1, 2, \cdots, n)$ 的回归拟合值, 简称回归值或拟合值. 称 $e_i = y_i - \hat{y}_i$ 为 $x_i (i = 1, 2, \cdots, n)$ 处的残差. 称平方和

$$S_E = \sum_{i=1}^{n} e_i^2 = \sum_{i=1}^{n} (y_i - \hat{y}_i)^2 = \sum_{i=1}^{n} (y_i - \hat{\beta}_0 - \hat{\beta}_1 x_i)^2$$

为残差平方和, 它是经验回归方程在 x_i 处的函数值 $\hat{y}_i$ 与观测值 y_i 的偏差平方和. 在假设 (9.25) 下可以证明

$$\frac{S_E}{\sigma^2} \sim \chi^2 (n - 2), \tag{9.36}$$

于是

$$E\left(\frac{S_E}{\sigma^2}\right) = n - 2, \quad \text{即} \quad E\left(\frac{S_E}{n-2}\right) = \sigma^2,$$

这样就得到了 σ^2 的无偏估计量

$$\hat{\sigma}^2 = \frac{S_E}{n-2}. \tag{9.37}$$

可以证明在 (9.25) 式的假定下, $\hat{\beta}_0, \hat{\beta}_1$ 有如下性质:

(1) $\hat{\beta}_0, \hat{\beta}_1$ 分别是 β_0, β_1 的无偏估计量;

(2) $\hat{\beta}_0 \sim N\left(\beta_0, \left(\dfrac{1}{n} + \dfrac{\bar{x}^2}{l_{xx}}\right)\sigma^2\right)$;

(3) $\hat{\beta}_1 \sim N\left(\beta_1, \dfrac{\sigma^2}{l_{xx}}\right)$;

(4) $\mathrm{Cov}(\hat{\beta}_0, \hat{\beta}_1) = -\dfrac{\bar{x}}{l_{xx}}\sigma^2$;

(5) $\bar{y}, \hat{\beta}_1, S_E$ 相互独立.

例 9.6 根据例 9.5 所给销售额和广告费用的数据, 求该地区销售额和广告费用之间的线性回归模型.

解 容易算出

$$\bar{x} = 325, \quad \bar{y} = 4\,328.571, \quad l_{xx} = 153\,550, \quad l_{xy} = 1\,446\,000.$$

根据最小二乘参数估计得

$$\hat{\beta}_1 = \frac{l_{xy}}{l_{xx}} = 9.417, \quad \hat{\beta}_0 = \bar{y} - \hat{\beta}_1 \bar{x} = 1\ 268.005.$$

于是可得 y 关于 x 的一元线性回归方程为

$$\hat{y} = 1\ 268.005 + 9.417x.$$

从上述方程可以看出,广告投入每增加 10 万元,销售额大致增加 94 万元.

三、回归方程的显著性检验

当我们得到一个实际问题的经验回归方程 $\hat{y} = \hat{\beta}_0 + \hat{\beta}_1 x$ 后,还不能立即将其用于分析和预测. 因为 $\hat{y} = \hat{\beta}_0 + \hat{\beta}_1 x$ 是否真正描述了变量 Y 和 x 之间的内在相关关系,还需要用假设检验的方法进行检验.

我们知道,回归方程 $\hat{y} = \hat{\beta}_0 + \hat{\beta}_1 x$ 揭示了 Y 的均值随 x 的变化而变化的线性规律. 但是如果 $E(Y)$ 不随 x 的变化作线性变化,则我们得到的经验回归方程就没有意义,这时称回归方程不显著;反之,如果 $E(Y)$ 随 x 的变化作线性变化,那么我们得到的经验回归方程就有意义,这时称回归方程是显著的.

在对回归方程进行检验时,通常需要随机误差项的正态性假定,即随机误差项满足 (9.25) 式. 回归方程 $\hat{y} = \hat{\beta}_0 + \hat{\beta}_1 x$ 告诉我们,如果 Y 和 x 之间的线性关系显著,则 $\beta_1 \neq 0$. 对回归方程是否有意义的判断就是要检验

$$H_0 : \beta_1 = 0, \quad H_1 : \beta_1 \neq 0.$$

因变量 Y 的观测值 $y_1, y_2, \cdots, y_n$ 之所以有差异,是由两个原因引起的:一是线性函数 $\beta_0 + \beta_1 x$ 中 x 的不同取值会引起 Y 取值的变化,二是其他未加考虑的因素及随机误差所产生的影响. 下面把 $y_1, y_2, \cdots, y_n$ 的变差分解成以上两部分,通过比较这两部分的相对大小,分析 x 的线性函数所能反映 $y_1, y_2, \cdots, y_n$ 的变差的程度,以判断线性关系是否显著.

记 $\bar{y} = \frac{1}{n} \sum_{i=1}^{n} y_i$,则 $y_1, y_2, \cdots, y_n$ 的变差可用总平方和表示,即为

$$S_T = \sum_{i=1}^{n} (y_i - \bar{y})^2.$$

对总平方和进行分解,得平方和分解式

$$\sum_{i=1}^{n} (y_i - \bar{y})^2 = \sum_{i=1}^{n} (\hat{y}_i - \bar{y})^2 + \sum_{i=1}^{n} (y_i - \hat{y}_i)^2, \tag{9.38}$$

其中, $\sum_{i=1}^{n} (\hat{y}_i - \bar{y})^2$ 称为回归平方和,简记为 S_R,它表示线性函数 $\beta_0 + \beta_1 x$ 在 x 不同取值处的差异,反映了 x 的线性函数对总平方和的影响; $\sum_{i=1}^{n} (y_i - \hat{y}_i)^2$ 称为残差平方和,简记为 S_E,它反映了其他未加考虑的因素及随机误差对总平方和的影响.

可以证明,当原假设 H_0 成立,即 $\beta_1 = 0$ 时,统计量

$$F = \frac{S_R}{S_E / (n - 2)} \sim F(1, n - 2). \tag{9.39}$$

把 F 作为检验统计量,对于给定的显著性水平 α,H_0 的拒绝域为

$$\{F \geqslant F_\alpha(1,n-2)\}.$$

若 F 统计量的观测值为 F_0,则 p 值为

$$p = P\{F \geqslant F_0\}.$$

上述检验过程可归纳为表 9.12.

表 9.12　一元线性回归方程显著性的方差分析

方差来源	自由度	平方和	均方	F 值	p 值
回归	1	S_R	$S_R/1$	$\dfrac{S_R}{S_E/(n-2)}$	$P\{F \geqslant F\text{ 值}\}$
残差	$n-2$	S_E	$S_E/(n-2)$		
总和	$n-1$	S_T			

四、估计和预测

回归方程经过检验如果是显著的,这时可用它作估计和预测. 设 x_0 是自变量的某一指定值,$Y_0 = \beta_0 + \beta_1 x_0 + \varepsilon_0$,如何寻求均值 $E(Y_0) = \beta_0 + \beta_1 x_0$ 的点估计与区间估计? 还有对 Y_0 的预测问题,由于 Y_0 是随机变量,有自己的变化范围,所以只能求一个区间,使 Y_0 落在这一区间的概率为 $1-\alpha$,这个区间也就是我们要寻找的 Y_0 的预测区间.

估计和预测常常是不可分割的. 比如我们要研究某地区小麦单位产量 Y 与施肥量 x(单位均为 kg)的关系,在 n 块单位面积的地块上各施肥 $x_i(i=1,2,\cdots,n)$,最后测得相应的产量为 y_i,建立经验回归方程 $\hat{y} = \hat{\beta}_0 + \hat{\beta}_1 x$. 这时,某农户在单位地块上施肥 x_0 时,该地块预期的小麦单位产量为

$$\hat{y}_0 = \hat{\beta}_0 + \hat{\beta}_1 x_0.$$

由性质(1),上式是 $E(Y_0)$ 的无偏估计,即 $E(\hat{y}_0) = \beta_0 + \beta_1 x_0 = E(Y_0)$,这说明预测值 $\hat{y}_0$ 与目标值 Y_0 有相同的均值.

$\hat{y}_0$ 只是这个地块小麦产量的大概值,仅知道这一点意义并不大. 对于预测问题,除了知道预测值外,还希望了解预测的精度,这就需要做区间估计,也就是给出小麦产量的一个范围. 给一个预测范围比只给出单个值 $\hat{y}_0$ 更可信.

为了给出 $E(Y_0)$ 的区间估计,我们不加证明地给出 $\hat{y}_0$ 的分布,在(9.25)式的假定下有

$$\hat{y}_0 = \hat{\beta}_0 + \hat{\beta}_1 x_0 \sim N\left(\beta_0 + \beta_1 x_0, \left[\frac{1}{n} + \frac{(x_0 - \bar{x})^2}{l_{xx}}\right]\sigma^2\right).$$

由(9.36)式和性质(5)知,$\dfrac{S_E}{\sigma^2} \sim \chi^2(n-2)$ 与 $\hat{y}_0 = \bar{y} + \hat{\beta}_1(x_0 - \bar{x})$ 相互独立,再由(9.37)式可推得

$$\frac{(\hat{y}_0 - E(Y_0)) \bigg/ \left(\sigma \sqrt{\dfrac{1}{n} + \dfrac{(x_0 - \bar{x})^2}{l_{xx}}} \right)}{\sqrt{\dfrac{S_E}{n-2} \bigg/ \sigma^2}} = \frac{\hat{y}_0 - E(Y_0)}{\hat{\sigma} \sqrt{\dfrac{1}{n} + \dfrac{(x_0 - \bar{x})^2}{l_{xx}}}} \sim t(n-2),$$

于是 $E(Y_0)$ 的置信水平为 $1-\alpha$ 的置信区间为

$$\left(\hat{y}_0 - t_{\frac{\alpha}{2}}(n-2)\hat{\sigma} \sqrt{\frac{1}{n} + \frac{(x_0 - \bar{x})^2}{l_{xx}}},\ \hat{y}_0 + t_{\frac{\alpha}{2}}(n-2)\hat{\sigma} \sqrt{\frac{1}{n} + \frac{(x_0 - \bar{x})^2}{l_{xx}}} \right). \qquad (9.40)$$

这一置信区间的长度是 x_0 的函数,它随 $|x_0 - \bar{x}|$ 的增加而增大,当 $x_0 = \bar{x}$ 时为最短. 对于前面提出的小麦产量问题,如果该地区的麦地单位地块施肥量同为 x_0,那么这个地区小麦的平均单位产量的估计即为 $E(Y_0)$ 的估计.

还有一个问题:Y_0 的预测区间如何寻找? 前面我们给出了其估计值 $\hat{y}_0 = \hat{\beta}_0 + \hat{\beta}_1 x_0$ 的分布. 由于 $\hat{\beta}_0, \hat{\beta}_1$ 都是 $y_1, y_2, \cdots, y_n$ 的线性组合,因而 $\hat{y}_0$ 也是 $y_1, y_2, \cdots, y_n$ 的线性组合,在(9.25)式的假定下服从正态分布. 注意到 Y_0 与先前的观测值是独立的,所以 Y_0 与 $\hat{y}_0$ 独立. 可以证明

$$\hat{y}_0 - Y_0 \sim N\left(0, \left[1 + \frac{1}{n} + \frac{(x_0 - \bar{x})^2}{l_{xx}} \right] \sigma^2 \right),$$

即

$$(\hat{y}_0 - Y_0) \bigg/ \left(\sigma \sqrt{1 + \frac{1}{n} + \frac{(x_0 - \bar{x})^2}{l_{xx}}} \right) \sim N(0,1).$$

再由(9.36)式和(9.37)式及性质(5)知

$$(\hat{y}_0 - Y_0) \bigg/ \left(\hat{\sigma} \sqrt{1 + \frac{1}{n} + \frac{(x_0 - \bar{x})^2}{l_{xx}}} \right) \sim t(n-2).$$

对于给定的置信水平 $1-\alpha$ 有

$$P\left\{ |\hat{y}_0 - Y_0| \bigg/ \left(\hat{\sigma} \sqrt{1 + \frac{1}{n} + \frac{(x_0 - \bar{x})^2}{l_{xx}}} \right) \leqslant t_{\frac{\alpha}{2}}(n-2) \right\} = 1-\alpha,$$

于是得 Y_0 的置信水平为 $1-\alpha$ 的预测区间

$$\left(\hat{y}_0 - t_{\frac{\alpha}{2}}(n-2)\hat{\sigma} \sqrt{1 + \frac{1}{n} + \frac{(x_0 - \bar{x})^2}{l_{xx}}},\ \hat{y}_0 + t_{\frac{\alpha}{2}}(n-2)\hat{\sigma} \sqrt{1 + \frac{1}{n} + \frac{(x_0 - \bar{x})^2}{l_{xx}}} \right). \qquad (9.41)$$

这一预测区间的长度也是 x_0 的函数,它随 $|x_0 - \bar{x}|$ 的增加而增大,当 $x_0 = \bar{x}$ 时为最短. 比较(9.40)式和(9.41)式,知道在相同的置信水平下,$E(Y_0)$ 的置信区间要比 Y_0 的预测区间短,这是因为 $Y_0 = \beta_0 + \beta_1 x_0 + \varepsilon_0$ 比 $E(Y_0) = \beta_0 + \beta_1 x_0$ 多了随机项.

例 9.7　测得某种物质在不同温度下吸附另一种物质的质量数据如下:

温度 x/℃	1.5	1.8	2.4	3.0	3.5	3.9	4.4	4.8	5.0
吸附量 y/mg	4.8	5.7	7.0	8.3	10.9	12.4	13.1	13.6	15.3

（1）求 y 关于 x 的线性回归方程；

（2）对回归方程做显著性检验（显著性水平 $\alpha = 0.01$）；

（3）当温度 $x_0 = 5.6\ ℃$ 时，求 y_0 的预测值 $\hat{y}_0$.

解 （1）因为

$$\bar{x} = 3.366\ 7,\quad \bar{y} = 10.122\ 2,$$

$$\hat{\beta}_1 = \frac{l_{xy}}{l_{xx}} = 2.930\ 3,\quad \hat{\beta}_0 = \bar{y} - \hat{\beta}_1\bar{x} = 0.256\ 9,$$

故所求 y 关于 x 的一元线性回归方程为

$$\hat{y} = 0.256\ 9 + 2.930\ 3x.$$

从这个方程可以看出，在一定范围内温度每升高 $1\ ℃$，大致可增加 $2.930\ 3\ \text{mg}$ 的吸附量.

（2）对一元线性回归方程进行显著性检验即是检验假设

$$H_0: \beta_1 = 0,\quad H_1: \beta_1 \neq 0.$$

由 x 和 y 的观测值可以计算 F 统计量

$$F = \frac{S_R}{S_E/(n-2)} = 387.5.$$

对于给定的显著性水平 $\alpha = 0.01$，该检验问题的拒绝域为

$$\{F \geqslant F_{0.01}(1,7)\} = \{F \geqslant 12.246\}.$$

F 统计量的值落入拒绝域，因此，在显著性水平 0.01 下回归方程是显著的.

（3）由于回归方程经过检验是显著的，因此可用它作预测. 把 $x_0 = 5.6$ 代入回归方程可得 y_0 的预测值

$$\hat{y}_0 = 0.256\ 9 + 2.930\ 3x_0 = 16.666\ 6.$$

§9.4 多元线性回归

一、多元线性回归模型

一元线性回归是多元线性回归的一种特例，它通常是我们对影响某种现象的许多因素进行了简化考虑的结果. 如考虑小麦产量的预测问题时，小麦的产量 Y 除了受施肥量 x_1 的影响外，还受小麦品种 x_2、水量 x_3、土质 x_4、栽培技术 x_5、管理措施 x_6 等因素的影响，这样产量 Y 就与多个变量相关. 由于观测或试验中总存在随机因素的影响，即使 $x_1, x_2, x_3, x_4, x_5, x_6$ 相对固定，小麦的产量 Y 也不完全相同，因此我们把 Y 与 $x_1, x_2, x_3, x_4, x_5, x_6$ 之间的关系分为两部分来研究，即有

$$Y = f(x_1, x_2, \cdots, x_6) + \varepsilon,$$

其中 $f(x_1, x_2, \cdots, x_6)$ 是普通的函数，是非随机部分；ε 表示随机因素对小麦产量的影响，是随机部分. 一般情况下，$f(x_1, x_2, \cdots, x_6)$ 不一定是 $x_1, x_2, x_3, x_4, x_5, x_6$ 的线性函数，但是为处理方便，可近似当做线性函数处理，这便是多元线性回归.

设随机变量 Y 与普通变量 $x_1, x_2, \cdots, x_p$ 的线性回归模型为

$$Y = \beta_0 + \beta_1 x_1 + \beta_2 x_2 + \cdots + \beta_p x_p + \varepsilon, \tag{9.42}$$

其中 $\beta_0,\beta_1,\beta_2,\cdots,\beta_p$ 是未知数, β_0 称为**回归常数**, $\beta_1,\beta_2,\cdots,\beta_p$ 称为**回归系数**. Y 称为**因变量**, $x_1,x_2,\cdots,x_p$ 是可以精确测量的确定性变量(**自变量**), ε 是随机误差,通常假定 ε 满足

$$E(\varepsilon)=0, \quad D(\varepsilon)=\sigma^2,$$

或进一步假定

$$\varepsilon \sim N(0,\sigma^2).$$

对于一个实际问题,如果我们获得 n 组观测数据 $(x_{i1},x_{i2},\cdots,x_{ip};y_i)$ ($i=1,2,\cdots,n$),则线性回归模型(9.42)可表示为

$$\begin{cases} y_1 = \beta_0 + \beta_1 x_{11} + \beta_2 x_{12} + \cdots + \beta_p x_{1p} + \varepsilon_1, \\ y_2 = \beta_0 + \beta_1 x_{21} + \beta_2 x_{22} + \cdots + \beta_p x_{2p} + \varepsilon_2, \\ \qquad\cdots\cdots\cdots\cdots \\ y_n = \beta_0 + \beta_1 x_{n1} + \beta_2 x_{n2} + \cdots + \beta_p x_{np} + \varepsilon_n. \end{cases}$$

上式写成矩阵形式为

$$Y = X\boldsymbol{\beta} + \boldsymbol{\varepsilon}, \tag{9.43}$$

其中

$$Y = \begin{pmatrix} y_1 \\ y_2 \\ \vdots \\ y_n \end{pmatrix}, \quad X = \begin{pmatrix} 1 & x_{11} & x_{12} & \cdots & x_{1p} \\ 1 & x_{21} & x_{22} & \cdots & x_{2p} \\ \vdots & \vdots & \vdots & & \vdots \\ 1 & x_{n1} & x_{n2} & \cdots & x_{np} \end{pmatrix}, \quad \boldsymbol{\beta} = \begin{pmatrix} \beta_0 \\ \beta_1 \\ \beta_2 \\ \vdots \\ \beta_p \end{pmatrix}, \quad \boldsymbol{\varepsilon} = \begin{pmatrix} \varepsilon_1 \\ \varepsilon_2 \\ \vdots \\ \varepsilon_n \end{pmatrix},$$

X 是 $n\times(p+1)$ 矩阵,并称为**回归设计矩阵**(常假定其列满秩).

二、参数估计

多元线性回归中未知参数 $\beta_0,\beta_1,\beta_2,\cdots,\beta_p$ 的估计与一元线性回归的参数估计原理一样,仍可采用最小二乘法. 此时要找参数 $\beta_0,\beta_1,\beta_2,\cdots,\beta_p$ 的估计值 $\hat{\beta}_0,\hat{\beta}_1,\hat{\beta}_2,\cdots,\hat{\beta}_p$,使偏差平方和

$$Q(\beta_0,\beta_1,\beta_2,\cdots,\beta_p) = \sum_{i=1}^{n} (y_i - \beta_0 - \beta_1 x_{i1} - \beta_2 x_{i2} - \cdots - \beta_p x_{ip})^2$$

达到最小,即

$$\begin{aligned} & Q(\hat{\beta}_0,\hat{\beta}_1,\hat{\beta}_2,\cdots,\hat{\beta}_p) \\ & = \sum_{i=1}^{n} (y_i - \hat{\beta}_0 - \hat{\beta}_1 x_{i1} - \hat{\beta}_2 x_{i2} - \cdots - \hat{\beta}_p x_{ip})^2 \\ & = \min_{\beta_0,\beta_1,\beta_2,\cdots,\beta_p} \sum_{i=1}^{n} (y_i - \beta_0 - \beta_1 x_{i1} - \beta_2 x_{i2} - \cdots - \beta_p x_{ip})^2, \end{aligned} \tag{9.44}$$

按照(9.44)式求出的 $\hat{\beta}_0,\hat{\beta}_1,\hat{\beta}_2,\cdots,\hat{\beta}_p$ 称为**参数** $\beta_0,\beta_1,\beta_2,\cdots,\beta_p$ 的最小二乘估计.

从(9.44)式中求 $\hat{\beta}_0,\hat{\beta}_1,\hat{\beta}_2,\cdots,\hat{\beta}_p$ 是一个求最值的问题. 由于 Q 是关于 $\beta_0,\beta_1,$

$\beta_2,\cdots,\beta_p$ 的非负二次函数,因而它的最小值存在. 根据微积分中求极值的方法,可得 $\hat{\beta}_0,\hat{\beta}_1,\hat{\beta}_2,\cdots,\hat{\beta}_p$ 应满足方程组

$$\begin{cases} \dfrac{\partial Q}{\partial \beta_0} = -2\sum_{i=1}^{n}(y_i - \beta_0 - \beta_1 x_{i1} - \beta_2 x_{i2} - \cdots - \beta_p x_{ip}) = 0, \\[2mm] \dfrac{\partial Q}{\partial \beta_1} = -2\sum_{i=1}^{n}(y_i - \beta_0 - \beta_1 x_{i1} - \beta_2 x_{i2} - \cdots - \beta_p x_{ip})x_{i1} = 0, \\[1mm] \cdots\cdots\cdots\cdots \\[1mm] \dfrac{\partial Q}{\partial \beta_p} = -2\sum_{i=1}^{n}(y_i - \beta_0 - \beta_1 x_{i1} - \beta_2 x_{i2} - \cdots - \beta_p x_{ip})x_{ip} = 0. \end{cases} \tag{9.45}$$

(9.45)式称为正规方程组. 为了求解方便,将(9.45)式写成矩阵形式

$$\boldsymbol{X}^{\mathrm{T}}(\boldsymbol{Y} - \boldsymbol{X}\boldsymbol{\beta}) = \boldsymbol{0},$$

整理得

$$\boldsymbol{X}^{\mathrm{T}}\boldsymbol{X}\boldsymbol{\beta} = \boldsymbol{X}^{\mathrm{T}}\boldsymbol{Y},$$

当 $(\boldsymbol{X}^{\mathrm{T}}\boldsymbol{X})^{-1}$ 存在时,可得参数的最小二乘估计

$$\hat{\boldsymbol{\beta}} = (\hat{\beta}_0, \hat{\beta}_1, \hat{\beta}_2, \cdots, \hat{\beta}_p)^{\mathrm{T}} = (\boldsymbol{X}^{\mathrm{T}}\boldsymbol{X})^{-1}\boldsymbol{X}^{\mathrm{T}}\boldsymbol{Y}.$$

称 $\hat{y} = \hat{\beta}_0 + \hat{\beta}_1 x_1 + \hat{\beta}_2 x_2 + \cdots + \hat{\beta}_p x_p$ 为经验回归方程.

像一元线性回归一样,模型(9.42)只是一种假定,为了考察这一假定是否符合实际观测结果,还需进行以下假设检验

$$H_0: \beta_1 = \beta_2 = \cdots = \beta_p = 0, \quad H_1: \beta_i(i=1,2,\cdots,p) \text{ 不全为 } 0.$$

若在显著性水平 α 下拒绝 H_0,则可认为回归效果是显著的.

习 题 9

一、选择题

1. 依据试验结果对随机变量 y 与自变量 x 之间的线性相关关系进行检验. 如果相关系数接近零,则下面说法不合理的是(   ).

(A) x 对 y 没有显著性影响

(B) x 对 y 可能有显著性影响,但这种影响不能通过线性关系表示

(C) 可能还有其他因素对 y 有影响,从而削弱了单个变量 x 的影响作用

(D) y 的变化肯定与 x 毫无关系

2. 考虑单个因素 A 对试验结果的影响效应,假设 $H_0: \mu_1 = \mu_2 = \cdots = \mu_s$ 为真,则选用的检验统计量及其概率分布是(   ).

(A) $\dfrac{S_A/(s-1)}{S_E/(n-1)} \sim F(n-s, s-1)$ (B) $\dfrac{S_A/(s-1)}{S_E/(n-s)} \sim F(s-1, n-s)$

(C) $\dfrac{S_A/(s-1)}{S_E/(n-1)} \sim F(s-1, n-s)$ (D) $\dfrac{S_A/(s-1)}{S_E/(n-1)} \sim F(s-1, n-1)$

3. 回归分析是研究变量间(　　)关系的统计方法.

(A) 函数　　　　　(B) 独立　　　　　(C) 相关　　　　　(D) 对立

4. 下列关于回归系数的最小二乘估计和回归方程的结论中,叙述错误的是(　　).

(A) $\hat{\beta}_0$, $\hat{\beta}_1$ 分别是 β_0, β_1 的无偏估计

(B) 回归值 $\hat{y}_0 = \hat{\beta}_0 + \hat{\beta}_1 x_0$ 是 $E(y_0) = \beta_0 + \beta_1 x_0$ 的无偏估计

(C) $\hat{\beta}_0$ 与 $\hat{\beta}_1$ 一定线性相关

(D) 要提高 $\hat{\beta}_0$, $\hat{\beta}_1$ 的估计精度,可以增大样本量 n,也可以增大 $l_{xx} = \sum(x_i - \bar{x})^2$

二、解答题

1. 有 3 台设备 A, B, C 制造同一种产品,对每台设备观察 5 天的日产量(单位:件),记录如下:

A	41	48	41	57	49
B	65	57	54	72	64
C	45	51	56	48	48

假定 3 台设备的日产量服从方差相等的正态分布,试问:在日产量上,各台设备之间是否存在显著差异(显著性水平 $\alpha = 0.05$)?

2. 灯泡厂用 3 种不同材料制成灯丝,为检验灯丝材料这一因素对灯泡使用寿命的影响,做抽样测试得如下结果:

灯丝材料	灯泡使用寿命/kh						
A_1	1.60	1.61	1.65	1.68	1.70	1.72	1.80
A_2	1.58	1.64	1.64	1.70	1.75		
A_3	1.51	1.52	1.53	1.57	1.60	1.68	

假定用不同材料的灯丝所制成灯泡的使用寿命服从方差相等的正态分布,分析灯丝材料这一因素对灯泡的使用寿命是否有显著影响(显著性水平 $\alpha = 0.05$).

3. 为了比较 5 种抗过敏药的效果,将 30 个有过敏史的患者随机地分成 5 组,每组 6 人服其中一种药,并记下患者从服药到痊愈所需的时间,得到的记录如下:

药品	痊愈所需的天数
1	5, 8, 7, 7, 10, 8
2	4, 6, 6, 3, 5, 6
3	6, 4, 4, 5, 4, 3
4	7, 4, 6, 6, 3, 5
5	9, 3, 5, 7, 7, 6

（1）在显著性水平 0.05 下,是否有充分的统计根据说明此样本显示的疗效差别的出现不是偶然的?

（2）求方差的无偏估计.

4. 为了寻找飞机控制板上仪器表的最佳布置,试验了 3 个方案,观察领航员在紧急情况下的反应时间(单位:s). 随机地选择 28 名领航员,得到他们对于不同的布置方案的反应时间如下:

方案Ⅰ	14	13	9	15	11	13	14	11			
方案Ⅱ	10	12	7	11	8	12	9	10	13	9	10	9
方案Ⅲ	11	5	9	10	6	8	8	7			

试在显著性水平 0.05 下检验各方案的反应时间有无显著差异. 若有显著差异,试求均值差 $\mu_1-\mu_2,\mu_1-\mu_3,\mu_2-\mu_3$ 的置信水平为 0.95 的置信区间.

5. 在单因素方差分析中,因素 A 有 3 个水平,每个水平各做 4 次重复试验. 完成下列方差分析表,并在显著性水平 $\alpha=0.05$ 下对因素 A 是否显著作出检验.

方差来源	平方和	自由度	均方	F 值
因素 A	4.2			
误差	2.5			
总和	6.7			

6. 下表给出某种化工过程在 3 种浓度、4 种温度水平下得率的数据. 试在显著性水平 $\alpha=0.05$ 下检验浓度、温度以及两者的交互作用对得率的影响是否显著.

浓度(因素 A)	温度(因素 B)			
	10 ℃	24 ℃	38 ℃	52 ℃
2%	14,10	11,11	13,9	10,12
4%	9,7	10,8	7,11	6,10
6%	5,11	13,14	12,13	14,10

7. 为了研究某种金属管防腐蚀的功能,考虑了 4 种不同的涂料涂层,将金属管埋设在 3 种不同性质的土壤中,经历了一定时间,测得金属管腐蚀的最大深度(单位:mm)如下:

涂层(因素 A)	土壤类型(因素 B)		
	1	2	3
1	1.63	1.35	1.27
2	1.34	1.30	1.22
3	1.19	1.14	1.27
4	1.30	1.09	1.32

取显著性水平 $\alpha = 0.05$,检验在不同涂层下、不同土壤中腐蚀的最大深度的平均值有无显著差异,设两个因素间没有交互作用效应.

8. 设回归模型为

$$\begin{cases} y_i = \beta_0 + \beta_1 x_i + \varepsilon_i, i = 1, 2, \cdots, n, \\ \text{各 } \varepsilon_i \text{ 独立同分布,其分布为 } N(0, \sigma^2), \end{cases}$$

试求 $\beta_0, \beta_1, \sigma^2$ 的最大似然估计. 它们与最小二乘估计一致吗?

9. 设由 (x_i, y_i) $(i = 1, 2, \cdots, n)$ 可建立一元线性回归方程,$\hat{y}_i$ 是由回归方程得到的拟合值. 验证样本相关系数

$$r = \frac{\sum_{i=1}^{n} (x_i - \bar{x})(y_i - \bar{y})}{\sqrt{\sum_{i=1}^{n} (x_i - \bar{x})^2 \sum_{i=1}^{n} (y_i - \bar{y})^2}}$$

满足

$$r^2 = \frac{\sum_{i=1}^{n} (\hat{y}_i - \bar{y})^2}{\sum_{i=1}^{n} (y_i - \bar{y})^2}.$$

10. 下表列出了 18 名 5 岁儿童的体重(这是容易测量的)和体积(这是难以测量的):

体重 x/kg	17.1	10.5	13.8	15.7	11.9	10.4	15.0	16.0	17.8
体积 y/dm³	16.7	10.4	13.5	15.7	11.6	10.2	14.5	15.8	17.6
体重 x/kg	15.8	15.1	12.1	18.4	17.1	16.7	16.5	15.1	15.1
体积 y/dm³	15.2	14.8	11.9	18.3	16.7	16.6	15.9	15.1	14.5

(1) 画出散点图;

(2) 求 y 关于 x 的线性回归方程 $\hat{y} = \hat{a} + \hat{b}x$;

(3) 求 $x = 14.0$ 时 y 的置信水平为 0.95 的预测区间.

11. 对一种合金在某种添加剂的不同浓度之下各做三次试验,测量抗压强度,得数据如下:

浓度 x	10.0	15.0	20.0	25.0	30.0
	25.2	29.8	31.2	31.7	29.4
抗压强度 y	27.3	31.1	32.6	30.1	30.8
	28.7	27.8	29.7	32.3	32.8

(1) 作散点图;

(2) 以模型 $y = \beta_0 + \beta_1 x + \beta_2 x^2 + \varepsilon, \varepsilon \sim N(0, \sigma^2)$ 拟合数据,其中 $\beta_0, \beta_1, \beta_2, \sigma^2$ 与

x 无关. 求回归方程 $\hat{y} = \hat{\beta}_0 + \hat{\beta}_1 x + \hat{\beta}_2 x^2$.

12. 下面列出了 1952—2004 年期间某运动会男子 10 000 m 冠军的成绩(单位:min):、

年份 x	1952	1956	1960	1964	1968	1972	1976
成绩 y/min	29.3	28.8	28.5	28.4	29.4	27.6	27.7
年份 x	1980	1984	1988	1992	1996	2000	2004
成绩 y/min	27.7	27.8	27.4	27.8	27.1	27.3	27.1

(1) 求 y 关于 x 的线性回归方程 $\hat{y} = \hat{\beta}_0 + \hat{\beta}_1 x$;

(2) 检验假设 $H_0:\beta_1 = 0, H_1:\beta_1 \neq 0$(显著性水平 $\alpha = 0.05$).

习题 9 参考答案

第九章自测题

第十章　概率论与数理统计方法的 R 语言实现

本章主要介绍 R 软件及其在概率论与数理统计中的应用,即常见概率论与数理统计方法的 R 语言实现.

R 软件是由新西兰奥克兰大学统计学者罗伯特·金特尔曼和罗斯·伊哈卡及志愿者们联合开发的一套包含数学运算、统计计算与数据分析、图形制作、程序设计等功能的自由软件系统,可在 Unix/Linux、Windows 和 macOS 操作系统上运行.

R 软件为用户提供一个开放、可互动、可编辑的统计计算环境,它支持命令执行、脚本执行和远程执行,内嵌一个便捷实用的帮助系统和用户手册,还可外联互联网帮助系统. R 软件拥有丰富的网络资源,软件包数量庞大,功能多种多样. R 软件还是一套完全免费的软件,它的 Unix/Linux、Windows 和 macOS 版本都可免费下载使用.

§10.1　R 软件简介

一、R 软件的下载与安装

R 软件的官方网站提供最新的 R 软件和各种软件包的下载,官方网站可通过搜索 r-project 得到. 登录 R 软件的官方网站,点击 download R 或 CRAN,就可以进入 CRAN Mirrors 页面,这里列出了全球的 R 软件镜像站. 随意选择一个镜像站(推荐国内的)进入,就可以在这个镜像站找到不同系统下 R 软件的安装程序.

R 软件的安装非常简单. 以 Windows 版为例,双击下载的安装程序,按照提示(或每次弹出对话框都单击"下一步")即可顺利安装. 安装成功后,会在 Windows 系统的开始菜单和桌面上出现 R 软件的图标,双击该图标即可运行 R 软件.

启动 R 软件后,出现的是 R 软件的图形界面,包括主菜单、工具栏和一个窗口,其标题为"R Console",如图 10.1 所示. 该窗口可接受用户的命令输入,同时也输出执行命令后的结果,但有些结果会显示在新建的窗口中(特别是图形). 界面中">"表示命令提示符,闪烁的"|"符号表示光标,它的出现意味着可以输入 R 命令(也称 R 函数),或者上一条命令执行完成,可继续输入下一条命令. 该窗口是用户通过命令交互来使用 R 软件的主要场所. 用户输入命令时,如果命令太长,可按下回车键(Enter 键),在下一行续写命令. 直到命令结束,用户再按下回车键确认. R 软件会自动识别命令的完整性.

也可以通过"文件"菜单新建程序脚本,将要执行的命令事先编辑完成,然后运行所有命令.

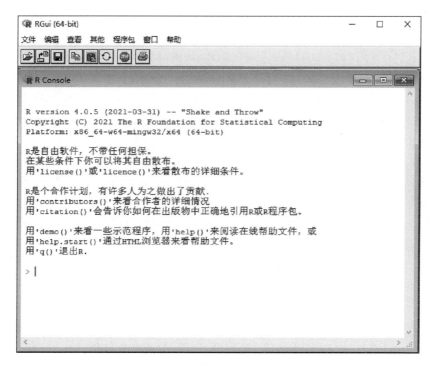

图 10.1

二、R 软件包的下载与安装

R 语言是一种面向统计分析的计算机高级语言,具体来讲,R 软件是一个关于包的集合,而包是关于函数、数据集、编译器等的集合. 编写 R 程序的过程就是创建 R 对象来组织数据,通过调用系统函数或者创建并调用自定义函数逐步完成数据分析任务的过程.

在 R 软件中,所有能被调用的对象都被存储在软件包(package,也称程辑包)内. R 软件包是 R 软件的核心,可分为基础包和共享包两大类. 已安装的 R 软件包含一些比较基础的软件包. 这些软件包已经加载到 R 环境中,软件包中的函数和命令可以在 R 软件中直接调用,不需要下载和安装. 由于数据分析技术的复杂性,更多的软件包需要从镜像站下载安装使用,具体 R 软件包的下载与安装命令如下:

(1) 查找需要下载的软件包 find.package('软件包名', lib = .libPaths()),如果找到软件包,则显示其绝对路径,如

> find.package ('graphics', lib = .libPaths ())

[1] "D:/RSOFTW~1/R-40~1.3/library/graphics"

如果找不到这个软件包,则给出错误提示,如

> find.package ('quantreg', lib = .libPaths ())

Error in find.package ("quantreg", lib = .libPaths ()):

不存在叫'quantreg'这个名字的程辑包

(2) search()列出已经加载的软件包, packages()则列出所有已下载可加载使用的软件包,如

```
> search ()
 [1] ".GlobalEnv"         "package:MASS"       "package:nlme"
 [4] "tools:rstudio"      "package:stats"      "package:graphics"
 [7] "package:grDevices"  "package:utils"      "package:datasets"
[10] "package:methods"    "Autoloads"          "package:base"
> .packages (all.available = TRUE)
 [1] "base"               "boot"               "class"              "cluster"
 [5] "codetools"          "compiler"           "conquer"            "datasets"
 [9] "foreign"            "graphics"           "grDevices"          "grid"
[13] "KernSmooth"         "lattice"            "MASS"               "Matrix"
[17] "MatrixModels"       "matrixStats"        "methods"            "mgcv"
[21] "mvtnorm"            "nlme"               "nnet"               "parallel"
[25] "quantreg"           "Rcpp"               "RcppArmadillo"      "rpart"
[29] "SparseM"            "spatial"            "splines"            "stats"
[33] "stats4"             "survival"           "tcltk"              "tools"
[37] "translations"       "utils"
```

（3）available.packages()列出可以得到的所有软件包,如

```
head(available.packages(), 4)    #只列出前 4 个
```

（4）使用 install.packages("软件包名")下载安装软件包.例如,在已经联网的条件下,在命令提示符后键入 install.packages("smoothmest")可以完成软件包 smoothmest 的下载和安装.上述命令适合在命令窗口或脚本中执行,当然通过"程序包"菜单也可以很容易实现上述功能.

（5）加载软件包到系统才能使用该软件包的函数,上述 install.packages()命令下载安装了软件包,但还未加载到 R 软件运行环境中.加载可以用 library()或者 require(),如:

```
> library (smoothmest)
```

载入需要的程辑包:MASS

（6）卸载软件包 remove.packages('软件包名', lib = .libPaths()),如:

```
> remove.packages('smoothmest', lib = .libPaths())
```

如果卸载成功,则没有任何提示.

三、R 软件的集成开发环境(IDE)工具 RStudio 软件

RStudio 软件是一个成熟的图形化工具,它集成了 R 内核,并提供易于操作的图形界面.在编写和执行 R 代码时,能够提供语法高亮、命令补全功能;还提供各种变量浏览、图形收集、下载包浏览、帮助页、历史列表浏览和工作目录控制等功能,每种功能被划分在不同的区域中,并实行面板归类.总体上讲,RStudio 软件整体界面布局紧凑美观,操作便捷实用,秉承了开源免费的设计理念.

该软件提供多种平台的支持,如 Unix/Linux、Windows 和 macOS 等.

　　这款图形软件给使用 R 软件提供了很大便利,在迅速推广 R 软件方面起了积极作用. 在 Windows 平台下,该软件的安装完全是向导式,图 10.2 给出了软件的运行界面.

图 10.2

四、R 软件中的绘图函数

　　由数据作图是数据分析的重要方法之一,利用绘图的方法研究已知数据,是一种直观、有效的方法. 这里简单介绍 R 软件中一些数据作图的常见函数.

　　在 R 软件中主要有两类绘图函数,一类是高级绘图函数,另一类是低级绘图函数. 高级绘图函数可以创建新的图形,含坐标轴以及说明文字等;低级绘图函数自身无法创建图形,只能在高级绘图函数所创建图形的基础上添加图形元素,如额外的点、线和标签等.

　　plot() 是 R 软件中最主要的通用绘图函数,它是基础图形系统中众多操作的核心,所以需要了解其参数的含义. 参数中的 xlab = "x", ylab = "y" 表示绘制 x 和 y 坐标轴;type = "n" 表示不要向图中添加任何元素;axes = FALSE 表示 plot() 不自动生成坐标轴,而由 axis() 函数定制坐标轴;mgp 设定副标题、x 轴标签和 y 轴标签与刻度的距离,默认是 c(3, 1, 0);frame.plot = TRUE 表示需要绘制作图区域的矩形框线,将整个作图区域封闭起来;xlim 和 ylim 分别设定 x 轴,y 轴方向坐标的最大作图空间;cex 表示输出的字体比例,但必须区分 cex.main, cex.sub, cex.lab 三种标题. 下面具体介绍 plot() 函数的使用方法.

　　函数 plot() 可绘制数据的散点图、曲线图等,主要有以下三种使用方法:

　　(1) plot(x, y),其中 x 和 y 是数值型向量,函数生成 y 关于 x 的散点图.

　　(2) plot(x),其中 x 是一个时间序列,函数生成时间序列图形. 如果 x 是向量,则绘出 x 关于其分量下标的散点图;如果 x 是复向量,则绘出其分量复数实部与虚部对应的散点图.

　　(3) plot(f), plot(f, y),其中 f 是因子,y 是数值向量. 第一种格式的函数生成 f 的直方图,第二种格式的函数生成 y 关于 f 水平的箱线图.

例 **10.1**   测量由四种不同材料 A_1, A_2, A_3, A_4 生产出来元件的使用寿命(单位:h),数据如表 10.1 所示. 绘出四种不同材料对应元件寿命的箱线图,并判断在四种不同材料下元件的使用寿命有无显著差异.

表 10.1   元件寿命数据

材料	使用寿命/h						
A_1	1 600	1 610	1 650	1 680	1 700	1 700	1 780
A_2	1 500	1 640	1 400	1 700	1 750		
A_3	1 640	1 550	1 600	1 620	1 640	1 600	1 740	1 800
A_4	1 510	1 520	1 530	1 570	1 640	1 600	

解   使用因子格式输入数据,并绘制相应的箱线图. 具体代码如下:

```
y <- c(1600,1610,1650,1680,1700,1700,1780,
       1500,1640,1400,1700,1750,
       1640,1550,1600,1620,1640,1600,1740,1800,
       1510,1520,1530,1570,1640,1600)
f <- factor(c(rep(1,7), rep(2,5), rep(3, 8), rep(4, 6)))
plot(f, y, xlab = "f")
```

运行后得到相应寿命数据的箱线图如图 10.3 所示. 从图中可以大致看出四种不同材料对应元件的使用寿命没有显著差异.

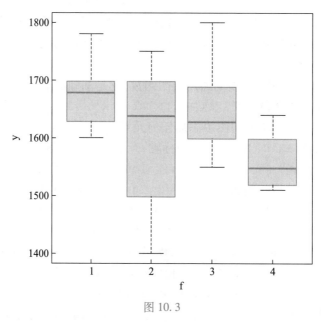

图 10.3

R 语言中生成五个特殊的分位数的命令 fivenum(x, na.rm = TRUE),用于计算样本数据 x 的最小值、最大值、中位数及两个四分位数. 这里的箱线图正是根据样本数据的这五个分位数对样本数据分布的一个描绘:最上端和最下端的短横线分别表示样本数据的最大值和最小值,箱体上端和下端分别表示两个四分位数,箱中的粗横线表示样本数据的中位数.

　　R 软件中的其他高级绘图函数分解了 plot() 函数自动生成图形的过程,用更细致的命令绘制图形的一部分. 为帮助读者了解 R 软件中的高级绘图函数,表 10.2 列出了常用高级绘图函数.

表 10.2　常用高级绘图函数

函数	功能说明
plot(x)	以 x 的分量值为纵坐标、以序号为横坐标绘制散点图
plot(x, y)	绘制 y(在 y 轴上)对 x(在 x 轴上)的二元散点图
sunflowerplot(x, y)	同上,但是以相似坐标的点作为花朵,其花瓣数目为点的个数
pie(x)	绘制 x 的饼图
boxplot(x)	绘制 x 的箱线图
dotchart(x)	绘制数据 x 的点图. 在点图中,y 轴是数据 x 的标记,x 轴是数据 x 的数值
coplot(x~y|z)	绘制在给定 z 值条件下 x 对 y 的散点图. 如果 z 是数值向量,则它会被分割成一系列条件区间,对于任意区间内 z 对应的 x, y 值,函数将绘制 x 对 y 的散点图
pairs(x)	如果 x 是矩阵或数据框,绘制 x 各列之间的二元点图
plot.ts(x)	如果 x 是类"ts"的对象,绘制 x 的时间序列曲线;x 可以是多元的,但序列必须有相同的频率和时间
ts.plot(x)	同上,但如果 x 是多元的,序列可有不同的时间,但须有相同的频率
hist(x)	绘制 x 的直方图
barplot(x)	绘制 x 的条形图
qqnorm(x)	绘制正态分位数–分位数图
qqplot(x, y)	绘制 y 对 x 的分位数–分位数图
contour(x, y, z)	绘制三维图形的等高线(等值线),x, y 为向量,z 必须是矩阵,且使得 dim(z)=c(length(x), length(y))(x 和 y 可以省略)
stars(x)	x 为矩阵或数据框,用线段或星形绘制图形

　　在 R 软件中,每一个绘图函数都可以在线查询其参数选项,其中部分选项是共用的. 表 10.3 列出一些主要的参数选项及其缺省值.

表 10.3 绘图函数常用参数选项

参数选项及缺省值	参数意义
add = FALSE	如果等于 TRUE,叠加图形到前一个图上(如果有的话)
axes = TRUE	如果等于 TRUE,不绘制轴与边框
type ="p"	指定图形的类型,"p":点;"l":线;"b":点连线;"o":点连线,但是线在点上;"h":垂直线;"s":阶梯式,垂直线顶端显示数据;"S":阶梯式,但垂直线底端显示数据
xlim, ylim	指定轴的上下限,例如 xlim = c(5, 10)或 xlim = range(x)
xlab, ylab	指定坐标轴的标签,必须是字符型值
main	主标题,必须是字符型值
sub	副标题,用小字号

有些时候,高级绘图函数不能准确产生想要的图形,此时,低级绘图函数可以在当前图形上精确增加一些额外信息(如点、线或者文字等). 一些常见的低级绘图函数见表 10.4.

表 10.4 常用低级绘图函数

函数	功能说明
points(x, y)	添加点(可以使用选项 type)
lines(x, y)	添加线
text(x, y, labels, ...)	在(x, y)处添加用 labels 指定的文字;典型的用法是: plot(x, y, type = "n"); text(x, y, names)
mtext(text, side=3, line=0, ...)	在边空添加用 text 指定的文字,用 side 指定添加到哪一边
segments(x0, y0, x1, y1)	从(x0, y0)各点到(x1, y1)对应点绘制线段
arrows (x0, y0, x1, y1, angle = 30, code =1)	同上,但加画箭头. 如果 code = 1,则在各(x0, y0)处绘制箭头;如果 code = 2,则在各(x1, y1)处绘制箭头;如果 code = 3,则在两端都绘制箭头 .angle 控制箭头轴到箭头边的角度
abline(a, b)	绘制斜率为 b 且截距为 a 的直线
abline(h = y0)	在纵坐标 y0 处绘制水平线
abline(v = x0)	在横坐标 x0 处绘制垂直线
abline(lm.obj)	绘制由 lm.obj 确定的回归线
rect(x1, y1, x2, y2)	绘制长方形,(x1, y1)为左下顶点, (x2, y2)为右上顶点
polygon(x, y)	绘制连接(x, y)各点的多边形
legend(x, y, legend)	在点(x, y)处添加图例,说明内容由 legend 给定

续表

函数	功能说明
title()	添加标题,也可添加一个副标题
axis(side, at)	画坐标轴,side=1 时画在下边;side=2 时画在左边;side=3 时画在上边;side=4 时画在右边.可选参数 at 指定画刻度线的坐标位置
box()	在当前图上添加边框

在 R 软件中,还有许多其他绘图函数和绘图命令,需要读者在绘图实践中逐步掌握.

§10.2 R 软件在概率论中的应用

一、排列数、组合数与概率的计算

在古典概型中,常常会有各种组合出现,在 R 语言中可用函数 combn( )生成组合方案,其基本使用格式为

```
combn(x,m,FUN = NULL,simplify = TRUE, ...)
```

参数 x 为向量,或正整数,表示抽样的总体.m 为正整数,表示从 x 中选出元素的个数. FUN 为函数,它是产生组合方案后的运算函数.simplify 为逻辑变量,当取值为 TRUE(默认值)时,函数的返回值为矩阵(或数组);当取值为 FALSE 时,函数的返回值为列表.

例 10.2 利用函数 combn( )输出从 $1,2,3,4,5$ 这 5 个数中随机取 3 个数的所有组合,并计算每个组合情况的最小值.

解 计算所有组合的命令和运行结果如下:

```
> combn(1:5, 3)
      [,1][,2][,3][,4][,5][,6][,7][,8][,9][,10]
[1,]    1    1    1    1    1    1    2    2    2     3
[2,]    2    2    2    3    3    4    3    3    4     4
[3,]    3    4    5    4    5    5    4    5    5     5
```

由结果可知,组合方案数为 10. 对每种组合情况计算最小值的具体代码和结果为

```
> combn(1:5, 3, min)
[1] 1 1 1 1 1 1 2 2 2 3
```

当抽样集合特别大时,组合方案会非常多. 此时列出所有的组合方案是不现实的,常常只需要计算组合数目. 在 R 语言中,可用函数 choose( ) 计算组合数,其基本使用格式为

```
choose(n,k)
```

参数 n 为正整数,表示集合中元素的数目;k 为正整数,表示抽取元素的数目. 该函数的返回值为组合数 C_n^k.

　　另外,在 R 语言中并无内置函数来计算排列方案和排列数 A_n^k,但是可用函数 prod( ) 计算连乘积,用函数 factorial( ) 计算阶乘. 那么,结合排列数与组合数的关系 $A_n^k = k!\ C_n^k$,可计算排列数. 除此之外,许多 R 程序包也可以实现排列方案和排列数的计算. 例如,gregmisc 包中的函数 permutations( ) 和 prob 包中的函数 permsn( ) 均可用来计算排列方案.

　　例 10.3　利用 R 语言计算下列结果:

　　(1) C_{50}^3;　(2) 10!;　(3) 20!!;　(4) A_8^3.

　　解　具体代码和运行结果如下:

```
> choose(50, 3)
[1] 19600
> factorial(10)
[1] 3628800
> prod(seq(2,20, by = 2))
[1] 3715891200
> choose(8, 3) * factorial(3)
[1] 336
```

　　利用 R 语言中的内置函数还可以计算古典概率. 例如,可使用如下命令来计算在 60 个人中至少有两人生日相同(一年按 365 天计算)的概率:

```
> obs <- seq(365, by = -1,length.out = 60)/365
> 1 - prod(obs)
[1] 0.9941227
```

上述结果表明在 60 个人中至少有两人生日相同的概率大约为 0.994,是一个相当大的概率. 图 10.4 描绘的是在生日问题中,不同的 n 下至少有两人生日相同的概率值. 编写的具体绘图代码如下:

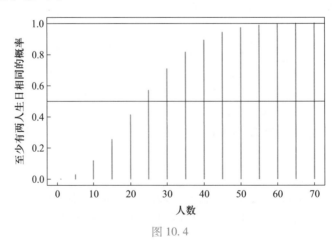

图 10.4

```
n <- c(1, 5 * seq(14))
probs <- sapply(n, function(t){
   obs <- seq(365, by = -1, length.out = t)/365
```

```
    prob <- 1 - prod(obs) })
plot(n, probs, type = "h", xlim = c(0,70),
    xlab = "人数",
    ylab = "至少有两人生日相同的概率")
abline(h = 0.5)
abline(h = 1)
```

二、常见的概率分布

R 语言提供了相关工具来计算常见概率分布的分布函数 $F(x) = P\{X \leqslant x\}$、分布律 $P\{X = x\}$ 或概率密度函数 $f(x)$、逆分布函数（也称为分位数函数,见 §6.2) $F^{-1}(q) = \inf\{x \mid F(x) > q\}$, $0 \leqslant q \leqslant 1$ 和基于概率分布的计算机模拟. 表 10.5 列出了 R 中常用概率分布对应的内置函数.

表 10.5　R 内置的概率分布

概率分布名称	R 中名称	参数
贝塔分布	beta	shape1,shape2,ncp
二项分布	binom	size,prob
柯西分布	cauchy	location,scale
χ^2 分布	chisq	df,ncp
指数分布	exp	rate
F 分布	f	df1,df2,ncp
伽马分布	gamma	shape,scale
几何分布	geom	prob
超几何分布	hyper	m,n,k
对数正态分布	lnorm	meanlog,sdlog
逻辑斯谛分布	logis	location,scale
负二项分布	nbinom	size,prob
正态分布	norm	mean,sd
泊松分布	pois	lambda
t 分布	t	df,ncp
均匀分布	unif	min,max
韦布尔分布	weibull	shape,scale
威尔科克森分布	wilcox	m,n

在 R 语言中,概率分布名称加上不同的字母前缀表示不同的含义,d 表示概率密度函数,p 表示分布函数,q 表示分位函数以及 r 表示随机模拟或者随机数发生器. 以正态分布为例,正态分布的名称为 norm,函数的使用格式为

```
dnorm(x, mean = 0, sd = 1, log = FALSE)
```

```
pnorm(q, mean = 0, sd = 1, lower.tail = TRUE, log.p = FALSE)
qnorm(p, mean = 0, sd = 1, lower.tail = TRUE, log.p = FALSE)
rnorm(n, mean = 0, sd = 1)
```

参数 x 或 q 为向量,表示概率密度函数或分布函数的自变量.p 为向量,表示分位点的概率. mean 为数值向量,表示均值,即参数 μ,默认值为 0. sd 为数值向量,表示标准差,即参数 σ,默认值为 1. log,log.p 为逻辑变量,当取值为 TRUE 时,表示所有函数是对应于对数正态分布而言,默认值为 FALSE.lower.tail 为逻辑变量,当取值为 TRUE(默认值)时,分布函数为概率 $P\{X \leqslant x\}$,对应的分位数为下分位数;当取值为 FALSE 时,分布函数为概率 $P\{X > x\}$,对应的分位数为上分位数.

这里仅介绍利用 R 语言的内置函数,计算常见分布的密度函数、分布函数、分位数. 随机模拟和产生随机数将在本节第五部分介绍.

例 10.4 利用 R 语言计算例 2.10,并计算正态分布的常用分位数.

解 调用 pnorm 函数,计算结果如下:

```
> pnorm(1.52, mean = 0, sd = 1)
[1] 0.9357445
```

当均值和标准差为默认参数时,可以略去,即

```
> pnorm(1.52)
[1] 0.9357445
```

与上式等价.利用 qnorm 函数,计算标准正态分布的常用分位数的命令和结果为

```
> qnorm(c(0.001,0.005,0.01,0.025,0.05,0.1),lower.tail = FALSE)
[1] 3.090232 2.575829 2.326348 1.959964 1.644854 1.281552
```

例 10.5 利用 R 语言计算分位数 $\chi^2_{0.05}(9)$,$t_{0.05}(4)$,$t_{0.05}(200)$,$F_{0.95}(12,9)$ 和 $F_{0.05}(9,12)$,并验证当 n 充分大时,$t_\alpha(n) \approx z_\alpha$ 和 $F_{0.95}(12,9) = \dfrac{1}{F_{0.05}(9,12)}$.

解 计算程序和计算结果如下:

```
> qchisq(0.05,df = 9, lower.tail = FALSE)
[1] 16.91898
> qt(0.05,df = 4, lower.tail = FALSE)
[1] 2.131847
> qt(0.05,df = 200, lower.tail = FALSE)
[1] 1.652508
> qf(0.95,df1 = 12, df2 = 9, lower.tail = FALSE)
[1] 0.3576058
> qf(0.05,df1 = 9, df2 = 12, lower.tail = FALSE)
[1] 2.796375
```

由结果可知 $F_{0.95}(12,9) = \dfrac{1}{F_{0.05}(9,12)}$. 同理,$t_{0.05}(200) = 1.652\,508 \approx z_{0.05}$.

三、概率分布的可视化

通过 R 语言来可视化常见的概率分布,可以更直观地理解这些分布,有助于把握

其基本特征. 下面仅举几个例子加以说明, 对于其他概率分布的可视化可类似地分析.

1. 一元正态分布的可视化

由 §2.3 可知, 正态分布 $N(\mu,\sigma^2)$ 的曲线形状取决于参数 μ 和 σ 的值. 对应于不同参数 μ 和 σ, 正态分布的概率密度函数图和分布函数图如图 10.5 所示, 编写的绘图代码如下:

```
par(mfrow = c(1,2),mai = c(0.7,0.7,0.2,0.1),cex = 0.8)
plot. new()
# PDF
curve(dnorm(x,-2, 1), from = -7,to = 3, xlim = c(-6,6),
        ylab = "φ(x)",lty = 1)
abline(h = 0)
segments(-2,0, -2, dnorm(-2,mean = -2,sd = 1),lty = 2)
curve(dnorm(x,-2, 2), from = -10,to = 6, add = T,
        xlim = c(-6,6),lty = 5)
curve(dnorm(x,2, 1.5),from = -6,to = 10, add = T,
        xlim = c(-6,6),lty = 9)
segments(2, 0, 2, dnorm(2, mean = 2, sd = 1.5),lty = 2)
legend("topright",inset = 0.01,lty = c(1,5, 9),cex = 0.8,
        legend = c("N(-2,1)","N(-2,4)","N(2,2.25)"))


# CDF
x <- seq(-5,5, length. out = 100)
y <- pnorm(x, 0, 1)
plot(x,y,xlim = c(-5,5),ylim = c(0,1),type = 'l',
      xaxs = "i",yaxs = "i",lty = 1,
      ylab = 'Φ(x)',xlab = 'x')
lines(x,pnorm(x, 0, 0.5),lty = 5)
lines(x,pnorm(x, 0, 2),lty = 9)
lines(x,pnorm(x, -2, 1),lty = 10)
legend("bottomright",inset = 0.01,lty = c(1,5,9,10),
        legend = paste("μ = ",c(0,0,0,-2),",σ = ",c(1,0.5,2,1)),
        lwd = 1)
```

2. 二项分布的可视化

为观察二项分布 $B(n,p)$ 的特征, 我们先绘制出当参数 $n=10$ 固定, 参数 p 分别为 0.1, 0.3, 0.5 和 0.7 时的二项分布的概率分布图, 如图 10.6 所示, 编写的绘图程序如下:

```
n <- 10
p <- seq(from = 0.1,to = 0.7,by = 0.2)
par(mfrow = c(2,2),mai = c(0.7,0.7,0.2,0.1),cex = 0.8)
for (i in 1:length(p)) {
```

```
plot(0:n,dbinom(0:n,10, p[i]),cex.main = 0.8,mgp = c(2,1, 0),
xlab = "k",ylab = "P{X=k}",type = "h",
main = substitute(B(10,p),list(p = p[i])))
}
```

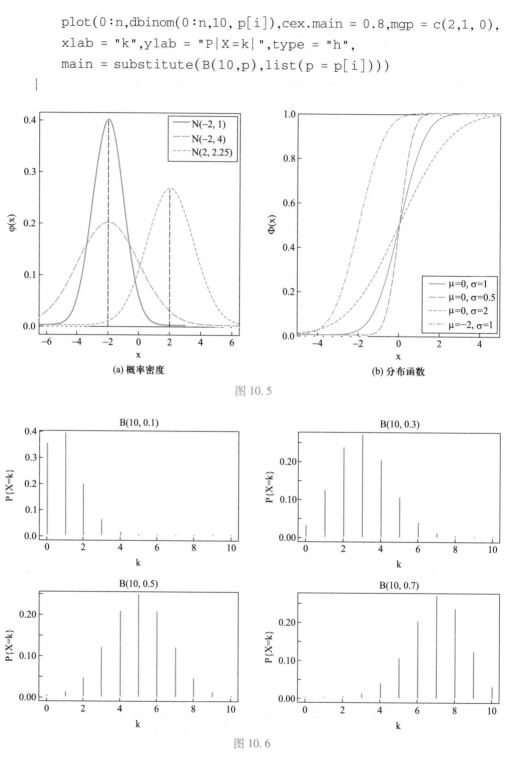

图 10.5

图 10.6

由图 10.6 可知,当 $p=0.5$ 时二项分布是对称的,否则是有偏的. 对于二项分布,随着 k 增大,概率值 $P\{X=k\}$ 先增加后减小. 事实上,容易验证当 $(n+1)p$ 不是整数时,$X=[(n+1)p]$ 对应的概率最大;当 $(n+1)p$ 是整数时,$X=(n+1)p$ 或 $X=(n+1)p-1$ 对应的概率值相等,且最大. $[x]$ 表示不大于 x 的最大整数.

为进一步理解二项分布分布的意义,图 10.7 给出了参数 n 分别取 $5, 20, 50$ 和 500,而参数 $p = 0.1$ 固定的二项分布的概率分布图,编写的绘图程序如下:

```
n <- c(5,20,50,500)
p <- 0.1
f <- c("(a)","(b)","(c)","(d)")
x <- c(5,10, 20, 100)
par(mfrow = c(2,2),mai = c(0.5,0.5,0.2,0.1),cex = 0.8)
for (i in 1:length(n)) {
  plot(0:x[i],dbinom(0:x[i],n[i],p),type = "h",xlab = "k",
       ylab = "P{X=k}",mgp=c(2,1,0),cex.main = 1,
       main = paste(f[i],"n =",n[i],",p = 0.1"))
}
```

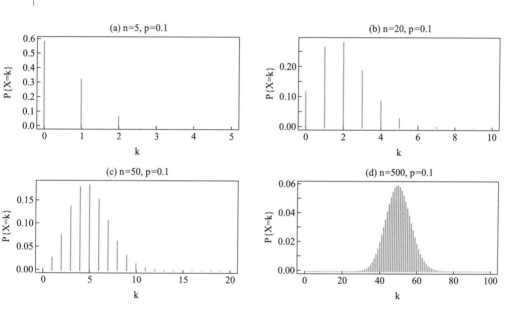

图 10.7

由图 10.7 可知,随着 n 的取值逐渐增大,概率分布越来越对称. 实际上,当 n 充分大时,二项分布趋于正态分布,即 $B(n,p) \overset{\text{近似}}{\sim} N(np, np(1-p))$. 这在第五章中心极限定理给出了理论解释.

3. 二维离散型随机变量的可视化

以例 3.12 说明二维离散型随机变量分布律的可视化问题. 首先,定义随机变量 X 和 Y 的取值以及对应的概率值,代码为

```
x <- c(1,2,3,4)
y <- c(1,2,3)
p <- c(1/4,1/8,1/12,1/16,0,1/8,1/12,1/16,0,0,1/12,1/8)
```

此时,二维随机变量 (X, Y) 的分布律的表格形式可用如下代码:

```
pmf1 <- matrix(p,nrow = length(y),byrow = TRUE)
dimnames(pmf1) <- list(Y = c(1,2,3),X = c(1,2,3,4))
MASS∷fractions(pmf1)
```

运行结果为

```
        X
   Y    1    2      3      4
   1  1/4  1/8   1/12   1/16
   2    0  1/8   1/12   1/16
   3    0    0   1/12    1/8
```

接着可以计算边缘分布律和条件分布律. 例如, 计算 X 的边缘分布律的代码和结果为

```
> apply(pmf1, 1, sum)
        1           2           3
0.5208333   0.2708333   0.2083333
```

计算 $Y=1$ 的条件下, X 的条件分布律的代码和结果为

```
> pmf1[1, ]/sum(pmf1[1,])
   1      2     3      4
0.48   0.24  0.16   0.12
```

除上述方法外, 还可用数据框的结构来表示二维离散型随机变量的分布律, 代码为

```
pmf2 <- expand.grid(X = x,Y = y)
pmf2$P <- p
pmf2
```

输出的结果为(仅显示一部分)

```
   X Y           P
1  1 1  0.25000000
2  2 1  0.12500000
3  3 1  0.08333333
```

这时计算 Y 的边缘分布的代码和结果为

```
> tapply(pmf2$P,pmf2$X,sum)
   1      2     3      4
0.25   0.25  0.25   0.25
```

计算 $Y=1$ 的条件下, X 的条件分布律的代码和结果为

```
> X_Yis1 <- pmf2$P[pmf2$Y == 1]/sum((pmf2$Y == 1) * pmf2$P)
> names(X_Yis1) <- pmf2$X[pmf2$Y == 1]
> X_Yis1
   1      2     3      4
0.48   0.24  0.16   0.12
```

还可以计算二维随机变量 (X,Y) 的取值落入某个点集的概率. 例如, 计算概率 $P\{X+Y\leqslant 5\}$ 的代码和结果为

```
> sum((pmf2$X + pmf2$Y <= 5) * pmf2$P)
[1] 0.7291667
```

4. 二维正态分布的概率密度函数图

两个 R 程序包 mvtnorm 和 mnormt 可以实现多维正态分布的相关计算. 例如,R
程序包 mvtnorm 内的函数 dmvnorm()可以计算二维密度函数在指定点处的函数值.
我们可以用 persp()函数来展示二维正态分布的概率密度函数图. 作为示例,图 10.8
给出了二维正态分布 $N(0,0,1,1,0)$ 和 $N(0,0,1,1,0.7)$ 的概率密度函数图,编写的绘
图代码如下:

```
library(mvtnorm)
x <- y <- seq(from = -3,to = 3, length.out = 30)
mu1 <- mu2 <- c(0, 0)
Sigma1 <- diag(2)
Sigma2 <- matrix(c(1, 0.7, 0.7, 1),nrow = 2)
f1 <- function(x, y) dmvnorm(cbind(x, y),mean = mu1, sigma = Sigma1)
z1 <- outer(x, y, FUN = f1)
f2 <- function(x, y) dmvnorm(cbind(x, y), mean = mu2, sigma = Sigma2)
z2 <- outer(x, y, FUN = f2)
par(mfrow = c(1, 2), mai = c(0.5, 0.5, 0.2, 0.1), cex = 0.8)
persp(x, y, z1, theta = 90, phi = 30, zlab = "z",
        ticktype = "detailed")
persp(x, y, z2, theta = 90, phi = 30, zlab = "z",
        ticktype = "detailed")
```

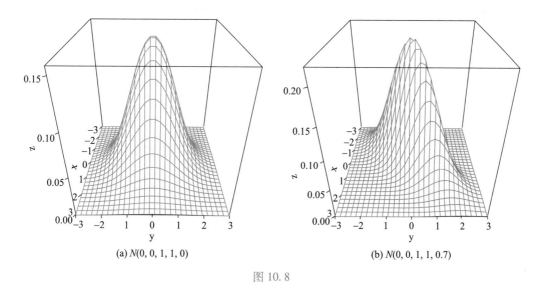

(a) $N(0, 0, 1, 1, 0)$

(b) $N(0, 0, 1, 1, 0.7)$

图 10.8

四、计算随机变量的数字特征

在一些情况下,计算随机变量的数字特征需要进行符号计算. 例如,计算二项分布

$B(n,p)$ 的数学期望,结果为 np. 而 R 软件作为一个统计分析软件,是典型的数值运算系统,其符号计算能力明显不如 Maple,Mathematica 等软件那样强大. 在没有连接外部程序或开发符号运算工具的情况下,R 软件的符号运算能力较弱. 不过 R 语言仍然提供简单的符号运算,例如用函数 D(),deriv() 和 deriv3() 可以计算简单的微分. 另外,也可借助一些扩展程序包,例如,Ryacas 包可以连接到 Yacas 进行符号运算;rsympy 包可以连接到基于 jython 的 SymPy 来做符号运算. 在这里不详细介绍这些内容,感兴趣的读者可阅读相关书籍. 这里仅介绍数字特征的数值计算问题.

离散型随机变量的期望、方差等数字特征都是某一个向量的各个分量累加的结果. 在 R 语言中,函数 sum() 可直接用来求向量各个分量之和.

例 10.6 利用 R 语言计算例 4.2.

解 编写计算随机变量数字特征的代码为

```
x <- c(10, 30, 50, 70, 90)
p <- c(3/6, 2/6, 1/36, 3/36, 2/36)
Ex1 <- sum(x * p)
Ex2 <- sum(x^2 * p)
Dx <- Ex2 - Ex1^2
```

运算结果为

```
> c(Ex1 = Ex1, Ex2 = Ex2, Dx = Dx, sdx = sqrt(Dx))
      Ex1          Ex2           Dx          sdx
27.22222   1277.77778   536.72840   23.16740
```

结果显示期望 $E(X) = 27.22$,平方期望 $E(X^2) = 1\,277.78$,方差 $D(X) = 536.73$,标准差 $\sqrt{D(X)} = 23.17$.

例 10.7 利用 R 语言计算例 4.5,并且计算 $D(X)$,$D(Y)$ 以及相关系数 ρ_{XY}.

解 在 R 语言中,可用 for 循环来求和. 对于涉及的数字特征,均设定其初始值为 0. 编写代码为

```
x <- c(1, 3)
y <- c(0, 1, 2, 3)
p <- matrix(c(0, 1/8, 3/8, 0, 3/8, 0, 0, 1/8), nrow = 2)
Ex1 <- Ey1 <- Ex2 <- Ey2 <- Exy <- Emax_xy <- 0
for (i in 1:length(x)) {
  for (j in 1:length(y)) {
    Ex1 <- Ex1 + x[i] * p[i, j]
    Ey1 <- Ey1 + y[j] * p[i, j]
    Exy <- Exy + x[i] * y[j] * p[i, j]
    Ex2 <- Ex2 + (x[i])^2 * p[i, j]
    Ey2 <- Ey2 + (y[j])^2 * p[i, j]
    Emax_xy <- Emax_xy + max(x[i], y[j]) * p[i, j]
  }
}
```

```
Dx <- Ex2 - Ex1^2
Dy <- Ey2 - Ey1^2
rho_xy <- (Exy - Ex1 * Ey1)/sqrt(Dx * Dy)
```

运算结果为

```
> c(Ex1 = Ex1, Ey1 = Ey1, Exy = Exy, Ex2 = Ex2, Ey2 = Ey2,
    Dx = Dx, Dy = Dy, rho_xy = rho_xy, Emax_xy = Emax_xy)
  Ex1    Ey1    Exy    Ex2    Ey2     Dx     Dy rho_xy Emax_xy
1.500  1.500  2.250  3.000  3.000  0.750  0.750  0.000   1.875
```

也可以不用 for 循环, 而是建立一个表示分布律的数据框, 例如

```
pmf <- expand.grid(x = x, y = y)
pmf$p <- as.vector(p)
```

此时, 计算数字特征利用 R 语言的向量化运算, 提高运算效率, 例如计算 $E(\max\{X, Y\})$ 可用如下代码:

```
> sum(pmax(pmf$x, pmf$y) * pmf$p)
[1] 1.875
```

其他的数字特征类似.

当应用计算机求和时, 将无穷项相加是不可能的. 所以, 对于无穷项求和, 首先应判断级数是否绝对收敛, 还要考虑精度要求, 即在达到一定精度的情况下将无穷项求和问题近似替换为一个有限项求和问题.

连续型随机变量的数字特征都是某一个函数积分的结果. 我们用数值积分来近似计算这些数字特征. 在 R 语言中, 已经提供了计算数值积分的函数 integrate(), 其使用格式为

```
integrate(f, lower, upper, ..., subdivisions = 100L,
          rel.tol = .Machine$double.eps^0.25, abs.tol = rel.tol,
          stop.on.error = TRUE, keep.xy = FALSE, aux = NULL)
```

参数 f 为被积函数, lower 和 upper 分别为积分的下限和上限, 积分限可以为 Inf, ... 为被积函数的附加参数. subdivisions 为正整数, 表示子区间的最大数目, 默认值为 100. rel.tol 为所需的相对精度, abs.tol 为所需的绝对精度. 其他参数使用默认值.

函数 integrate() 的返回值为列表, 有 value(积分值), abs.error(绝对误差), subdivisions(分割过程中产生的子区间数)等.

例 10.8 设随机变量 X 服从参数为 3 的指数分布, 利用 R 语言计算 $E(X)$ 和 $\text{Var}(X)$.

解 首先, 定义概率密度函数

```
f <- function(x) { 3 * exp(-3 * x) * (x > 0) }
```

接下来, 利用数值积分函数 integrate() 分别计算一阶、二阶原点矩, 即 $E(X)$ 和 $E(X^2)$, 计算代码和结果如下:

```
> m1 <- integrate(function(x) { x * f(x) }, lower = 0, upper = Inf)
> m2 <- integrate(function(x) { x^2 * f(x) }, lower = 0, upper = Inf)
> m1
```

```
0.3333333 with absolute error < 8.1e-08
> m2
0.2222222 with absolute error < 1.5e-06
```

若随机变量 $X \sim E(3)$，则 $E(X) = \dfrac{1}{3}$ 和 $E(X^2) = \dfrac{2}{9}$. 可见 R 软件运算的精度相当高.

另外，在利用上述结果计算方差时，需要引用返回值（即列表）中的积分值元素，即 value，具体的代码和结果为

```
> varX <- m2$value - (m1$value)^2
> varX
[1] 0.1111111
```

R 语言无内置函数用来计算二重积分，感兴趣的读者可以尝试通过蒙特卡罗模拟方法（见第五部分）近似计算二重积分. 下面介绍的 R 程序包 cubature，也能够用来计算二重积分. 在使用前，需要先安装并加载程序包 cubature.

例 10.9 利用 R 语言计算例 4.6 中 $E(X)$ 和 $E(X^2 + Y^2)$.

解 利用 R 程序包 cubature 中的函数 adaptIntegrate() 计算二重积分，返回值为列表. 计算期望 $E(X)$ 的具体代码和运算结果（只引用了返回值中的积分值，未显示额外的输出）为

```
> Ex <- adaptIntegrate(function(x){ ((x[1]<2) & (x[1]>0) &
  (x[2]<1) & (x[2]>0)) * x[1] * (x[1]+x[2])/3},c(0,0),c(2,1))
> Ex$integral
[1] 1.222222
```

计算期望 $E(X^2 + Y^2)$ 的具体代码和运算结果为

```
> ESS <- adaptIntegrate(function(x){ ((x[1]<2) & (x[1]>0) &
  (x[2]<1) & (x[2]>0)) * (x[1]^2+x[2]^2) * (x[1]+x[2])/3 },
  c(0,0),c(2,1))
> ESS$integral
[1] 2.166667
```

五、随机模拟

充满不确定性的现实生活使得很多问题难以用传统的解析方法做定量分析. 这些问题中很大部分可用概率统计模型进行描述，在这种情况下，可采用随机模拟的方法来分析、解决问题.

1. 抛硬币试验的计算机模拟

在 R 语言中，可以用 sample() 函数模拟抽样，其基本使用格式为

```
sample(x, size, replace = FALSE, prob = NULL)
```

参数 x 为向量，表示抽样的总体；或为正整数 n，表示样本总体为 $1, 2, \cdots, n$. size 为非负整数，表示抽样的个数. replace 为逻辑变量，当取值为 TRUE 时，表示有放回抽样；当取值为 FALSE（默认值）时，表示无放回抽样. prob 为维数与 x 的维数相同的数值向量，其元素表示 x 中元素出现的概率. 例如，从 $1, 2, \cdots, 10$ 中无放回地随机抽取 3

个,其代码和结果如下:

```
> sample(10, 3)
[1]  8  7 10
```

代码 sample(1:10,3) 具有同样的效果. 利用函数 sample( ) 可以模拟 n 重伯努利试验. 例如,当成功概率为 0.7 时,模拟进行 10 次试验的代码和结果为

```
> sample(c("S","F"),size = 10, replace = TRUE, prob = c(0.7, 0.3))
[1] "F" "S" "F" "F" "S" "S" "F" "S" "S" "S"
```

由于上述结果是随机产生的,因此,每次运算上述程序的结果是不同的.

在 R 语言中,可用 table( ) 函数统计出每一种结果出现的频数. 例如,掷一枚均匀的骰子 1 200 次,观察每一种点数出现的频数,其代码和运行结果为

```
> fair.die <- sample(1:6, 1200, replace = TRUE)
> table(fair.die)
fair.die
  1   2   3   4   5   6
195 210 215 211 189 180
```

抛硬币试验是概率论中非常简单易懂而且容易操作的试验. 在历史上,有许多著名的数学家做过抛硬币的试验,参见例 1.6. 用函数 sample( ) 模拟抛硬币的试验,会使得试验变得非常简单. 例如,做简单的 10 次抛硬币试验的代码和结果为

```
> sample(c("H","T"),size = 10, replace = TRUE)
[1] "T" "H" "T" "H" "T" "H" "H" "T" "T" "T"
```

为了更好地理解频率的稳定性和波动性,对于例 1.6 中的抛硬币试验,我们绘制了图 10.9. 图 10.9(a) 描绘的是当重复抛硬币次数 n 逐渐增大时,正面朝上的频率越来越稳定于常数 0.5,呈现出频率的稳定性. 编写的绘图代码如下:

```
n <- 100 * seq(500)
freqs <- sapply(n,function(t){
   result <- sample(c("H","T"),size = t, replace = TRUE)
   length(which(result == "H"))/t})
plot(1:length(n), freqs, xlab = "抛硬币次数/100",ylab = "频率",
     ylim = c(0.5 - 0.04,0.5 + 0.04))
abline(h = 0.5)
```

为了考察频率的波动性,当抛硬币次数 n 固定时,重复试验 1 000 次,计算每次正面朝上的频率. 图 10.9(b) 描绘了 n 分别取 500,5 000,10 000 三种情形下 1 000 次试验频率值的箱线图. 编写绘制图 10.9(b) 的代码如下:

```
R <- 1000
n <- c(500, 5000, 10000)
freqs <- matrix(0, nrow = R, ncol = length(n))
for (r in 1:R) {
  freqs[r, ] <- sapply(n, function(t){
    result <- sample(c("H","T"),size = t,replace = TRUE)
```

```
      length(which(result == "H"))/t})
}
boxplot(freqs[, 1], freqs[, 2], freqs[, 3], ylab = "频率",
        names = c("n = 500", "n = 5000", "n = 10000"))
abline(h = 0.5)
```

需要强调的是这里定义的箱线图是函数 boxplot() 中参数 range 取值为 0 的情形,而 range 的默认取值为 1.5,绘制的箱线图是带有离群点的情形. 对比图 10.9(b) 中的三种情形可知,频率呈现出了波动性,且 n 越小,波动性越大,而 n 越大,波动性越小.

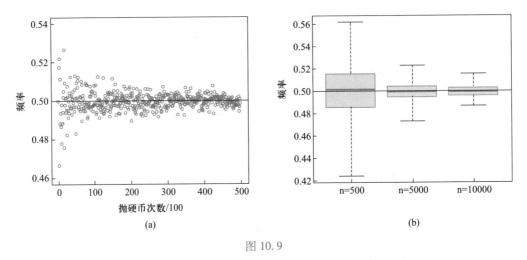

图 10. 9

2. 随机数的生成

对随机现象的模拟实质上是要给出随机变量的模拟,也就是说利用计算机随机地生成一系列数值,它们服从一定的概率分布,称这些数值为随机数. 严格地讲,这里所说的随机数并不真正具有随机性,因为它们是由确定性的算法用计算机大量生成的,所以有时也称伪随机数. 但是这些伪随机数具有类似于随机数的统计特征,如均匀性、独立性等. 我们不展开介绍这些产生伪随机数的确定算法,只要求掌握产生常见分布的随机数的有关命令.

表 10. 5 列出了常用分布的函数名称和参数. 在分布名称前加不同字母前缀可以实现不同功能,而前缀 r 表示随机模拟或者随机数发生器,即可以产生对应分布的随机数. 例如,生成均匀分布随机数的函数使用格式为:runif(n,min = 0, max = 1),其中 n 表示生成的随机数数量,min 表示均匀分布的下限(默认为 0),max 表示均匀分布的上限(默认为 1). 若 min 和 max 均缺省,则生成 [0,1] 上的均匀分布随机数. 生成 $U(1,3)$ 分布的 5 个随机数的具体代码和运行结果为

```
> x <- runif(5, min = 1, max = 3)
> x
[1] 1.316190 1.429450 2.755191 2.035342 1.246661
```

对于其他的分布,使用方法类似.

下面的代码生成了正态分布 $N(4,1)$ 的 10 000 个随机数,并作出了它们的直方图,然后再添加正态分布 $N(4,1)$ 的概率密度曲线,绘制图形见图 10. 10.

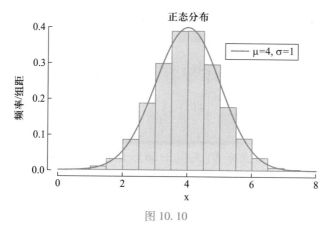

图 10.10

```
n <- 1e4
x <- rnorm(n, mean = 4, sd = 1)
par(mai = c(0.9, 0.9, 0.6, 0.2))
hist(x, probability = TRUE, ylab = "频率/组距", xlim = c(0, 8),
     ylim = c(0, 0.4), main = "正态分布")
curve(dnorm(x, mean = 4, sd = 1), add = TRUE, lwd = 2)
expr <- expression(paste(mu == 4, ",", sigma == 1))
legend(5, 0.35, legend = expr, lwd = 2)
```

关于随机数的生成,需要强调以下两点:

(1) 由于随机数是随机生成的,在默认的情况下,R 语言重复运行生成随机数的命令时会生成不同的随机数,这种现象有时会给使用者带来困扰(例如在调试程序时).为了解决这一问题,应使用可再生随机数的方法,即在运行生成随机数的代码之前,先调用 set.seed() 函数,该函数的使用格式为

```
set.seed(seed, kind = NULL, normal.kind = NULL,
          sample.kind = NULL)
```

参数 seed 为整数,其目的是设置生成随机数的种子.当种子相同时,生成的随机数序列就相同.例如

```
> set.seed(99)
> runif(5, min = 1, max = 3)
[1] 2.169424 1.227563 2.368529 2.985018 2.069987
```

(2) 除了生成 R 语言内置分布的随机数,还可基于常见分布的随机数,由随机变量的变换等方法生成任意一个概率分布的随机数. 最常用的随机数是区间 $(0,1)$ 上的均匀分布随机数,很多分布的随机数可利用均匀分布随机数的生成,这一点以 §2.4 的随机变量函数的分布为理论基础. 下面仅举一个简单的逆变换方法,更多的方法可查阅相关书籍. 先不加证明地给出下面的结论:

设随机变量 $Y \sim U(0,1)$,随机变量 X 为连续型随机变量,其分布函数为 $F(x)$,且反函数 $F^{-1}(y)$ 存在,则 X 和 $F^{-1}(Y)$ 同分布,即 $F^{-1}(Y)$ 的分布函数为 $F(x)$.

基于这一结果,可以通过如下过程生成分布函数为 $F(x)$ 的概率分布的随机数:

先从均匀分布 $U(0,1)$ 生成随机数 $Y_1, Y_2, \cdots, Y_n$;再令 $X_i = F^{-1}(Y_i)$, $i = 1, 2, \cdots, n$,

则 $X_1, X_2, \cdots, X_n$ 为来自概率分布函数为 $F(x)$ 的 n 个随机数.

例 10.10　若随机变量 X 的密度函数

$$f(x)=\begin{cases} 4x, & 0<x\leqslant\dfrac{1}{2}, \\[2mm] 4(1-x), & \dfrac{1}{2}<x<1, \\[2mm] 0, & \text{其他}, \end{cases}$$

则称 X 服从三角分布或辛普森分布(见例 3.26). 试产生 10 000 个来自该分布的随机数,并作直方图.

解　首先计算 X 的分布函数

$$F(x)=\begin{cases} 0, & x<0, \\ 2x^2, & 0\leqslant x<1/2, \\ 1-2(1-x)^2, & 1/2\leqslant x<1, \\ 1, & x\geqslant1, \end{cases}$$

然后生成随机数 y. 设 $F(x)=y$ 以求解 x. 可得当 $y\leqslant\dfrac{1}{2}$ 时, $x=\sqrt{\dfrac{y}{2}}$;当 $y>\dfrac{1}{2}$ 时, $x=1-\sqrt{\dfrac{1-y}{2}}$.

下面的代码生成了 10 000 个来自三角分布的随机数 x,并用函数 hist() 作出了 x 的直方图,同时函数 curve() 添加了三角分布的概率密度曲线,绘制图形见图 10.11.

```
n <- 10000
y <- runif(n)
x <- ifelse(y <= 0.5, sqrt(y/2), 1 - sqrt((1 - y)/2))
hist(x, probability = TRUE, xlim = c(0, 1), ylim = c(0, 2),
     ylab = "频率/组距", main = NULL)
curve(4 * x, 0, 0.5, lwd = 3, add = TRUE)
curve(4 - 4 * x, 0.5, 1, lwd = 3, add = TRUE)
```

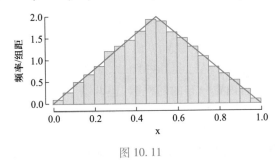

图 10.11

3. 中心极限定理的验证

根据独立同分布的中心极限定理可知,当总体 X 的二阶矩存在时,样本均值 $\overline{X}=\dfrac{1}{n}\sum_{i=1}^{n}X_i$ 的极限分布是正态分布. 这里以总体服从参数为 $\lambda=0.1$ 的指数分布为例,从图形上考查样本均值 $\bar{X}$ 随着 n 的增大趋于正态分布的近似程度. 对于固定的样本容量 n, 产生指数分布 $E(\lambda)$ 的随机数 $X_i, i = 1, 2, \cdots, n$, 然后计算样本均值 $\bar{X}$. 重复该过程 1 000 次, 将得到 1 000 个样本均值. 图 10. 12 给出这些值的直方图以及正态分布 $N\left(\dfrac{1}{\lambda}, \dfrac{1}{n\lambda^2}\right)$ 的密度函数曲线. 具体的代码如下:

```
r <- 1000
lamda <- 1/10
mu <- 1/lamda
sigma <- 1/lamda
n <- c(1, 5, 20, 100)
par(mfrow = c(2, 2))
for (i in 1:length(n)) {
    xbar <- numeric(r)
    s <- sigma/sqrt(n[i])
    for(j in 1:r){
      xbar[j] <- mean(rexp(n[i], rate = lamda))
    }
    x <- seq(mu - 3 * s, mu + 3 * s, by = 0.01)
    hist(xbar,breaks = seq(from = min(xbar) - 0.1,
                      to = max(xbar) + 0.1,length.out =
                      30),
          probability = TRUE, xlab = ",
          main = paste("n = ",n[i]),ylab = "频率/组距")
    lines(x, dnorm(x, mu, s), lwd = 3, lty = 3)
}
```

通过观察图 10. 12 中直方图图形, 可以看出随着 n 的增加, 它们的轮廓越来越近似正态分布曲线. 这由图像验证了只要 n 越来越大, 这 n 个数的平均值的分布会趋于正态分布. 对于其他常见的分布, 只要满足中心极限定理的条件, 也有类似的结论.

4. 蒙特卡罗方法

蒙特卡罗方法, 也称统计模拟方法, 是一种以概率论为基础, 运用随机数来解决计算问题的方法, 其主要理论依据就是大数定律. 蒙特卡罗方法是在 20 世纪 40 年代中期由于科学技术的发展和计算机的发明, 而被提出的一种重要的数值计算方法. 其主要思想是: 当所求解问题是某种随机事件出现的概率, 或者是某个随机变量的数字特征时, 通过某种 "实验" 的方法, 以事件出现的频率估计概率, 或者得到随机变量的某些数字特征, 并将其作为问题的解.

蒙特卡罗方法强大而灵活, 又简单易懂, 很容易实现. 对于一些问题来说, 它往往是最简单的计算方法, 有时甚至是唯一可行的方法. 这里仅通过几个例子简单介绍其主要思想.

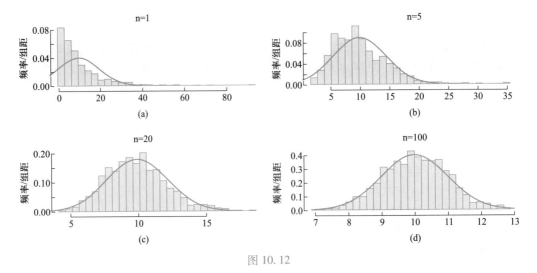

图 10.12

例 10.11 用蒙特卡罗方法近似计算圆周率 π.

解 如图 10.13 所示,考虑边长为 1 的正方形,以坐标原点为圆心、1 为半径在正方形内画一个四分之一圆. 设相互独立的随机变量 X, Y 均服从区间 $[0,1]$ 上的均匀分布,则二维随机变量 (X, Y) 服从区域 $[0,1] \times [0,1]$ 上的二维均匀分布,且

$$P\{X^2 + Y^2 \leqslant 1\} = \frac{\pi}{4}.$$

因此,在区域 $[0,1] \times [0,1]$ 内产生 n 个服从均匀分布的随机点 (x_i, y_i), $i = 1, 2, \cdots, n$, 然后计算 n 个点中满足 $x_i^2 + y_i^2 \leqslant 1$ 的个数 k, 得到随机点落入四分之一圆的频率为 $\dfrac{k}{n}$. 由大数定律,当 $n \to$

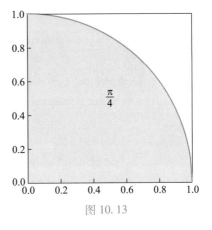

图 10.13

∞ 时,$\dfrac{k}{n} \xrightarrow{P} \dfrac{\pi}{4}$,由此可得 $\pi \approx \dfrac{4k}{n}$,且 n 越大,近似的精度越高. 具体的代码和运行结果如下(取 $n = 1 \times 10^6$):

```
> n <- 1e6
> x <- runif(n)
> y <- runif(n)
> k <- sum(x^2 + y^2 <= 1)
> phat <- 4 * k/n
> phat
[1] 3.14452
```

有兴趣的读者可以尝试增加投点的次数 n,从而提高精度.

将上面的方法加以推广,就可以计算一个定积分 $I = \displaystyle\int_a^b g(x)\,\mathrm{d}x$ 的近似值. 在某个

规定的范围内随机投点,找到满足条件的点,并计算这些点的数量与随机点总数的比值,该比值可作为满足条件范围占规定范围的面积比. 随机投点方法要求被积函数有界,即存在实数 m, M,使得 $m \leqslant g(x) \leqslant M$,且计算结果的方差较大. 对于不满足条件的被积函数有其他解决方法,这里不再介绍. 我们编写计算定积分的函数如下:

```
quad_frequency <- function(g, a, b, m = 0, M = 1, n = 1e6){
  x <- runif(n, min = a, max = b)
  y <- runif(n, min = m, max = M)
  k <- sum(y < g(x))
  k / n * (M-m) * (b-a)
}
```

例 10.12　用蒙特卡罗方法近似计算定积分 $I = \int_0^1 x^2 \mathrm{d}x$.

解　首先,定义函数 $g(x) = x^2$,然后调用函数 quad_frequency,代码和计算结果如下:

```
> g <- function(x) x^2
> quad_frequency(g, 0, 1)
[1] 0.333891
```

容易计算定积分的精确值为 $I = \dfrac{1}{3}$.

用蒙特卡罗方法计算定积分的优点是计算方法简单,缺点是计算精度差. 此外,增加随机数的个数又受到计算时间和计算机内存等因素的影响. 但对于复杂的多元定积分,蒙特卡罗不失为一种不错的近似计算方法.

在科技发展一日千里的今天,蒙特卡罗方法的应用仍然是非常广泛且不可替代的. 在金融工程学、宏观经济学、计算物理学(如粒子输运计算、量子热力学计算、空气动力学计算)等领域应用广泛. 蒙特卡罗方法不仅可以用于计算,还可以用于模拟系统内部的随机运动. 展望未来,蒙特卡罗方法有着更加广阔的应用前景.

§10.3　R 软件在数理统计中的应用

本节主要介绍数理统计部分涉及的 R 语言命令和统计推断方法的 R 语言实现.

一、R 软件中的常用统计量

一组样本数据分布的特征可以从三个方面进行描述:一是数据的位置,反映全部数据的数值大小;二是数据的差异,反映各数据间的离散程度;三是分布的形状,反映数据分布的偏度和峰度. 下面介绍描述数据分布特征的各统计量及其 R 语言实现.

R 软件中提供很多计算统计量的函数,常见的有均值、方差、标准差、中位数、极差、最小值、最大值、协方差、相关系数、分位数等,具体命令如下:

(1) 均值:mean(x, trim = 0, na.rm = FALSE, ...),用于计算样本(向量)x 的均值,其中 trim 的取值在 0 至 0.5 之间,表示在计算均值前需要去掉异常值的比例,利用这个参数可以有效地改善异常值对计算的影响;na.rm 是控制缺失数据的参数.

（2）方差:var(x, y = NULL, na.rm = FALSE, use),用于计算样本(向量)x 的方差.

（3）标准差:sd(x, na.rm = FALSE),用于计算样本(向量)x 的标准差.

（4）中位数:median(x, na.rm = FALSE, ...),用于计算样本(向量)x 的中位数.

（5）最小值:min(x, na.rm = FALSE),返回向量 x 中最小的元素.

（6）最大值:max(x, na.rm = FALSE),返回向量 x 中最大的元素.

（7）取值范围:range(x, na.rm = FALSE),返回维数为 2 的向量 c(min(x), max(x)).

（8）协方差:cov(x, y = NULL, use = "everything", method = c("pearson", "kendall", "spearman")),用于计算样本(向量)x 与 y 的协方差,其中 method 指示要计算的协方差的类型.

（9）相关系数:cor(x, y = NULL, use = "everything", method = c("pearson", "kendall", "spearman")),用于计算样本(向量)x 与 y 的相关系数,其中 method 指示要计算的相关系数的类型.

（10）分位数:quantile(x, ...),用于计算样本常用的分位数. quantile(x) 仅计算 x 的最大值、最小值、中位数及两个四分位数. 更一般地,使用 quantile(x, probs)可计算给定向量 probs 处的分位数.

（11）五个特殊分位数:fivenum(x, na.rm = TRUE),用于计算 x 的最小值、最大值、中位数及两个四分位数.

另外有一些集成了多个统计量的函数,如基本函数 summary 计算最小值、最大值、四分位数和均值. 许多 R 软件包中也包含计算统计量的函数,在此就不一一列举了.

上面提到的样本分位数是很常见的统计量,它是顺序统计量的函数,通常定义如下:

$$m_p = \begin{cases} x_{([np+1])}, & np \text{ 不是整数}, \\ \dfrac{1}{2}(x_{(np)} + x_{(np+1)}), & np \text{ 是整数}, \end{cases}$$

其中[ ]表示向下取整. 例如,若 $n = 10, p = 0.35$,则 $m_{0.35} = x_{(4)}$;若 $n = 20, p = 0.45$,则 $m_{0.45} = \dfrac{1}{2}(x_{(9)} + x_{(10)})$.

这里编写一个统一的函数,计算样本的几种描述性统计量,具体代码如下:

```
Statistic_out <- function(x){
  n <- length(x)
  m <- mean(x)
  v <- var(x)
  s <- sd(x)
  med <- median(x)
  R <- max(x)-min(x)
  R1 <- quantile(x,3/4)-quantile(x,1/4)
```

```
se <- s/sqrt(n)
data.frame(N=n, Mean=m, Var=v, Std_dev=s, Median=med,
           Range=R, Ran=R1, Sample_se=se,
           row.names = 'Stat')
}
```

函数的输入变量 x 是数值型向量,由样本构成. 函数的返回值是数据框,包含以下指标:N 是样本量;Mean 是样本均值;Var 是样本方差;Std_dev 是样本标准差;Median 是样本中位数;Range 是样本极差;Ran 是样本半极差;Sample_se 是标准误差. 给定样本数据 x,运用上述函数可得相应的统计量,代码如下:

```
x <- c(73.0, 62.0, 49.4, 67.9, 63.2, 65.2, 58.7, 66.5,
       68.6, 63.0, 59.0, 69.0, 55.9, 56.3, 72.2, 69.3)
Statistic_out(x)
```

运算结果为

```
      N  Mean     Var  Std_dev  Median  Range    Ran  Sample_se
Stat 16  63.7  42.716 6.535748    64.2   23.6  9.775   1.633937
```

例 10.13 为研究某厂工人生产某种产品的能力,随机调查 20 位工人某天生产该种产品的数量,数据如下:

$$160, \quad 196, \quad 164, \quad 148, \quad 170, \quad 175, \quad 178, \quad 166, \quad 181, \quad 162,$$
$$161, \quad 168, \quad 166, \quad 162, \quad 172, \quad 156, \quad 170, \quad 157, \quad 162, \quad 154.$$

用 R 语言计算该组数据的均值、中位数、方差、标准差以及数据出现的频数.

解 先录入数据,

```
x = c(160, 196, 164, 148, 170, 175, 178, 166, 181, 162,
      161, 168, 166, 162, 172, 156, 170, 157, 162, 154)
```

具体求解结果如下:

```
> mean(x)          #计算平均数
[1] 166.4
> median(x)        #计算中位数
[1] 165
> var(x)           #计算方差
[1]114.7789
> sd(x)            #计算标准差
[1] 10.71349
> table(x)         #计算频数
x
148 154 156 157 160 161 162 164 166 168 170 172 175 178 181 196
  1   1   1   1   1   1   3   1   2   1   2   1   1   1   1   1
```

从上述输出结果我们可以清晰地看到产品数量的频数.

例 10.14 为研究 16 名学生的体重(单位:kg)状况,收集数据如下:

$$75.0, \quad 64.0, \quad 47.4, \quad 66.9, \quad 62.2, \quad 62.2, \quad 58.7, \quad 63.5,$$

　　　66.6, 64.0, 57.0, 69.0, 56.9, 50.0, 72.0, NA.

数据显示第 16 名学生的体重数据缺失. 求学生的平均体重.

　　解　在输入时删除最后的缺失数据,运用 R 语言中求均值的命令 mean(x) 容易求出前 15 名学生的平均体重. 注意到第 16 名学生的体重数据缺失,如果按照通常的计算方法,将得不到结果,具体如下所示:

```
> x = c(75.0, 64.0, 47.4, 66.9, 62.2, 62.2, 58.7, 63.5,
        66.6, 64.0, 57.0, 69.0, 56.9, 50.0, 72.0, NA)
> mean(x)
[1] NA
```

在函数 mean(x, trim = 0, na.rm = FALSE, ...) 中选择参数 na.rm = TRUE 可以很好地解决这个问题,重新计算的结果如下:

```
> mean(x, na.rm = TRUE)
[1] 62.36
```

62.36 kg 实际上是前 15 名学生的平均体重.

　　顺序统计量是数理统计中一类常用的统计量. 在 R 软件中,可以通过 sort( ) 函数给出观测样本的顺序统计量. 具体使用格式为

```
sort(x, decreasing = FALSE, na.last = NA, ...)
```

命令中 x 是数值、字符或逻辑向量. decreasing 是逻辑变量,控制数据排列的顺序,当 decreasing = FALSE(默认值)时,函数的返回值由小到大排序;当 decreasing = TRUE 时,函数的返回值由大到小排列. na.last 是控制缺失数据的参数,当 na.last = NA(默认值)时,不处理缺失数据;当 na.last = TRUE 时,缺失数据排在最后;当 na.last = FALSE 时,缺失数据排在最前面.

　　对于例 10.14 中的体重数据,如果想把数据按照从大到小的顺序排列,可在 R 软件中键入如下命令以得到输出结果:

```
> sort(x, na.last = TRUE, decreasing = TRUE)
[1] 75.0 72.0 69.0 66.9 66.6 64.0 64.0 63.5 62.2 62.2 58.7
56.9 50.0 47.4 NA
```

二、参数估计

1. 矩估计

　　如果总体 X 的 k 阶矩存在,则样本的 k 阶矩依概率收敛到总体的 k 阶矩,样本矩的连续函数依概率收敛到总体矩的连续函数.

　　设 $X_1, X_2, \cdots, X_n$ 是来自二项分布总体 $B(1, \theta)$ 的一个样本,θ 表示某事件发生的概率. 定义事件发生与否的概率比 $g(\theta) = \dfrac{\theta}{1-\theta}$,可以用矩法估计给出 $g(\theta)$ 一个估计

$$T(\bar{X}) = \frac{\bar{X}}{1-\bar{X}}.$$

　　例 10.15　对某个篮球运动员记录其在一次比赛中投篮命中与否,观测数据如下:

$$1,\ 1,\ 0,\ 1,\ 0,\ 0,\ 1,\ 0,$$
$$1,\ 1,\ 1,\ 0,\ 1,\ 1,\ 0,\ 1,$$
$$0,\ 0,\ 1,\ 0,\ 1,\ 0,\ 1,\ 0,$$
$$0,\ 1,\ 1,\ 0,\ 1,\ 1,\ 0,\ 1,$$

其中"1"表示命中,"0"表示未命中. 编写相应的 R 代码估计这个篮球运动员投篮命中与否的概率比.

解　把数据向量化并应用 R 语言求解得

```
> x <- c(1, 1, 0, 1, 0, 0, 1, 0, 1, 1, 1, 0, 1, 1, 0, 1, 0, 0, 1, 0, 1,
         0, 1, 0, 0, 1, 1, 0, 1, 1, 0, 1)
> y <- mean(x)
> t <- y/(1-y)
> t
[1] 1.285714
```

于是得投篮命中与否的概率比估计为 1.285 714.

设总体 X 服从参数为 λ 的指数分布,其密度函数为

$$p(x;\lambda)=\lambda e^{-\lambda x},\quad x>0,$$

$X_1,X_2,\cdots,X_n$ 是 X 的样本. 由于总体均值为 $\dfrac{1}{\lambda}$,则 λ 的矩估计量为

$$\hat{\lambda}=\frac{1}{\overline{X}}.$$

另外,由于 $D(X)=\dfrac{1}{\lambda^2}$,则 λ 的另一个矩估计量为

$$\hat{\lambda}=\frac{1}{\sqrt{S^2}},$$

其中 S^2 为样本方差. 这说明矩估计量是不唯一的,这是矩估计的一个缺点. 此时通常应该尽量采用低阶矩给出未知参数的估计.

例 10.16　下面的观测值来自服从参数为 λ 的指数分布的总体:

0.591 327 54,　0.128 549 35,　0.469 002 28,　0.298 359 80,　0.243 414 62,

0.065 666 37,　0.400 855 36,　2.996 871 23,　0.052 789 12,　0.098 985 94,

求参数 λ 的矩估计.

解　计算代码和结果如下:

```
x <- c(0.59132754, 0.12854935, 0.46900228, 0.29835980, 0.24341462,
       0.06566637, 0.40085536, 2.99687123, 0.05278912, 0.09898594)
> y <- 1/mean(x)
> y          #一阶矩法估计
[1] 1.87062
> z <- 1/sd(x)
> z          #二阶矩法估计
[1] 1.131032
```

参数 λ 的一阶矩估计值为 1.870 62,二阶矩估计值为 1.131 032.

2. 最大似然估计

求最大似然估计的一般步骤:

(1) 写出似然函数;

(2) 对似然函数取对数,再整理;

(3) 求导数(偏导数)并令导数等于零,得似然方程;

(4) 解似然方程得最大似然估计.

在单参数场合使用 R 语言中的函数 optimize( )求最大似然估计值,其调用格式如下:

```
optimize(f, interval, ..., lower = min(interval),
         upper = max(interval), maximum = FALSE,
         tol = .Machine$double.eps^0.25)
```

其中 f 是似然函数,interval 是参数的取值范围,lower 是下界,upper 是上界,maximum = TRUE 是求最大值,否则(maximum = FALSE)表示求函数的最小值,tol是所求值的精度.

在多参数场合使用 R 语言中的函数 optim( )和 nlm( )来求似然函数的最大值,并求相应的最大值点,其调用格式分别如下:

```
optim(par, fn, gr = NULL, ...,
      method = c("Nelder-Mead", "BFGS", "CG", "L-BFGS-B",
                 "SANN", "Brent"),
      lower = -Inf, upper = Inf,
      control = list(), hessian = FALSE)
nlm(f, p, ..., hessian = FALSE, typsize = rep(1, length(p)),
    fscale = 1, print.level = 0, ndigit = 12, gradtol = 1e-6,
    stepmax = max(1000 * sqrt(sum((p/typsize)^2)), 1000),
    steptol = 1e-6, iterlim = 100, check.analyticals = TRUE)
```

函数 optim( )提供的 method 选项可选择 6 种方法中的任一种进行优化;函数nlm( )使用牛顿-拉弗森算法求函数的最小值点.

例 10.17 一位地质学家为研究某湖滩地区的岩石成分,随机地自该地区取出100 个样本,每个样本都有 10 块石子. 他记录了每个样本中属石灰石的石子数,所得到的数据如下:

样品中石子个数	0	1	2	3	4	5	6	7	8	9	10
样品个数	0	1	6	7	23	26	21	12	3	1	2

假设这 100 次观测相互独立,求这地区石子中石灰石的比例 p 的最大似然估计值.

解 首先写出似然函数,

$$L(\theta) = L(x_1, x_2, \cdots, x_n; \theta) = \prod_{i=1}^{n} p(x_i, \theta)$$

$$= C \cdot p^{1+2\times6+\cdots+10\times2}(1-p)^{100\times10-(1+2\times6+\cdots+10\times2)} = C \cdot p^{519}(1-p)^{481},$$

其中 C 为常数. 用 R 语言计算如下:

```
> f < - function(p) {(p^519) * (1-p)^481}
> optimize( f, c(0,1), maximum=TRUE)
> $maximum
[1] 0.518
>$objective
[1]4.455e-302
```

于是得比例 p 的最大似然估计值为 0.518.

3. 单个正态总体参数的区间估计

(1) 方差已知时均值的置信区间.

对于方差已知时单个正态总体均值的区间估计, R 语言中没有可以直接使用的函数或程序包, 现编写函数如下:

```
z.test <- function(x, sigma, alpha, u0=0, alternative="two.sided"){
    options(digits=4)
    result <- list()
    n <- length(x)
    mean <- mean(x)
    z <- (mean-u0)/(sigma/sqrt(n))
    p <- pnorm(z, lower.tail=FALSE)
    result$mean <- mean
    result$z <- z
    result$p.value <- p
    if(alternative == "two.sided"){
        result$p.value <- 2 * pnorm(abs(z), lower.tail=FALSE)
    }
    else if(alternative == "greater"){
        result$p.value <- pnorm(z)
    }
    result$conf.int <- c(
        mean-sigma * qnorm(1-alpha/2, mean=0, sd=1,
                        lower.tail=TRUE)/sqrt(n),
        mean+sigma * qnorm(1-alpha/2, mean=0, sd=1,
                        lower.tail=TRUE)/sqrt(n))
    result
}
```

例 10.18 某人一段时间内的体重(单位:kg)数据如下:

87.5, 88.0, 86.5, 87.5, 87.0, 86.5, 86.5, 88.0, 86.5, 89.5.

假设此人的体重该段时间内服从正态分布, 标准差为 1.5 kg, 求均值的置信水平为

0.95 的置信区间.

　　解　用 R 语言计算如下:

```
> x = c(87.5, 88.0, 86.5, 87.5, 87.0, 86.5, 86.5, 88.0,
        86.5, 89.5)
> result = z.test(x, 1.5, 0.05)
> result
 $mean
 [1] 87.35
 $z
 [1] 184.1
 $p.value
 [1] 0
 $conf.int
 [1] 86.42 88.28
```

于是得均值的置信水平为 0.95% 的置信区间为 (86.42, 88.28).

　　(2) 方差未知时均值的置信区间.

　　方差未知时我们直接调用 R 语言的 t.test() 函数来求置信区间, 调用格式如下:

```
t.test(x, y = NULL,
       alternative = c("two.sided", "less", "greater"),
       mu = 0, paired = FALSE, var.equal = FALSE,
       conf.level = 0.95, ...)
```

若仅出现数据 x, 则进行单样本 t 检验; 若出现数据 x 和 y, 则进行双样本 t 检验; alternative =c("two.sided", "less", "greater") 用于指定所求置信区间的类型; mu 表示均值, 它仅在进行假设检验时起作用, 默认值为 0.

　　(3) 方差 σ^2 的区间估计.

　　在 R 语言中也没有直接求方差 σ^2 置信区间的函数, 我们需要自己编写函数, 下面的函数 chisq.var.test() 可以用来求 σ^2 的置信区间.

```
chisq.var.test <- function(x, var, alpha,
                           alternative="two sided"){
  options(digits=4)
  result <- list( )
  n <- length(x)
  v <- var(x)
  result$var <- v
  chi2 <- (n-1) * v/var
  result$chi2 <- chi2
  p <- pchisq(chi2, n-1)
  result$p.value <- p
  if(alternative=="less"){
```

```
      result$p.value <- pchisq(chi2, n-1, lower.tail=F)
   }else  if(alternative=="two sided"){
      result$p.value <- 2*min(pchisq(chi2, n-1),
                       pchisq(chi2, n-1, lower.tail=F))
   }
   result$conf.int <- c(
     (n-1)*v/qchisq(alpha/2, df=n-1, lower.tail=F),
     (n-1)*v/qchisq(alpha/2, df=n-1, lower.tail=T))
   result
}
```

将上述函数应用到例 10.18,可计算出方差的置信水平为 0.95 置信区间:

```
> x = c(87.5, 88.0, 86.5, 87.5, 87.0, 86.5, 86.5, 88.0,
        86.5, 89.5)
> chisq.var.test(x, var(x), 0.05, alternative = "two sided")
 $var
[1] 0.9472
 $chi2
[1] 9
 $p.value
[1] 0.8745
 $conf.int
[1] 0.4481 3.1570
```

于是得方差的置信水平为 0.95 的置信区间为 $(0.448, 3.157)$.

4. 两个正态总体参数的区间估计

(1) 两个方差都已知时两个均值差 $\mu_1-\mu_2$ 的置信区间.

在 R 语言中可以编写函数求 $\mu_1-\mu_2$ 的置信区间,参考程序如下:

```
two.sample.ci <- function(x, y, conf.level=0.95,
                          sigma1, sigma2){
  options(digits = 4)
  m <- length(x)
  n <- length(y)
  xbar <- mean(x) - mean(y)
  alpha <- 1 - conf.level
  zstar <- qnorm(1 - alpha/2)*(sigma1/m + sigma2/n)^(1/2)
  xbar+c(-zstar, +zstar)
}
```

例 10.19   为比较甲、乙两种小麦的产量,选择 18 块条件相似的试验田,采用相同的耕作方法做实验,得到播种甲品种的 8 块试验田和播种乙品种的 10 块实验田的单位面积产量如下:

品种	单位面积产量/kg								
甲	628	583	510	554	612	523	530	615	
乙	535	433	398	470	567	480	498	560	503	426

假定每个品种的单位面积产量均服从正态分布,甲品种产量的方差为 2 140,乙品种产量的方差为 3 250,试求这两个品种平均单位面积产量差的置信区间(显著性水平 $\alpha=0.05$).

  解 用 R 语言计算如下:

```
> x <- c(628, 583, 510, 554, 612, 523, 530, 615)
> y <- c(535, 433, 398, 470, 567, 480, 498, 560, 503, 426)
> sigma1 <- 2140
> sigma2 <- 3250
> two.sample.ci(x, y, conf.level = 0.95, sigma1, sigma2)
[1]34.67   130.08
```

所以这两个品种平均单位面积产量差的置信水平为 0.95 的置信区间为(34.67,130.08).

  (2) 两个方差都未知但相等时两个均值差 $\mu_1-\mu_2$ 的置信区间.

  如同求单个正态总体均值的置信区间,在 R 语言中可以直接利用函数 t.test( ) 求两个方差都未知但相等时两个均值差的置信区间.

  例 10.20 在例 10.19 中,如果不知道两种小麦单位面积产量的方差但已知两者相等,此时只需在 t.test( ) 中指定选项 var.equal =TURE,具体的 R 语言代码如下:

```
x <- c(628, 583, 510, 554, 612, 523, 530, 615)
y <- c(535, 433, 398, 470, 567, 480, 498, 560, 503, 426)
t.test(x, y, var.equal =TRUE)
```

运行结果如下:

```
        Two Sample t-test

data: x and y
t = 3.3, df = 16, p-value = 0.005
alternative hypothesis: true difference in means is not
                        equal to 0
95 percent confidence interval:
  29.47 135.28
sample estimates:
mean of x  mean of y
   569.4      487.0
```

于是得这两个品种的单位面积产量之差的置信水平为 0.95 的置信区间为(29.47,135.28).

  (3) 两个方差比 $\dfrac{\sigma_1^2}{\sigma_2^2}$ 的置信区间.

R 语言中的函数 var.test( ) 可以直接用于求两个正态总体方差比的置信区间,具体调用格式如下:

```
var.test(x, y, ratio = 1,
          alternative = c("two.sided", "less", "greater"),
          conf.level = 0.95, ...)
```

调用上述函数时,需要给出两个总体的样本 x, y 以及相应的置信水平 conf.level,选项 alternative 用于设置假设检验类型.

例 10.21 甲、乙两台机床分别加工某种轴承,设轴承的直径分别服从正态分布 $N(\mu_1, \sigma_1^2)$ 和 $N(\mu_2, \sigma_2^2)$,从各自加工的轴承中分别抽取若干个轴承测量其直径,具体数据如下:

总体	直径							
X(机床甲)	20.5	19.8	19.7	20.4	20.1	20.0	19.0	19.9
Y(机床乙)	20.7	19.8	19.5	20.8	20.4	19.6	20.2	

试求两台机床加工的轴承直径的方差比的置信水平为 0.95 的置信区间.

解 用 R 语言编写程序如下:

```
x <- c(20.5, 19.8, 19.7, 20.4, 20.1, 20.0, 19.0, 19.9)
y <- c(20.7, 19.8, 19.5, 20.8, 20.4, 19.6, 20.2)
var.test(x, y)
```

运行结果如下:

```
        F test to compare two variances

data： x and y
F = 0.79319, num df = 7, denom df = 6, p-value = 0.7608
alternative hypothesis: true ratio of variances is
                  not equal to 1
95 percent confidence interval：
  0.1392675 4.0600387
sample estimates：
ratio of variances
        0.7931937
```

于是可得两台机床加工的轴承直径的方差比 $\dfrac{\sigma_1^2}{\sigma_2^2}$ 的置信水平为 0.95 的置信区间为

$(0.139, 4.060)$. 结果中 sample estimates 给出的是方差比 $\dfrac{\sigma_1^2}{\sigma_2^2}$ 的矩估计值 0.793.

5. 单个总体比例 p 的区间估计

在样本中具有某种特征的个体占样本总数的比例 p 称为样本比例,其为总体比例的点估计. 在 R 语言中可以直接利用函数 prop.test( ) 对 p 进行估计与检验,具体调用格式如下:

```
prop.test(x, n, p = NULL,
          alternative = c("two.sided", "less", "greater"),
          conf.level = 0.95, correct = TRUE)
```

其中 x 为样本中具有某种特征的样本数量,n 为样本容量,correct 选项设置是否做连续型校正.

例 10.22 从一份共有 3 042 人的人名录中随机抽取 200 人,发现 38 人的地址已变动,试以 0.95 的置信水平估计这份名录中需要修改地址的比例.

解 用 R 语言编写程序如下:

```
prop.test(38, 200, correct =TRUE)
```

运行结果如下:

```
1-sample proportions test with continuity correction

data: 38 out of 200, null probability 0.5
X-squared = 75.645, df = 1, p-value < 2.2e-16
alternative hypothesis: true p is not equal to 0.5
95 percent confidence interval:
  0.1394851 0.2527281
sample estimates:
   p
0.19
```

因此得这份人名录中需要修改地址的比例 p 以 0.95 的置信水平落在区间 $(0.139, 0.253)$ 中,其点估计为 0.19.

当样本比例较小时我们可以使用 R 语言中的函数 binom.test( )来求其置信区间,具体调用格式如下:

```
binom.test(x, n, p = 0.5,
           alternative = c("two.sided", "less", "greater"),
           conf.level = 0.95)
```

用 binom.test( )函数求上例结果,运行代码 binom.test(38, 200)得:

```
Exact binomial test

data: 38 and 200
number of successes = 38, number of trials = 200, p-value < 2.2e-16
alternative hypothesis: true probability of success is
                        not equal to 0.5
95 percent confidence interval:
  0.1381031 0.2513315
sample estimates:
probability of success
                  0.19
```

可见用二项分布近似所得的 p 的置信水平为 0.95 的置信区间为 $(0.138, 0.251)$,这与修正的正态近似方法的结果比较接近.

三、假设检验

1. 均值 μ 的假设检验

（1）方差已知时 μ 的检验: Z 检验.

当方差 σ^2 已知时,考虑假设检验问题:

1) $H_0 : \mu = \mu_0$,　　$H_1 : \mu \neq \mu_0$;

2) $H_0 : \mu \leqslant \mu_0$,　　$H_1 : \mu > \mu_0$;

3) $H_0 : \mu \geqslant \mu_0$,　　$H_1 : \mu < \mu_0$.

R 语言中没有内置函数来做方差已知时均值的检验,需要自行编写相关函数. 这里可以直接引用方差已知时求置信区间的函数 z.test() 进行假设检验.

（2）方差未知时 μ 的检验: t 检验.

与方差已知时的情形不同,方差未知时可直接运用 R 语言中的函数 t.test( ) 对原假设进行检验.

例 10.23　某台包装机包装精盐,额定标准每袋净质量 500 g. 某天随机地抽取出 9 袋,称得净质量(单位:g)为 490,506,508,502,498,511,510,515,512. 问该包装机是否正常工作(显著性水平 $\alpha = 0.05$)?

解　用 R 语言运行程序并输出结果如下:

```
> x <- c(490, 506, 508, 502, 498, 511, 510, 515, 512)
> t.test(x, mu = 500)


        One Sample t-test


data: x
t = 2.2, df = 8, p-value = 0.06
alternative hypothesis: true mean is not equal to 500
95 percent confidence interval:
  499.7 511.8
sample estimates:
mean of x
   505.8
```

因为 p 值 $0.06 > \alpha = 0.05$,故接受原假设,即认为该包装机工作正常.

2. 方差 σ^2 的假设检验: χ^2 检验

当方差 σ^2 未知时,考虑假设检验问题:

（1）$H_0 : \sigma^2 = \sigma_0^2$,　　$H_1 : \sigma^2 \neq \sigma_0^2$;

（2）$H_0 : \sigma^2 \leqslant \sigma_0^2$,　　$H_1 : \sigma^2 > \sigma_0^2$;

（3）$H_0 : \sigma^2 \geqslant \sigma_0^2$,　　$H_1 : \sigma^2 < \sigma_0^2$.

在 R 语言中没有内置函数可直接进行 χ^2 检验,但在介绍单个正态总体方差的区间估计时编写的函数 chisq.var.test( )可用于这里单样本方差的检验问题.

例 10.24 检查一批保险丝,抽出 10 根测量其通过强电流后熔化所需的时间(单位:s)为:42,65,75,78,59,71,57,68,54,55. 假设熔化所需时间服从正态分布,问能否认为熔化时间的方差不超过 80(显著性水平 $\alpha=0.05$)?

解 用 R 语言计算如下:

```
> x <- c(42, 65, 75, 78, 59, 71, 57, 68, 54, 55)
> chisq.var.test(x, 80, 0.05, alternative = "less")
$var
[1] 121.8

$chi2
[1] 13.71

$p.value
[1] 0.1332

$conf.int
[1]  57.64 406.02
```

因为 p 值 0.133 2>0.05,故接受原假设,认为熔化时间的方差不超过 80.

3. 两个正态总体参数的假设检验

(1)均值的比较:t 检验.

设两个正态总体的方差相等但未知,即 $\sigma_1^2=\sigma_2^2=\sigma^2$,对于假设检验问题

1)$H_0:\mu_1=\mu_2$, $H_1:\mu_1\neq\mu_2$;

2)$H_0:\mu_1\leqslant\mu_2$, $H_1:\mu_1>\mu_2$;

3)$H_0:\mu_1\geqslant\mu_2$, $H_1:\mu_1<\mu_2$,

在 R 语言中可以直接利用函数 t.test( )来完成检验.

例 10.25(例 10.21 续) 设 $\sigma_1^2=\sigma_2^2$,问两台机床加工的轴承直径有无显著差异(显著性水平 $\alpha=0.05$)?

解 用 R 语言运行程序和输出结果如下:

```
> x <- c(20.5, 19.8, 19.7, 20.4, 20.1, 20.0, 19.0, 19.9)
> y <- c(20.7, 19.8, 19.5, 20.8, 20.4, 19.6, 20.2)
> t.test(x, y, var.equal = TRUE)


        Two Sample t-test


data: x and y
t = -0.85, df = 13, p-value = 0.4
alternative hypothesis: true difference in means is
                    not equal to 0
```

```
95 percent confidence interval:
    -0.7684  0.3327
sample estimates:
mean of x mean of y
    19.93     20.14
```

因为 p 值 0.4>0.05,故接受原假设,即认为两台机床加工的轴承直径无显著差异.

（2）方差的比较:F 检验.

对于假设检验问题

1）$H_0:\sigma_1^2=\sigma_2^2 \leftrightarrow H_1:\sigma_1^2 \neq \sigma_2^2$;

2）$H_0:\sigma_1^2 \leqslant \sigma_2^2 \leftrightarrow H_1:\sigma_1^2 > \sigma_2^2$;

3）$H_0:\sigma_1^2 \geqslant \sigma_2^2 \leftrightarrow H_1:\sigma_1^2 < \sigma_2^2$,

可调用 R 语言中的函数 var.test( )完成两样本方差大小的检验.

例 10.26（例 10.25 续）　问两台机床加工的轴承直径的方差否有显著差异（显著性水平 $\alpha=0.05$）？

解　用 R 语言运行程序并输出结果如下:

```
> x <- c(20.5, 19.8, 19.7, 20.4, 20.1, 20.0, 19.0, 19.9)
> y <- c(20.7, 19.8, 19.5, 20.8, 20.4, 19.6, 20.2)
> var.test(x, y)


        F test to compare two variances


data:  x and y
F = 0.79, num df = 7, denom df = 6, p-value = 0.8
alternative hypothesis: true ratio of variances is
                      not equal to 1
95 percent confidence interval:
  0.1393  4.0600
sample estimates:
ratio of variances
            0.7932
```

因为 p 值 0.8>0.05,故接受原假设,即认为两台机床加工的轴承直径的方差没有显著差异.

4. 成对数据的 t 检验

成对数据是指两个样本的样本容量相等,且两个样本之间除均值之外没有别的差异. 对于假设检验问题

（1）$H_0:\mu_1=\mu_2$,　$H_1:\mu_1 \neq \mu_2$;

（2）$H_0:\mu_1 \leqslant \mu_2$,　$H_1:\mu_1 > \mu_2$;

（3）$H_0:\mu_1 \geqslant \mu_2$,　$H_1:\mu_1 < \mu_2$,

在 R 语言中可以直接利用函数 t.test( )通过令选项 paired = TRUE 完成成对数

据的显著性检验.

例 10.27　在针织品漂白工艺过程中,要考虑温度对针织品断裂强度的影响. 为比较 70℃ 和 80℃ 时的影响有无差别,在这两个温度下,分别重复做了 8 次试验,测得数据如下:

温度	断裂强度							
70℃	20.5	18.8	19.8	20.9	21.5	19.5	21.0	21.2
80℃	17.7	20.3	20.0	18.8	19.0	20.1	20.0	19.1

根据经验,温度对针织品断裂强度的波动没有影响,问在 70℃ 时平均断裂强度与 80℃ 时的平均断裂强度间是否有显著差异(显著性水平 $\alpha = 0.05$)? 假定断裂强度服从正态分布.

解　用 R 语言计算如下:

```
> x <- c(20.5, 18.8, 19.8, 20.9, 21.5, 19.5, 21.0, 21.2)
> y <- c(17.7, 20.3, 20.0, 18.8, 19.0, 20.1, 20.0, 19.1)
> t.test(x, y, paired=TRUE)
        Paired t-test

data: x and y
t = 1.8, df = 7, p-value = 0.1149
alternative hypothesis: true difference in means is
                        not equal to 0
95 percent confidence interval:
  -0.3214  2.3714
sample estimates:
mean of the differences
            1.025
```

因为 p 值 0.114 9>0.05,故接受原假设,认为在 70 ℃ 时平均断裂强度与 80 ℃ 时平均断裂强度无显著差异.

5. 单样本比率的检验

(1) 比率 p 的精确检验.

对于服从两点分布 $B(1, p)$ 的总体,关于 p 的假设检验问题主要有

1) $H_0 : p = p_0$,　$H_1 : p \neq p_0$;

2) $H_0 : p \leqslant p_0$,　$H_1 : p > p_0$;

3) $H_0 : p \geqslant p_0$,　$H_1 : p < p_0$,

在 R 语言中直接调用函数 binom.test( ) 可以完成上述假设检验. 具体调用格式如下:

```
binom.test(x, n, p = 0.5,
           alternative = c("two.sided", "less", "greater"),
           conf.level = 0.95)
```

其中 x 表示事件成功的次数,n 表示试验次数,p 表示待检验概率.

（2）比率 p 的近似检验.

当样本容量较大时,比率 p 的抽样分布近似为正态分布,因此可以将问题转化为正态分布处理. 对于（1）中的三个检验问题,对应的拒绝域依次是:

1) $C_1 = \{|Z| > z_{1-\frac{\alpha}{2}}\}$;

2) $C_2 = \{Z > z_{1-\alpha}\}$;

3) $C_3 = \{Z < z_\alpha\}$,

其中 Z 表示对样本均值的（近似）标准化统计量,而 R 语言中的函数 prop.test( ) 可以完成对原假设的近似检验. 具体调用格式如下:

```
prop.test(x, n, p = NULL,
          alternative = c("two.sided", "less", "greater"),
          conf.level = 0.95, correct = TRUE)
```

其中 x 表示样本中具有某种特性的样本数量,n 为样本容量,correct 选项设置是否做连续型校正.

例 10.28　某产品的优质品率一直保持在 40%. 近期质量监管部门抽查了 12 件产品,其中优质品为 5 件,问在显著性水平 $\alpha = 0.05$ 下能否认为其优质品率仍保持在 40%？

解　由于样本容量不大,所以可选择 R 语言中的函数 binom.test( ) 做精确检验. 用 R 语言计算如下:

```
binom.test(5, 12, p=0.4)


        Exact binomial test

data：5 and 12
number of successes = 5, number of trials = 12, p-value = 1
alternative hypothesis: true probability of success is
                        not equal to 0.4
95 percent confidence interval:
  0.1516522 0.7233303
sample estimates:
probability of success
          0.4166667
```

因为 p 值 $= 1 > \alpha = 0.05$,故接受原假设,认为该产品的优质品率仍保持在 40%.

6. 正态性检验

检验总体是否服从正态分布的假设检验称为正态性检验,它在统计学中占有重要地位. 正态性检验的方法有很多,其中 W 检验（又称沙皮罗-威尔克检验）受到国际标准化组织统计标准分委员会的认可,它主要利用顺序统计量构造 W 统计量来检验分布的正态性. 在 R 语言中与 W 检验对应的函数为 shapiro.test( ).

例 10.29　有一只股票在某个时间段内的股价如下:

$$13.91, \quad 13.45, \quad 13.10, \quad 12.61, \quad 12.67,$$
$$12.85, \quad 12.13, \quad 12.59, \quad 12.32, \quad 12.55,$$

$$12.\,92, \quad 12.\,85, \quad 12.\,65, \quad 12.\,90, \quad 12.\,74,$$
$$12.\,35, \quad 12.\,33, \quad 12.\,36, \quad 12.\,53, \quad 12.\,56.$$

试用 W 检验法检验其正态性(显著性水平 $\alpha = 0.05$).

解 用 R 语言计算如下:

```
x <- c(13.91, 13.45,13.10, 12.61, 12.67, 12.85, 12.13, 12.59,
       12.32, 12.55, 12.92, 12.85, 12.65, 12.90, 12.74, 12.35,
       12.33, 12.36, 12.53, 12.56)
shapiro.test(x)


       Shapiro-Wilk normality test


data: x
W = 0.89115, p-value = 0.02824
```

因为 p 值 0.028 24 < $\alpha = 0.05$,所以应拒绝该股票价格的正态性假设.

四、方差分析与回归分析

1. 方差分析

方差分析是用来判断观测到的几个样本均值的差异是否大到足以拒绝原假设的统计方法,其数据应满足正态性、独立性和方差齐性的要求,所以在进行方差分析前应先检验数据是否满足条件.

在 R 语言中,函数 aov()提供了方差分析表的计算,其调用格式如下:

```
aov(formula, data = NULL, projections = FALSE, qr = TRUE,
    contrasts = NULL, ...)
```

其中,formula 是模型公式,形如 x ~ f;data 是数据框变量,对于单因素方差分析,第一列是数据 x,第二列通常是因子 f,用来表示数据所在的水平.该函数返回值为 aov 类型的对象.

函数 summary(aov_object)针对方差分析函数 aov()的返回对象,列出方差分析的详细信息.

例 10.30 某农科所为比较三种不同肥料对水稻单位面积产量的影响,选一块肥沃程度较均匀的土地,将其分割成 9 块,为减少肥沃程度的影响,按图 10.14 表所示安排试验.其中 $A_j(j=1,2,3)$ 表示肥料的种类(水平),这是一个单因素 3 水平等重复的试验,试验结果见表 10.6.

A_1	A_2	A_3
A_2	A_3	A_1
A_3	A_1	A_2

图 10.14

表 10.6 水稻单位面积产量

序号	肥料因素水平		
	A_1	A_2	A_3
1	94	62	78
2	91	68	65
3	75	50	80

问由试验结果能否推断肥料种类对水稻产量有显著影响(显著性水平 $\alpha = 0.05$)?

解 用 R 语言编写并运行程序,输出结果如下:

```
> x <- c(94, 91, 75, 62, 68, 50, 78, 65, 80)
> A <- factor(rep(1:3, each = 3))
> datafr = data.frame(x, A)
> aov.out = aov(x~A, data = datafr)
> summary(aov.out)
            Df   Sum Sq   Mean Sq   F value   Pr(>F)
A            2   1068.7    534.3      6.295    0.0336   *
Residuals    6    509.3     84.9
---
Signif. codes:  0 '***' 0.001 '**' 0.01 '*'
                0.05 '!' 0.1 '' 1
```

根据输出结果可知,检验的 p 值 0.033 6<0.05,故拒绝原假设,认为不同种类的肥料对水稻产量有显著影响.

2. 回归分析

(1) 画散点图.

在进行回归分析之前,可先通过不同变量之间的散点图直观地了解它们之间的关系和相关程度. 常见的是一些连续变量之间的散点图,若图中数据点分布在一条直线(曲线)附近,表明可用直线(曲线)近似地描述变量之间的关系. 运用 R 语言中的函数 plot( )可以方便地画出两组样本对应的散点图,从而直观地了解对应总体之间的相关关系和相关程度.

例 10.31 某医生收集了 10 名孕妇 15—17 周的母血及分娩时脐带血中促甲状腺激素水平(单位:mU/L),结果如下:

类型	促甲状腺激素水平/(mU·L⁻¹)									
母血(X)	1.21	1.30	1.39	1.42	1.47	1.56	1.68	1.72	1.98	2.10
脐带血(Y)	3.90	4.50	4.20	4.83	4.16	4.93	4.32	4.99	4.70	5.20

试用 R 语言绘制母血和脐带血的散点图.

解 用 R 语言编写程序,代码为

```
x <- c(1.21, 1.30, 1.39, 1.42, 1.47,
     1.56, 1.68, 1.72, 1.98, 2.10)
y <- c(3.90, 4.50, 4.20, 4.83, 4.16,
     4.93, 4.32, 4.99, 4.70, 5.20)
level = data.frame(x, y)
plot(level)
```

输出结果见图 10.15.

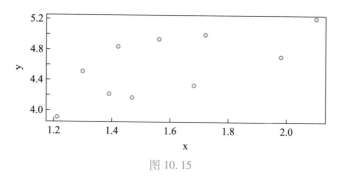

图 10.15

从散点图可以看出,虽然数据点分布相对比较分散,但是观察所有点的分布,可能存在某种递增趋势,所以可推测 X 和 Y 之间有某种正相关关系.

（2）相关性分析.

散点图是一种较为有效且简单的相关分析工具,通过散点图可以大致了解变量之间存在的相关关系. 为了进一步刻画变量之间的相关程度,我们可以根据样本计算样本相关系数,并进行相关分析.具体地,样本相关系数的计算公式如下:

$$r = \frac{\sum\limits_{i=1}^{n}(x_i - \bar{x})(y_i - \bar{y})}{\sqrt{\sum\limits_{i=1}^{n}(x_i - \bar{x})^2 \sum\limits_{i=1}^{n}(y_i - \bar{y})^2}} = \frac{l_{xy}}{\sqrt{l_{xx}l_{yy}}}.$$

在 R 语言中,函数 cor.test( )为我们提供了三种相关性检验方法,具体调用格式如下:

```
cor.test(x, y,
         alternative = c("two.sided", "less", "greater"),
         method = c("pearson", "kendall", "spearman"),
         exact = NULL, conf.level = 0.95, continuity = FALSE, ...)
```

其中 x, y 表示维数相同的向量;alternative 是备择假设描述,默认值是 "two.sided" ;method 表示所选检验方法,默认值是 pearson 检验;conf.level 是置信水平,默认值是 0.95.

例 10.32 对例 10.31 中的两组数据进行相关性检验(显著性水平 $\alpha = 0.05$).

解 用 R 语言编写程序,代码如下:

```
x <- c(1.21, 1.30, 1.39, 1.42, 1.47,
    1.56, 1.68, 1.72, 1.98, 2.10)
y <- c(3.90, 4.50, 4.20, 4.83, 4.16,
    4.93, 4.32, 4.99, 4.70, 5.20)
level = data.frame(x, y)
attach(level)
cor.test(x, y)
```

输出结果为

```
Pearson's product-moment correlation
```

```
data： x and y
t = 2.6284, df = 8, p-value = 0.03025
alternative hypothesis：true correlation is not equal to 0
95 percent confidence interval：
  0.08943359 0.91722701
sample estimates：
      cor
0.6807283
```

因为 p 值 0.030 25<0.05,故拒绝原假设,即认为变量 X 与变量 Y 相关性显著.

（3）回归方程的求法.

相关分析只能得出两个变量之间是否相关,但不能回答两个变量之间具体如何相关,即没有找出刻画它们之间相关关系的函数表达式. 回归分析正好可以解决这一问题,下面我们介绍回归分析的 R 语言实现.

当变量 X 和 Y 之间存在相关关系时,在 R 语言中,由函数 lm( ) 可以方便地求出回归方程,具体调用格式如下：

```
lm(formula, data, subset, weights, na.action,
    method = "qr", model = TRUE, x = FALSE, y = FALSE, qr = TRUE,
    singular.ok = TRUE, contrasts = NULL, offset, ...)
```

其中 formula 表示回归模型关系式,如 y ~ x;data 是把数据组织在一起的数据框;subset 是样本观察的子集;weights 表示用于拟合的加权向量;na.action 显示数据是否包含缺失值;method 指出用于拟合的方法;model, x, y, qr 是逻辑参数,如果为TRUE,则返回相应值. 除了第一个参数 formula 是必选项外,其他都是可选项.

函数 confint( ) 可以求出回归参数的置信区间,其调用格式如下：

```
confint(object, parm, level = 0.95, ...)
```

object 指回归模型对象,parm 要求指出所求区间估计的参数,默认值为所有的回归参数,level 为置信水平.

例 10.33　求例 10.31 中变量 X 与变量 Y 之间的线性回归方程,并对所求回归方程进行显著性检验.

解　用 R 语言编写程序,代码如下：

```
x = c(1.21, 1.30, 1.39, 1.42, 1.47,
    1.56, 1.68, 1.72, 1.98, 2.10)
y = c(3.90, 4.50, 4.20, 4.83, 4.16,
    4.93, 4.32, 4.99, 4.70, 5.20)
lm.reg = lm(y ~ 1 + x)
summary(lm.reg)
```

输出结果为

```
Call:
lm(formula = y ~ 1 + x)
```

Residuals:

Min	1Q	Median	3Q	Max
-0.34974	-0.29246	-0.03457	0.26259	0.41956

Coefficients：

	Estimate	Std. Error	t value	Pr(>|t|)	
(Intercept)	2.9942	0.6096	4.912	0.00118	**
x	0.9973	0.3794	2.628	0.03025	*

Signif. codes: 0 '***' 0.001 '**' 0.01 '*'
          0.05 '.' 0.1 ' ' 1

Residual standard error：0.3285 on 8 degrees of freedom
Multiple R-squared： 0.4634, Adjusted R-squared: 0.3963
F-statistic：6.908 on 1 and 8 DF, p-value：0.03025

由上面的输出结果可以得到回归方程 $\hat{y}=2.9942+0.9973x$. 由于 p 值 0.03025<0.05，因此回归方程通过检验，即回归方程是显著的.

例 10.34 某公司在各地区销售一种化妆品，该公司观测了某月 15 个地区该化妆品的销售量(Y)、使用该化妆品的人数(X_1)和人均月收入(X_2)，数据如下：

地区	销售量 Y/件	人数 $X_1/10^3$ 人	人均月收入 X_2/元
1	162	274	2 450
2	120	180	3 250
3	223	375	3 802
4	131	205	2 838
5	67	86	2 347
6	167	265	3 782
7	81	98	3 008
8	192	330	2 450
9	116	195	2 137
10	55	53	2 560
11	252	430	4 020
12	232	372	4 427
13	144	236	2 660
14	103	157	2 088
15	212	370	2 605

试求 Y 与 X_1, X_2 之间的线性回归方程并对方程作显著性检验.

解 用 R 语言编写程序,代码如下:

```
y <- c(162, 120, 223, 131, 67, 167, 81, 192,
    116, 55, 252, 232, 144, 103, 212)
x1 <- c(274, 180, 375, 205, 86, 265, 98, 330,
    195, 53, 430, 372, 236, 157, 370)
x2 <- c(2450, 3250, 3802, 2838, 2347, 3782, 3008,
    2450, 2137, 2560, 4020, 4427, 2660, 2088, 2605)
sale = data.frame(y, x1, x2)
lm.reg = lm(y~x1 + x2, data = sale)
summary(lm.reg)
```

输出结果为

```
Call:
lm(formula = y ~ x1 + x2, data = sale)

Residuals:
    Min      1Q   Median      3Q     Max
-3.9014  -1.2923  -0.1171  1.6956  3.7601

Coefficients:
             Estimate  Std. Error  t value  Pr(>|t|)
(Intercept)  3.984819  2.553039    1.561    0.145
x1           0.496767  0.006360   78.104   < 2e-16  ***
x2           0.008913  0.001017    8.762  1.46e-06  ***
---
Signif. codes: 0 '***' 0.001 '**' 0.01 '*'
               0.05 '.' 0.1 ' ' 1

Residual standard error: 2.287 on 12 degrees of freedom
Multiple R-squared: 0.9988,   Adjusted R-squared: 0.9986
F-statistic: 5142 on 2 and 12 DF,  p-value: < 2.2e-16
```

由于检验回归方程的 F 统计量较大,对应的 p 值和检验回归系数的 p 值均很小($\ll$ 0.05),因此回归方程和回归系数都是显著的. 回归方程为

$$\hat{Y} = 3.984\ 8 + 0.496\ 8X_1 + 0.008\ 9X_2.$$

附表 1 泊松分布表

$$P\{X \leqslant k\} = \sum_{i=0}^{k} \frac{\lambda^i}{i!} e^{-\lambda}$$

λ	0	1	2	3	4	5	6	7	8
0.1	0.905	0.995	1.000						
0.2	0.819	0.982	0.999	1.000					
0.3	0.741	0.963	0.996	1.000					
0.4	0.670	0.938	0.992	0.999	1.000				
0.5	0.607	0.910	0.986	0.998	1.000				
0.6	0.549	0.878	0.977	0.997	1.000				
0.7	0.497	0.844	0.966	0.994	0.999	1.000			
0.8	0.449	0.809	0.953	0.991	0.999	1.000			
0.9	0.407	0.772	0.937	0.987	0.998	1.000			
1	0.368	0.736	0.920	0.981	0.996	0.999	1.000		
1.1	0.333	0.699	0.900	0.974	0.995	0.999	1.000		
1.2	0.301	0.663	0.879	0.966	0.992	0.998	1.000		
1.3	0.273	0.627	0.857	0.957	0.989	0.998	1.000		
1.4	0.247	0.592	0.833	0.946	0.986	0.997	0.999	1.000	
1.5	0.223	0.558	0.809	0.934	0.981	0.996	0.999	1.000	
1.6	0.202	0.525	0.783	0.921	0.976	0.994	0.999	1.000	
1.7	0.183	0.493	0.757	0.907	0.970	0.992	0.998	1.000	
1.8	0.165	0.463	0.731	0.891	0.964	0.990	0.997	0.999	1.000
1.9	0.150	0.434	0.704	0.875	0.956	0.987	0.997	0.999	1.000
2	0.135	0.406	0.677	0.857	0.947	0.983	0.995	0.999	1.000

续表

λ	0	1	2	3	4	5	6	7	8	9	10	11	12
													k
2.1	0.122	0.380	0.650	0.839	0.938	0.980	0.994	0.999	1.000				
2.2	0.111	0.355	0.623	0.819	0.928	0.975	0.993	0.998	1.000				
2.3	0.100	0.331	0.596	0.799	0.916	0.970	0.981	0.997	0.999	1.000			
2.4	0.091	0.308	0.570	0.779	0.904	0.964	0.988	0.997	0.999	1.000			
2.5	0.082	0.287	0.544	0.758	0.891	0.958	0.986	0.996	0.999	1.000			
2.6	0.074	0.267	0.518	0.736	0.877	0.951	0.983	0.995	0.999	1.000			
2.7	0.067	0.249	0.494	0.714	0.863	0.943	0.979	0.993	0.998	0.999	1.000		
2.8	0.061	0.231	0.469	0.692	0.848	0.935	0.976	0.992	0.998	0.999	1.000		
2.9	0.055	0.215	0.446	0.670	0.832	0.926	0.971	0.990	0.997	0.999	1.000		
3	0.050	0.199	0.423	0.647	0.815	0.916	0.966	0.988	0.996	0.999	1.000		
3.1	0.045	0.185	0.401	0.625	0.798	0.906	0.961	0.986	0.995	0.999	1.000		
3.2	0.041	0.171	0.380	0.603	0.781	0.895	0.955	0.983	0.994	0.998	1.000		
3.3	0.037	0.159	0.359	0.580	0.763	0.883	0.949	0.980	0.993	0.998	0.999	1.000	
3.4	0.033	0.147	0.340	0.558	0.744	0.871	0.942	0.977	0.992	0.997	0.999	1.000	
3.5	0.030	0.136	0.321	0.537	0.725	0.858	0.935	0.973	0.990	0.997	0.999	1.000	
3.6	0.027	0.126	0.303	0.515	0.706	0.844	0.927	0.969	0.988	0.996	0.999	1.000	
3.7	0.025	0.116	0.285	0.494	0.687	0.830	0.918	0.965	0.986	0.995	0.998	1.000	1.000
3.8	0.022	0.107	0.269	0.473	0.668	0.816	0.909	0.960	0.984	0.994	0.998	1.000	1.000
3.9	0.020	0.099	0.253	0.453	0.648	0.801	0.899	0.955	0.981	0.993	0.998	1.000	1.000
4	0.018	0.092	0.238	0.433	0.629	0.785	0.889	0.949	0.979	0.992	0.997	1.000	1.000

续表

k

λ	0	1	2	3	4	5	6	7	8	9	10	11	12	13	14
5	0.007	0.040	0.125	0.265	0.440	0.616	0.762	0.867	0.932	0.968	0.986	0.995	0.998	0.999	1.000
6	0.002	0.017	0.062	0.151	0.285	0.446	0.606	0.744	0.847	0.916	0.957	0.980	0.991	0.996	0.999
7	0.001	0.007	0.030	0.082	0.173	0.301	0.450	0.599	0.729	0.830	0.901	0.947	0.973	0.987	0.994
8	0.000	0.003	0.014	0.042	0.100	0.191	0.313	0.453	0.593	0.717	0.816	0.888	0.936	0.966	0.983
9	0.000	0.001	0.006	0.021	0.055	0.116	0.207	0.324	0.456	0.587	0.706	0.803	0.876	0.926	0.959
10	0.000	0.000	0.003	0.010	0.029	0.067	0.130	0.220	0.333	0.458	0.583	0.697	0.792	0.864	0.917
11	0.000	0.000	0.001	0.005	0.015	0.038	0.079	0.143	0.232	0.341	0.460	0.579	0.689	0.781	0.854
12	0.000	0.000	0.001	0.002	0.008	0.020	0.046	0.090	0.155	0.242	0.347	0.462	0.576	0.682	0.772
13	0.000	0.000	0.000	0.001	0.004	0.011	0.026	0.054	0.100	0.166	0.252	0.353	0.463	0.573	0.675
14	0.000	0.000	0.000	0.000	0.002	0.006	0.014	0.032	0.062	0.109	0.176	0.260	0.358	0.464	0.570
15	0.000	0.000	0.000	0.000	0.001	0.003	0.008	0.018	0.037	0.070	0.118	0.185	0.268	0.363	0.466

k

λ	15	16	17	18	19	20	21	22	23	24	25	26	27	28	29
5	1.000	1.000													
6	0.999	1.000													
7	0.998	0.999	1.000												
8	0.992	0.996	0.998	0.999	1.000										
9	0.978	0.989	0.995	0.998	0.999	1.000									
10	0.951	0.973	0.986	0.993	0.997	0.998	1.000								
11	0.907	0.944	0.968	0.982	0.991	0.995	0.998	0.999	1.000						
12	0.844	0.899	0.937	0.963	0.979	0.988	0.994	0.997	0.999	1.000					
13	0.764	0.835	0.890	0.930	0.957	0.975	0.986	0.992	0.996	0.998	0.999	1.000			
14	0.669	0.756	0.827	0.883	0.923	0.952	0.971	0.983	0.991	0.995	0.997	0.999	0.999	1.000	
15	0.568	0.664	0.749	0.819	0.875	0.917	0.947	0.967	0.981	0.989	0.994	0.997	0.998	0.999	1.000

附表 2　标准正态分布表

$$\Phi(x)=\int_{-\infty}^{x}\frac{1}{\sqrt{2\pi}}e^{-t^2/2}\mathrm{d}t$$

x	0.00	0.01	0.02	0.03	0.04	0.05	0.06	0.07	0.08	0.09
0.0	0.500 0	0.504 0	0.508 0	0.512 0	0.516 0	0.519 9	0.523 9	0.527 9	0.531 9	0.535 9
0.1	0.539 8	0.543 8	0.547 8	0.551 7	0.555 7	0.559 6	0.563 6	0.567 5	0.571 4	0.575 3
0.2	0.579 3	0.583 2	0.587 1	0.591 0	0.594 8	0.598 7	0.602 6	0.606 4	0.610 3	0.614 1
0.3	0.617 9	0.621 7	0.625 5	0.629 3	0.633 1	0.636 8	0.640 6	0.644 3	0.648 0	0.651 7
0.4	0.655 4	0.659 1	0.662 8	0.666 4	0.670 0	0.673 6	0.677 2	0.680 8	0.684 4	0.687 9
0.5	0.691 5	0.695 0	0.698 5	0.701 9	0.705 4	0.708 8	0.712 3	0.715 7	0.719 0	0.722 4
0.6	0.725 7	0.729 1	0.732 4	0.735 7	0.738 9	0.742 2	0.745 4	0.748 6	0.751 7	0.754 9
0.7	0.758 0	0.761 1	0.764 2	0.767 3	0.770 4	0.773 4	0.776 4	0.779 4	0.782 3	0.785 2
0.8	0.788 1	0.791 0	0.793 9	0.796 7	0.799 5	0.802 3	0.805 1	0.807 8	0.810 6	0.813 3
0.9	0.815 9	0.818 6	0.821 2	0.823 8	0.826 4	0.828 9	0.831 5	0.834 0	0.836 5	0.838 9
1.0	0.841 3	0.843 8	0.846 1	0.848 5	0.850 8	0.853 1	0.855 4	0.857 7	0.859 9	0.862 1
1.1	0.864 3	0.866 5	0.868 6	0.870 8	0.872 9	0.874 9	0.877 0	0.879 0	0.881 0	0.883 0
1.2	0.884 9	0.886 9	0.888 8	0.890 7	0.892 5	0.894 4	0.896 2	0.898 0	0.899 7	0.901 5
1.3	0.903 2	0.904 9	0.906 6	0.908 2	0.909 9	0.911 5	0.913 1	0.914 7	0.916 2	0.917 7
1.4	0.919 2	0.920 7	0.922 2	0.923 6	0.925 1	0.926 5	0.927 8	0.929 2	0.930 6	0.931 9
1.5	0.933 2	0.934 5	0.935 7	0.937 0	0.938 2	0.939 4	0.940 6	0.941 8	0.942 9	0.944 1
1.6	0.945 2	0.946 3	0.947 4	0.948 4	0.949 5	0.950 5	0.951 5	0.952 5	0.953 5	0.954 5
1.7	0.955 4	0.956 4	0.957 3	0.958 2	0.959 1	0.959 9	0.960 8	0.961 6	0.962 5	0.963 3
1.8	0.964 1	0.964 9	0.965 6	0.966 4	0.967 1	0.967 8	0.968 6	0.969 3	0.969 9	0.970 6
1.9	0.971 3	0.971 9	0.972 6	0.973 2	0.973 8	0.974 4	0.975 0	0.975 6	0.976 1	0.976 7
2.0	0.977 2	0.977 8	0.978 3	0.978 8	0.979 3	0.979 8	0.980 3	0.980 8	0.981 2	0.981 7
2.1	0.982 1	0.982 6	0.983 0	0.983 4	0.983 8	0.984 2	0.984 6	0.985 0	0.985 4	0.985 7
2.2	0.986 1	0.986 4	0.986 8	0.987 1	0.987 5	0.987 8	0.988 1	0.988 4	0.988 7	0.989 0
2.3	0.989 3	0.989 6	0.989 8	0.990 1	0.990 4	0.990 6	0.990 9	0.991 1	0.991 3	0.991 6
2.4	0.991 8	0.992 0	0.992 2	0.992 5	0.992 7	0.992 9	0.993 1	0.993 2	0.993 4	0.993 6

续表

x	0.00	0.01	0.02	0.03	0.04	0.05	0.06	0.07	0.08	0.09
2.5	0.993 8	0.994 0	0.994 1	0.994 3	0.994 5	0.994 6	0.994 8	0.994 9	0.995 1	0.995 2
2.6	0.995 3	0.995 5	0.995 6	0.995 7	0.995 9	0.996 0	0.996 1	0.996 2	0.996 3	0.996 4
2.7	0.996 5	0.996 6	0.996 7	0.996 8	0.996 9	0.997 0	0.997 1	0.997 2	0.997 3	0.997 4
2.8	0.997 4	0.997 5	0.997 6	0.997 7	0.997 7	0.997 8	0.997 9	0.997 9	0.998 0	0.998 1
2.9	0.998 1	0.998 2	0.998 2	0.998 3	0.998 4	0.998 4	0.998 5	0.998 5	0.998 6	0.998 6
3.0	0.998 7	0.998 7	0.998 7	0.998 8	0.998 8	0.998 9	0.998 9	0.998 9	0.999 0	0.999 0
3.1	0.999 0	0.999 1	0.999 1	0.999 1	0.999 2	0.999 2	0.999 2	0.999 2	0.999 3	0.999 3
3.2	0.999 3	0.999 3	0.999 4	0.999 4	0.999 4	0.999 4	0.999 4	0.999 5	0.999 5	0.999 5
3.3	0.999 5	0.999 5	0.999 5	0.999 6	0.999 6	0.999 6	0.999 6	0.999 6	0.999 6	0.999 7
3.4	0.999 7	0.999 7	0.999 7	0.999 7	0.999 7	0.999 7	0.999 7	0.999 7	0.999 7	0.999 8

附表 3 t 分布表

$$P\{t(n)>t_\alpha(n)\}=\alpha$$

n	α					
	0.25	0.10	0.05	0.025	0.01	0.005
1	1.000 0	3.077 7	6.313 8	12.706 2	31.820 7	63.657 4
2	0.816 5	1.885 6	2.920 0	4.302 7	6.964 6	9.924 8
3	0.764 9	1.637 7	2.353 4	3.182 4	4.540 7	5.840 9
4	0.740 7	1.533 2	2.131 8	2.776 4	3.746 9	4.604 1
5	0.726 7	1.475 9	2.015 0	2.570 6	3.364 9	4.032 2
6	0.717 6	1.439 8	1.943 2	2.446 9	3.142 7	3.707 4
7	0.711 1	1.414 9	1.894 6	2.364 6	2.998 0	3.499 5
8	0.706 4	1.396 8	1.859 5	2.306 0	2.896 5	3.355 4
9	0.702 7	1.383 0	1.833 1	2.262 2	2.821 4	3.249 8
10	0.699 8	1.372 2	1.812 5	2.228 1	2.763 8	3.169 3
11	0.697 4	1.363 4	1.795 9	2.201 0	2.718 1	3.105 8
12	0.695 5	1.356 2	1.782 3	2.178 8	2.681 0	3.054 5
13	0.693 8	1.350 2	1.770 9	2.160 4	2.650 3	3.012 3
14	0.692 4	1.345 0	1.761 3	2.144 8	2.624 5	2.976 8
15	0.691 2	1.340 6	1.753 1	2.131 5	2.602 5	2.946 7
16	0.690 1	1.336 8	1.745 9	2.119 9	2.583 5	2.920 8
17	0.689 2	1.333 4	1.739 6	2.109 8	2.566 9	2.898 2
18	0.688 4	1.330 4	1.734 1	2.100 9	2.552 4	2.878 4
19	0.687 6	1.327 7	1.729 1	2.093 0	2.539 5	2.860 9
20	0.687 0	1.325 3	1.724 7	2.086 0	2.528 0	2.845 3
21	0.686 4	1.323 2	1.720 7	2.079 6	2.517 7	2.831 4
22	0.685 8	1.321 2	1.717 1	2.073 9	2.508 3	2.818 8
23	0.685 3	1.319 5	1.713 9	2.068 7	2.499 9	2.807 3
24	0.684 8	1.317 8	1.710 9	2.063 9	2.492 2	2.796 9

n	α					
	0.25	0.10	0.05	0.025	0.01	0.005
25	0.684 4	1.316 3	1.708 1	2.059 5	2.485 1	2.787 4
26	0.684 0	1.315 0	1.705 6	2.055 5	2.478 6	2.778 7
27	0.683 7	1.313 7	1.703 3	2.051 8	2.472 7	2.770 7
28	0.683 4	1.312 5	1.701 1	2.048 4	2.467 1	2.763 3
29	0.683 0	1.311 4	1.699 1	2.045 2	2.462 0	2.756 4
30	0.682 8	1.310 4	1.697 3	2.042 3	2.457 3	2.750 0
31	0.682 5	1.309 5	1.695 5	2.039 5	2.452 8	2.744 0
32	0.682 2	1.308 6	1.693 9	2.036 9	2.448 7	2.738 5
33	0.682 0	1.307 7	1.692 4	2.034 5	2.444 8	2.733 3
34	0.681 8	1.307 0	1.690 9	2.032 2	2.441 1	2.728 4
35	0.681 6	0.306 2	1.689 6	2.030 1	2.437 7	2.723 8
36	0.681 4	1.305 5	1.688 3	2.028 1	2.434 5	2.719 5
37	0.681 2	1.304 9	1.687 1	2.026 2	2.431 4	2.715 4
38	0.681 0	1.304 2	1.686 0	2.024 4	2.428 6	2.711 6
39	0.680 8	1.303 6	1.684 9	2.022 7	2.425 8	2.707 9
40	0.680 7	1.303 1	1.683 9	2.021 1	2.423 3	2.704 5
41	0.680 5	1.302 5	1.682 9	2.019 5	2.420 8	2.701 2
42	0.680 4	1.302 0	1.682 0	2.018 1	2.418 5	2.698 1
43	0.680 2	1.301 6	1.681 1	2.016 7	2.416 3	2.695 1
44	0.680 1	1.301 1	1.680 2	2.051 4	2.414 1	2.692 3
45	0.680 0	1.300 6	1.679 4	2.014 1	2.412 1	2.689 6

附表 4 χ^2 分布表

$$P\{\chi^2(n) > \chi^2_\alpha(n)\} = \alpha$$

n	α					
	0.995	0.99	0.975	0.95	0.90	0.75
1	0.000	0.000	0.001	0.004	0.016	0.102
2	0.010	0.020	0.051	0.103	0.211	0.575
3	0.072	0.115	0.216	0.352	0.584	1.213
4	0.207	0.297	0.484	0.711	1.064	1.923
5	0.412	0.554	0.831	1.145	1.610	2.675
6	0.676	0.872	1.237	1.635	2.204	3.455
7	0.989	1.239	1.690	2.167	2.833	4.255
8	1.344	1.646	2.180	2.733	3.490	5.071
9	1.735	2.088	2.700	3.325	4.168	5.899
10	2.156	2.558	3.247	3.940	4.865	6.737
11	2.603	3.053	3.816	4.575	5.578	7.584
12	3.074	3.571	4.404	5.226	6.304	8.438
13	3.565	4.107	5.009	5.892	7.042	9.299
14	4.075	4.660	5.629	6.571	7.790	10.165
15	4.600	5.229	6.262	7.261	8.547	11.037
16	5.142	5.812	6.908	7.962	9.312	11.912
17	5.697	6.408	7.564	8.672	10.085	12.792
18	6.265	7.015	8.231	9.390	10.865	13.675
19	6.843	7.633	8.907	10.117	11.651	14.562
20	7.434	8.260	9.591	10.851	12.443	15.452
21	8.033	8.897	10.283	11.591	13.240	16.344
22	8.643	9.542	10.982	12.338	14.042	17.240
23	9.260	10.196	11.689	13.091	14.848	18.137
24	9.886	10.856	12.401	13.848	15.659	19.037
25	10.520	11.524	13.120	14.611	16.473	19.939
26	11.160	12.198	13.844	15.379	17.292	20.843
27	11.806	12.879	14.573	16.151	18.114	21.749
28	12.461	13.565	15.308	16.928	18.939	22.657
29	13.121	14.257	16.047	17.708	19.768	23.567

n	α					
	0.995	0.99	0.975	0.95	0.90	0.75
30	13.787	14.954	16.791	18.493	20.599	24.478
31	14.458	15.655	17.539	19.281	21.434	25.390
32	15.134	16.362	18.291	20.072	22.271	26.304
33	15.815	17.074	19.047	20.866	23.110	27.219
34	16.501	17.789	19.806	21.664	23.952	28.136
35	17.192	18.509	20.569	22.465	24.797	29.054
36	17.887	19.233	21.336	23.269	25.643	29.973
37	18.586	19.960	22.106	24.075	26.492	30.893
38	19.289	20.691	22.878	24.884	27.343	31.815
39	19.996	21.426	23.654	25.695	28.196	32.737
40	20.707	22.164	24.433	26.509	29.051	33.660
41	21.421	22.906	25.215	27.326	29.907	34.585
42	22.138	23.650	25.999	28.144	30.765	35.510
43	22.859	24.398	26.785	28.965	31.625	36.430
44	23.584	25.143	27.575	29.787	32.487	37.363
45	24.311	25.901	28.366	30.612	33.350	38.291

n	α					
	0.25	0.10	0.05	0.025	0.01	0.005
1	1.323	2.706	3.841	5.024	6.635	7.879
2	2.773	4.605	5.991	7.378	9.210	10.597
3	4.108	6.251	7.815	9.348	11.345	12.838
4	5.385	7.779	9.488	11.143	13.277	14.860
5	6.626	9.236	11.071	12.833	15.086	16.750
6	7.841	10.645	12.592	14.449	16.812	18.548
7	9.037	12.017	14.067	16.013	18.475	20.278
8	10.219	13.362	15.507	17.535	20.090	21.955
9	11.389	14.684	16.919	19.023	21.666	23.589
10	12.549	15.987	18.307	20.483	23.209	25.188
11	13.701	17.275	19.675	21.920	24.725	26.757
12	14.845	18.549	21.026	23.337	26.217	28.299
13	15.984	19.812	22.362	24.736	27.688	29.819
14	17.117	21.064	23.685	26.119	29.141	31.319
15	18.245	22.307	24.996	27.488	30.578	32.801
16	19.369	23.542	26.296	28.845	32.000	34.267
17	20.489	24.769	27.587	30.191	33.409	35.718
18	21.605	25.989	28.869	31.526	34.805	37.156

续表

n	α					
	0.25	0.10	0.05	0.025	0.01	0.005
19	22.718	27.204	30.144	32.852	36.191	38.582
20	23.828	28.412	31.410	34.170	37.566	39.997
21	24.935	29.615	32.671	35.479	38.932	41.401
22	26.039	30.813	33.924	36.781	40.289	42.796
23	27.141	32.007	35.172	38.076	41.638	44.181
24	28.241	33.196	36.415	39.364	42.980	45.559
25	29.339	34.382	37.652	40.646	44.314	46.928
26	30.435	35.563	38.885	41.923	45.642	48.290
27	31.528	36.741	40.113	43.194	46.963	49.645
28	32.620	37.916	41.337	44.461	48.278	50.993
29	33.711	39.087	42.557	45.722	49.588	52.336
30	34.800	40.256	43.773	46.979	50.892	53.672
31	35.887	41.422	44.985	48.232	52.191	55.003
32	36.973	42.585	46.194	49.480	53.486	56.328
33	38.053	43.745	47.400	50.725	54.776	57.648
34	39.141	44.903	48.602	51.966	56.061	58.964
35	40.223	46.059	49.802	53.203	57.342	60.275
36	41.304	47.212	50.998	54.437	58.619	61.581
37	42.383	48.363	52.192	55.668	59.892	62.883
38	43.462	49.513	53.384	56.896	61.162	64.181
39	44.539	50.660	54.572	58.120	62.428	65.476
40	45.616	51.805	55.758	59.342	63.691	66.766
41	46.692	52.949	56.942	60.561	64.950	68.053
42	47.766	54.090	58.124	61.777	66.206	69.336
43	48.840	55.230	59.304	62.990	67.459	70.606
44	49.913	56.369	60.481	64.201	68.710	71.893
45	50.985	57.505	61.656	65.410	69.957	73.166

附表 5　F 分布表

$$P\{F(n_1,n_2)>F_\alpha(n_1,n_2)\}=\alpha$$

$$\alpha=0.10$$

n_2	n_1																		
	1	2	3	4	5	6	7	8	9	10	12	15	20	24	30	40	60	120	∞
1	39.86	49.50	53.59	55.83	57.24	58.20	58.91	59.44	59.86	60.19	60.71	61.22	61.74	62.00	62.26	62.53	62.79	63.06	63.33
2	8.53	9.00	9.16	9.24	9.29	9.33	9.35	9.37	9.38	9.39	9.41	9.42	9.44	9.45	9.46	9.47	9.47	9.48	9.49
3	5.54	5.46	5.39	5.34	5.31	5.28	5.27	5.25	5.24	5.23	5.22	5.20	5.18	5.18	5.17	5.16	5.15	5.14	5.13
4	4.54	4.32	4.19	4.11	4.05	4.01	3.98	3.95	3.94	3.92	3.90	3.87	3.84	3.83	3.82	3.80	3.79	3.78	4.76
5	4.06	3.78	3.62	3.52	3.45	3.40	3.37	3.34	3.32	3.30	3.27	3.24	3.21	3.19	3.17	3.16	3.14	3.12	3.10
6	3.78	3.46	3.29	3.18	3.11	3.05	3.01	2.98	2.96	2.94	2.90	2.87	2.84	2.82	2.80	2.78	2.76	2.74	2.72
7	3.59	3.26	3.07	2.96	2.88	2.83	2.78	2.75	2.72	2.70	2.67	2.63	2.59	2.58	2.56	2.54	2.51	2.49	2.47
8	3.46	3.11	2.92	2.81	2.73	2.67	2.62	2.59	2.56	2.54	2.50	2.46	2.42	2.40	2.38	2.36	2.34	2.32	2.29
9	3.36	3.01	2.81	2.69	2.61	2.55	2.51	2.47	2.44	2.42	2.38	2.34	2.30	2.28	2.25	2.23	2.21	2.18	2.16
10	3.29	2.92	2.73	2.61	2.52	2.46	2.41	2.38	2.35	2.32	2.28	2.24	2.20	2.18	2.16	2.13	2.11	2.08	2.06
11	3.23	2.86	2.66	2.54	2.45	2.39	2.34	2.30	2.27	2.25	2.21	2.17	2.12	2.10	2.08	2.05	2.03	2.00	1.97
12	3.18	2.81	2.61	2.48	2.39	2.33	2.28	2.24	2.21	2.19	2.15	2.10	2.06	2.04	2.01	1.99	1.96	1.93	1.90
13	3.14	2.76	2.56	2.43	2.35	2.28	2.23	2.20	2.16	2.14	2.10	2.05	2.01	1.98	1.96	1.93	1.90	1.88	1.85
14	3.10	2.73	2.52	2.39	2.31	2.24	2.19	2.15	2.12	2.10	2.05	2.01	1.96	1.94	1.91	1.89	1.86	1.83	1.80
15	3.07	2.70	2.49	2.36	2.27	2.21	2.16	2.12	2.09	2.06	2.02	1.97	1.92	1.90	1.87	1.85	1.82	1.79	1.76

续表

n_2	1	2	3	4	5	6	7	8	9	10	12	15	20	24	30	40	60	120	∞
16	3.05	2.67	2.46	2.33	2.24	2.18	2.13	2.09	2.06	2.03	1.99	1.94	1.89	1.87	1.84	1.81	1.78	1.75	1.72
17	3.03	2.64	2.44	2.31	2.22	2.15	2.10	2.06	2.03	2.00	1.96	1.91	1.86	1.84	1.81	1.78	1.75	1.72	1.69
18	3.01	2.62	2.42	2.29	2.20	2.13	2.08	2.04	2.00	1.98	1.93	1.89	1.84	1.81	1.78	1.75	1.72	1.69	1.66
19	2.99	2.61	2.40	2.27	2.18	2.11	2.06	2.02	1.98	1.96	1.91	1.86	1.81	1.79	1.76	1.73	1.70	1.67	1.63
20	2.97	2.59	2.38	2.25	2.16	2.09	2.04	2.00	1.96	1.94	1.89	1.84	1.79	1.77	1.74	1.71	1.68	1.64	1.61
21	2.96	2.57	2.36	2.23	2.14	2.08	2.02	1.98	1.95	1.92	1.87	1.83	1.78	1.75	1.72	1.69	1.66	1.62	1.59
22	2.95	2.56	2.35	2.22	2.13	2.06	2.01	1.97	1.93	1.90	1.86	1.81	1.76	1.73	1.70	1.67	1.64	1.60	1.57
23	2.94	2.55	2.34	2.21	2.11	2.05	1.99	1.95	1.92	1.89	1.84	1.80	1.74	1.72	1.69	1.66	1.62	1.59	1.55
24	2.93	2.54	2.33	2.19	2.10	2.04	1.98	1.94	1.91	1.88	1.83	1.78	1.73	1.70	1.67	1.64	1.61	1.57	1.53
25	2.92	2.53	2.32	2.18	2.09	2.02	1.97	1.93	1.89	1.87	1.82	1.77	1.72	1.69	1.66	1.63	1.59	1.56	1.52
26	2.91	2.52	2.31	2.17	2.08	2.01	1.96	1.92	1.88	1.86	1.81	1.76	1.71	1.68	1.65	1.61	1.58	1.54	1.50
27	2.90	2.51	2.30	2.17	2.07	2.00	1.95	1.91	1.87	1.85	1.80	1.75	1.70	1.67	1.64	1.60	1.57	1.53	1.49
28	2.89	2.50	2.29	2.16	2.06	2.00	1.94	1.90	1.87	1.84	1.79	1.74	1.69	1.66	1.63	1.59	1.56	1.52	1.48
29	2.89	2.50	2.28	2.15	2.06	1.99	1.93	1.89	1.86	1.83	1.78	1.73	1.68	1.65	1.62	1.58	1.55	1.51	1.47
30	2.88	2.49	2.28	2.14	2.05	1.98	1.93	1.88	1.85	1.82	1.77	1.72	1.67	1.64	1.61	1.57	1.54	1.50	1.46
40	2.84	2.44	2.23	2.09	2.00	1.93	1.87	1.83	1.79	1.76	1.71	1.66	1.61	1.57	1.54	1.51	1.47	1.42	1.38
60	2.79	2.39	2.18	2.04	1.95	1.87	1.82	1.77	1.74	1.71	1.66	1.60	1.54	1.51	1.48	1.44	1.40	1.35	1.29
120	2.75	2.35	2.13	1.99	1.90	1.82	1.77	1.72	1.68	1.65	1.60	1.55	1.48	1.45	1.41	1.37	1.32	1.26	1.19
∞	2.71	2.30	2.08	1.94	1.85	1.77	1.72	1.67	1.63	1.60	1.55	1.49	1.42	1.38	1.34	1.30	1.24	1.17	1.00

n_1

$\alpha = 0.05$

n_2	n_1																		
	1	2	3	4	5	6	7	8	9	10	12	15	20	24	30	40	60	120	∞
1	161.4	199.5	215.7	224.6	230.2	234.0	236.8	238.9	240.5	241.9	243.9	245.9	248.0	249.1	250.1	251.1	252.2	253.3	254.3
2	18.51	19.00	19.16	19.25	19.30	19.33	19.35	19.37	19.38	19.40	19.41	19.43	19.45	19.45	19.46	19.47	19.48	19.49	19.50
3	10.13	9.55	9.28	9.12	9.01	8.94	8.89	8.85	8.81	8.79	8.74	8.70	8.66	8.64	8.62	8.59	8.57	8.55	8.53
4	7.71	6.94	6.59	6.39	6.26	6.16	6.09	6.04	6.00	5.96	5.91	5.86	5.80	5.77	5.75	5.72	5.69	5.66	5.63
5	6.61	5.79	5.41	5.19	5.05	4.95	4.88	4.82	4.77	4.74	4.68	4.62	4.56	4.53	4.50	4.46	4.43	4.40	4.36
6	5.99	5.14	4.76	4.53	4.39	4.28	4.21	4.15	4.10	4.06	4.00	3.94	3.87	3.84	3.81	3.77	3.74	3.70	3.67
7	5.59	4.74	4.35	4.12	3.97	3.87	3.79	3.73	3.68	3.64	3.57	3.51	3.44	3.41	3.38	3.34	3.30	3.27	3.23
8	5.32	4.46	4.07	3.84	3.69	3.58	3.50	3.44	3.39	3.35	3.28	3.22	3.15	3.12	3.08	3.04	3.01	2.97	2.93
9	5.12	4.26	3.86	3.63	3.48	3.37	3.29	3.23	3.18	3.14	3.07	3.01	2.94	2.90	2.86	2.83	2.79	2.75	2.71
10	4.96	4.10	3.71	3.48	3.33	3.22	3.14	3.07	3.02	2.98	2.91	2.85	2.77	2.74	2.70	2.66	2.62	2.58	2.54
11	4.84	3.98	3.59	3.36	3.20	3.09	3.01	2.95	2.90	2.85	2.79	2.72	2.65	2.61	2.57	2.53	2.49	2.45	2.40
12	4.75	3.89	3.49	3.26	3.11	3.00	2.91	2.85	2.80	2.75	2.69	2.62	2.54	2.51	2.47	2.43	2.38	2.34	2.30
13	4.67	3.81	3.41	3.18	3.03	2.92	2.83	2.77	2.71	2.67	2.60	2.53	2.46	2.42	2.38	2.34	2.30	2.25	2.21
14	4.60	3.74	3.34	3.11	2.96	2.85	2.76	2.70	2.65	2.60	2.53	2.46	2.39	2.35	2.31	2.27	2.22	2.18	2.13
15	4.54	3.68	3.29	3.06	2.90	2.79	2.71	2.64	2.59	2.54	2.48	2.40	2.33	2.29	2.25	2.20	2.16	2.11	2.07
16	4.49	3.63	3.24	3.01	2.85	2.74	2.66	2.59	2.54	2.49	2.42	2.35	2.28	2.24	2.19	2.15	2.11	2.06	2.01
17	4.45	3.59	3.20	2.96	2.81	2.70	2.61	2.55	2.49	2.45	2.38	2.31	2.23	2.19	2.15	2.10	2.06	2.01	1.96

续表

n_2	\multicolumn{19}{c}{n_1}
	1	2	3	4	5	6	7	8	9	10	12	15	20	24	30	40	60	120	∞
18	4.41	3.55	3.16	2.93	2.77	2.66	2.58	2.51	2.46	2.41	2.34	2.27	2.19	2.15	2.11	2.06	2.02	1.97	1.92
19	4.38	3.52	3.13	2.90	2.74	2.63	2.54	2.48	2.42	2.38	2.31	2.23	2.16	2.11	2.07	2.03	1.98	1.93	1.88
20	4.35	3.49	3.10	2.87	2.71	2.60	2.51	2.45	2.39	2.35	2.28	2.20	2.12	2.08	2.04	1.99	1.95	1.90	1.84
21	4.32	3.47	3.07	2.84	2.68	2.57	2.49	2.42	2.37	2.32	2.25	2.18	2.10	2.05	2.01	1.96	1.92	1.87	1.81
22	4.30	3.44	3.05	2.82	2.66	2.55	2.46	2.40	2.34	2.30	2.23	2.15	2.07	2.03	1.98	1.94	1.89	1.84	1.78
23	4.28	3.42	3.03	2.80	2.64	2.53	2.44	2.37	2.32	2.27	2.20	2.13	2.05	2.01	1.96	1.91	1.86	1.81	1.76
24	4.26	3.40	3.01	2.78	2.62	2.51	2.42	2.36	2.30	2.25	2.18	2.11	2.03	1.98	1.94	1.89	1.84	1.79	1.73
25	4.24	3.39	2.99	2.76	2.60	2.49	2.40	2.34	2.28	2.24	2.16	2.09	2.01	1.96	1.92	1.87	1.82	1.77	1.71
26	4.23	3.37	2.98	2.74	2.59	2.47	2.39	2.32	2.27	2.22	2.15	2.07	1.99	1.95	1.90	1.85	1.80	1.75	1.69
27	4.21	3.35	2.96	2.73	2.57	2.46	2.37	2.31	2.25	2.20	2.13	2.06	1.97	1.93	1.88	1.84	1.79	1.73	1.67
28	4.20	3.34	2.95	2.71	2.56	2.45	2.36	2.29	2.24	2.19	2.12	2.04	1.96	1.91	1.87	1.82	1.77	1.71	1.65
29	4.18	3.33	2.93	2.70	2.55	2.43	2.35	2.28	2.22	2.18	2.10	2.03	1.94	1.90	1.85	1.81	1.75	1.70	1.64
30	4.17	3.32	2.92	2.69	2.53	2.42	2.33	2.27	2.21	2.16	2.09	2.01	1.93	1.89	1.84	1.79	1.74	1.68	1.62
40	4.08	3.23	2.84	2.61	2.45	2.34	2.25	2.18	2.12	2.08	2.00	1.92	1.84	1.79	1.74	1.69	1.64	1.58	1.51
60	4.00	3.15	2.76	2.53	2.37	2.25	2.17	2.10	2.04	1.99	1.92	1.84	1.75	1.70	1.65	1.59	1.53	1.47	1.39
120	3.92	3.07	2.68	2.45	2.29	2.17	2.09	2.02	1.96	1.91	1.83	1.75	1.66	1.61	1.55	1.50	1.43	1.35	1.25
∞	3.84	3.00	2.60	2.37	2.21	2.10	2.01	1.94	1.88	1.83	1.75	1.67	1.57	1.52	1.46	1.39	1.32	1.22	1.00

$\alpha = 0.025$

n_2 \ n_1	1	2	3	4	5	6	7	8	9	10	12	15	20	24	30	40	60	120	∞
1	647.8	799.5	864.2	899.6	921.8	937.1	948.2	956.7	963.3	968.6	976.7	984.9	993.1	997.2	1 001	1 006	1 010	1 014	1 018
2	38.51	39.00	39.17	39.25	39.30	39.33	39.36	39.37	39.39	39.40	39.41	39.43	39.45	39.46	39.46	39.47	39.48	39.49	39.50
3	17.44	16.04	15.44	15.10	14.88	14.73	14.62	14.54	14.47	14.42	14.34	14.25	14.17	14.12	14.08	14.04	13.99	13.95	13.90
4	12.22	10.65	9.98	9.60	9.36	9.20	9.07	8.98	8.90	8.84	8.75	8.66	8.56	8.51	8.46	8.41	8.36	8.31	8.26
5	10.01	8.43	7.76	7.39	7.15	6.98	6.85	6.76	6.68	6.62	6.52	6.43	6.33	6.28	6.23	6.18	6.12	6.07	6.02
6	8.81	7.26	6.60	6.23	5.99	5.82	5.70	5.60	5.52	5.46	5.37	5.27	5.17	5.12	5.07	5.01	4.96	4.90	4.85
7	8.07	6.54	5.89	5.52	5.29	5.12	4.99	4.90	4.82	4.76	4.67	4.57	4.47	4.42	4.36	4.31	4.25	4.20	4.14
8	7.57	6.06	5.42	5.05	4.82	4.65	4.53	4.43	4.36	4.30	4.20	4.10	4.00	3.95	3.89	3.84	3.78	3.73	3.67
9	7.21	5.71	5.08	4.72	4.48	4.32	4.20	4.10	4.03	3.96	3.87	3.77	3.67	3.61	3.56	3.51	3.45	3.39	3.33
10	6.94	5.46	4.83	4.47	4.24	4.07	3.95	3.85	3.78	3.72	3.62	3.52	3.42	3.37	3.31	3.26	3.20	3.14	3.08
11	6.72	5.26	4.63	4.28	4.04	3.88	3.76	3.66	3.59	3.53	3.43	3.33	3.23	3.17	3.12	3.06	3.00	2.94	2.88
12	6.55	5.10	4.47	4.12	3.89	3.73	3.61	3.51	3.44	3.37	3.28	3.18	3.07	3.02	2.96	2.91	2.85	2.79	2.72
13	6.41	4.97	4.35	4.00	3.77	3.60	3.48	3.39	3.31	3.25	3.15	3.05	2.95	2.89	2.84	2.78	2.72	2.66	2.60
14	6.30	4.86	4.24	3.89	3.66	3.50	3.38	3.29	3.21	3.15	3.05	2.95	2.84	2.79	2.73	2.67	2.61	2.55	2.49
15	6.20	4.77	4.15	3.80	3.58	3.41	3.29	3.20	3.12	3.06	2.96	2.86	2.76	2.70	2.64	2.59	2.52	2.46	2.40
16	6.12	4.69	4.08	3.73	3.50	3.34	3.22	3.12	3.05	2.99	2.89	2.79	2.68	2.63	2.57	2.51	2.45	2.38	2.32
17	6.04	4.62	4.01	3.66	3.44	3.28	3.16	3.06	2.98	2.92	2.82	2.72	2.62	2.56	2.50	2.44	2.38	2.32	2.25

续表

n_2	1	2	3	4	5	6	7	8	9	10	12	15	20	24	30	40	60	120	∞
18	5.98	4.56	3.95	3.61	3.38	3.22	3.10	3.01	2.93	2.87	2.77	2.67	2.56	2.50	2.44	2.38	2.32	2.26	2.19
19	5.92	4.51	3.90	3.56	3.33	3.17	3.05	2.96	2.88	2.82	2.72	2.62	2.51	2.45	2.39	2.33	2.27	2.20	2.13
20	5.87	4.46	3.86	3.51	3.29	3.13	3.01	2.91	2.84	2.77	2.68	2.57	2.46	2.41	2.35	2.29	2.22	2.16	2.09
21	5.83	4.42	3.82	3.48	3.25	3.09	2.97	2.87	2.80	2.73	2.64	2.53	2.42	2.37	2.31	2.25	2.18	2.11	2.04
22	5.79	4.38	3.78	3.44	3.22	3.05	2.93	2.84	2.76	2.70	2.60	2.50	2.39	2.33	2.27	2.21	2.14	2.08	2.00
23	5.75	4.35	3.75	3.41	3.18	3.02	2.90	2.81	2.73	2.67	2.57	2.47	2.36	2.30	2.24	2.18	2.11	2.04	1.97
24	5.72	4.32	3.72	3.38	3.15	2.99	2.87	2.78	2.70	2.64	2.54	2.44	2.33	2.27	2.21	2.15	2.08	2.01	1.94
25	5.69	4.29	3.69	3.35	3.13	2.97	2.85	2.75	2.68	2.61	2.51	2.41	2.30	2.24	2.18	2.12	2.05	1.98	1.91
26	5.66	4.27	3.67	3.33	3.10	2.94	2.82	2.73	2.65	2.59	2.49	2.39	2.28	2.22	2.16	2.09	2.03	1.95	1.88
27	5.63	4.24	3.65	3.31	3.08	2.92	2.80	2.71	2.63	2.57	2.47	2.36	2.25	2.19	2.13	2.07	2.00	1.93	1.85
28	5.61	4.22	3.63	3.29	3.06	2.90	2.78	2.69	2.61	2.55	2.45	2.34	2.23	2.17	2.11	2.05	1.98	1.91	1.83
29	5.59	4.20	3.61	3.27	3.04	2.88	2.76	2.67	2.59	2.53	2.43	2.32	2.21	2.15	2.09	2.03	1.96	1.89	1.81
30	5.57	4.18	3.59	3.25	3.03	2.87	2.75	2.65	2.57	2.51	2.41	2.31	2.20	2.14	2.07	2.01	1.94	1.87	1.79
40	5.42	4.05	3.46	3.13	2.90	2.74	2.62	2.53	2.45	2.39	2.29	2.18	2.07	2.01	1.94	1.88	1.80	1.72	1.64
60	5.29	3.93	3.34	3.01	2.79	2.63	2.51	2.41	2.33	2.27	2.17	2.06	1.94	1.88	1.82	1.74	1.67	1.58	1.48
120	5.15	3.80	3.23	2.89	2.67	2.52	2.39	2.30	2.22	2.16	2.05	1.94	1.82	1.76	1.69	1.61	1.53	1.43	1.31
∞	5.02	3.69	3.12	2.79	2.57	2.41	2.29	2.19	2.11	2.05	1.94	1.83	1.71	1.64	1.57	1.48	1.39	1.27	1.00

n_1

$\alpha = 0.01$

n_2	\ n_1 1	2	3	4	5	6	7	8	9	10	12	15	20	24	30	40	60	120	∞
1	4 052	4 999.5	5 403	5 625	5 764	5 859	5 928	5 982	6 022	6 056	6 106	6 157	6 209	6 235	6 261	6 287	6 313	6 339	6 366
2	98.50	99.00	99.17	99.25	99.30	99.33	99.36	99.37	99.39	99.40	99.42	99.43	99.45	99.46	99.47	99.47	99.48	99.49	99.50
3	34.12	30.82	29.46	28.71	28.24	27.91	27.67	27.49	27.35	27.23	27.05	26.87	26.69	26.60	26.50	26.41	26.32	26.22	26.13
4	21.20	18.00	16.69	15.98	15.52	15.21	14.98	14.80	14.66	14.55	14.37	14.20	14.02	13.93	13.84	13.75	13.65	13.56	13.46
5	16.26	13.27	12.06	11.39	10.97	10.67	10.46	10.29	10.16	10.05	9.89	9.72	9.55	9.47	9.38	9.29	9.20	9.11	9.02
6	13.75	10.92	9.78	9.15	8.75	8.47	8.26	8.10	7.98	7.87	7.72	7.56	7.40	7.31	7.23	7.14	7.06	6.97	6.88
7	12.25	9.55	8.45	7.85	7.46	7.19	6.99	6.84	6.72	6.62	6.47	6.31	6.16	6.07	5.99	5.91	5.82	5.74	5.65
8	11.26	8.65	7.59	7.01	6.63	6.37	6.18	6.03	5.91	5.81	5.67	5.52	5.36	5.28	5.20	5.12	5.03	4.95	4.86
9	10.56	8.02	6.99	6.42	6.06	5.80	5.61	5.47	5.35	5.26	5.11	4.96	4.81	4.73	4.65	4.57	4.48	4.40	4.31
10	10.04	7.56	6.55	5.99	5.64	5.39	5.20	5.06	4.94	4.85	4.71	4.56	4.41	4.33	4.25	4.17	4.08	4.00	3.91
11	9.65	7.21	6.22	5.67	5.32	5.07	4.89	4.74	4.63	4.54	4.40	4.25	4.10	4.02	3.94	3.86	3.78	3.69	3.60
12	9.33	6.93	5.95	5.41	5.06	4.82	4.64	4.50	4.39	4.30	4.16	4.01	3.86	3.78	3.70	3.62	3.54	3.45	3.36
13	9.07	6.70	5.74	5.21	4.86	4.62	4.44	4.30	4.19	4.10	3.96	3.82	3.66	3.59	3.51	3.43	3.34	3.25	3.17
14	8.86	6.51	5.56	5.04	4.69	4.46	4.28	4.14	4.03	3.94	3.80	3.66	3.51	3.43	3.35	3.27	3.18	3.09	3.00
15	8.68	6.36	5.42	4.89	4.56	4.32	4.14	4.00	3.89	3.80	3.67	3.52	3.37	3.29	3.21	3.13	3.05	2.96	2.87
16	8.53	6.23	5.29	4.77	4.44	4.20	4.03	3.89	3.78	3.69	3.55	3.41	3.26	3.18	3.10	3.02	2.93	2.84	2.75
17	8.40	6.11	5.18	4.67	4.34	4.10	3.93	3.79	3.68	3.59	3.46	3.31	3.16	3.08	3.00	2.92	2.83	2.75	2.65

续表

n_2	\\ n_1	1	2	3	4	5	6	7	8	9	10	12	15	20	24	30	40	60	120	∞
18		8.29	6.01	5.09	4.58	4.25	4.01	3.84	3.71	3.60	3.51	3.37	3.23	3.08	3.00	2.92	2.84	2.75	2.66	2.57
19		8.18	5.93	5.01	4.50	4.17	3.94	3.77	3.63	3.52	3.43	3.30	3.15	3.00	2.92	2.84	2.76	2.67	2.58	2.49
20		8.10	5.85	4.94	4.43	4.10	3.87	3.70	3.56	3.46	3.37	3.23	3.09	2.94	2.86	2.78	2.69	2.61	2.52	2.42
21		8.02	5.78	4.87	4.37	4.04	3.81	3.64	3.51	3.40	3.31	3.17	3.03	2.88	2.80	2.72	2.64	2.55	2.46	2.36
22		7.95	5.72	4.82	4.31	3.99	3.76	3.59	3.45	3.35	3.26	3.12	2.98	2.83	2.75	2.67	2.58	2.50	2.40	2.31
23		7.88	5.66	4.76	4.26	3.94	3.71	3.54	3.41	3.30	3.21	3.07	2.93	2.78	2.70	2.62	2.54	2.45	2.35	2.26
24		7.82	5.61	4.72	4.22	3.90	3.67	3.50	3.36	3.26	3.17	3.03	2.89	2.74	2.66	2.58	2.49	2.40	2.31	2.21
25		7.77	5.57	4.68	4.18	3.85	3.63	3.46	3.32	3.22	3.13	2.99	2.85	2.70	2.62	2.54	2.45	2.36	2.27	2.17
26		7.72	5.53	4.64	4.14	3.82	3.59	3.42	3.29	3.18	3.09	2.96	2.81	2.66	2.58	2.50	2.42	2.33	2.23	2.13
27		7.68	5.49	4.60	4.11	3.78	3.56	3.39	3.26	3.15	3.06	2.93	2.78	2.63	2.55	2.47	2.38	2.29	2.20	2.10
28		7.64	5.45	4.57	4.07	3.75	3.53	3.36	3.23	3.12	3.03	2.90	2.75	2.60	2.52	2.44	2.35	2.26	2.17	2.06
29		7.60	5.42	4.54	4.04	3.73	3.50	3.33	3.20	3.09	3.00	2.87	2.73	2.57	2.49	2.41	2.33	2.23	2.14	2.03
30		7.56	5.39	4.51	4.02	3.70	3.47	3.30	3.17	3.07	2.98	2.84	2.70	2.55	2.47	2.39	2.30	2.21	2.11	2.01
40		7.31	5.18	4.31	3.83	3.51	3.29	3.12	2.99	2.89	2.80	2.66	2.52	2.37	2.29	2.20	2.11	2.02	1.92	1.80
60		7.08	4.98	4.13	3.65	3.34	3.12	2.95	2.82	2.72	2.63	2.50	2.35	2.20	2.12	2.03	1.94	1.84	1.73	1.60
120		6.85	4.79	3.95	3.48	3.17	2.96	2.79	2.66	2.56	2.47	2.34	2.19	2.03	1.95	1.86	1.76	1.66	1.53	1.38
∞		6.63	4.61	3.78	3.32	3.02	2.80	2.64	2.51	2.41	2.32	2.18	2.04	1.88	1.79	1.70	1.59	1.47	1.32	1.00

$\alpha = 0.005$

n_2 \ n_1	1	2	3	4	5	6	7	8	9	10	12	15	20	24	30	40	60	120	∞
1	16 211	20 000	21 615	22 500	23 056	23 437	23 715	23 925	24 091	24 224	24 426	24 630	24 836	24 940	25 044	25 148	25 253	25 359	25 465
2	198.5	199.0	199.2	199.2	199.3	199.3	199.4	199.4	199.4	199.4	199.4	199.4	199.4	199.5	199.5	199.5	199.5	199.5	199.5
3	55.55	49.80	47.47	46.19	45.39	44.84	44.43	44.13	43.88	43.69	43.39	43.08	42.78	42.62	42.47	42.31	42.15	41.99	41.83
4	31.33	26.28	24.26	23.15	22.46	21.97	21.62	21.35	21.14	20.97	20.70	20.44	20.17	20.03	19.89	19.75	19.61	19.47	19.32
5	22.78	18.31	16.53	15.56	14.94	14.51	14.20	13.96	13.77	13.62	13.38	13.15	12.90	12.78	12.66	12.53	12.40	12.27	12.14
6	18.63	14.54	12.92	12.03	11.46	11.07	10.79	10.57	10.39	10.25	10.03	9.81	9.59	9.47	9.36	9.24	9.12	9.00	8.88
7	16.24	12.40	10.88	10.05	9.52	9.16	8.89	8.68	8.51	8.38	8.18	7.97	7.75	7.65	7.53	7.42	7.31	7.19	7.08
8	14.69	11.04	9.60	8.81	8.30	7.95	7.69	7.50	7.34	7.21	7.01	6.81	6.61	6.50	6.40	6.29	6.18	6.06	5.95
9	13.61	10.11	8.72	7.96	7.47	7.13	6.88	6.69	6.54	6.42	6.23	6.03	5.83	5.73	5.62	5.52	5.41	5.30	5.19
10	12.83	9.43	8.08	7.34	6.87	6.54	6.30	6.12	5.97	5.85	5.66	5.47	5.27	5.17	5.07	4.97	4.86	4.75	4.64
11	12.23	8.91	7.60	6.88	6.42	6.10	5.86	5.68	5.54	5.42	5.24	5.05	4.86	4.76	4.65	4.55	4.44	4.34	4.23
12	11.75	8.51	7.23	6.52	6.07	5.76	5.52	5.35	5.20	5.09	4.91	4.72	4.53	4.43	4.33	4.23	4.12	4.01	3.90
13	11.37	8.19	6.93	6.23	5.79	5.48	5.25	5.08	4.94	4.82	4.64	4.46	4.27	4.17	4.07	3.97	3.87	3.76	3.65
14	11.06	7.92	6.68	6.00	5.56	5.26	5.03	4.86	4.72	4.60	4.43	4.25	4.06	3.96	3.86	3.76	3.66	3.55	3.44
15	10.80	7.70	6.48	5.80	5.37	5.07	4.85	4.67	4.54	4.42	4.25	4.07	3.88	3.79	3.69	3.58	3.48	3.37	3.26
16	10.58	7.51	6.30	5.64	5.21	4.91	4.69	4.52	4.38	4.27	4.10	3.92	3.73	3.64	3.54	3.44	3.33	3.22	3.11
17	10.38	7.35	6.16	5.50	5.07	4.78	4.56	4.39	4.25	4.14	3.97	3.79	3.61	3.51	3.41	3.31	3.21	3.10	2.98

续表

n_2	n_1																		
	1	2	3	4	5	6	7	8	9	10	12	15	20	24	30	40	60	120	∞
18	10.22	7.21	6.03	5.37	4.96	4.66	4.44	4.28	4.14	4.03	3.86	3.68	3.50	3.40	3.30	3.20	3.10	2.99	2.87
19	10.07	7.09	5.92	5.27	4.85	7.56	4.34	4.18	4.04	3.93	3.76	3.59	3.40	3.31	3.21	3.11	3.00	2.89	2.78
20	9.94	6.99	5.82	5.17	4.76	4.47	4.26	4.09	3.96	3.85	3.68	3.50	3.32	3.22	3.12	3.02	2.92	2.81	2.69
21	9.83	6.89	5.73	5.09	4.68	4.39	4.18	4.01	3.88	3.77	3.60	3.43	3.24	3.15	3.05	2.95	2.84	2.73	2.61
22	9.73	6.81	5.65	5.02	4.61	4.32	4.11	3.94	3.81	3.70	3.54	3.36	3.18	3.08	2.98	2.88	2.77	2.66	2.55
23	9.63	6.73	5.58	4.95	4.54	4.26	4.05	3.88	3.75	3.64	3.47	3.30	3.12	3.02	2.92	2.82	2.71	2.60	2.48
24	9.55	6.66	5.52	4.89	4.49	4.20	3.99	3.83	3.69	3.59	3.42	3.25	3.06	2.97	2.87	2.77	2.66	2.55	2.43
25	9.48	6.60	5.46	4.84	4.43	4.15	3.94	3.78	3.64	3.54	3.37	3.20	3.01	2.92	2.82	2.72	2.61	2.50	2.38
26	9.41	6.54	5.41	4.79	4.38	4.10	3.89	3.73	3.60	3.49	3.33	3.15	2.97	2.87	2.77	2.67	2.56	2.45	2.33
27	9.34	6.49	5.36	4.74	4.34	4.06	3.85	3.69	3.56	3.45	3.28	3.11	2.93	2.83	2.73	2.63	2.52	2.41	2.29
28	9.28	6.44	5.32	4.70	4.30	4.02	3.81	3.65	3.52	3.41	3.25	3.07	2.89	2.79	2.69	2.59	2.48	2.37	2.25
29	9.23	6.40	5.28	4.66	4.26	3.98	3.77	3.61	3.48	3.38	3.21	3.04	2.86	2.76	2.66	2.56	2.45	2.33	2.21
30	9.18	6.35	5.24	4.62	4.23	3.95	3.74	3.58	3.45	3.34	3.18	3.01	2.82	2.73	2.63	2.52	2.42	2.30	2.18
40	8.83	6.07	4.98	4.37	3.99	3.71	3.51	3.35	3.22	3.12	2.95	2.78	2.60	2.50	2.40	2.30	2.18	2.06	1.93
60	8.49	5.79	4.73	4.14	3.76	3.49	3.29	3.13	3.01	2.90	2.74	2.57	2.39	2.29	2.19	2.08	1.96	1.83	1.69
120	8.18	5.54	4.50	3.92	3.55	3.28	3.09	2.93	2.81	2.71	2.54	2.37	2.19	2.09	1.98	1.87	1.75	1.61	1.43
∞	7.88	5.30	4.28	3.72	3.35	3.09	2.90	2.74	2.62	2.52	2.36	2.19	2.00	1.90	1.79	1.67	1.53	1.36	1.00

参考文献

[1] 复旦大学. 概率论[M]. 北京:人民教育出版社,1979.

[2] 茆诗松,程依明,濮晓龙.概率论与数理统计教程[M].3 版. 北京:高等教育出版社,2019.

[3] 盛骤,谢式千,潘承毅. 概率论与数理统计[M]. 5 版. 北京:高等教育出版社,2019.

[4] 陈希孺.概率论与数理统计[M].合肥:中国科学技术大学出版社,1992.

[5] 沈恒范.概率论与数理统计教程[M].5 版.北京:高等教育出版社,2011.

[6] 魏宗舒. 概率论与数理统计教程[M]. 3 版. 北京:高等教育出版社,2020.

[7] 汪荣鑫.数理统计[M].西安:西安交通大学出版社,1986.

[8] 孙荣恒. 应用数理统计[M]. 2 版. 北京:科学出版社,2003.

[9] 庄楚强,吴亚森.应用数理统计基础[M]. 广州:华南理工大学出版社,1992.

[10] 赵选民,徐伟,师义民,等.数理统计[M]. 2 版.北京:科学出版社,2002.

[11] 潘承毅,何迎晖. 数理统计的原理与方法[M].上海:同济大学出版社,1993.

[12] 何晓群,刘文卿.应用回归分析[M]. 3 版.北京:中国人民大学出版社,2011.

[13] ROHATGI V K.An introduction to probability theory and mathematical statistics[M]. New York:John Wiley & Sons,1976.

郑重声明

高等教育出版社依法对本书享有专有出版权。任何未经许可的复制、销售行为均违反《中华人民共和国著作权法》,其行为人将承担相应的民事责任和行政责任;构成犯罪的,将被依法追究刑事责任。为了维护市场秩序,保护读者的合法权益,避免读者误用盗版书造成不良后果,我社将配合行政执法部门和司法机关对违法犯罪的单位和个人进行严厉打击。社会各界人士如发现上述侵权行为,希望及时举报,本社将奖励举报有功人员。

反盗版举报电话　(010)58581999　58582371　58582488
反盗版举报传真　(010)82086060
反盗版举报邮箱　dd@ hep. com. cn
通信地址　北京市西城区德外大街4号
　　　　　高等教育出版社法律事务与版权管理部
邮政编码　100120

防伪查询说明

用户购书后刮开封底防伪涂层,利用手机微信等软件扫描二维码,会跳转至防伪查询网页,获得所购图书详细信息。用户也可将防伪二维码下的20位密码按从左到右、从上到下的顺序发送短信至106695881280,免费查询所购图书真伪。

反盗版短信举报

编辑短信"JB,图书名称,出版社,购买地点"发送至10669588128
防伪客服电话
(010)58582300